# URBAN DESIGN EXPLORATION IN GUANGZHOU

## A CASE STUDY FOR DYNAMIC GLOBAL CITIES

## 面向活力全球城市的
# 广州城市设计探索

林　隽　陈志敏　陈　戈　编著

中国建筑工业出版社

# 本书编委会

**编　　著：** 林　隽　陈志敏　陈　戈

**参编人员：** 徐晓曦　陈　虹　刁海晖
雷　轩　梁　添　张肖珊
梁　潇　梁宏飞　叶楚维
张卫平　郭文博　胡嘉敏

# 序 言

美好、富有特色和充满文化内涵的城市形态塑造是一个永恒的主题，即使是在当下全球化和信息化时代依然如此。世界著名城市不单以雄厚经济实力闻名于世，更因其独特的城市魅力而深入人心。每个城市的山水、气候、历史文化存在差异性，因城而异开展城市设计，对于提升城市风貌、提高城市知名度、增强城市软实力具有非常重要的意义。

千百年来，城市设计的基本概念一直不变，但理论和技术方法一直与时俱进。在信息化数字化的时代背景下，第四代基于人机互动的数字化城市设计应运而生，运用数字技术理论和方法，可以大幅度提高信息采集方法效率，多源信息的交叉验证和集成，让我们看到了更多的关于城市形态演变和发展的内在特征和规律，深刻改变了我们看待世界物质形态和社会构架的认知，也支撑了特大城市全尺度、全覆盖的物质形态与空间环境的感知体验研究与判别设计。

广州在我国的一线城市中，因具有悠久的商贸文化、优美的景观环境、富有生机的市井生活而拥有独特的魅力。广州的城市设计实践工作一直秉承着敢闯敢试，敢为人先的改革精神。近年来，广州积极引入数字化城市设计等先进技术方法，尝试建构了适合于特大城市空间特色与多维度系统整合的设计体系，在城市设计实践和管控中都取得了显著成效，并在过程中针对新的挑战不断探索新的应对方法。在城市实践方面，《广州市总体城市设计》为我国特大城市总体城市设计编制工作提供诸多经验；在技术规范层面，编制《广州市城市设计导则》《广州市开发强度管控体系构建及分区划定》《广州市场地全要素设计》等；在精细化品质提升方面，进行了广州设计之都、“小项目、大师做”、传统中轴线景观提升改造工程等项目。本书介绍和总结了广州对城市设计的思考，并多层级、全方位介绍了重要探索经验，希望本书中的案例与经验可以对读者有所启发和借鉴。

2020年10月20日

# 前 言

城市设计是落实城市规划、指导建筑设计、塑造城市特色风貌的有效手段，是落实国家和区域发展战略的重要契机，也是实现城市规划治理现代化的重要抓手。现今，随着生态文明建设，城市设计更偏向于“理性规划”和“持续发展”，在基本设计框架上增加了对宜居、活力、特色的考虑，多源城市大数据的集取、处理和综合性应用，内容更加丰富充实。

根据GAWC（Globalization and World Cities）发布的2016年世界级城市名册，广州首次成为全球49个一线城市之一。在国家建设粤港澳大湾区的时代背景下，广州需要找准全球城市定位，通过城市设计推进精细化、品质化、标准化规划建设管理，打造品质城市。在此背景下，广州城市设计编制工作针对城市空间品质的关键问题，积极探索特大城市城市设计的协同式规划方法，以人的使用和体验来设计城市，营造与新时代改革开放、创新发展的引领城市相匹配的城市环境，满足人民日益增长的美好生活需要。

本书包括8章，第1章通过梳理国内外城市设计研究进展，解读全球城市设计发展趋势。第2章梳理广州城市设计历程并提出广州近期“抓两头、促中间”的城市设计总体思路。第3章讲述广州顶层设计在生态文化底线、城市风貌、公共空间、品质都市等方面指引。第4章介绍了广州为回归珠江母亲河，塑造精品珠江三十公里所做的一系列努力。第5章梳理了沿珠江水系所开展的重点地区城市设计。第6章介绍了广州近年来在活力街区、品质街道、文化客厅、城市阳台四个方面的品质提升系列行动。第7章从学术界概念出发，梳理了广州在理论和制度方面的实践探索。第8章总结了广州近年来城市设计经验，对未来城市设计提出展望。

我们期待通过本书与同行们加强交流，我们有理由相信经过不懈的努力，10年、20年后，还给老百姓清水绿岸、鱼翔浅底的景象，促进城市高质量发展，全面实现美丽中国。

城市设计让生活更美好！

2020年10月20日

# 目 录

01 全球城市设计的发展趋势 1

1.1 城市设计的理念研究 2
1.1.1 国外城市设计研究 2
1.1.2 国内城市设计研究 3
1.2 城市设计的发展趋势 4
1.2.1 从增量到存量：国家发展观的转型 4
1.2.2 从宏大到日常：以人为本的出发点 4
1.2.3 从蓝图到落地：强化规划管理手段 5
1.2.4 从顶层设计到社会事件：鼓励公众参与 5
1.3 启示借鉴 6
1.3.1 贯穿全过程，探索有效运作机制 6
1.3.2 刚弹相结合，探索动态适应设计 7
1.3.3 为人民设计，探索广州特色路线 7

02 广州城建历程与城市设计发展 9

2.1 古代城建历程 10
2.1.1 秦朝时期：建都番禺 10
2.1.2 唐宋时期：三城并立 10
2.1.3 明清时期：三城合一 11
2.2 近现代城建历程 12
2.2.1 民国时期：引入西方先进理念 12
2.2.2 中华人民共和国成立初期：开创先河 12
2.2.3 20世纪90年代：试点实践 13
2.2.4 21世纪：融入控规 14
2.3 新时代的城市设计探索 16
2.3.1 广州城市发展导向 16
2.3.2 多层次、全市域的设计体系 16

03 活力花城：广州总体特色风貌 19

3.1 保护生态底线与文化底线 20
3.1.1 保护通山达海的自然基底 20
3.1.2 全尺度引导城市通风环境优化 27
3.1.3 全景式地展现历史文化 34
3.2 构建特色鲜明的城市风貌 44
3.2.1 维育依山沿江滨海的总体风貌特色 44
3.2.2 底线管控，优化城市总体风貌 45
3.3 营造市民共享的公共空间 49
3.3.1 构建可达均好的公共空间网络 49
3.3.2 创新广粤公共艺术创作 58
3.4 建设岭南特色的品质都市 64
3.4.1 建构三维城市数字化模型基础 64
3.4.2 构建云山珠水的城市景观廊道 69
3.4.3 深化耐人品读的城市色彩 78

04 大美珠江：一江两岸三带 83

4.1 回归珠江母亲河，塑造魅力纽带 84
4.1.1 珠江文化特质 85
4.1.2 珠江对广州城市建设的历史影响 86
4.1.3 珠江沿岸城市空间的规划历程 91
4.1.4 珠江沿岸品质工程开展情况 92
4.2 八大专项规划指引建设世界级珠江景观带 99
4.2.1 公共空间：开放绿色的品质廊道 99
4.2.2 文化遗产：传承广州的历史底蕴 103
4.2.3 水系统：打造安全干净的水环境 107
4.2.4 滨江社区：功能多元的幸福之城 112
4.2.5 滨江活动：汇聚最广州生活方式 116
4.2.6 自然系统：水绿交融的生态空间 119
4.2.7 交通可达：倡导多模式公共出行 122
4.2.8 滨江形象：展现全球城市魅力 125

05 聚焦品质：沿江打造城市重点地区 131

5.1 十年一剑：方寸匠心造就城央世界品质 132
5.1.1 珠江新城城市设计过程 132
5.1.2 珠江新城城市设计导控的成果形式 135
5.1.3 珠江新城规划实施与建设管理 137
5.2 金融方城：曲水藏金彰显岭南园林特色 142
5.2.1 区域视野，打造国际金融中心 142
5.2.2 精细规划，凸显岭南园林特色 144
5.2.3 立体开发，打造地下复合城市 146
5.3 海丝新貌：三塔映江塑造世界湾区形象 149
5.3.1 突凸海丝和工业文化特色 149
5.3.2 建设新时代的全球创新港城 149
5.3.3 塑造CBD蓝绿交融的生活网络 151
5.4 创新集聚：三角联动创造世界经济高地 154
5.4.1 创新驱动，互联网总部集聚区 154
5.4.2 效率优先，催生城市创新与活力 155
5.4.3 上下一体效率最优的地下空间 156

06 绣花功夫：精细化品质微更新 159

6.1 活力街区：创新集聚提升城市形象 160
6.1.1 实施会客厅重点提升工程 160
6.1.2 打造紧凑连续的步行连廊系统 164
6.1.3 开展重要路段界面整治行动 167
6.2 品质街道：以人为本提升城市细部 169
6.2.1 “小转弯半径”道路交叉口改造 169
6.2.2 打造有质感、有温度的慢行街区 170
6.2.3 加强街道无障碍理念全方位融入 173
6.3 文化客厅：历史活化提升文化内涵 175
6.3.1 历史文化街区微改造 175
6.3.2 工业遗产唤醒城市记忆 177
6.3.3 文化步道串联历史遗存 178
6.4 城市阳台：生态修复提升人居环境 179
6.4.1 推进白云山云道连通工程 179
6.4.2 塑造广州花园，凸显花城特色 183
6.4.3 打造口袋公园，提升市民幸福感 185

# 07 面向实施：创新管理与全民参与 191


**7.1 城市设计是一种规划管理手段 192**

7.1.1 针对复杂市场的应变需求 192

7.1.2 城市规划控制的现实需求 192

7.1.3 城市设计导控合法性的授权 193

7.1.4 城市设计行政管理角度方法论 193

7.1.5 城市设计导控的“导/控”辨析 194

**7.2 不断优化的实施管理历程 197**

7.2.1 城市设计尚未起到实施与管理作用 197

7.2.2 规范管理体制支撑广州新中心建设 198

7.2.3 城市设计与控规共同推进精细化 200

**7.3 新时期的创新管理与全民参与探索 202**

7.3.1 创新的制度建设 202

7.3.2 多层次全方面的技术指引 204

7.3.3 全民的公众参与 216


# 08 结语 227


**8.1 经验总结 228**

8.1.1 价值取向转变，多元发展价值观 228

8.1.2 组织方式转变，共建共治格局 228

8.1.3 技术方法转变，大数据支撑 228

8.1.4 管理路径转变，着眼于落地实施 228

**8.2 未来展望 229**

8.2.1 继续引导与管理审批的融合 229

8.2.2 持续开展存量时代背景下的探索 229

8.2.3 继续推动城市设计的公众参与 229

参考文献 230

# 01

# 全球城市设计的发展趋势

《雅典宪章》:“城市要与其周围影响地区成为一个整体来研究。城市规划的目的是解决居住、工作、休憩与交通四大功能活动的正常进行。”

近年来，随着城市化进程加快和市民意识的提升，市民参与城市建设的诉求日渐强烈。在开放、平等、共享和互动的网络平台上，市民对于城市文化品质建设、生态环境保护、创新活力提升等方面提出了多元化互动式的诉求。如何满足市民对生活环境和空间品质的美好追求，满足不同市民群体的文化精神需求是城市设计工作的核心问题。

本章旨在梳理国内外城市设计研究的前沿动态，进一步解读城市设计发展趋势，希望从世界城市和我国兄弟城市身上汲取营养，集合百家之长，促进广州高质量发展，建设美丽中国。

# 1.1 城市设计的理念研究

《大不列颠百科全书》指出“城市设计是指为达到人类社会、经济、审美或者技术等目标而在形体方面所作的构思，……。城市设计包括三个层次的内容：一是工程项目的设计，……如商业服务中心、公园等。二是系统的设计，……如城市照明系统、标准化的路标系统等。三是城市或区域设计，……如新城建设、旧区更新改造保护等设计。”

《中国大百科全书》（建筑·园林·城市规划卷）认为城市设计是对“城市体型环境所进行的设计。城市设计的任务是为人们创造出具有一定空间形式的物质环境，内容包括各种建筑物、市政公用设施、园林绿化等方面，必须综合体现社会、经济、城市功能、审美等各方面的要求，因此也称为综合环境设计”。

城市设计对于提升城市风貌、提高城市知名度、增强城市软实力意义重大，世界著名城市不单以雄厚经济实力闻名于世，更因其独特的城市魅力而深入人心。每个城市的山水、气候、历史文化存在差异性，遇到的城市问题也不一样，应该因城而异开展城市设计。在此基础上，我们进一步解读国内外研究成果，集合百家之长。

## 1.1.1 国外城市设计研究

从理论研究状况来看，国外的相关研究起步较早，其中的主要内容集中于研究不同时期的城镇发展状况，对应的设计思路主要是用来处理空间发展问题。而伴随着理论体系的不断完善，城市设计理论也得到了一定程度的发展，其中的设计策略也有显著的改进，目前我们将城市设计理念发展路径划分为下列时期：

**（1）注重视觉艺术的城市设计**

19世纪50年代至20世纪初，国外的城市设计更多侧重在视觉方面的研究和发展。其中，卡米洛·西特所著的《依据艺术原则建设城市》是这一阶段最具有代表性的著作。西特曾经在研究中指出，工业化时期的城市设计非常的无趣、单调，没有美学的精神，所以他提出城市设计需要照顾到审美情绪。这一历史时期，设计师开始考虑视觉艺术的效果，因此在实施的方法论中更加突出了其对于空间环境的一种审美倾向，表示城市本身属于某种具有审美价值的艺术品。这种设计理论是基于已有的设计经验、物质环境、研究者观察分析，是以经验主义作为哲学基础的城市设计方法。

**（2）注重城市功能的城市设计**

20世纪初至20世纪50年代左右，开始有一批研究者倡议进行功能性的布局，因此该历史阶段，城市设计突出了功能含义。戈迪斯作为代表学者，指出城市规划过程之中需要考虑到生态学的要求，对于其功能模块展开综合分析，并指出城市规划需要同自然产生协调有序的状态。沙里宁则在其研究中形成了“有机疏散”的理论概念，沙里宁指出，当时的城市问题主要集中在其功能区密集集中，因此他指出需要进行合理的疏解，将功能进行协调分散，从而可以契合本地生活需要，同时也能够进行高效工作。赖特在这一历史时期发表了“广亩城市”的概念，他指出，在交通工具不断完善、社会科技进步的前提下，功能区可以分散到周边的广泛地域中，农村是非常好的选择。同时，昂温则借助于传统田园城市概念，重新建构了卫星城的设计理论，指出能够将城市的具体功能进行分散，在城市外围形成卫星城。

（3）注重人性需求的城市设计

1960年起，研究者普遍将城市设计的思路，从功能方面转向了对人认知的关注，城市设计的研究领域从单一的、客观的城市环境向着人与环境的二维领域进行拓展。其中，最经典的著作是凯文·林奇在1960年发表的《城市意象》。这一领域的研究目的是人们对于城市环境的分析和理解，从而使得进行的城市空间改造更加符合人们对于城市环境的主观意象。除了凯文·林奇外，舒尔茨、霍尔等人，都纷纷出版了一系列的专著，用来对城市设计的传统思路进行解构，并形成具有人性精神的建筑设计思路体系。

（4）注重生态优先的城市设计

1980年以来，资本主义国家城镇化水平不断发展，出现了包括交通、环境等问题在内的各种负面状态，这种背景下，城市设计理论逐渐强调环保的价值。麦克哈格在他的专著《设计界和自然》中明确指出了现代设计需要能够与生态理论融合的思路和方法，形成了一套新的结合了自然的标准系统；西蒙兹则通过生态要素的考量，将设计与环境、生态美学加以梳理和廓清，并对其中的概念联系展开了阐述；荷夫在其研究过程中主要论述了城市演变规律以及城镇设计的关联，指出在进行设计规划期间要充分考虑到生态因素，从而提供能够进行选择，并具有效能和功能性的设计语言。

（5）当今城市设计发展趋势

到20世纪70年代，随着理论探索与实践的积累，城市设计的内涵不断被丰富，并形成单独研究领域的共识。当代的城市设计以多学科融合为特征，并且跳出了城市物质空间的约束。

如今城市设计理论和方法的研究充分考量到不同层面的元素，并且向丰富化和综合化进步。当代城市设计的基本理念包括有机城市、人文城市、体验城市和公平城市，关注更加多元的设计集群，是在多元价值观下的综合判断。

随着社会发展节奏的变快，以及人们对于城市空间需求的多样化，如何进行动态的城市设计，进行有弹性的空间引导是目前城市设计研究的关键。城市设计作为主导城市空间资源分配的重要手段，西方国家在不断探索如何营造有助于维护社会公平的“设计决策环境”，形成一整套项目策划、方案选择、组织协调以及实施管理组织模式。当代的城市设计发挥其在经济发展、环境质量以及社区建设有机的协调作用。

### 1.1.2 国内城市设计研究

1970年，国内逐步接受了西方部分城市设计的理论思想，开始对相关方面展开了研究、讨论。最初，吴良镛通过有机更新理论，专门针对当时的城市设计展开了相关研究、分析；齐康则在之后首次提出“城市形态”的概念，齐康的概念主要基于城市形象展开，他对整体结构和城市的形态展开了充分的分析，形成了城市形态为基础的理论系统。1980 年，周干峙发在国内首次对于城市设计进行研究并发表了论文，这是首篇有关综合性城市设计的研究论文。1991年，王建国首次在研究中指出现代城市涉及模式，成为首部国内研究者著述的专门著作，他的《城市设计》中，结合了国内部分实际案例，展开了城市设计思路的剖析，同时分析了其中策略，最终予以综合性的阐述。

新世纪至今，国内研究者结合每个地区实际状况，展开了一系列地域化城市设计的研究，而其中出现的城市设计理论也开始逐步丰富起来，研究覆盖的内容同样得以增加。譬如，扈万泰首先对于国内的城市设计展开了具体的编制、研究分析，他主要提出了目前相关设计过程中管理的主要原则。金广君则针对当前阶段国内城市的设计、管理等要素关联性予以解释。汪德华主要以文化、工程方面的观点，就目前具有鲜明特色的城市设计展开分析，设计一套城市设计的评价系统。代丹则主要将自然因素视为重要的先驱条件，考虑各个区域真实状况，讨论了如何应用对应的城市设计手段。来嘉隆则通过对于延安古城的分析，阐述了环境与整体城市结构的联系，并结合研究对象展开设计理论的分析。鲁婵则主要研究了鹿邑地区的城市设计情况，对其中的文化元素专门做出探讨，并就其与城市设计策略联系展开了具体的分析。刘迪等研究者结合永丰地区的城市设计，基于本土文化的立场探讨了城市设计的策略、方法。

城市设计理论同样发展起来。在住房和城乡建设部委托下，国内知名专家研究探讨形成的《城市设计郑东共识2018》中提出了“坚持人民城市为人民发展宗旨”“关注整体设计的全局视野”“倡导视线美好人居的多层面实践”“亟需跨界融合的学科建设”“接新时代赋予的历史机遇与光荣使命”五项共识。随着我国经济社会由高速增长转向高质量发展阶段，我国的城市设计研究将保有动态和发展的眼光，更加创造性地解决城市空间与发展之间的矛盾与议题。

# 1.2 城市设计的发展趋势

新时期发展观的导向下，数字地球、智慧城市、移动互联网乃至人工智能日益发展的背景下，城市设计的技术理念、方法和技术获得了全新的发展。城市设计不单单只是对空间组织的梳理，更多的是提升城市空间价值，凝心聚力提升精细化管理水平，建设精细化品质化的人居环境，提升城市设计的软实力。

随着市民意识的提升，尤其在开放、平等、共享和互动的网络平台上，市民群体参与城市建设的热情更加强烈，对于城市文化品质建设，生态环境保护，创新活力提升等方面提出了更多元的诉求。城市设计工作还需要满足多方利益的诉求，实现城市规划治理现代化、高效化。

## 1.2.1 从增量到存量：国家发展观的转型

改革开放以来，随着经济的快速发展，我国的城镇化以世界罕见的速度和规模进行。据统计，1978年，我国的城镇人口总数仅为1.72亿人，城市化水平17.92%；到2013年年底，城镇人口总数已增长到7.31亿人，城市化水平达到53.73%。然而，快速城镇化的同时，对城市物质空间品质的重视不够，“效率”与“品质”之间失衡的问题造成了新建城区“千城一面”现象。城市建成区粗放增长，自然环境遭到破坏，城市生态效益与美学价值下降。 目前，我国已经进入城镇化品质提升的新阶段，城市建设从重视“增量”扩张转向对“存量”品质的追求。

随着我国综合实力的日益增强，需要建设具有国际竞争力的城市空间。基于可持续发展以及城市空间品质提升的需求，城市规划和建设从注重经济、社会文化建设转向注重环境整治和保育。2013年12月，国家新型城镇化会议提出新一轮推进城镇化进行的主要任务包括“提高城镇建设用地利用效率”“提高城镇建设水平”以及“优化城镇布局和形态”，并提出城市建设要“严守生态红线”“合理布局生活、生产、生态用地”。2015年，针对我国在之前城市建设中遗留的生态环境、城市品质、社会文化等方面的“欠账”，住房和城乡建设部推动城市设计和城市双修工作。随着我国大部分城市进入转型的关键时期，城市建设必然从粗放的增长转向内涵提升，实现城市的可持续发展。

## 1.2.2 从宏大到日常：以人为本的出发点

党的十九大报告指出：永远把人民对美好生活的向往作为奋斗目标。新时期城市工作的要求，就是以人民为中心，加强人居环境建设，促进城市的高质量发展。在这一过程中，城市设计的立场，需要进行一定程度的调整，从追求宏大叙事向关注日常性转变；从传统的功能主义、经济发展的目标，转为人文精神指引下的满足人性需要的建设导向。

城市设计要从公共空间的发展角度塑造建筑形态和进行功能组织。公共空间的含义不仅要包括传统的街道、广场、公园等，也要包括大量的“非正式公共空间”以及“私人拥有的公共空间”（POPS）。另外，城市设计过程中要避免过度设计，要进行的是具体的、修补性质的设计，在存量空间有限的前提下，展开“精明设计”。通过这样一种修补方式，来改善长期进行城市修建过程之中存在的弊端。基于品质增加，改善、优化城市空间调整，对目前已经成型的城市规划区域内展开微调和优化，推动其形成自我更新的状态。人性化的城市设计要关注空间体验，将城市日常生活的内在规律体现在空间环境组织中。空间塑造中尊重城市自身文化特质和环境资源，形成人性化和有特色的设计方案，从而提高城市活力，增加人民群众生活幸福感，形成正向的公共精神。

## 1.2.3 从蓝图到落地：强化规划管理手段

学术界对城市设计的概念可归纳为“产品”观点和“过程”观点。城市设计在传统概念上是塑造城市的物质空间环境，实践的结果是化为可以作为行动导向的“蓝图”。随着学术界对城市设计理论进一步的研究，以及丰富的实践经验累积，城市设计概念也处于更新和拓展之中。城市设计是“一种主要通过控制城市公共空间的形成，干预城市社会空间和物质空间的发展进程的社会实践”；“一个良好的城市设计绝非是设计者笔下浪漫花哨的图表和模型，而是一连串都市行政的过程，城市形体必须通过这个连续决策的过程来塑造”。“城市设计广泛涉及城市社会因素、经济因素、生态环境、实施政策、经济决策等”。

2014年12月19日，全国住房城乡建设工作会议上针对社会关心的城市建筑设计问题提出：明年要争取出台《城市设计管理条例》，编制符合实际的高水平城市设计导则。建筑设计和项目审批都必须符合城市设计要求。不但城市整体层面要有设计，城市的重点区域和地段也要做好设计，提出建筑风格、色彩、材质乃至高度、体量等方面要求，纳入控制性详细规划，作为土地出让的条件，保证设计条件落地实施。

住房和城乡建设部于2017年3月14日发布《城市设计管理办法》，标志着全面开展城市设计工作的要求落实到法规层面。在这一背景下，各地纷纷抓紧制定城市设计管理法规，完善相关技术导则。其中，江苏省率先完成《江苏省城乡空间特色战略规划》的编制。同年，浙江省通过《浙江省城市景观风貌条例》，加强对城市景观风貌的控制引导。在国家新型城镇化发展背景下，城市设计在从单纯的规划方案向一种规划管理手段转变。

## 1.2.4 从顶层设计到社会事件：鼓励公众参与

在通过城市设计进行精细化的城市治理时代，城市设计不单单是一种技术手段，也是一项引导公众观念，倡导社会参与，落实空间需求的社会活动。在20世纪90年代末期，“倡导性规划”“多元主义”“沟通性规划”“市民社会”“协作式规划”等有关社会参与的观点进入中国。这些观点与当时城市宏伟建设的浪潮并不相符，并没有得到在我国的实践与验证。然而，目前的城市建设已经转型到需要“共商、共建、共治、共享”的新阶段，这对城市设计的行动方式以及工作内容与模式都有了全新的要求。

当前，社会组织和个人已经通过多种途径参与到城市设计的各个过程。在方案制定层面，北京、上海、广州等地选择与民生息息相关的公共空间，举办城市设计竞赛方案，鼓励不同身份的社会个体与组织参与，创新城市设计的工作开展方式。与此同时，以北京和广州为代表，空间建设的决策权也更多地转向城市空间的使用者。而从实施层面，社区规划师制度、参与式营建等方式在实际建设中逐渐在各地推行。

目前，结合多方社会力量进行城市设计的创新正处于重要的本土化经验探索阶段。这既离不开顶层制度的建设与引导，也离不开具体空间的设计活动与实践探索。 在实践过程中，要注重将社会利益、市民利益进行融合，对公私权益进行明确的界定，划清相关利益的权、责，并予以有效的协商，从而更加有效地推进公众的参与。

# 1.3 启示借鉴

我国现阶段城市设计价值取向已从外延式增长转变为以人为本、生态优先、区域协同，更加重视多元内涵下的可持续性。广州在顺应发展趋势的背景下，希望集合百家之长，结合自身特点，坚持以人民为中心的发展思想，坚持人民城市为人民，不断探索适应新时代背景的城市设计方法及制度，促进城市高质量发展，建设美丽中国（图1-1）。

## 1.3.1 贯穿全过程，探索有效运作机制

城市的构成要素复杂，作为城市空间环境决策机制中的一部分，城市设计必然会具有“自上而下”的特征。在快速城市化时期，“自上而下”的制约可以保证城市空间建设高效进行。然而，随着社会的进步，对个性化、多样性、公平性更加尊重，单纯凭借强制性的政府力量主导的城市设计越发力不从心。在市场经济逐步完善的今天，土地市场的开发开放，民营资本投资对土地开发、基建设施和项目投资等的介入，使得传统的政府主导“自上而下”的模式转化为多元合作开发、政府主导的混合模式。

但是，多元化的开发主体具备不同的发展计划和资金实力，也会造成建设蓝图在规划阶段便停滞不前、实际落地与

图1-1 广州整体城市风貌

来源：https://stock.tuchong.com/image?imageId=985226035605930081

预计差距大、建成设计与周边协调性差等问题。

广州作为多元包容、东西交融的超大城市，城市设计如何在现代城市管理中扮演好平衡者的角色尤为重要。城市设计作为城市空间管控的重要工具，可以打破现有的建设与运营的分割，更加积极地促进不同的规划阶段、不同的专业以及不同管理部门之间的协同合作，形成政府管理与市场调节两种基本制度结合的实施机制，成为有效的实施公共政策的工具。

## 1.3.2 刚弹相结合，探索动态适应设计

现代城市管理依旧形成一套以控制性详细规划为手段的管理体制，在其成果的技术文件中提供地块用地性质、用地规模、开发强度等硬性指标，管理部门以此为依据进行城市物质要素的综合管理，此管理依据还以地方立法来确定其权威性，界定城市空间一系列的规划条件。

简单数据的刚性调控之下的城市建设仍造成风格迥异的环境空间，有时甚至相互矛盾。并且，随着社会的快速发展，静态的城市设计已经不能适应当今社会发展的需要。因而，城市设计需要主动动态适应当今快速的社会经济变迁。国内外的城市设计实践者们一直在探索如何通过弹性引导的技术，合理的建立机制来调控城市的有机平衡，并通过与法定规划构建联系，从而实现其管理实施。动态的城市设计具有实施管理和设计活动紧密结合的特点，其也是在项目实施管理中掌握主动权的城市设计。

## 1.3.3 为人民设计，探索广州特色路线

城市设计的宗旨是满足人们在城市中的公共利益和需求。2013年的中央城镇化会议中提出：要融入让群众生活更舒适的理念，体现在每一个细节中。一座为人民设计的城市，要把城市人居环境品质的提升与公共空间场所的营造放在首位。

从全世界的角度来看，广州作为超大尺度的城市设计具有显著的自身特点，与欧美国家的设计尺度与做法有比较大的差距。同时，随着我国进入存量更新的时代，小微尺度的城市设计、精细化的空间提升方案也将占据主流。接下来，广州需要在多尺度的城市设计中积极探索平衡点，寻找新的管理制度以及设计做法来系统组织全域的城市设计工作。

# 02

# 广州城建历程与城市设计发展

我国社会经济持续发展，已经步入了新时代，目前我国社会主要矛盾已转化为人民日益增长的美好生活需要和不平衡不充分的发展之间的矛盾。国家在城市规划管理的相关文件上明确指出，要进一步增强各个城市的设计水平，开展科学的设计。根据GAWC（Globalization and World Cities）发布的2016年世界级城市名册，广州首次成为全球49个一线城市之一。在国家建设粤港澳大湾区的时代背景下，广州需要找准全球城市定位，通过城市设计推进精细化、品质化、标准化规划建设管理，打造品质城市。

广州城市设计秉持以人为本、岭南特色的原则，从20世纪80年代开始城市设计探索工作，到现今存量建设阶段，“城市因品质而美好”的观念逐渐受到重视。王建国院士提出“经过城市设计，塑造和协同管理城市的人居环境，要做出有四个维度的品质空间——有深度、有厚度、有温度、有精度的设计。”广州近几年挖掘找准全球城市定位，总结城市发展问题，通过城市设计推进精细化、品质化、标准化规划建设管理，打造品质城市。

本章旨在梳理广州城建历程与城市设计的发展，提出新时代背景下广州城市设计的思考与探索。

# 2.1 古代城建历程

广州城顺应山水而建。北有天堂顶、帽峰山等天然屏障，南为大夫山，莲花山等开阔、平缓的低山。保护传承广州的自然禀赋、历史文脉，统筹城市生态、农业、城镇空间，维育山、水、林、城、田、海的生态整体格局，与建成区有机融合，形成“一江领乾坤、山海城交融”城市理想空间格局。保护通山达海的自然基底，保护自北而南的脊梁架构，北幽南阔山体之势，延续北树南网，串岛成链，延续一江领乾坤的水—城格局。

广州古称“番禺城”，又称“任嚣城”，是秦代大将任嚣于公元前214年据古番山、禺山面海而筑，史记《南越列传》“且番禺负山险，阻南海……”。到明清时期，广州城从番、禺二山小尺度的山水格局发展到中尺度的“云山珠水”，以白云山系的越秀山为制高点，面向珠江，形成历史上典型的“六脉皆通海，青山半入城”的山水城市格局。城市用地随珠江岸线的南迁而不断增长，使得城市的中心一直没有多大变动，原来番山、禺山两侧的腹地和不断形成的海积平原足以满足当时作为郡县一级城市的发展需要，城市和自然山水长期保持着和谐的关系。清代，“十三行”和沙面的先后建设，拉动城市向西发展。

## 2.1.1 秦朝时期：建都番禺

由于缺乏可靠的史料和考证，广州地区的古代建设状况并不明晰。部分研究者推测，在秦代以前即有官员前往该地区建设，也有研究者指出赵佗在此建立了南越都城，不过目前的考古工作中虽然在广州发现了部分南越建筑遗迹，可是未找到其城基所在。同时，汉武帝在南征伐越后，在广州地区所建设的“步骘城”也仅停留在口口相传。

建立南越之后，赵佗以广州地区作为其都城所在地，而在汉武帝伐越之后，该城被损毁，汉武帝重新在此处修建了步骘城。六朝离乱，很多中原士族衣冠南渡，广州成为重要的聚居区。而晋代文献没有对于广州的增扩记录，不过却在原有基础上增加了很多公共服务建置，譬如墓葬区域以及水利枢纽。其中广州西部地区有王元寺等一系列寺宇，而北部地区则有当初建设的水利工程遗迹。

因为番禺地区濒临珠江沿岸，在晋代就已经出现了码头。当时，北岸位于目前的惠山路附近，其由于在江边的地区形成了某个自然渡口，向西能够经过仁王寺等寺宇，而向东则能延展到龟岗脚附近，整个江面达到了1.5km的宽度。

## 2.1.2 唐宋时期：三城并立

唐朝时期，广州设船舶司，成为中国海上贸易的南大门。古城开设三门，其中北向的州衙门有交通通道，直接联通到了珠江岸边，城东、城西则依山而建，北方低洼，形成了东西方向的道路，并经由东西门出唐城。到了隋唐时期，该地区在进行道路建设过程中依然沿袭东汉时期的道路建设，形成了丁字形的道路体系。而唐城以外的沿江区域被用作商业交易集市，向西能够联通到蕃坊。

宋代时期，子城向东西扩张，呈三城鼎立；将自然水系纳入城内，形成宋六脉渠。在这一历史时期，广州面积格外狭小。而在北宋以后，将原来的唐城、新南城、越城以及蕃坊都进行了扩建、修缮，此后共同建成了广州城，因此面积迅速扩张。而元代军队南征，对这一区域形成了破坏、损毁，尽管后期予以一定的修缮，但是与宋代比较，仍然不足。

### 2.1.3 明清时期：三城合一

明代时期，古城北拓至白云山，镇海楼的建设形成新的城市空间制高点，“三塔三关”成为大空间格局的限定标志。明代以后，直到清代，相关城市建设的主体结构、道路体系都没有变化。明代老城的整体规模最大，向西，延展到了西山直至越秀，向东，连绵文溪直到象岗。东、南城池的建设状况变化不大，从文献上来看西城未进行扩城，不过对西城的交通道路进行了变更，由惠爱街出西门。同时，子城、东城、西城之间形成了连贯的交通枢纽，促进了交通往来。再经改建之后，整体面积明显增加，同时交通状况也更加便利。如今将其整体成为“老城”。

1600年后，明代在原有的宋代南城旧址上，重新进行了修建，时称为“新城”。因为当时的商业经济已经得以发展，新城以原有雁翅城作为基础建设。而当时的西北、东北角楼也建立起来，标志着区域分治的实际状态。尽管新城面积不大，但是因为毗连珠江，所以是重要的码头枢纽，也是商业聚集区，是广州当时最繁华的区域，经济发展状况最佳。

鸦片战争后，广州失去了其一口通商的优势。虽然中国早期的工业化序幕首先还是在广州拉开的，但这一时期的企业规模小、设备简陋，经营上仍带有传统手工场的性质，并没有改变广州原有的经济格局。因此这一时期广州的城市形态没有大的改变，城市的发展主要表现为租界建设和城市自然生长。随着广州近代工业的起步，城市逐渐突破城墙的限制，向西、南扩张：沙面沦为英法租界；西关地区在清咸丰年间就形成了纺织工业区，随着商业的发展，又陆续兴建住宅区；河南地区也出现大规模的开发，珠江两岸的平原区几乎已经尽数开辟。

# 2.2 近现代城建历程

## 2.2.1　民国时期：引入西方先进理念

1918年，老城内部为应对机动车交通，当时的广州市政公所决定拆城墙、修马路，拆除旧城墙和13个城门，修筑长10km、宽25～33m的新式马路。随着拆城墙筑马路，骑楼也发展起来，形成了广州近代商业街形态，但是对历史文化造成了一定程度的破坏。同时在原城市政治中心区陆续修建了中山纪念堂等建筑，打造近代城市轴线。

1930年，程天固首次明确了该地区的界线，并对于广州不同区域功能进行了分类，指出需要进一步发展珠江南岸地区，并进行道路、桥梁工程建设，加固沿江堤坝。在程天固的规划中还对广州当时的渠道进行了梳理，并对公共场所建设加以规划。

1932年，首次以文件形式颁布了《广州市城市设计概要草案》，是广州首个现代意义上的城市总体规划。由一批留洋背景的城市管理者（林云陔、刘纪文）和设计者（程天固）牵头组织编制，涉及道路系统、公园、公用事业、排水渠等10个子项规划，文件初步确定"方格网+环线"的棋盘式道路系统，规划黄埔港为外港，白鹅潭一带为内港。同时，依托工业发展带动城市空间向东延伸和向南跨江发展。

在草案中主要提出，广州市未来的设计以功能性布局为主要思路，划分为工业、商业、住宅区和混合区部分。同时，在区域道路规划上，明确了主干道以直达和环线道路形式建设，结合区域实际状况以及道路等地确定其宽度；同时，还设计了道路系统图，确定了建设棋盘式系统，并在规划中设计了内、外港概念，即黄埔港为外港，白鹅潭等为内港。

## 2.2.2　中华人民共和国成立初期：开创先河

中华人民共和国成立初期，广州实行福利住宅体系，建成了工人新村、华侨新村等融合了岭南地理人文特征且具有西方现代住区特征的居住小区。涌现出一批现代岭南建筑精品，这些建筑融汇东西方建筑理念，结合岭南当地气候条件，在广州城市与建筑发展史中具有重要地位。市政交通设施也逐步完善，1983年全国第一座立交——区庄立交建成，1987年人民路高架建成。

城市形态上，由于大面积的工厂和工人住宅区划拨用地，老城外围形成"圈层式"的空间拓展。同时，广交会的设立促进了流花湖、海珠广场等成为重点建设和标志性地区。广州港口建设带动了城市沿江发展；城因港而建，港因城而存。一方面，沿珠江形成一批内港码头。另一方面，在原黄埔老港的基础上，启动了黄埔新港的建设。

改革开放后，广州现代化建设进入快速发展的时期。旧城内部整治城市环境，改变城市形象；同时，通过机场、火车站、港口的重新选址以及快速路的修建引领新城发展，拉开城市空间格局，由"云山珠水"走向"山城田海"。20世纪80年代，广州经开区建设拉开了广州工业向东拓展的序幕。

这个阶段广州还没有现代意义的城市设计。这个时期，1984年国务院正式批准的《广州市城市总体规划》（第14版总规）对于当时广州的发展与建设影响深远。该版总规使广州摆脱了计划经济时期的城市规划模式，使城市性质开始由"生产性"向"中心性"转变。规划将市中心区范围由原来的54.4km²扩大至92.5km²，在原有4个老区的基础上成立了天河、芳村、白云三个新区，并确定城市建设沿着珠江，以旧城区为第一组团，天河、五山地区为第二组团，黄埔地区为第三组团的带状形式向东发展，把番禺市市桥镇、花都区新华镇作为广州南北两翼的卫星城镇，建设重点是天河区和芳村区。

根据当地实际的环境状况以及新区的建设，结合城市历史文脉、节点空间，开展了相关的规划，并展开具体设计。结合天河新区开发建设，编制了天河体育中心地区综合规划，奠定了火车东站、体育中心和南端的商贸中心组成一条贯穿南北的新城市轴线发展基础；结合近期开发建设项目需要，以指引地区近期环境改造为主要目的，编制了大量的居住区规划和街区设计；开展了二沙岛城市设计工作，确定中央带状公园划分南北两大区域的总体设计布局，各区之间进行环境空间、园林、建筑等设计协调（图2-1）。

## 2.2.3 20世纪90年代：试点实践

进入20世纪90年代，广州经济高速发展，广州旧城市中心区已不能适应广州作为中心城市的需要，必须规划建设一个现代化的新城市中心。当时，广州市政府选择了天河新区以南、珠江北岸作为新的城市中心。新的城市中心作为当时广州市发展的关键地区，经过近30年的规划建设，形成了从白云山南麓的燕岭公园往南跨珠江到广州塔的广州城市新中轴线。对于这条中轴线的形成具有实质性控制作用的城市设计均是在这个阶段完成的，包括引导珠江新城早期发展的《广州新城市中心区——珠江新城规划》（1993年）与《广州市新城市中轴线规划研究》（1999年）（图2-2）。从某种意义上说，这两个城市设计研究拉开了此后广州在城市重点地区的规划建设中强调城市设计的序幕。

广州开始在城市重要地段引入城市设计。面对当时国内城市设计经验不足的情况，率先采取“国际咨询+城市设计”方式，学习西方国家在相关方面的先进经验，首创了国际咨询的方法。1993年委托美国托马斯规划服务公司编制了珠江新城城市设计方案；2000年开展了“广州珠江口地区城市设计国际咨询”，邀请英国阿特金斯公司、日本黑川纪章事务所、美国RTKL公司、美国SASAKI事务所等境外设计单位开展方案设计咨询。作为改革开放的前沿城市，广州通过开展一系列国际竞赛（咨询）活动，打开了设计市场的大门，并形成了一套较为完整的国际竞赛操作体系。

在这个阶段的末期，以解决城市市容脏乱差和交通堵塞为突破口，揭开了对广州此后10余年的城市规划建设影响深远的广州“城变”系统工程。1998年7月，广东省委、省政府在广州召开广州市城市建设现场办公会，研究如何帮助广州搞好城市规划和建设管理，争创新优势，进一步增强和发挥广州作为区域中心城市功能。就是在这次会议上，提出了广州市要实现城市建设管理“一年一小变、三年一中变，到2010年一大变”的目标。

图2-1 二沙岛规划平面图
来源：《二沙岛城市设计》（1983年）。

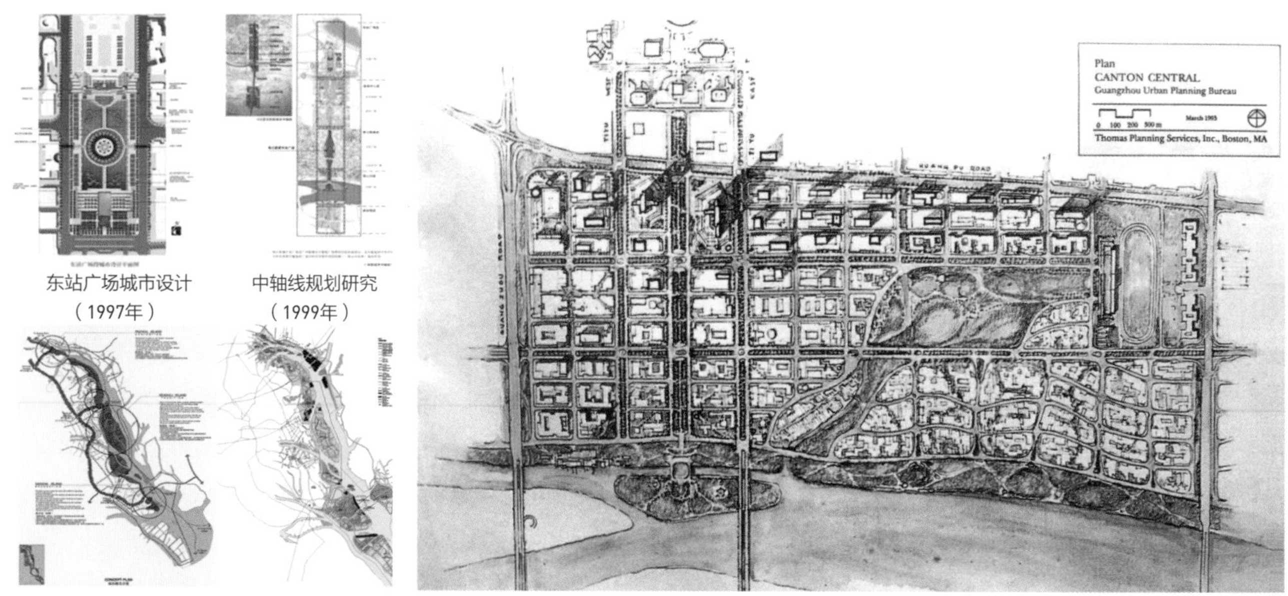


东站广场城市设计（1997年）

中轴线规划研究（1999年）

珠江口城市设计（2000年）

美国托马斯规划服务公司《广州新城市中心区——珠江新城规划（1993年）》

图2-2 早期城市设计项目

来源：相应项目规划文本。

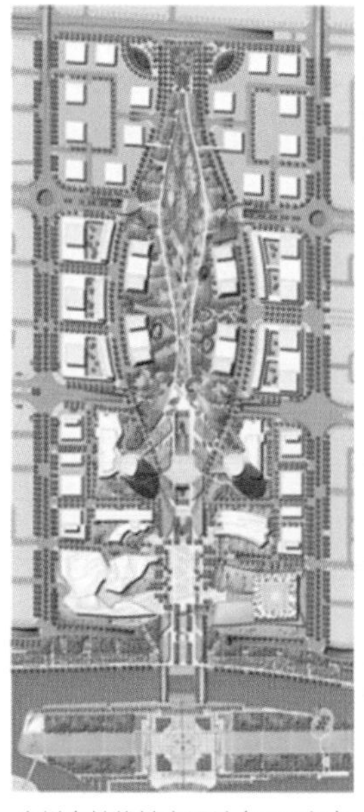

广州中轴线城市设计（2001年）

GCBD21—珠江新城规划检讨（2003年）

亚运城城市设计（2008年）

广州大学城中心区城市设计及控规（2003年）

白云新城地区城市设计竞赛（2007年）

图2-3 重点地区城市设计项目

来源：相应项目规划文本。

## 2.2.4 21世纪：融入控规

2000年，行政区划的调整为城市空间的拓展提供了新契机，城市空间结构从单中心向多中心转变，从沿珠江发展转变为南拓、北优、东进、西联的空间发展战略。开展重点地区城市设计，构建起“城市设计+控规”的编织技术体系，为保障城市设计落地探索出一条可行之路。

2000～2008年，广州市开展了珠江新城、新中轴线、传统中轴线、亚运城、大学城、科学城、白云新城等重点地区城市设计（图2-3）；2008年后，在“中调”战略下，又连续开展了琶洲、白鹅潭、南沙明珠湾、金融城等19个重点片区城市设计。这些城市设计，或在控规之前编制，作为控规编制的空间指导；或与控规同步编制，将城市设计管控要点内容在控制规划中落实。

2003年的《珠江新城规划检讨》中指出，在能够保障当前的利益关系平衡的状况下，珠江新城是集合多种功能需求的广州CBD城区。因此珠江新城开始对于自身的环境、基础建设和公共服务设施建设予以更充分的配备、建设。将原有规划中四百余个小地块进行整合、置换，最终形成了两百余块综合地块，同时使用了建筑周边围合，有效增加了绿地空间的建设，从而能够形成公共花园；在规划中进一步对交通进行了研究，并指出需要形成包括地下过道、天桥等共同构建的步道体系；同时，规划还进一步强调，要通过进行世界范围内的大型设计竞赛，形成区域内的地标建筑，通过这种方式确保地标建筑具有地域特色，符合城市形象。

这一时期，广州市成功申办并圆满承办第16届亚运会，更是广州市发展黄金十年的最好见证。2008年，为迎接第16届亚运会的召开，广州市出台“亚运城市”行动计划，正式开展“迎亚运”城市环境综合整治，从此，广州“大变”工程与亚运会筹备工作密切结合。2010年11月成功举办第16届亚运会。值得一提的是，2009年启动了新一轮战略规划，空间形态上从“拓展”到“优化提升”，形成“十字方针”空间发展战略。并且该阶段广州制定的三旧改造政策为后亚运时代的城市旧改拉开了更新建设的序幕。

2012年，在建设新型城镇化背景下，广州市推出了功能布局规划，即国内第一个全域功能规划，引导广州市逐步走向多中心、组团式、网络型的理想城市空间结构。在功能布局规划确立的空间框架下，提出建设重大发展平台。经历“点—线—面”进程，广州市的城市设计开始从局部不断扩充到整座城市。这个阶段的城市建设以跳跃式的组团式发展和城市基础设施建设为主。

# 2.3 新时代的城市设计探索

## 2.3.1 广州城市发展导向

2016年8月23日，《中共广州市委　广州市人民政府关于进一步加强城市规划建设管理工作的实施意见》出台后，标志着城市设计步入新的发展时期。同时城市建设也逐步进入存量时代。根据GAWC（Globalization and World Cities）发布的2016年世界级城市名册，广州首次成为全球49个一线城市之一。在国家建设粤港澳大湾区的时代背景下，广州需要找准全球城市定位，通过城市设计推进精细化、品质化、标准化规划建设管理，打造品质城市。

近几年，广州与众多超大城市面临相似的城市建设问题。城市扩展速度较快，急需限定城市用地边界，促进城市更新；绿色发展要求迫切，污染防治压力加大，环境保护和生态文明建设亟待加强；交通拥堵、垃圾围城等大城市病还没有得到根本解决；城乡公共服务不均衡，教育、医疗、养老等公共服务水平与市民期盼有差距等。

我国现阶段城市设计价值取向已从外延式增长转变为以人为本、生态优先、区域协同，更加重视多元内涵下的可持续发展。广州以生活环境和空间品质为立足点，从山水基底、城市形象、文化特色、城市活力、设计导控、公共参与等方面出发，逐步满足市民对生活环境和空间品质的美好追求。聚焦美丽广州愿景目标，探索做“有底线”和“有用”的城市设计。重点沿珠江水系开展城市设计，并在总规的基础上，增加柔性控制要素，建立顶层城市设计实施传导机制，让市民“望得见山，看得见水，记得住乡愁”，通过城市设计来提升广州城市空间价值，凝心聚力提升精细化管理水平，建设精细化品质化的人居环境，更加彰显广州的城市特色与风貌，城市软实力更加提升。

## 2.3.2 多层次、全市域的设计体系

自民国初年开展城市设计工作以来，广州对城市设计的探索一直走在全国前列，但缺乏总体层面的顶层指引。作为市域面积7434km$^2$，常住人口1404万人的特大城市，广州城市空间品质的提升亟需开展一系列工作，包括山水特色塑造、历史风貌复兴、公共空间品质提升等。

面对新时期新要求，广州秉持以人为本、岭南特色的原则，提出了“抓两头、促中间”的城市设计工作方法，逐步推动完善多层级的城市设计编制工作，提升品质、实现共享。推进包括《广州市总体城市设计》《珠江景观带重点区段（三个十公里）城市设计与景观详细规划导则》等一系列城市设计工程，同时推动了广州市精细化、品质化建设工程，并进一步通过相关准则来对规划进行约束、管理，从而增强整体设计符合城市发展需求，对空间环境改善也有积极作用。

### 2.3.2.1 抓两头

“抓两头”，一头是在总体层面开展研究，以《中共广州市委　广州市人民政府关于进一步加强城市规划建设管理工作的实施意见》为基础，梳理整体风貌特色，树立品质化、精细化的理念；广州当前阶段的城市规划，对于其自身特色进行了充分梳理，不仅包括其山水形态的地理特征，也包括文脉赓续的历史文化特征，以及当地民风、民俗，并将相关内容视作其城市设计的根基所在。目前，国内的城市设计价值开始转移到了人性价值尺度和生态价值尺度的衡量上，更加关注可持续性发展的效果。所以，整体的设计规划过程中，不仅能够对当前的成功进行延续，同时还要从系

统理论着手，将其视作生态体系。要在坚持生态文明保障的前提下，不断创新，形成具有文化特色、经济特色的绿色城市，同时在城市设计方法论上取得明显突破。

一头是着眼微观，品质化建设城市空间。关注市民需求，微改造城市微小空间。伴随我国法规建设的完善，人民素质的提高，市民能够更广泛、直接地参与城市设计。同时他们也对于城市文化建设、生态建设以及创新建设方面，提出了不同的诉求。城市设计要对过去的设计思路进行改变，要能够在社会中找到凝聚点，并且进一步从问题中找到共通之处，设计出符合人民所需的空间。同时，在建设中也要将原有的思路加以改变，以精益求精的精神，更加关注品质增长对于城市的积极作用，增加自身在设计方面的局部精细化能力，同时结合各类方案，将广州兼收并蓄的城市精神突出出来，提高广州市民对于广州的自豪感、归属感。

### 2.3.2.2 促中间

“促中间”是指推进重点地区城市设计。因地制宜开展城市设计，推动城市展开生态修复和功能区修补工作，推动其品质升级，并在城市设计的编制与管理方面进行一系列创新与探索。

在新时代城市高质量发展的指引下，“城市因城市设计而美好”的观念日渐受到重视，广州更多地通过人性体验功能的方式，进行城市的具体设计，形成了符合当前时代背景和创新城市的环境氛围。目前，广州继续以人民的利益作为城市设计的重点、中心环节，顺应人民群众对美好生活的向往，传承和保育广州城市味道，彰显城市独一无二的风貌特征，持续开展精细化城市设计，不断提升城市建设品质，推动实现“老城市、新活力”（图2-4）。

图2-4 老城市新活力

来源：https://stock.tuchong.com/image?imageId=332179118698004487

# 03

# 活力花城：广州总体特色风貌

广州尝试建立顶层城市设计，通过城市设计来提升广州城市空间价值，凝心聚力提升精细化管理水平，建设精细化品质化的人居环境，更加彰显广州的城市特色与风貌，让市民“望得见山，看得见水，记得住乡愁”。面对新时期新要求，广州顶层城市空间管控秉持以人为本，岭南特色的原则，从两个方面切入工作：

读懂广州，守住底线。目前国内的大部分城市设计，逐渐从传统的外延增长、功能区划，转变成了满足人的需要和生态需求，更加重视多元内涵下的可持续性。广州当前阶段的城市设计充分梳理自身特色，不仅包括山水形态的地理特征，也包括文脉赓续的历史文化特征，并将相关内容视作其城市设计的根基所在。

凝聚共识，突出品质。随着人们思想意识的提升，市民参与城市建设的热情更加强烈。进行整体的城市设计，要能够在社会中找到凝聚点，从问题中找到共通之处，设计出符合人民所需的空间。同时在建设中，更加关注品质增长对于城市的积极作用，增加自身在设计方面的局部精细化能力，突出广州兼收并蓄的城市精神，提高市民对广州的自豪感、归属感。

本章旨在围绕广州总体城市设计的编制，探索超大城市在生态与文化底线、城市风貌、公共空间、品质都市的设计手法和思路。

# 3.1 保护生态底线与文化底线

## 3.1.1 保护通山达海的自然基底

广州城顺应山水而建。北有天堂顶、帽峰山等天然屏障，南为大夫山、莲花山等开阔、平缓的低山。保护传承广州的自然禀赋、历史文脉，统筹城市生态、农业、城镇空间，维育山、水、林、城、田、海的生态整体格局，与建成区有机融合，形成“一江领乾坤、山海城交融”的城市理想空间格局。保护通山达海的自然基底，保护自北而南的脊梁架构，北幽南阔山体之势，延续北树南网，串岛成链，延续一江领乾坤的水—城格局（图3-1、图3-2）。

### 3.1.1.1 广州市山水格局演变历程

**（1）古代山水格局**

广州古称“番禺城”，又称“任嚣城”。据传，因为秦始皇派遣任嚣在番禺地区建立城市，故而广州又被称为任嚣城。在司马迁的《史记》中，对广州城做了如下描述：“负山险，阻南海……”。随着城市化的发展，广州城进一步发展到了以越秀山为城市最高点，面向珠江的城市格局。同时，由于珠江岸线南迁，所以广州的土地规模持续增长，同时其中心未发生过多改变，由于水流冲刷形成的海积平原，能够满足当时的城市用地需求，所以广州城市建设和当时的环境相对保持和谐状态。而清代以后，随着

图3-1 广州山水格局（一）
来源：君寻/图虫创意. https: // stock. tuchong. com

沙面的建成，广州城开始从原有的发展状态，转变为西向发展。

### （2）明清山水格局

鸦片战争后，广州失去了其一口通商的优势。虽然中国早期的工业化序幕首先还是在广州拉开的，但这一时期的企业规模小，设备简陋，经营上仍带有传统手工场的性质，并没有改变广州原有的经济格局，且政权还掌握在封建统治者手中。因此这一时期广州的城市形态没有大的改变，城市的发展主要表现为租界建设和城市自然生长。

随着广州近代工业化的起步，城市逐渐突破城墙的限制，向西、南扩张：沙面沦为英法租界；西关地区在咸丰年间就形成了纺织工业区，随着商业的发展，又陆续兴建住宅区；河南地区也出现大规模的开发，珠江两岸的平原区几乎已经尽数开辟。据历史地图记载，至民国前夕，广州的城市范围“北至观音山（今越秀山），南至珠江及珠江南岸的海幢寺（今海幢公园），东至东校场（今省体育场），西至泮塘的仁威庙”。这一时期广州的建设是分两部分进行的：旧城区延续了清朝中期的格局，保持自然生长，变化不大；跨越城墙在老城外新建的地区形成新的发展模式，如租界通过人工开挖的水道与城区分离，按规划独立建设，西关、河南地区形成十字形街道系统的布局模式，与旧城区相互之间影响较小。

这一时期的广州整体城市格局中出现多种空间形态并存的特征。这一时期西方文化的传入对建筑风格的影响较大。西式建筑的出现以沙面租界的建设为开端，建筑形式可分为新古典式、券廊式和新巴洛克式等类型。在租界之外也兴建了一批西式建筑，如教会兴建的教堂及附属的医院、学校、育婴堂、修道院等；外国人居住的领事馆、别墅；海关和银行、商行等金融、贸易机构等。同时部分园林除了表现出岭南园林的特色外，已体现出吸收外来文化的特色。

### （3）民国山水格局

辛亥革命后，广州原有的经济格局发生了较大变化。工业发展迅猛，成为区域经济重要的产业支柱，并且有效拉动了交通业和商业发展。同时，民国时期开始出现城市规划管理机构，西方的相关理论也在这一时期被引入，增加了整体规划水平，使原有传统的自然成长状态，逐渐发展成为受规划指导的发展，同时广州的城市形态发生了巨大变化。

从1918年起，广州陆续对部分城墙进行拆建，并将相关区域建设为城市干道。同一时期，城市规划机构开始逐渐进行相关的规划工作，颁布了一系列方案，广州发展进入到

图3-2 广州山水格局（二）
来源：AdolescentChat /图虫创意．https://stock.tuchong.com

新的历史时期，其中明显表现是以功能为界定进行了区域划分，形成了工业、住宅区等相关功能区；而且，在西方城市建设的中轴线思路，和中国传统对称形式布局的作用下，广州在城市中建设了一条南北轴线，从而将广州辟为东西两块区域，通过这种方式增强了该区内的山川特征，并且也基本形成了广州都市格局。

20世纪40年代，当时的工务局专门规制了《工务实施计划》，同时展开了具体的工程实施，此后整个广州市的道路交通结构形成“棋盘型”基础。结合广州当地的实际情况，形成了该区域内的道路系统图，并且逐渐演化为现阶段的广州市区路网。1922年建成岭南第一座混凝土结构高层建筑业大新公司；在沿江路到沙面一带，出现了一批以爱群大厦为代表的大型公共建筑。此外，还修建了许多纪念性建筑和一批宗教、文化建筑。1932年建成的中山纪念堂，把民族建筑外部造型与近代西方的先进功能设计与建筑技术有机地结合在一起，是近代广州乃至全国中西合璧建筑的精品和杰作。辛亥革命以后，广州私家园林继续营造，有些私家园林被现代宾馆酒店所圈纳，作为庭院或后花园使用，并出现具有极强神秘色彩和森严感的军阀公馆园林。这一时期还出现了近现代园林的公园。孙中山先生于1918年倡议筹建了广州第一个公园（今人民公园），其后陆续建成海珠公园、净慧公园、仲恺公园、义令公园（目前已无）、河南公园（今海幢公园）、永汉公园（今儿童公园）、东山公园、越秀山、白云山等公园。

### 3.1.1.2 广州现代山水格局

“山水营城”是广州自古以来最为突出的城市特色，随着城市的不断发展，广州城市道法自然，把“山河湖海”的地理优势转化为城市特色，逐步形成“白云越秀翠城邑，三塔三关锁珠江”的山水城市格局，也开拓出“山、水、林、城、田、海”的城市格局（图3-3）。

#### （1）山——保护自北而南的脊梁架构，幽阔山体之势

山体环北部、东部形成连绵的V形绿丝带。以丘陵和低山区为主。丘陵区主要分布于从化、增城、花都地区，海拔在30～500m之间。该区植被较发育。低山区分布于清远—佛冈以北地区及东部天堂顶，海拔500～1300m之间，部分地块属中山区。地处从化、龙门交界处的天堂顶，是广州市最高峰，海拔1210m，该区多为寒武、震旦纪地层及花岗岩分布区，地形陡峻，河流切割较深，植被发育。北部丘陵与低山区形成隔离花都副中心与从化副中心的生态屏障，区域上联系清远地区山地。以越秀—天河—荔湾—黄埔及南沙为主的平原区地势平坦，多为耕植区和人类居住稠密区，偶有200m左右的丘陵凸起。

#### （2）水——保护北树南网、串岛成链、江聚入海的水乡地理格局

广州市水网密布，形成了点、线、面的景观网络体系。其中，湖面景观是点状景观的代表，主要结合公园建设，水岸多硬质化，视野开阔，公共开敞空间较多，以亲水宜人的人工景观为主。河涌景观水体面积较小，是城市水体中的线性景观代表，受两侧绿化建设范围限制，多种植灌木和乔木，以观赏性景观为主，部分河涌与社区小游园相结合，增强了滨水空间的亲水性。河流景观流域较广，水面宽阔，是城市水体中的面状景观，兼具人工景观和自然景观的特征，两岸绿化层次丰富，与周围建筑环境相结合，景观类型多样。滨水景观在中心城区和外围地区的风貌也有所不同。中心城区的水体周边建设较为完善，整体体现的是都市居住生活景观，或者工业风貌特色，外围滨水地区还保留着大量农田和村庄，植物原生态景观良好，多为自然堤岸，具有较大的提升空间。

保护全市754.9km$^2$的水域面积，1368条河流、河涌，368座湖泊水库，59个江心岛屿及北部温泉。保护地下水系统，加强河湖生态保护、修复及滨水生态环境建设，以珠江为脉，形成可蓄、可引、可排、清洁的城市水网。注重滨水建设，重点塑造精品珠江30km，塑造有韵律感的天际线，构建世界级滨水空间。

#### （3）林——保护并提升森林生态修复能力

广州市森林覆盖率达42.31%，建成区绿化覆盖率达41.8%，进一步推进森林公园建设，加强生态公益林建设，优化绿化树种结构，提高植被覆盖率，提高水土涵养能力，提升生态系统功能。应用乡土树种，完善生物多样性保护空间格局，培育“花城”特色景观植物，营造具有岭南园林特色和郊野气息的自然景观效果，凸显“花城”特色。

广州林地集中在北部地区，其整体规模较大，具有很强

的贯通性，同时分布范围广泛，对于广州整体的生态环境存在极大的影响。由于广州地区的气候条件因素较好，所以不同作物种植都能在其中得到很好的生长。广州目前具有代表性的植被是热带季风常绿阔叶林，同时该地区是全国果树资源最丰富的地区之一。林地分布与山体大致保持一致。据统计，广州市林业用地面积约2950km$^2$，森林覆盖率达41.4%。常见野生维管束植物种类共计1813种，隶属于220科和855属。截至2008年统计数据，古树名木为3791株。栽培作物具有热带向亚热带过渡的鲜明特征，包括热带、亚热带和温带3大类、40科、77属、132种和变种共500余个品种，更是荔枝、橙、龙眼、乌（白）榄等起源和类型形成的中心地带。花卉包括观叶植物、鲜切花、盆花、盆景、盆橘、观赏苗木、工业用花等，传统品种和近年引进、开发利用的新品种共300多个。

基于2018年绿地现状调查，广州共有公园绿地斑块3287块，面积为166.4km$^2$。其中综合公园面积为46.55km$^2$，占公园绿地面积的27.98%；专类公园面积为53.6hm$^2$，占公园绿地面积的32.23%。此外，社区公园（包括居住区公园和小区

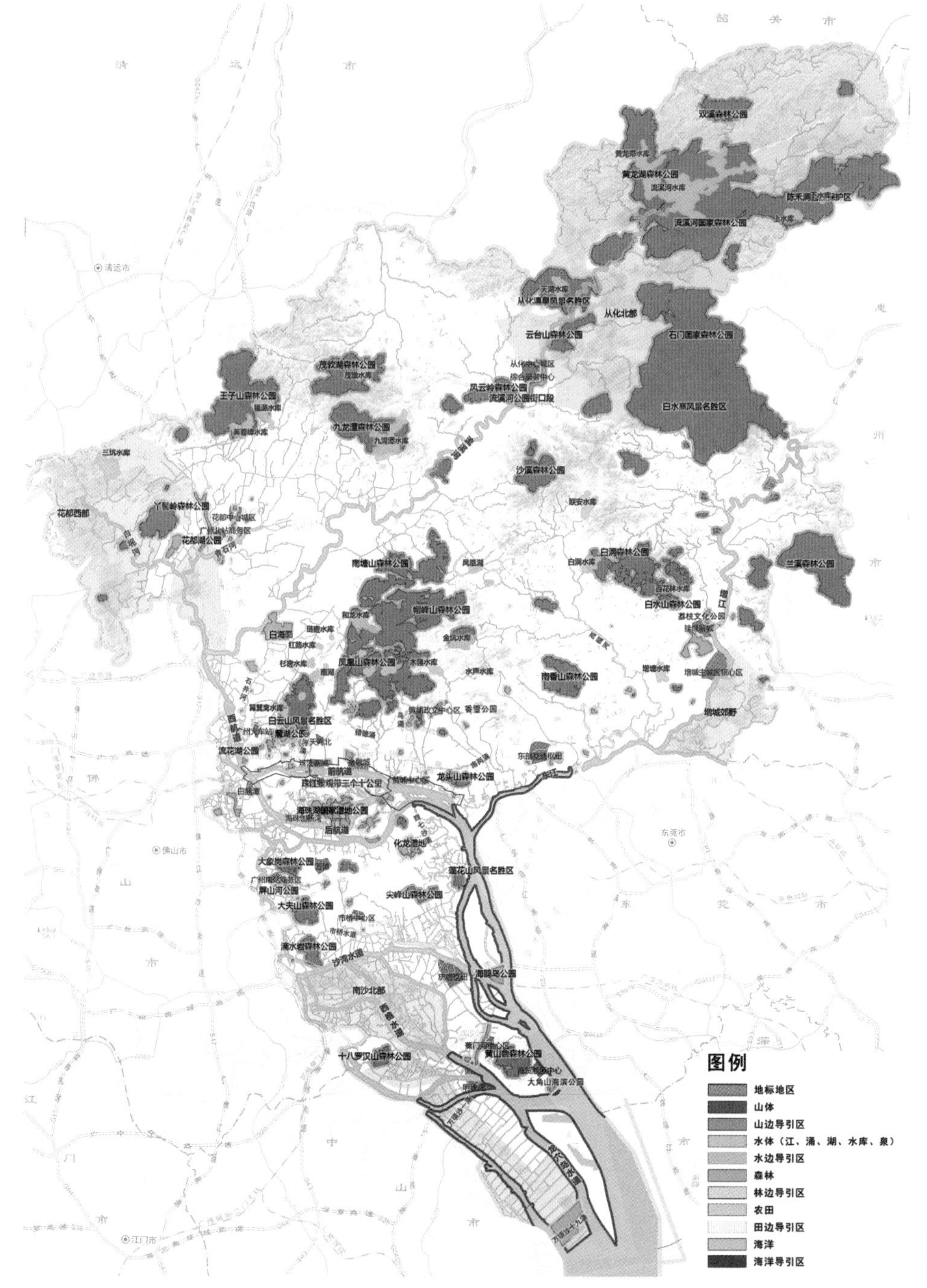


图3-3 山、水、林、城、田、海

来源：《广州总体城市设计》。

游园）面积为34.85km$^2$；带状公园面积为16.86km$^2$；街旁绿地面积为14.49km$^2$。人均公园绿地面积达到15.03km$^2$。

**（4）城——保护并营造与自然生态协调的城市环境**

保护历史文化名城，逐步恢复广州历史城区传统风貌。强调回归珠江母亲河主题，将市民生活引向滨江。强化两轴空间秩序，突出统领城市空间景观格局的骨架作用。打造景观廊道，串联重点景观节点。

珠江作为空间纽带贯穿全市，一江两岸三带起到了串联提升全市的经济、创新、景观的作用。对珠江沿线进行规划开发，进一步加强相关产业的迭代，推进城市发展和珠江水域治理，增强其景观美观度，增强其文化历史背景意蕴的融通。进一步将珠江新城作为重心，形成其辐射效应下整个区域的发展，建设以国际金融城为核心的新CBD，并且进一步加快白鹅潭等区域的发展建设，增强整个经济带的实力。同时有效帮助相关资源区域进行对接，创设更多有价值的创新链条，增强珠江区域的创新能力。并对沿江的景观进行统筹、整合，规制有效保护措施，对于珠江航道的变迁进行系统规划，形成具有更高文化属性和生态价值的岸线环境。打造精品珠江，作为广州文化形象代表和历史风貌亮丽名片。

**（5）田——保护并凸显岭南特色农田景观**

保护冲积平原形成的连片农田、自由式网络耕作而成的岭南桑基鱼塘、线性的沿水聚落、滨海湿地，重点保护135.17万亩基本农田及花都西部、从化北部、增城郊野、南沙北部连片农田，塑造具有较高观赏和游憩价值的地理文化场所。鼓励发展以自然景观和农耕体验为主的特色乡村旅游，展示岭南乡村韵味与田园生活魅力。

根据《广州市土地利用总体规划（2006—2020年）》中统计数据，截至2005年，广州市土地总面积为7286.55km$^2$（未含海域面积），其中农用地为5330.75km$^2$（799.61万亩）。空间上形成六大农业组团：花都北、西部山地农田、白云西部农业区、东部山水新城农业区、增城北部农业区、增城南部农业生态区、番禺南部农业区。

**（6）海——保护并塑造南部黄金海岸线**

统筹保护和利用157.1km海岸线，强化生态修复和生态重建，切实加强红树林湿地保护，开展宜林滩涂红树林营造，修复珠江口湿地和水鸟生境保护网络，开展河口海岸基干林和纵深防护林建设与恢复工程，提升海岸防风林功能。打造滨海特色建筑风貌，弘扬海洋文化，塑造集人文景观和自然风光于一体的南沙港。

广州拥有虎门、蕉门、洪奇门三大入海口门。广州港出海航道的平均底标约为-13m，可以容纳5万t级别的水上运输工具进出港；南沙港区域内的出海航道，底标约为-15.5m，可以容纳5万t级别水上运输工具全天候通行，同时在涨潮期间能够容纳10万t水上交通工具通行。狮子洋的左岸有东江三角洲的北干流、南支流等河道汇入，狮子洋南流至大虎接伶仃洋出海。广州河道比较特殊，其不仅收到内流河水的顶托作用，同时又受到伶仃洋潮汐影响，因此存在明显复杂的流态状况。

### 3.1.1.3　引导五边生态区域高度

对接广州规划行政管理的管理单元，将城市高度的“地标地区”“底线控制”作为引导重点，以形成广州特色的城市总体高度秩序。中部延续一江两岸，贯穿空港到南站，展示广州云山、珠水、古城的特色城市形态；北部地区维持“地区中心+山林生态”的城市形象；南沙地区展示广州面向海洋、港城交织互融的滨海城市形态。

形成与城市生态本底呼应的城市高度底线控制，划定山、水、林、田、海等特色生态区域，对内部或周边的新建及大面积改造区进行高度引导，提出不同侧重的管控，塑造与自然生态环境相融合的建筑风貌。

**（1）山边**

管控39个森林公园、风景名胜区、自然保护区周边500m范围内的新建及大面积改造区，总面积约为1000km$^2$。建设前要对重要视点和视角进行天际线分析，保证重要山脊线以下20%～30%山体景观不被建筑物遮挡。保持山体的开敞、通透，控制山体开敞面原则上不得少于山体占地总周长的60%。预留更多的公共通山廊道。公共开放的可通达山边的通道（包括城市道路、地块内部道路及步行道）之间的间距不宜超过200m（图3-4）。

**（2）水边**

管控珠江西航道和前后航道、流溪河、东江北干流、增江等30条骨干河道。重点管控景观带“三个十公里”，其他江边500m范围内根据实际情况参照此要求进行管控，新建区、大面积改造区保留100～200m的滨江公共绿地（图3-5），已建已批地区滨江绿地宽度小于100m的暂按现状控制，远期可结合规划改造加宽。滨江绿地中可配套公益性服务设施。临江一线建筑（指未审批地块主导功能建筑）高度控制在60m以下，白鹅潭地区一线建筑平均高度30m，局部不超过35m。临珠江前航道两岸建筑应退岸线布置，避让堤防及其管理范围，建筑退江岸线高宽比宜小于1。预留更多的公共通江廊道。公共开放的可通达滨江的通道（包括城市道路、地块内部道路及步行道）之间的间距不宜超过200m。

管控广州市域范围内主要河涌蓝线外100m范围内的新建及大面积改造区。河涌蓝线外预留最窄宽度不小于10m的景观带，注重沿岸景观设计，鼓励设置连贯的慢行步道，弘扬河涌文化，形成公共开放的活力水岸。拆除河涌沿线乱搭建、“散乱污”和超高超大村民建房等严重影响沿岸环境的建筑。鼓励前低后高的沿线建筑高度控制，减少压抑感。沿江一线未核发规划条件地块的新建项目鼓励控制在24m以下，宜结合底层增加商业游憩功能。

管控流溪河水库、南湖等29宗大中型湖泊水库蓝线外500m范围内的新建及大面积改造区。控制湖泊水库周边开发建设，控制旅游度假设施的建设规模和强度。开放沿水面，沿水体周边可建设对公众开放的环湖慢行道。湖泊水库边的建设用地不得修建封闭围墙。预留更多的公共通水廊道。公共开放的可通达水库的通道（包括城市道路、地块内部道路及步行道）之间的间距不宜超过200m。

管控广州市从化温泉风景名胜区核心区及外围保护地带

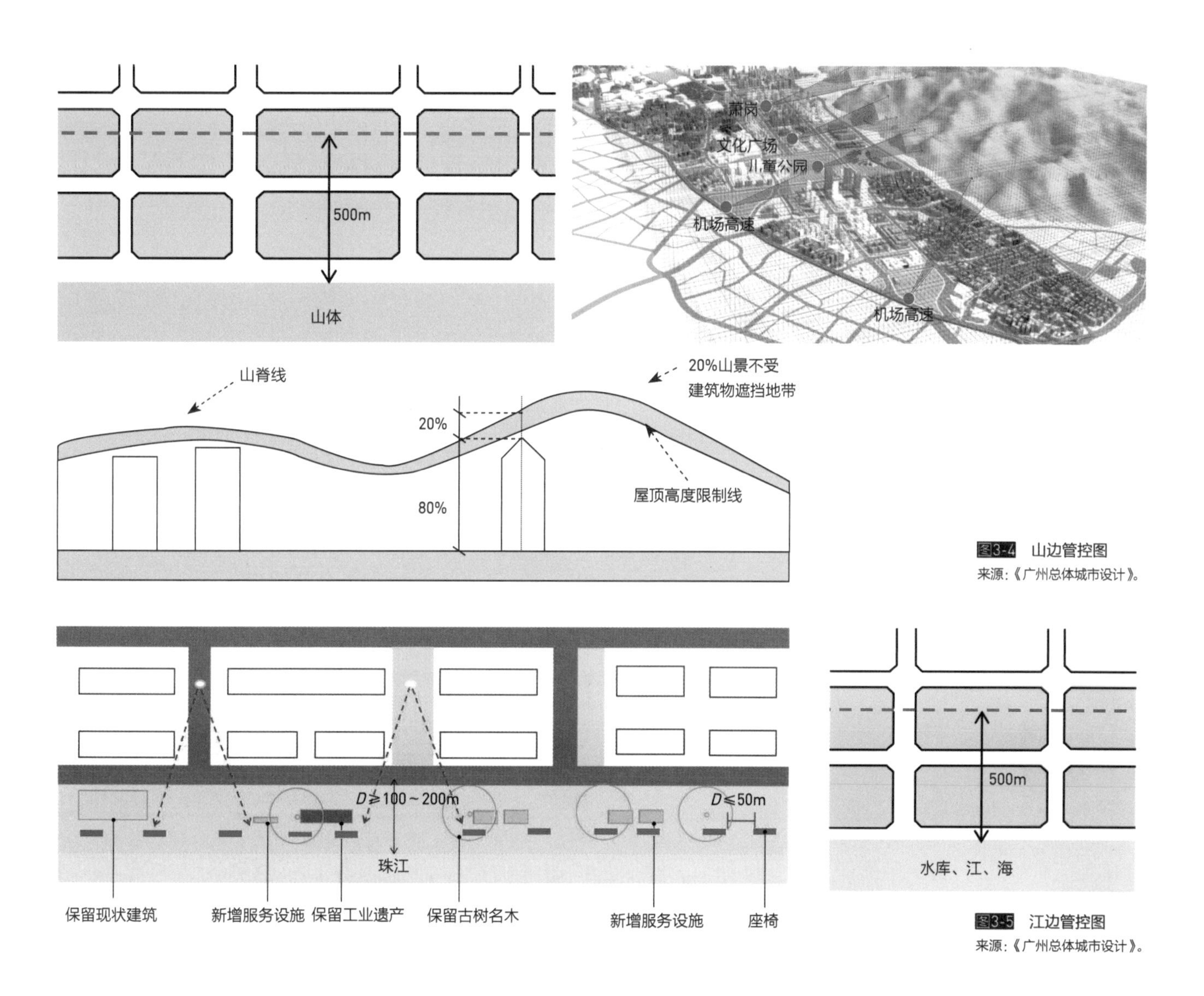


图3-4 山边管控图
来源：《广州总体城市设计》。

图3-5 江边管控图
来源：《广州总体城市设计》。

范围内的新建及大面积改造区，分级保育，保护温泉资源可持续性。特级保护区面积9.25km²，禁止建筑设施。一级保护区面积5.38km²，生态为主，仅允许配置休憩设施。加强公共艺术设计，彰显温泉特色。各种配套设施宜选择简洁明快、符合景区休闲气氛的形式和材料。严控核心区建设强度，鼓励休闲旅游设施。鼓励沿山体形成多层次的建筑组合，采用生态低碳的山地建筑形式。

### （3）林边

保护郊野9大重要生态片区，管控建成区内68个重要的生态公园、城市公园周边500m范围内的新建及大面积改造区，未核发规划条件地块的新建项目临公园面外缘垂直投影线后退公园范围不少于15m（包括绿带、道路等）。与公园距离越近，高度分区控制应越严格，总体呈逐级下降的趋势。紧邻公园的未核发规划条件地块的新建项目高度控制为20～40m，不宜露出绿化林冠线，同时符合鸟类飞行通道的高度要求。预留更多的公共通园廊道。公共开放的可通林边的通道（包括城市道路、地块内部道路及步行道）之间的间距不宜超过200m。如公园周边为高等级马路，建议增加便捷直达的天桥、地下过道等公共通道（图3-6）。

### （4）田边

管控花都西部、从化北部、增城郊野、南沙北部4片农田周边建设区域，谋划集循环农业、创业农业、农事体验于一体的田园综合体，鼓励打造大地景观，打造乡村旅游品牌。控制周边建设强度，提高品质。推进农田周边建设美化工作，保护农田生态环境。田边总体呈现逐级下降的高度，形成“前低后高”的田边建筑高度控制。

### （5）海边

管控157.1km海岸线边500m范围内的新建及大面积改造区，打造南沙特色建筑风貌，延续滨海城市历史文脉。保留100～300m的滨海公共空间，现状无条件的，远期可结合规划改造加宽（生产岸线除外）。滨海公共空间中可配套文化体育等公益性服务设施。形成“前低后高”的滨海建筑高度控制，横沥岛地区结合城市中心营造富有节奏感和韵律感的天际线，其他地区鼓励打造深远平缓的城市建筑风貌，形成山、城、水一体的门户形象。预留更多的公共通海廊道。公共开放的可通达滨海的通道（包括城市道路、地块内部道路及步行道）之间的间距不宜超过200m。

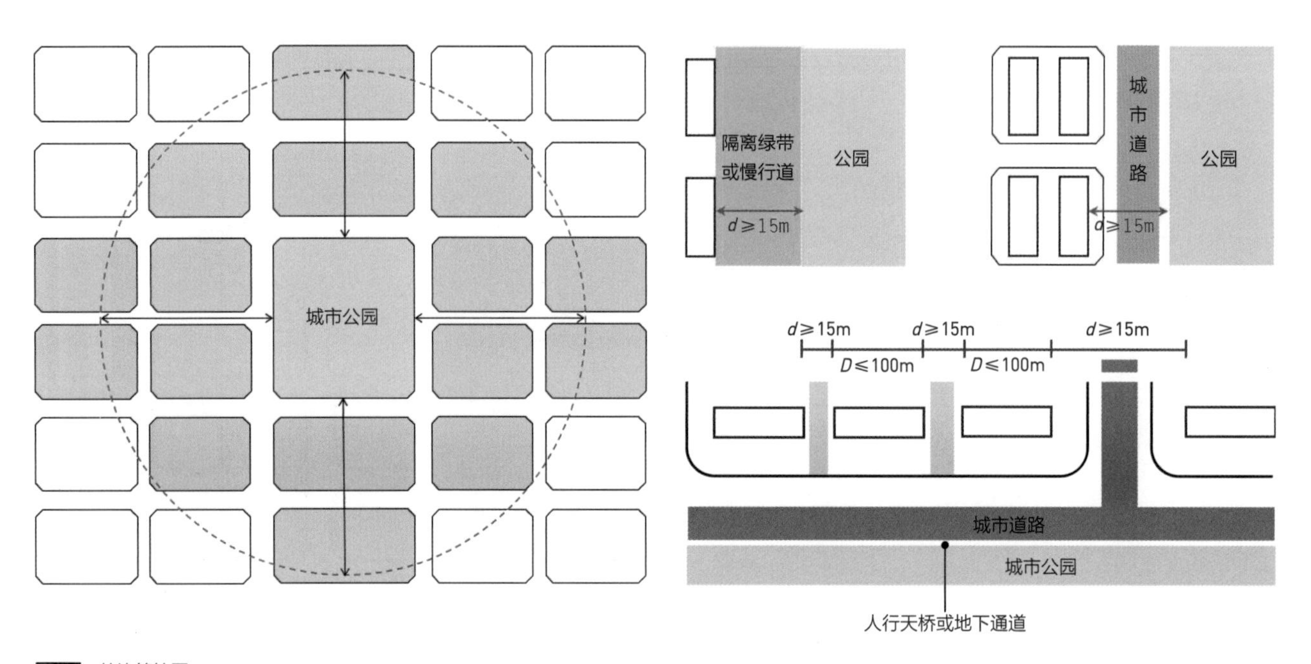


图3-6 林边管控图

来源：《广州总体城市设计》。

### 3.1.2 全尺度引导城市通风环境优化

数字化环境模拟，全尺度引导城市通风环境优化。通风廊道的研究，贯穿市域—中部地区—重点地区的全尺度。基于数字化通风环境模拟的城市风廊引导，结合广州气象监测数据与天气预报模式模拟，在市域尺度，利用WRF模拟广州市域及周边的风场环境，明确市域的风环境调控分区，提取市域通风主廊道提供支撑；在中部地区，利用通风潜力模型，对城市空间风渗透性进行描述及可视化；在重点地区，利用CFD模型划分强风、弱风、静风区进行重点地区通风廊道的设计；由此构建面向市域—中部地区—重点地区—场地尺度的通风环境优化策略与指引，填补广州风环境方面的规划管理空白。

#### 3.1.2.1 广州市属南亚热带季风气候区，气候资源十分丰富

由于地处低纬度地区，南面是浩瀚的大海，因此海洋和大陆对广州气候都有非常明显的影响。广州市各地平均年降水量在1800多毫米，其中4～9月汛期降水量占全年的80%左右，年降水日数在150天左右。其中4～6月的前汛期多为锋面雨，7～9月的后汛期多为热带气旋雨，其次为对流雨（热雷雨），年平均暴雨日数（日降水量大于或等于50mm）约有7天，10月至次年3月是少雨季节。空间分布上，广州市的年降雨量总体上具有南北多、中南部少的特点。广州市各地年平均气温在21.5～22.2℃之间，全年最冷月为1月，平均最低气温为10℃，极端最低气温为0℃。7月为最热月，平均最高气温32.8℃，极端最高达39.3℃。广州市年平均气温呈南高北低的趋势。

广州风向的季节性很强，春季以偏东南风较多，偏北风次多；夏季受副热带高压和南海低压的影响，以偏东南风为盛行风；秋季由夏季风转为冬季风，盛行风向是偏北风；冬季受冷高压控制，主要是偏北风，其次是偏东南风。

**（1）广州气候本底十分湿热，风速较小**

对广州典型气象年逐时气象参数进行分析，可以看出广州5～9月的月平均气温超过26℃，月平均绝对湿度超过15g/kg，说明这5个月是广州最闷热的月份，急需自然通风以改善其微气候条件（图3-7）。

统计分析表明，5～9月期间广州静风比例为21.08%，平均风速在1.5～2.4m/s之间，整体风速较小。

**（2）“自然通风”能有效改善广州城市气候环境**

使用“建筑生物气候分析图”对广州的气候条件进行分析，结果显示不采用任何被动式设计策略时，5～9月人会感觉非常热，采用“自然通风”设计策略后，广州3～11月的气候舒适度均有较大幅度的提高。良好的自然通风可以使人体全年的舒适时间比例从2.6%上升到22.8%，舒适时间增多了近9倍。

#### 3.1.2.2 广州多年气温与热岛变化趋势

**（1）广州年平均温度呈波动变化，温度呈现明显的上升趋势，热岛强度与温度同步变化**

20世纪90年代后由于城镇化进程加快，温度明显有偏高的趋势，热岛的增温占了气温增温的70%以上。1996～2015年，热岛强度一直直线上升，从0.14℃达到1.5℃，与20世纪90年代前相比，呈现明显加速增长趋势。

**（2）广州城市热岛效应大致呈现“中强北弱”的分布格局**

广州地表温度反演结果显示，广州城市热环境分布呈现“中央集中热岛”格局，热岛核心由老城区向周边地区转移，花都、番禺等热岛副中心也在逐渐形成。

广州火车站周边、天河体育中心周边、陈家祠周边、北京路、东山口、二沙岛、芳村，白云的钟落潭镇和江高镇、海珠的南华西路、萝岗的夏港街、黄埔的黄埔街，增城的新塘镇、石滩镇、荔城街，花都的狮岭镇、炭步镇、新华街等地区热岛强度接近2℃，高的可达2.5℃

从化的鳌头镇—温泉镇—江浦镇一带和太平镇，番禺的洛浦街—大石镇—钟村一带和石楼镇、石县镇，南沙的东涌镇—黄阁镇—万顷沙镇一带热岛强度可达到1～1.5℃；其余地区热岛强度基本在1℃以下。

**（3）广州市内风速减弱趋势明显，静风频率和盛行风频率均呈上升趋势**

2000年以来，除从化外，广州各地区的年平均风速呈减小趋势，花都、番禺、增城的减小趋势较明显。

广州站1996～2010年静风小风频率呈波动变化，但总体呈上升趋势，城镇化使年静风小风频率每10年增加6.1%，说明城镇化对内陆城市广州风速影响较大，静风出

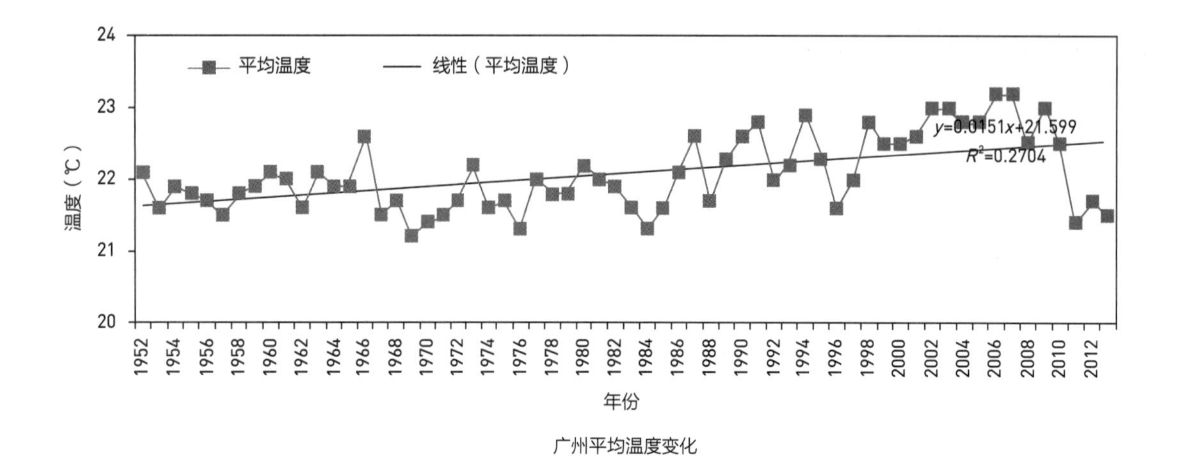


广州平均温度变化

1.5
1
0.5
0
-0.5
-1
-1.5
温度（℃）
1952
1954
1956
1958
1960
1962
1964
1966
1968
1970
1972
1974
1976
1978
1980
1982
1984
1986
1988
1990
1992
1994
1996
1998
2000
2002
2004
2006
2008
2010
2012
年份

广州距平温度变化

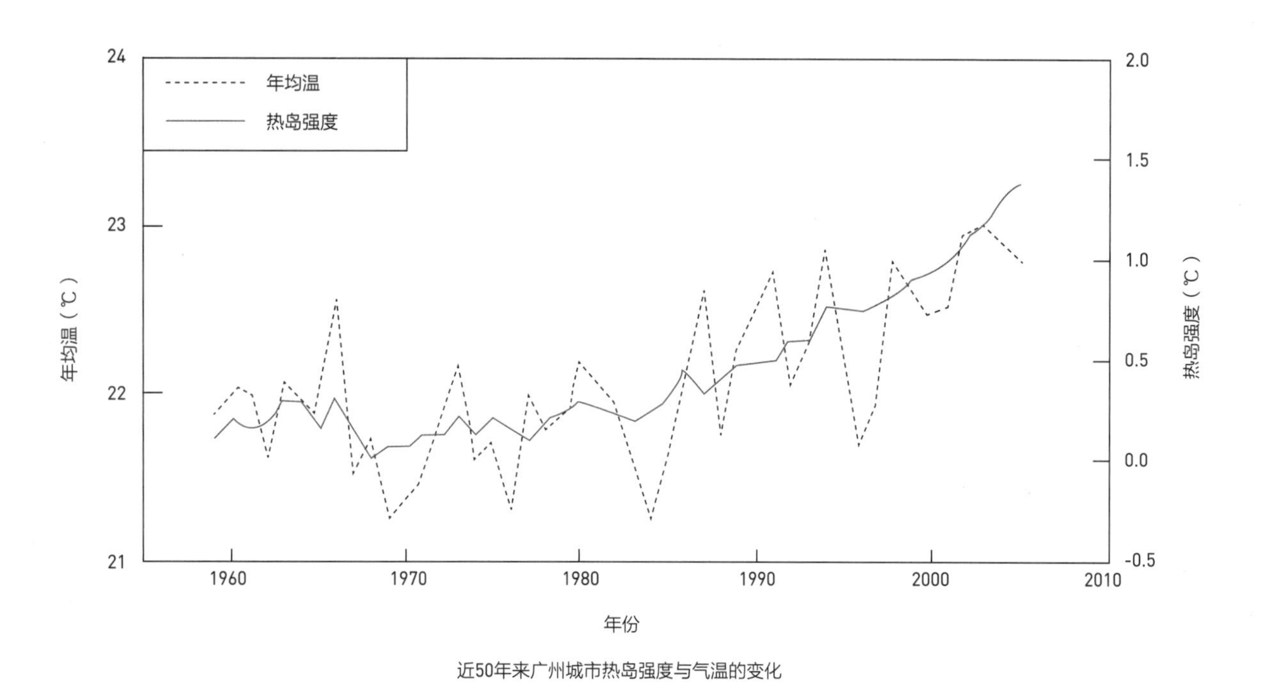


近50年来广州城市热岛强度与气温的变化

**图3-7** 广州热岛强度

来源：《广州总体城市设计》风廊规划。

**案例：国内外通风廊道已形成了成熟的管理体系**

全球范围内，很多国家都针对城市静稳风或弱风环境展开了城市通风廊道的研究，同时已经将相关研究予以具体执行，并且在执行过程之中产生了比较完善的管理制度。

德国是最早开始这项研究的国家，目前德国的大中型城市不同层级的规划中均有该专项研究，通过城市环境气候图集系统将气候与气象研究结果直接应用于城市发展中，还专门成立气候工作署，致力为政府决策者和规划设计人员提供有效的气候信息，用于指导规划设计和政策制定，已经形成了几十年的长期有效管控。如斯图加特根据风场模拟结果，确定山坡地带的冷气流廊道，指导地区发展规划的编制。

我国香港特区在2006年制定的《香港规划标准与准则》"第十一章　城市设计指引"中专门有"空气流动"的章节，提出"应沿主要盛行风的方向辟设通风廊，增设与通风廊交接的风道，使空气能够有效流入市区范围内，从而驱散热气、废气和微尘，以改善局部地区的微气候。"于2007年开始将通风廊道要求纳入香港特区的规划与发展法定图则——《分区计划大纲图》的更新及新市镇发展区的规划设计之中。例如香港特区最大规模的规划项目启德发展计划特别提出改善行人风环境，取消裙楼的设计，规划网络式的街道布局和注重通风廊道的设计，都旨在将海风和盛行风引入城市腹地。

我国武汉市于2013年开展《武汉市城市风道规划管理研究》的编制工作，启动《武汉市城市风道规划》，规划打通江城城市6条风道，改善城市热岛效应，引入"穿堂风"为城区降温。武汉的风道规划明确了各级风道的各项控制要素的具体控制要求和指标，主要包括风道宽度、开敞度、两侧建筑密度、建筑高度、布局形式，以及植物类型、种植形式和乔灌种植比例等。其中重点通过对市域迎风面积密度与建筑密度的研究分析，得出改善城市风环境的调整策略。

我国北京市2016年在市规划委的统筹下，成立中心城通风廊道系统研究团队，通过基于天空开阔度与粗糙度长度的通风潜力分析，结合城市热岛效应分布情况，规划了5条宽度500m以上的一级通风廊道，以及多条宽度80m以上的二级通风廊道。北京的通风廊道还处于规划阶段，未来进入实施阶段后并非要大拆大建，而是控制与优化结合：一是基于现状严控增量，防止现有的通风廊道被城市建设所侵占，保护空气流动状况不会继续变差；二是结合城市发展更新的进程，逐步进行优化，在有条件的情况下打通阻碍空气流通的关键节点。

现的情况较多。

1996～2010年广州盛行风向频率呈现波动变化，但总体呈上升趋势，城镇化使广州年盛行风向频率每10年增加3.7%，而在盛行风向下定时平均风速不小于1.5m/s的频率每10年减小8.7%。

### 3.1.2.3　广州风环境多层次初步模拟

#### （1）基于WRF的广州区域尺度风环境初步模拟特征

模拟采用LAMBERT的投影方式，垂直方向上设置30层，模式顶的气压为50hPa。设置四重Domain，中心点设置在广州（23.3° N，113.5° E），选择2014年1月和7月代表冬季和夏季的两个典型月份。

风环境特征分析。广州地区1月区域背景风为东北风，整体气流从东北的内陆流向西南区域，在从化、增城和花都区局部地区出现明显的风场复合，城市建成区（越秀区、荔湾区和海珠区等）则有静小风现象出现。7月主导风向为东南风及偏东风，整体气流从东南的沿海流向西北内陆区域，在从化南部和北部、增城中部出现复合区域，同1月情况相似，在城市建成区风速相对较小。1月冬季风作为盛行风时期，广州地区进风口主要为从化流溪河和惠州增城交界处。7月夏季风盛行时期，广州区域进风口主要为伶仃洋、东莞、惠州。

地形环境是影响区域风场最主要的因素，特别在冬季，由于以北风为主，山地对风的影响效果显著，在广州东北部山脉所在区域风速明显偏小，越过山体后风速有明显的增加。广州东北部山地与夏季风垂直，形成对风的阻挡作用，在进入山地区域之前风速约为5m/s，当风垂直绕过山地后风速降为约2m/s，顺风的山地区域可以作为区域通风廊道的重要载体。

根据广州市1月和7月平均10m相对风速分布图，城市建成区由于下垫面粗糙度较大，使得风速明显偏低，不利于内部气流的流通。

1月珠江口狮子洋至珠江前后航道的分界点、广州市南沙的蕉门水道、洪奇沥水道、市桥水道的河道风速较大；7月与1月相似，以上主要河道在区域的河道网络中风速较大，南沙的河道网络具有成为区域通风廊道的潜力。局地环流特征分析。在广州市界有一条红色的高值带，发现在有河流海域之处，温度普遍高于周围其他地区，在有山脉等较高海拔之处，温度低于周围地区。城市建成区以上升气流为主，在黄埔区则以下沉气流为主，上层气流从城市建成区流向黄埔区，下层气流由黄埔区流向建成区，利于城市建成区的空气流通，也与地面风场保持一致。

广州市7月整场温度差异性不大，在7月上层气流主要从周边区域流向城市建成区，下层气流由城市建成区流向周边区域，但考虑城市建成区在出现静风时，可能不利于城市建成区的空气向外界输送。

1月边界层高值中心主要位于广州建成区，低值区域主要位于从化山区，在河流海域，边界层高度也较低。因此，在广州越秀区、荔湾区、海珠区和天河区等城市建成区利于空气的垂直流通，在从化地区则不利于空气的垂直流通。

7月广州市边界层高度明显高于1月，和7月环境温度较高有一定的关系，当温度较高时，垂直对流明显，利于大气边界层的抬升。7月广州边界层高度高值区较1月有所北移，主要位于白云区，可达到800m以上。在番禺区北部也有高值区出现，低值区依旧出现在从化的山脉地区以及南部的河流入海口区域。

**（2）集中建设地区风环境特征**

集中建设地区：表现为区域静小风及热岛核心特征，周边进风口应作为主干通风廊道入口。广州中心城区内的高密度、高强度地区为广州静小风及热岛核心区域。利用WRF模式模拟的广州风环境可发现广州集中建设地区的越秀区、荔湾区、海珠区、天河中南部和黄埔区南部为静小风核心区域。1月模拟数值在2m/s以下，不利于该区域内部的空气流通，而黄埔区剩余区域和荔湾区的南部则风速相对较大，维持在4m/s左右。其中越秀区、海珠区西部和天河南部区域平均10m相对风速为负值，表明该地区风速明显小于区域平均值。

热岛地区与静小风核心区域格局基本吻合。城市建成区温度明显高于周边区域，越秀区、海珠区、天河区、白云区部分区域，达到18.5℃以上，易于出现城市热岛环流，集中建设地区内部廊道的构建对于促进环流、改善通风有积极意义。

对区域进风口进行通风性能进行评估，从模拟分析结果可以看出，广州集中建设区域进风口夏季为海珠区海珠湿地附近、黄埔区黄埔临港地区；冬季主要为白云区白云山西部地区和帽峰山南麓。以上入口风速明显大于集中建设区域，达到3～5m/s，利于气流向越秀区、荔湾区、海珠区、天河区、黄埔区中部等集中建设地区输送，为其提供新鲜空气。以上进风口地区应作为主干通风廊道入口。

集中建设地区风廊构建基础：通风潜力布局。迎风面积指数对城市人行风环境的预测有效度较高，基于城市建筑物分布和高度数据，建立城市下垫面建筑物网格精细化参数方案，通过GIS计算得到500m格网参数化的城市形态，其中迎风面积指数可用于集中建设地区通风潜力的重要因子。

集中建设地区内低通风潜力地区主要分布于中心城区的北二环以南、广园快速以南以及番禺区市桥地区、花都中心城区及狮岭地区；高通风潜力地区则主要位于集中建设地区内部开敞空间及周边低密度建设地带，通过各类型通风潜力地区与精细化天空可视因子结果图比对，可见城市通风潜力与城市形态布局、建设强度、建筑布局围合度等密切相关（图3-8）。

**（3）广州通风环境现状特征与问题**

“北山南水”的城市格局造就了良好的通风屏风环境。北部山体与南部沿海的农田地区是广州的强风区域，形成广州最重要的气候资源。夏季风速整体大于冬季：夏季以东南海风为主，沿南部平原地区深入陆地，无明显阻挡；夏季以北风为主，山体形成有力屏障，有效防止北风肆虐。山体屏障冬季阻挡作用明显，夏季则形成冷空气源。冬季背风的山谷地区形成多个静风区，但背风的山前地带风速较大，应适当控制。而夏季山谷地区风速减小不明显，夏季风部分越过北部山脉，深入从化、增城、白云、花都的谷地，同时形成冷源，产生山地风。

集中城镇地带形成"静小风区"。中心城区、番禺及白云北部连成集中成片的建成区，是广州最大的"静小风区"，其中旧城区风速最小，白云北、番禺、黄埔等地区风速更大。中心城区外围的集中城镇地带，如花都、南沙、增城、从化的中心镇地区都形成了"静小风区"，背景风从城镇穿过时，出现风速明显减弱的趋势，穿过城镇地带后风速回升。广州的城镇地区多依山夹水而建，应着重利用山地风、水陆风等局地环流，引冷空气进入城市肌理。

中心城区为静小风与热岛核心，风速总体呈现"西弱东强"格局。广州越秀区、荔湾区、海珠区西部、天河中南部和黄埔区南部为静小风核心区域及热岛核心。中心城区由于下垫面粗糙度较大，不利于内部气流的流通，使得风速明显

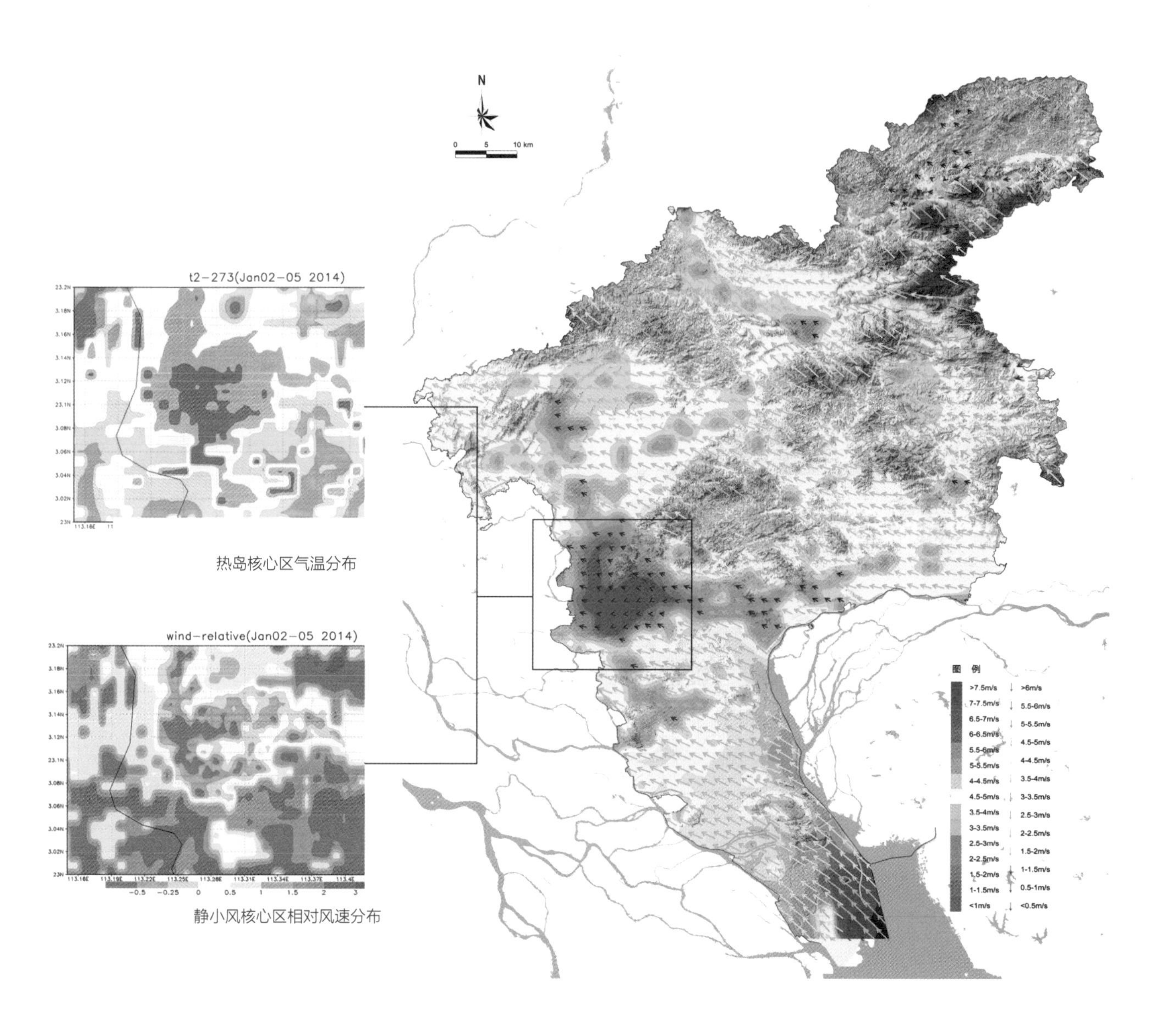


**图3-8** 集中建设地区风速风向模拟结果

来源：《广州总体城市设计》风廊规划。

偏低，阻隔了南部与北部的空气传导，北部的空气环流动力一部分从增城南部进入，另一部分来源于帽峰山、九连山脉、罗浮山脉等山地风。中心城区西部的荔湾、越秀地区由于建筑密集，风速明显比东部的天河、黄埔地区更低，中心城区的风廊应着重打通西部，预控东部，贯穿北部山体与南部珠江水系，形成南北向通风道。

广州静小风核心区现状通风潜力低，城市风环境优化需注意集中建设地区风道挖潜。通风潜力低值区域主要分布于越秀区、荔湾区东北部（珠江西航道以东）、白云区东南部（北二环以南、流溪河以东）、天河区东部及南部（广园快速路以南）和黄埔区南部（广园快速路以南）地区。静小风与通风潜力低值区域分布空间吻合，高密度、高强度的城市空间形态是影响城市集中建设地区空气流通的主导因素，潜在通风廊道主要依托连续的开敞空间及低密度建筑区布局。通风潜力极低区域应为广州城区通风优化的重点地区，应结合主导风向连通断续的中高潜力通风节点形成风道。中心城现状潜在风道包括：黄埔临港地区—火龙凤地区；珠江前后航道；海珠湿地—琶洲地区—新城市中轴线—白云山廊道；白云山西部地区等。

### 3.1.2.4 广州通风环境改善提升

充分引入海风：南沙滨海地区是主要海风入城通道，应控制南沙的开发强度，预留充分的开敞空间，将海风引入建城区内部。应避免建筑物在港湾形成屏风效应。充分利用山体冷源：山体是广州的强风地带，而中心城区则是广州的静风地带，控制山前地区的开发建设强度，结合开敞空间预留冷空气通道，将山谷风引入城市。充分利用河流廊道：河流可以成为城市核心的通风廊道，建于河流周边的建筑物应设计适当，控制建筑间距和建筑高度差，同时在滨河地区建设垂直河岸的绿色开敞空间，加强城市的通风渗透。集中建设地区进行风道挖潜：合理城市形态布局，打造通风廊道，保护高通风潜力地区，优化中低潜力地区，连通开敞空间节点。中心城区的风廊应着重打通西部，预控东部，贯穿北部山体与南部珠江水系，形成南北向通风道。夏季盛行风主要是东南风向，南北朝向的街道格局宜拓宽，建筑物朝向宜顺应主导风向，兼顾通风与采光要求。

#### （1）总体策略

构建城市五处大型“氧源地”，保护城市优质风源：保护上风向上的重要生态斑块区，包括南沙黄山鲁地区、番禺十八罗汉山—滴水岩、帽峰山白云山以及从化花都北部山系。基于主通风廊道，加强7处迎风区与1处强风区控制，优化1处老城静风区风环境：重点改善老城静风区，控制各片区迎风地区，保护强风地区开敞空间，利用好主通风廊道吹风入城（图3-9）。

北部地区：重点控制河流两侧与山前地带建筑布局与开敞空间。保护北部山地冷源，为周边城区造风，控制山前通风地带开发建设强度与建筑布局、优化谷地静风地带，避免在山谷地带布局污染型产业。加强流溪河、增江等垂直于主导风向的河流沿岸建筑控制，同时在滨河地区建设垂直河岸的绿色开敞空间，加强城市的通风渗透。

中部地区：构建连接城市通风主廊道的开敞空间体系。依托道路、绿地、广场等开敞空间，结合低密度建筑地区，构建次级通风廊道体系，连接城市主通风廊道，使夏季主导风能顺利渗透城区内部，改善城市静小风地区风环境。

南部地区：着力保护珠江口通风主廊道地区的空间开敞性。南沙滨海地区是主要海风入城通道，应控制南沙的开发

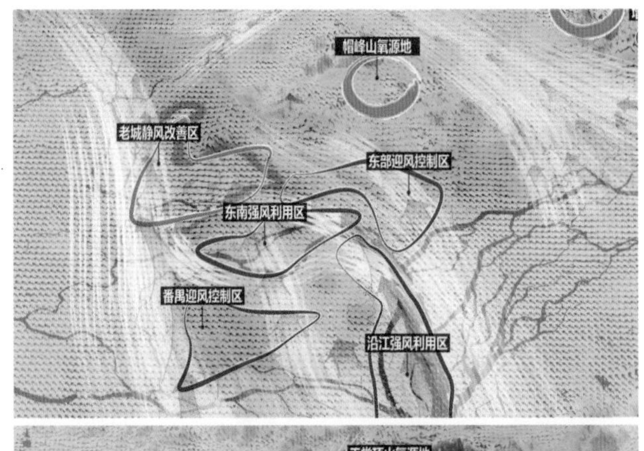


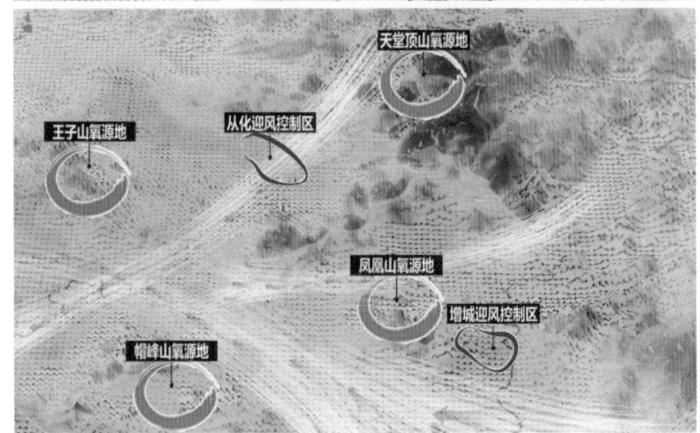


图3-9 市域风廊优化
来源：《广州总体城市设计》风廊规划。

强度，预留充分的开敞空间，避免布局污染型产业。控制狮子洋、蕉门水道两侧城市形态，避免布局沿江与港湾屏风楼，保障南北向开敞空间。

### （2）中部地区通风廊道系统构建

通风潜力与潜在廊道模拟。识别出珠江、广园快速、新中轴线、东部生态带等多条通风道。在集中识别地区主要是挖潜由南向北的通道，打通北部山体、中部珠江水道、南部田园冷源之间的空间流动空间；运用LCP分析方法，以500m网格迎风面积指数为基础，计算主廊道，以100m迎风面积指数为基础，计算次级通风廊道；目前廊道包括快速路等城镇主要交通干道，以及珠江等主要水系。开敞空间形成的廊道地区，如东部生态带。

静小风核心区通风潜力低，风环境优化需注意集中建设地区风道挖潜。通风潜力低值区域主要分布于越秀区、荔湾区东北部（珠江西航道以东）、白云区东南部（北二环以南、流溪河以东）、天河区东部及南部（广园快速路以南）和黄埔区南部（广园快速路以南）地区。

通风潜力极低区域应为广州城区通风优化的重点地区，应结合主导风向连通断续的中高潜力通风节点形成风道。中心城现状潜在风道包括：黄埔临港地区—火龙凤地区；珠江前后航道；海珠湿地—琶洲地区—新城市中轴线—白云山廊道；白云山西部地区等。

中部地区通风廊道系统。基于中部地区通风潜力研究，构建中部地区5主22次的通风廊道体系，保护10处氧源地，加强5个迎风控制区和1个强风利用区管控，改善1处老城静风区风环境（图3-10）。

通风廊道：着重打通西部，预控东部，贯穿北部山体与南部珠江水系，形成南北向为主、东西向为辅通风廊道系统。氧源地：保护帽峰山、白云山、火炉山、万亩果园、大夫山、莲花山、海鸥岛等中部地区氧源地。迎风控制区：针对万亩果园及大学城、东部生态廊道、一江两岸及白云新城地区构建迎风控制区，加强以上区域新建建筑的形态控制，避免出现沿江、沿山地区屏风楼。强风利用区：控制化龙湿

通风廊道体系：

| 廊道类型 | | 廊道名称 | 管控重点 | 管控要求 |
|---|---|---|---|---|
| 主廊道 | | 珠江前航道主风廊、珠江后航道主风廊、狮子洋—帽峰山主廊道、番禺中部主风廊、大夫山—珠江西航道主风廊 | 控制开发建设增量；加强沿江绿化景观带建设；控制沿江建筑高度和位置；按生态廊道管控要求进行管理 | 宽度≥150m；除道路、广场、绿地外的建设用地比例≤20%；相邻界面开放度不小于40% |
| 次廊道 | 道路 | 广州大道、广园快速、华南快速、科韵路、环城高速、番禺大道、广澳高速 | 有条件地区适当拓宽道路；增强道路绿化，净化空气；建筑的附加构筑物，如广告牌架等应垂直于建筑布设；临街建筑底层适宜设置骑廊、架空或退台形式，增加风通透性 | 宽度≥80m；控制道路界面高宽比不超过1；<br>相邻界面开放度不小于30% |
| | 开敞空间与低密度地区 | 乌涌—科学城、天河儿童公园—公坑顶、新中轴线、老中轴线、鹤洞路—中大—动物园、花地河—荔湾湖、石井河—白海面、京广线、白云山前、白云山—白海面、赤沙涌、黄埔涌、沙湾水道—长隆、大学城—红岗、海鸥岛—莲花山 | 在开发和城市更新过程中增加绿化及开敞空间，尤其是逐步替换公园及其他开敞空间之间的阻隔地区；<br>禁止建设高层建筑，采取“前低后高”、有规律地“高度错落”的建筑排布方式；<br>新的建设项目应进行风环境评估，保证不恶化通风环境 | 宽度≥80m；除道路、广场、绿地外的建设用地比例≤45%；相邻界面开放度不小于30% |

图3-10 中部地区通风廊道

来源：《广州总体城市设计》风廊规划。

地—莲花山—海鸥岛强风利用区，重点保护该地区开敞空间以及建设区开敞性，利用该区作为区域性的东南强风入口，引风入城。静风改善区：加强越秀、荔湾、海珠老城地区风环境改善，城市更新应开展风环境评估，加强沿河地区绿色开敞空间建设，改善小气候。

白云新城迎风控制区。多条廊道交汇点，将白云山冷空气引入西部地区的核心节点。应着重开发建设的强度与形态控制。保留区内飞翔公园至萧岗的低层低密度建设模式；开发强度应向山前地区递减；应构建并保留与白云山垂直的通道。

东部生态廊道迎风控制区。狮子洋—帽峰山主通风廊道地区，串联帽峰山、龙头山等冷源，应保障低密度、开敞性，限制大型开发。小型散点式开发应遵循以下要求：规划方案应进行风环境专项评估，尽量减少影响该区域的气候特性；尽量增加绿化及开敞空间；尽量减少硬质地面。

一江两岸迎风控制区。中部地区的主通风廊道地区，同时也是城市开发重点地区，应着重考虑建筑形态控制，保留风道。不允许屏风建筑；河流周边建筑物应顺应主导风向，控制建筑间距和建筑高度差。建设垂直河岸的绿色开敞空间，加强通风渗透。

万亩果园及大学城迎风控制区。狮子洋东南风进入城市的主要入口，应限制开发。万亩果园限制开发，向北串联次级通风廊道；大学城控制东南—西北主通风道，严控增量。

**（3）一江两岸重点地区风环境优化**

核心区“西弱东强”格局明显：根据用Fluent对重点管控区盛行东南风的模拟结果，珠江前航道东部两岸廊道风速相对较高，是影响城市风环境的关键地区，应对入风口进行严格管控；西部老城区通风潜力低，注重集中建设区的风道挖潜。

老城静风改善区：旧城更新过程中须进行风环境模拟评估，严格执行建设指引以改善周边风环境，沿岸地区优先考虑风道挖潜。海珠迎风控制区：盛行东南风进入重点管控区的主要入口，应限制开发；仑头强风利用区限制开发，保持开敞性；南北向通风廊道周边严控增量。东部迎风控制区：通风廊道周边加强布局控制，维持畅通；有效入风口严控增量，严禁屏风建筑，建筑设计须考虑风向严格执行建设指引。

**（4）场地风环境优化引导**

保障顺应主导风向的开敞空间。建筑布局以行列式、点式优先，高密度区布置于下风向，提升新建建筑底层架空率；加强连续面宽控制，尤其是风廊地区。南风时，不同规划布局对风速有较大影响，其中风速比最大的为行列式和错列式0.605，点式平均风速比为0.556，混合式为0.517，最小为周边式0.444（图3-11）。风速最大的为点式布局，最小为行列式和错列式布局。其他四个风向最大风速为行列式或错列式，最小为周边式布局。周边式布局的风速比在全部工况中都处于较小的位置，且风速比值均较为平均，基本不受建筑密度、容积率等变化的影响。

## 3.1.3 全景式地展现历史文化

广州是岭南文化中心地，历经2200多年，生生不息。

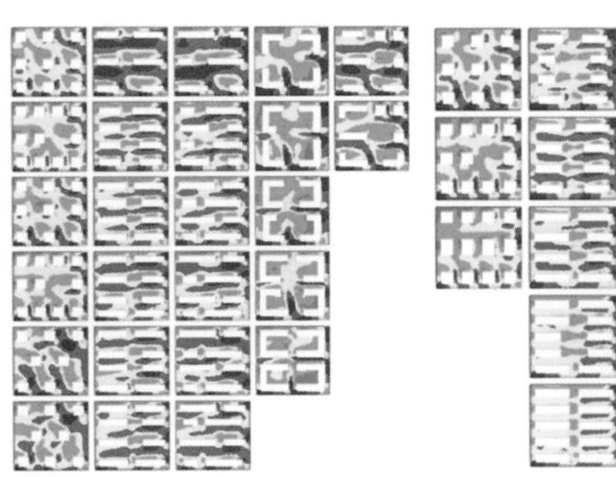

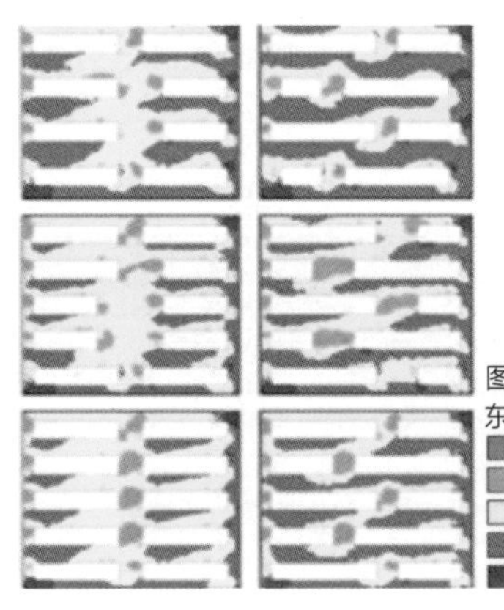


图3-11　场地尺度优化风环境
来源：《广州总体城市设计》风廊规划。

广州的先民道法自然，把“山河湖海”的地理优势转化为城市特色，逐步形成了“白云越秀翠城邑，三塔三关锁珠江”的山水城市格局。

广州是“岭南文化的诞生地、海上丝绸之路发源地、近现代革命的策源地、改革开放的前沿地”。阅读广州的历史，就如同见证了整个岭南的发展史。整个广州的古城建设在清代得以稳定，形成了“鸡翼城”的格局。

历代的古城遗址、丰富的历史文化遗产和独特的城市风貌是形成历史悠久的岭南古城的重要因素。历史悠久古都城，是体现广州悠久历史和独特城市风貌的主题。建筑能够烛照文脉赓续，所以广州城市设计需要结合岭南文脉进行，保持其传统样式，特别是对于历史建筑区域的保护。

广州历史文化名城提出物质和非物质两个方面文化遗产的保护对象，加强非物质文化遗产和市域历史文化遗产的保护，突出岭南地方文化特色，彰显城市个性，促进历史文化遗产的全面保护。从物质层面上分市域，历史城区，名镇名村和传统村落、历史文化街区和历史风貌区，不可移动文物及历史建筑4个层面进行保护。

广州城市特色可概述为星罗棋布的文物古迹，渊源流长的岭南化、商贸和饮食；它拥有疏朗明快、建筑日新月异的现代都市景观，也拥有骑楼、岭南园林等特色元素。

坚定城市文化自信，凸显广州作为我国海上丝绸之路发祥地、近现代革命策源地、岭南文化中心地和改革开放前沿地的鲜明文化特色。保护历史文化名城，促进历史文化街区和历史建筑的活化利用，提升城市空间品质，激发城市文化活力，形成一批“既能喝凉茶、又能叹咖啡”的魅力地标和文化场所，讲好广州故事，展示广州魅力。

#### 3.1.3.1 海纳百川、兼容并蓄的城市性格

广州拥有丰富的名人资源和丰富的名人遗存——体现了广州光荣的革命传统和敢为人先的城市性格。广州历史上出现了非常多的人物，他们为历史进程起到了重要推动作用。从秦汉以来，就有任嚣、赵佗等人，明清以来，又有戊戌君子梁启超，政治家康有为等人，以及中国民主革命的伟大先驱孙中山。

广州美食老字号一条街。食在广州，味在西关。广州美食是非物质文化遗产的重要组成部分。

丰富多彩的传统节日。广州是具有十分丰富的民间民族风情的南粤名城。除了中国传统的节日外，广州的特色节日还包括广府庙会、迎春花市、波罗诞庙会、荔枝节、荷花节、乞巧节等。

传承的文化空间。目前特色的传统文化节庆，其空间载体依然保留，其中历史城区中主要包括荔湾路、教育路、西湖路、滨江西路、宝岗大道沿线，以及荔湾湖、文化公园、越秀公园、荔湾湖公园片区。

#### 3.1.3.2 何谓岭南文化?

岭南文化是岭南人民在长期的社会实践中创造的物质文化和精神文化的总和。岭南文化具有独特的原生性，同时也在不断地融合着移民群体带来的文化内涵。岭南文化不仅是内陆商业文化的分支，同时也是海洋文化的一种分支。在城市设计中，笔者认为岭南文化表示能够同城市空间形成关联的不同类型关系组合，也是这一区域内城市规划、建设的深刻内涵。在持续的演进、发展中，岭南文化不仅重塑了自己，也重塑了城市。

李权时等将岭南文化概述为以下特征：重商性、丌放性、兼容性、多元性、务实性、享乐性、直观性。这些基本特性有机联系在一起，构成了岭南文化的本质和特色。

岭南的文脉与很多地区相比，有着明显的差异，其从原始文明阶段发展到百越文化时期，再步入汉文化和百越文化的交汇时期，后来又融通了西方文化思想，形成了与众不同的文化概念生长历史，展现出独特的风采。

##### （1）岭南文化的自然属性

自然环境是人类社会存在和发展的基础，也是文化存在和发展的必备条件。文化是自然孕育的，并在自然中发展。岭南文化不能够消解自身的自然属性，这是文脉之中不可或缺的烙印。

由于岭南地区群山围绕，面向大海，这种独特的地理环境，生长出了别具特点的文化。由于岭南地区位置相对封闭，在古代受到交通限制，其本质上和中原文化产生了明显的隔绝状态，虽然对于两种文明的交流产生了不利，可是对于自身本根文化的发展有着显著的积极作用，能够使得岭南文化得以积淀、保留。

岭南位于亚热带季风气候区，也孕育了它们的文化本

质。在该区域内，由于太阳光照时间充足，温度普遍较高，同时雨季带来了大量的水资源，雨水丰沛、河网密布，同时茂密的原始雨林之中存在着很多野生动物。因此，居住其间的岭南劳动人民，需要不断地拓展自己能耕地，敢于与自然博弈。

岭南地区，珠江入海口地岛屿众多，同时有着千余公里海岸线，能够接受海洋文明传递地文化思想。岭南地区与东南亚诸国相近，也是国内通往世界上许多国家的最近出海港口。海洋，使得这一区域能够以更加包容、开放的心态发展，成为目前国内对外文化交流程度最深的区域之一。而且，海洋文明与岭南文化存在千丝万缕的关系，区域内的社会经济、政治生活等都受到了影响，形成较为开放的特征。

岭南文化的积淀传承，与其自然背景有着密切关系。譬如广东地区现在比较轻便简易的建筑特征，就是与其生态环境相联系的；在美术史上占据一席之地的岭南画派，都选择了当地景致进行描绘，具有鲜明的岭南风情。同时，《雨打芭蕉》等岭南经典名曲，同样也基于对岭南自然、人情的描绘，享誉海内外。

**（2）岭南文化的社会属性**

文化碰撞。岭南地区社会生活中，面临着从西方国家传入的西方文化的影响，同时也有传统东方文化和西方海洋文明的碰撞。在古代，岭南地区作为南越古国，其文化系统被称为土著文化。而在数次离乱后，特别是东晋衣冠南渡，为该地区带来当时中原地区的文化思想。在这样的融合背景下，岭南文化不仅吸收了汉文化背景，同时还受到了海洋文明的影响，加之附近区域的多样文化形态，从而让岭南文化本身具备了鲜明特征（图3-12）。

岭南移民社会。广东地区具有国内比较明显的移民社会特征，其中不仅有北方移民到岭南地区的人口，同时也有海外移民，从而使得广东人口状态显现出多元化特征。特别是在这种社会环境中形成的重商精神，是在多元包容以及经贸发达的前提下逐渐成型的。

岭南平民社会。相对传统社会的贵族文化，广东地区是平民社会。也就是该区域内的人们受到封建传统礼制观念的约束较少，人与人能够进行相对平等的交往，因此能够享受到人性的务实、淳朴与简单快乐。

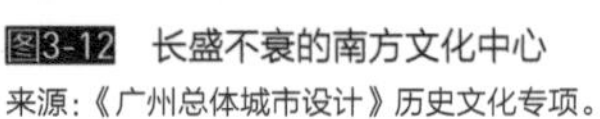

图3-12　长盛不衰的南方文化中心

来源：《广州总体城市设计》历史文化专项。

#### 3.1.3.3 延续广州千年不断代的历史记忆，展现全景式历史风貌

**（1）加强城市历史文化资源的保护和提升**

严格保护市域范围内的法定保护对象，分级分类保护管理，包括：1片20.39$km^2$的历史城区，26片历史文化街区，19片历史文化风貌区，1个中国历史文化名镇（番禺区沙湾镇）；6个历史文化名村，91处传统村落。同时注重保护不可移动文物以及历史建筑。按照“点、线、面”的工作原则，系统提升老旧城区风貌品质，加快传统商贸产业升级，拆除违章建筑，疏解非核心（中心）城区功能，着力疏解非中心城区功能，改善老旧城区品质，营造古城整体风貌肌理，打造特色文化路径，整合历史文化资源，营造世界级品质都市客厅，提升公共开敞空间（图3-13）。

**（2）保护历史文化名城，逐步恢复广州历史城区传统风貌**

历史城区核心保护范围内控制在12m以下，建设控制地带建筑限高18m，环境协调区原则上新建建筑高度控制在30m以下，保证六榕寺花塔、怀圣寺光塔、石室圣心大教堂、中山纪念碑等文物观景视廊的通畅性，同时要保证文物建筑具有一定的景观欣赏距离和范围、街道景观与对景。逐步推动低端批发市场转型升级和有序迁移，为高端产业和城市长远发展腾出更多空间。疏解部分旧城区人口，改善居住环境。揭盖复涌，恢复历史河涌，治理水质，塑造活力水岸。

**（3）文化展现骨架**

保护历史文化资源，培育新兴文化节点，形成一轴一环三核的文化展现骨架。沿珠江、流溪河、东江、沙湾水道形成文化发展轴，沿海珠区滨江沿线形成文化环线，串联历史城区、珠江新城、东部沿江发展带文化核三个城市文化主核，重点打造四类文化节点，包括以历史文化遗存为主的历史文化节点，以国际文化交流为主的国际文化节点，以创意艺术产业为主的文化艺术节点，以文化游憩休闲为主的文化休闲节点。活化提升荔枝湾西关民俗风情、黄埔古港千年商都文化、东山近现代革命文化、新河浦近代华侨建筑文化等。以点带面，促进传统地区优化提升，延续广州千年不断代的历史记忆，展现全景式历史风貌。

图3-13 岭南传统风貌

来源：https://stock.tuchong.com/image?imageId=618795712426672265

#### （4）组织可识可赏的“最广州”历史路径

市域以南粤古驿道为依托，构建文化感知路径。串联主要的文化空间节点，包括北京路古道遗址、钱岗古道、黄埔古港、南海神庙及码头遗址4处古驿道遗存，沙湾镇、深井村、珠村等11处主要历史文化城镇、村，南越王宫博物馆、先贤古墓、光孝寺、琶洲塔等13处主要文物古迹，广州大夫山森林公园、广州滨海红树林森林公园、广州滴水岩森林公园3处自然节点。

中部风貌区构建“一带两环，两轴四廊”的历史承载体系。以标识性的步行路径恢复历史城墙的边界，以微型公园标记古城门，增强历史城区的场所感。以从珠江滨水带及广东省财政厅至天字码头的古代轴线、越秀山镇海楼至海珠桥的近代传统轴线为统领，构建由越秀山公园、东濠涌、西濠涌、沿江路组成的城墙文化景观环，由上九路、下九路、第十甫路、恩宁路、龙津路等组成的骑楼文化景观环，提升整修中山路、解放路、一德路等路段，管控四条特色视线廊道，包括南越王墓—中山纪念碑，南越王墓—镇海楼，镇海楼—中山纪念碑，中山纪念碑—六榕寺（花塔）（图3-14）。

### 3.1.3.4 风貌可赏的城市，保护历史城区

#### （1）一带：珠江滨水带

市域保护空间战略中提出了“一江”的概念，在历史城区空间保护框架中得到进一步细化和界定，提出“珠江两岸景观带”的概念，范围横跨荔湾、海珠、芳村、越秀、东山、天河、黄埔六个分区，沿珠江水道北到增埗桥，南到鹤洞大桥，东到黄埔港水道。“珠江两岸景观带”体现了广州的滨水城市特色，是广州山水城市的基础结构之一。“景观带”自西向东串联了历史城区、现代建成区和产业开发区三个不同时期城市组团，以及重要的历史文物、历史景观和新近的城市重点开发项目，是城市重要的开放空间和景观带（图3-15）。在上述各个组成部分中，位于历史城区的景观带是其核心内容。

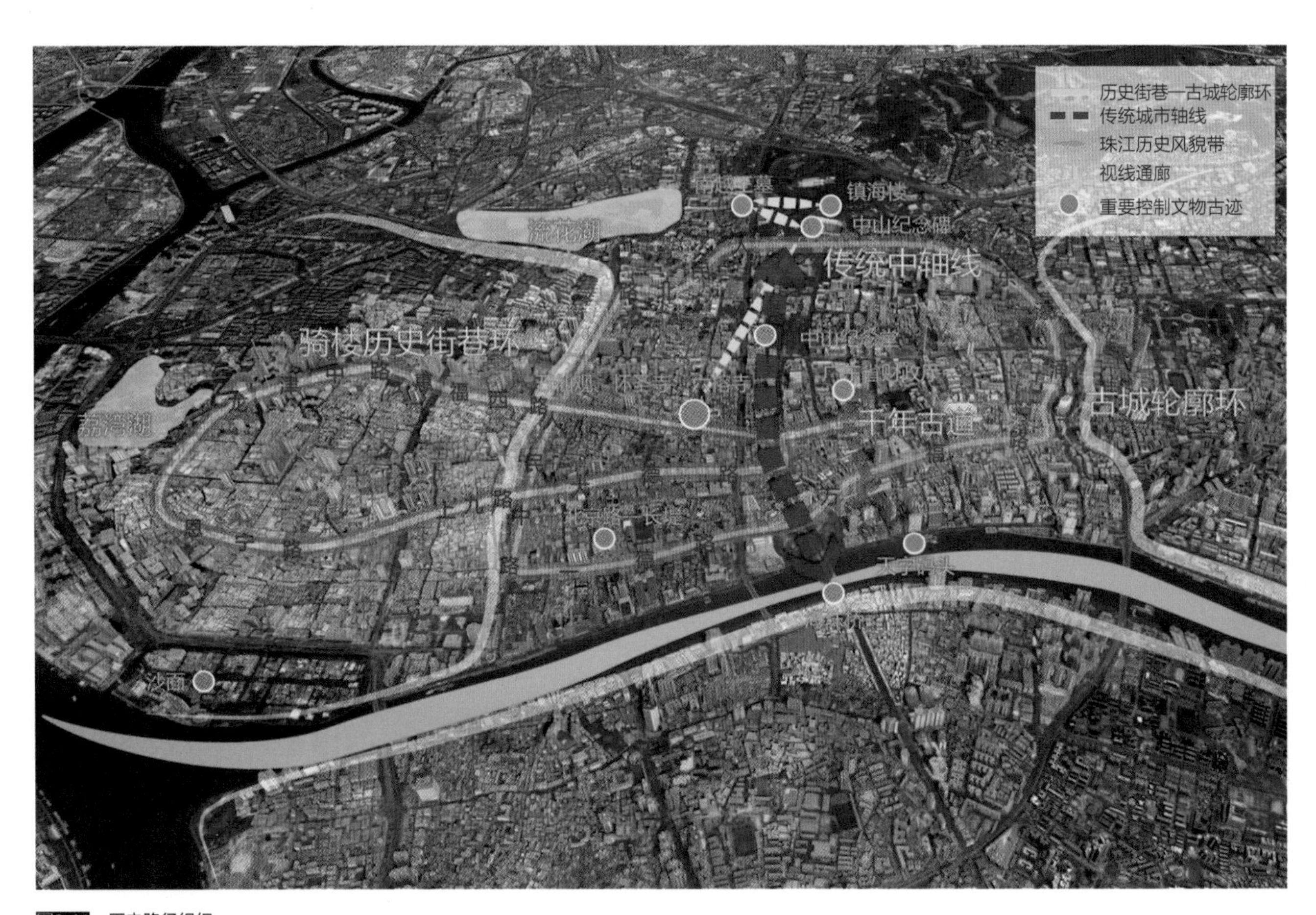


图3-14 历史路径组织

来源：《广州总体城市设计》历史文化专项。

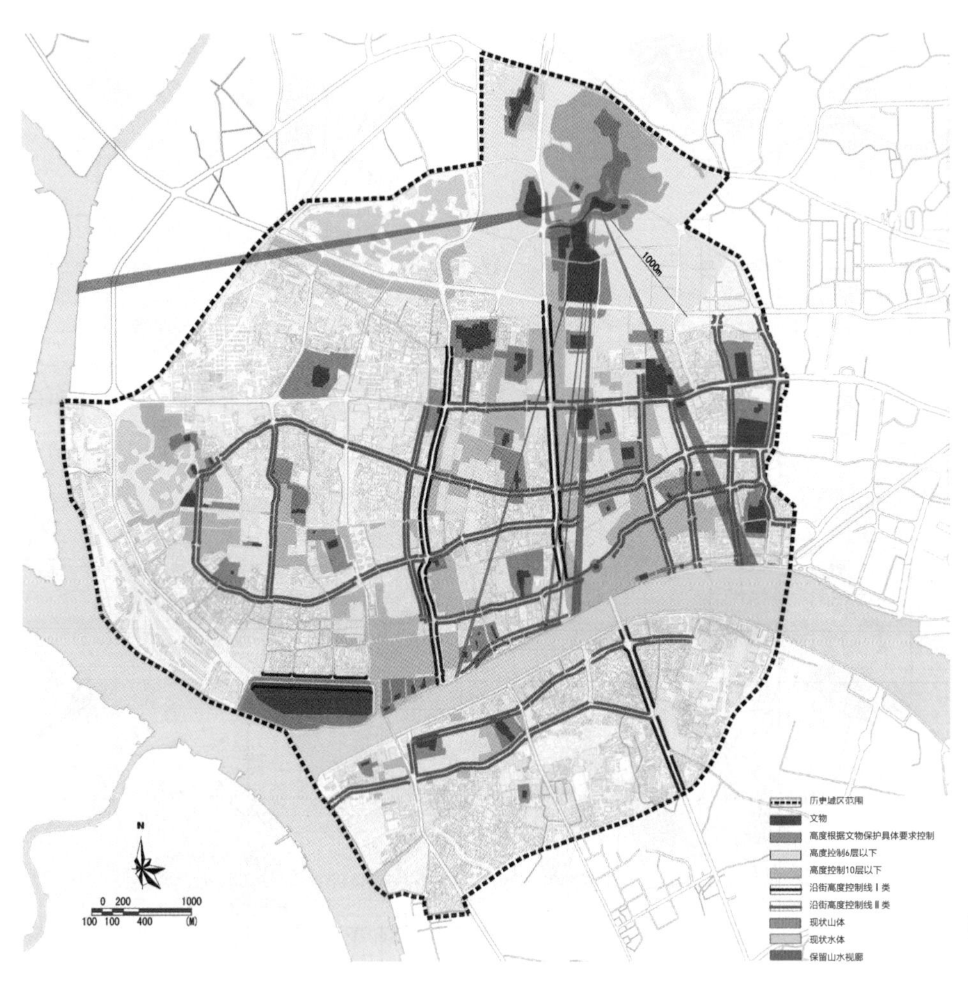


图3-15 历史城区内建筑高度控制规划图
来源：《广州市历史文化名城保护规划》。

加强“珠江两岸景观带”及其相关地区的建设控制，从滨江整体景观的角度组织滨江空间环境的秩序，重点控制沿江重要历史建筑轮廓线。从历史保护的角度出发调整沿江用地结构，控制沿江土地使用方式和强度。促使沿江地区岸线形成连续的城市开放空间体系。结合珠江城市景观优化南北岸线的交通布局和设施，合理控制跨江大桥的建设。结合沿江旅游设计游览线路，合理规划岸线设施，保护历史码头、岸线。严格控制珠江两岸夜景景观。使“珠江两岸景观带”成为重要的城市形象标志和开放空间。

### （2）一轴：传统中轴线

广州传统城市中轴线北起越秀山的镇海楼经中山纪念碑、中山纪念堂、市政府、人民公园、起义路、广州解放纪念碑、海珠广场、海珠桥至刘王殿、昌岗路街心花园，近8km长，是广州古城风貌的核心地段，也是历史文化名城形象的重要标志，孕育着浓郁特色的岭南文化。其城市设计重点在于尊重原有城市肌理，延续现有建筑尺度，协调周围片区风貌，建立典型历史建筑之间的视线通廊，强化传统中轴线。

“轴线”南北两端连接珠江、越秀山两大广州城市特色自然景观，贯穿了整个历史城区，沿途串联了重要的历史公共建筑、近现代城市设施、绿色开放空间，使“山、城、江”三大城市特色的人文与自然景观融为一体，具有重要的历史文化价值。

划定保护范围（紫线），在保护“轴线”格局和风貌的前提下，调整土地使用功能，控制和引导该区的建设活动。完善公共空间体系，为城市提供优美宜人的公共开放空间环境和使用便利的步行交通环境。优化地区城市交通格局，通过多途径提高地区交通效率。保护传统中轴带历史空间的特色和尺度，严格控制轴带沿线的街道界面的尺度、风格和连续性。使“城市传统轴带”成为尺度合理、环境宜人、人文与自然相结合的中心城区最重要的公共空间体系。

（3）一环：古城轮廓环

严格保护越秀山城墙遗址和中山七路交叉口附近的西门瓮城遗址，其周边建设控制地带根据文物部门划定的范围及规划划定的范围进行保护控制。对于明清古城城门旧址应加以标识提示。将两侧用地中现状建筑质量和风貌一般的地块规划为小型绿地广场，规划范围宜控制在30m×30m内（以西城门瓮城遗址尺度为依据）。具体划定范围应该在城市设计指导下，充分结合现状地形和城市肌理。严格保留拆除城墙后建设道路的原有位置、格局，保持其现状道路宽度与尺度；在已形成连续街道建筑界面中，新建沿街建筑不得随意后退，以保持界面连续性和完整性，同时整治街道环境。现状为骑楼建筑的地段，应维持道路现状断面不变，其余地段加强绿化，尽可能形成连续的沿街绿化。在街道两侧房屋质量和风貌都较差的地段，可拆除部分现状建筑，形成小块公共绿地和公共活动空间。对经考证的城郭遗存，必须严格保护，并加以标示。在城墙、门遗址附近的相关标识和说明，应结合城市绿化、城市雕塑、城市小品统一设计布置，使其在美化环境的同时起到展示和教育公众的目的。

（4）一城：历史城区

即历史城区，是由越秀路—环市中路—解放路—流花路—广三铁路—珠江（珠江大桥东桥—人民桥）—同福路—江湾路—江湾大桥形成的封闭环状地区。该地区包括广州自秦代到民国时期城市建设的主要地区，沉积和凝聚了广州重要的历史信息，是广府文化的重要载体。历史城区内现存的各级文物古迹、近现代优秀建筑、历史街区、传统风貌、历史水系、城市格局层次丰富，种类多样，是广州市历史文化名城的核心内容。

贯彻《广州市城市总体规划（2001—2010）》中有关“历史文化名城保护”的指导思想，确立整体控制、重点保护的原则。在疏散历史城区功能、人口和交通的前提下，使保护与发展有机结合。重点保护历史城区范围内现存的文物古迹以及其他优秀建筑遗产、历史街区、特色街巷、传统风貌、历史水系空间格局、城市格局。从宏观、中观、微观三个层次明确历史保护对象，提出具有针对性的保护对策，使历史城区成为富有历史文化特色，文化、旅游、特色商业发达，环境优美，适于工作、生活的中心城区。宏观层面：重点保护古城轮廓、传统中轴带、道路格局、滨江历史景观。控制城市山水格局、历史水系空间格局、历史城区的整体风貌。中观层面：特色街巷、历史文化街区、绿化开放空间、考古遗址区。微观层面：文物、古迹、其他优秀建筑遗产。

#### 3.1.3.5 刚性与弹性相结合的历史管控

（1）空间形态

结合解放路的商业轴、北京路的步行轴、中山路的东西向交通轴和越秀山的绿轴、珠江的蓝轴，与传统中轴线共同构成广州历史城区的城市结构与形态意象。在高度形态上，自北向南形成由低到高，再由平缓到高的波浪形起伏的城市空间形象，同时局部地块分区的整体高度尽量控制为四角高并向中间舒缓的洼状过渡。注意保留建筑围合形成的场所及环境片段，保护原有空间形态及形成环境风貌的各个因素，包括建筑功能、建筑色彩、街道家具等。尺度建议以3000～5000m$^2$为主。保护古树名木，优先采用本土植物，并保证植物种类的丰富度。

建筑布局应考虑到总体规划的景观视廊要求，同时注意规划地块内视线通廊的预留，保持视线通透，街区主要视线通廊上不应出现不协调、大体量的高层建筑，应保护可观赏地标、特色景物的视野，以避免景观变得狭窄及不完整。按照原位置、原高度、原面积、原体量进行改建、扩建或重建的建筑间距不应小于原有的建筑间距。

新建、改建建筑风格宜与历史风貌区内传统建筑风格相和谐，宜采用分段式的立面处理形成丰富的空间变化，立面构件及符号应汲取所在区域的传统历史建筑要素。若建造现代感建筑，宜采用玻璃等立面将新建建筑虚化，衬托历史建筑，形成新老对比。新建筑物（包括低层建筑或高层建筑的裙房）建筑立面划分的比例、窗墙比等建筑设计手段，均应尽量与历史文物相协调，高层建筑塔楼应与历史建筑隔开一定距离，以裙房为过渡衔接，塔楼立面设计与裙房保持一定的划分比例，位于骑楼街的新建建筑沿街面应延续历史建筑的骑楼街做法。新建、改建建筑顶部应与历史风貌区内传统建筑屋顶相和谐。多层建筑顶部可采用坡屋顶、平屋顶等多种形式，但应与整体建筑形式相协调。高层建筑顶部延续建筑总体风格，顶部采用收分处理；也可采用坡屋顶，应与建筑周边环境及建筑主体协调。

### （2）特色街道保护

重点保护历史风貌完整的特色街道，保护和逐步整治历史风貌较为完整的特色街道，控制沿街可改造地段的建设，改善街道的绿化环境和基础设施条件，逐步形成具有广州传统风貌和地域特点的街巷体系（图3-16）。传统历史风貌区内新建商业街道的空间高宽比宜大于1，街道空间尺度应考虑人行尺度，体现亲和力和归属感。

分类、分区、分级保护骑楼街。对历史街区范围内或外围的骑楼街，严格保护传统骑楼街区完整性和原真性，具体参照骑楼街保护专项规划执行。对拆除重建区或更新改造区的历史地区，保持连续的骑楼街形式，新建、扩建、改建建筑时应当在高度、体量、色彩等方面与历史文化风貌相协调，避免折弯取直，重新定义转角空间。对现代骑楼区，鼓励商业和办公建筑设计骑楼，彰显岭南文化特色，在建筑语言表达上应与现代城市风格相融合，不宜反复雷同，不宜浮夸、装饰过多，在体量、尺度、建高上可适当放宽标准（图3-17）。

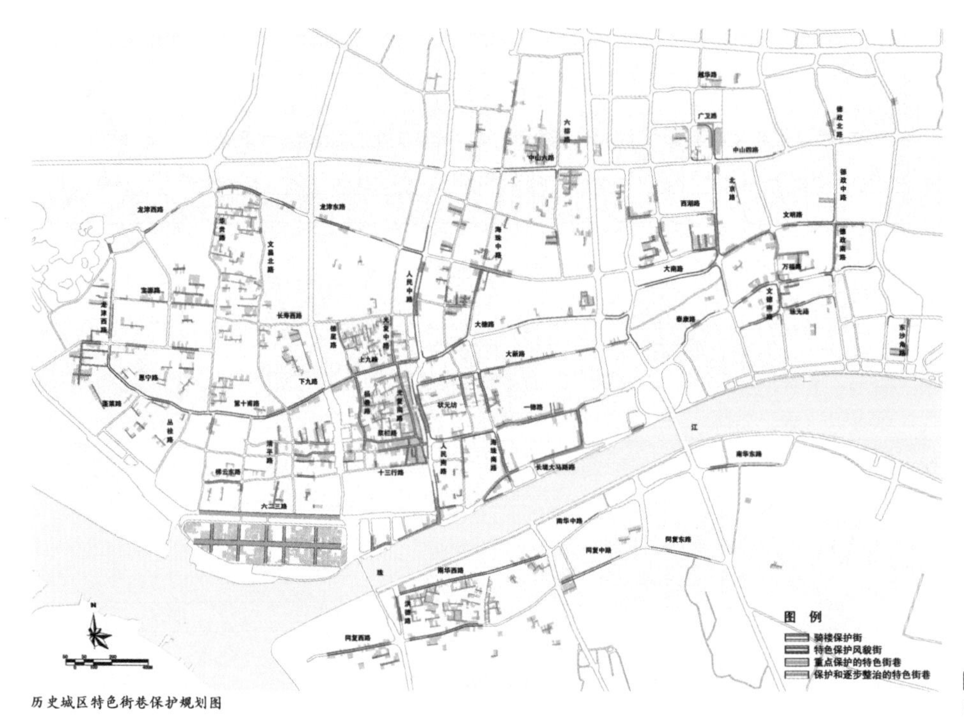


图3-16 历史城区特色街巷

来源：《广州市历史文化名城保护规划》。

图3-17 恩宁路骑楼街

来源：https://stock.tuchong.com/image?imageId=332179118698004487

对历史风貌完整的街道，应保持街道走向、高宽比例基本不变，严禁拓宽，严格控制对街道的改造。严禁拆除沿街的历史建筑，在保持街道主体风貌与建筑特色不变，以及保持街道建筑的多样性的前提下，可以对沿街质量较差的历史建筑立面进行修缮和局部改造，严格控制沿街新建建筑的高度、体量、尺度、建筑类型、材料、色彩等，使其与街道整体风貌相协调；对个别条件允许的路段，可以拆除少数质量和风貌特色都较差的建筑，以改善现有街巷的交通通行能力，增设停车楼和小规模的停车场地。

对沿途或尽端有重要历史建筑的街道，如光孝路等，应充分考虑历史建筑周边环境以及街道景观，严格控制沿街新建建筑的建设，对沿街绿化环境进行整治，以形成良好的沿途或尽端景观。保护有传统特色的路面铺装，在保持历史原真性的前提下，按照修旧如旧的原则对其进行修缮、整治。严格保护街道两侧的古树名木，保护街道的绿化环境与特色；对绿化环境较差的街道，在保护历史建筑的前提下，结合少量风貌和质量均较差的建筑的更新、拆除，沿街增设绿化和小规模的公共绿地。对绿化环境较差的内街，在保护历史建筑的前提下，可增设沿街的花池、盆栽、藤蔓植物等小型绿化，改善街巷整体绿化环境。逐步完善街道内的路牌、标志照明等公共设施，以加强街道的标识性。在保护的前提下，采取灵活的技术标准和手段，逐步改善街道的基础设施条件。

**（3）水系空间格局保护**

结合沿线房屋的改造、地区交通的改善以及绿化开放空间的开辟，以保护历史水系的空间格局为主，部分恢复历史水面。对于在原护城濠（西濠和玉带濠）的位置上形成的道路，应保留原有的位置、格局、走向，保持其现状道路宽度与尺度基本不变，整治街道环境。由于玉带濠和西濠已经改建为钢筋混凝土大型箱式渠，且沿渠两岸建有多、高层建筑，近期恢复水面难度较大。建议将其远期控制成为绿带，时机成熟时予以实施，以再现历史水系的空间格局。对于历史上已改造为骑楼的地段，维持道路现状不变；对于其余地段，严格控制现状街道两侧15m范围内的建设，条件允许时可成段或局部改造成绿化用地。近期整治街道两侧绿化环境。

保护东濠涌现有水体，严格控制沿线污水排放，逐步改善水质。利用东濠涌河道，规划一条从越秀山至珠江的城市绿色廊道。将东濠涌两侧用地远期控制为绿化用地或者绿化率不低于80%的住宅和商业用地。用地范围以濠涌两侧街区外侧的道路为界。东濠涌以西至越秀北路—越秀中路—越秀南路—东沙角沿线，其间规划控制宽度从150m至15m不等。东濠涌以东至北厂路东段—黄华路—钱路头—北横街—荣华北—荣华南—三角市—东安街—糙米栏—永安横街—海月西街—南跨东湖涌至筑南通津大街—广九大马路—红云路至珠江段，其间规划控制宽度从150m至20m不等。

同样，为了保护从东湖涌至东濠涌的开敞水系，东湖涌沿线也实行远期用地控制。东湖涌以北至海月东街—元运新街—延安三路—延安四路—光东前街—瓦窑后街—春园后街—培正新横路—新河浦五横路，其间规划控制宽度从200m至15m不等。东湖涌以南至广九大马路—红云路—永胜路—东湖公园，其间规划控制宽度从210m至20m不等。建议远期调整高架路位置，通过东濠涌绿带的建设有机联系现状团块绿化，完善历史城区绿化空间系统。

在保留原有的河涌空间格局的前提下，对于现有的开敞水面，如南岸村—澳口村河涌、荔湾涌部分，进行严格的保护，控制两侧15m以内的用地为绿化用地（图3-18）。对已改为暗渠的水系，保护已形成的绿化空间，并结合局部地段的改造，开辟小块的绿化、开放空间、停车场等。结合现有河涌，规划联系东西向的地区性支路，以缓解西关地区东西向交通的压力。

在原有的六脉暗渠两侧6m范围内规划行道绿带，严格控制其周边用地的建设，为将来恢复水面创造条件。严格保护现有的开敞水面，清理河道、整治周边环境。在保留河涌空间格局的前提下，严格控制现状河道两侧15m内的建设，将有条件的地方改造成沿河开放绿地，远期形成完整的开放空间体系。

**（4）绿化风貌与开放空间**

重点保护古树名木和公共绿地不受侵占和破坏。运用“点、线、面”相结合的系统网络化规划手法，对历史城区的绿化风貌地段、街道绿化风貌、绿化景观节点及滨水绿地风貌作出空间布局，并提出相应的建设和管理导则。

历史城区重要的绿化风貌地段主要有：公园绿地及周边地段、重要文物保护单位及周边地段、古树名木集中分布区。在对历史城区范围内约110条街道行道树的生长、维护状况进行调查、分析和综合评价的基础上，将其划分为三类风貌街道。以景观形态和路树冠幅的遮阴度为标准，由好到

图3-18 荔湾涌
来源：https://dp.pconline.com.cn/dphoto/list_2029611.html

差分为一级、二级和三级绿化风貌街道。

将城市主要出入口、重要城市标志性建、构筑物周边环境、城市主要道路交汇处、部分文物古迹分布点等的绿化景观节点为重点建设内容，并提出相应绿化景观建设导则。

将珠江北岸沿白鹅潭、六二三路、沿江路一带纵深地段，珠江南岸沿洲头咀、滨江路一带纵深地段划定为珠江两岸绿化风貌保护带。绿化风貌保护带内应以设置公共建筑组群和绿化开敞空间为主，不应继续进行商业开发，特别是不应兴建房地产项目。

珠江两岸绿化风貌保护带内应尽力保护原有绿化植被，推广栽种体现珠江两岸原有绿化风貌和具岭南风貌特色的乔木，如细叶榕、樟树、木棉等树种。

历史城区应在不断治理河涌污染、清洁水质的前提下，尽量保留河涌水面，同时绿化沿岸周边环境，大力营造滨水绿化开敞空间。不应简单地篷盖污染水面。对于已经修建盖板的河段，应该逐步加以绿化，建成绿化游园，还可以在园内通过雕塑、壁画等多种手段刻画、重现昔日历史城区水上风情与历史风貌。

# 3.2 构建特色鲜明的城市风貌

## 3.2.1 维育依山沿江滨海的总体风貌特色

广州立足于做“有用”“有底线”的城市设计，提炼岭南山水特色，彰显文化传承、中外合璧、古今交融的地域和文化特征。顺应广州自然人文地理地貌，依托丰富的地形地貌及“山、水、林、城、田、海”并存的自然禀赋，塑造依山、沿江、滨海的风貌特色，形成北部山区、中部主城区、南部滨海城区鲜明的城市总体风貌。以珠江为纽带，展现广州城市魅力。打造城市轴线南北12km，凸显广州特色。在有限空间里实现精明增长，集约节约土地利用，营造既紧凑又舒适、既集约又便捷、既复合又品质的多样城市空间，使“城市如诗画、片区如景区、节点如景点”。

### 3.2.1.1 “白云越秀翠城邑，三塔三关锁珠江”的山水城市格局

广州是岭南文化中心地，历经2200多年，逐步形成了“白云越秀翠城邑，三塔三关锁珠江”的山水城市格局。整个广州的古城建设在清代得以稳定，形成了“鸡翼城”的格局。依山：城市选址因山水格局，依山有靠，临水为抱，以越秀山为龙山，前有珠江环抱城市，千年城址不变。沿江：从沿江单心到跨江多心，从六脉通渠到两岸三带。从最开始的单中心依江到多节点跨越到最后的中心网络，“因水而兴”的特点贯穿于广州城市空间格局的演变中。滨海：城因港而建，港因城而存。广州港址不断变迁，一路向东向南，从广州老城到南沙珠江口，跨江通海，南沙也从沿海大港演变成广州副中心，带动了城市东进南拓。

### 3.2.1.2 广州的风貌管制逐步趋同、失真、失效

**（1）国际化带来广州岭南特色城市风貌的趋同**

文化交流带来的文化认同与审美趋同：全球化带来文化传播的便捷化与高速化，文化交流变得十分频繁，传统文化在全球化面前面临极大冲击，特别是在当代“快餐文化”的趋势下，传统文化不得不进行改变与迎合。在审美方面，强势文化的引导使得传统审美观念发生较大变化，人们的审美观念逐渐趋同，反映到城市建设方面便是城市特色风貌的趋同，城市普遍朝着普遍审美认同的方向发展。建筑材料与建筑技艺的同步更新：传统社会由于运输技术与运输成本，在城市建设方面不得不使用当地材料，建筑技艺也是在积累中缓慢更新。而全球化带来建筑材料获得方式的简易化，本土建筑材料很难在全球化中得以保留。随着建筑知识的传播，传统建筑技艺逐渐被现代技术所取代。材料与技术的全球一体化，导致城市风貌的全球化趋同。

**（2）现代化带来广州岭南特色城市风貌的失真**

传统城市风貌元素可通过技术进步代替：传统城市风貌元素很多都是为适应地域气候而逐渐产生的，如岭南建筑中的封火山墙、百叶窗等元素，这些建筑元素的产生起初都是为了适应亚热带气候特征而产生的。但随着技术的进步，空调、暖气等设施已经可替代建筑设计功能，传统城市风貌要素逐渐缺失。部分传统城市功能伴随生活方式改变而消失：经济发展方式的转变也使得传统的城市生活方式发生改变，活动的消失带来城市风貌的改变。适应现代化城市功能的形态要求：城市出行方式的转变、生产资料方式的转变，传统步行街道空间需要向车行空间转变，工厂功能的加入，都使得城市风貌发生改变。

**（3）经济化带来广州岭南特色城市风貌的失效**

在快速城市化面前城市风貌特色营造难度大：当代城市更新速度快，建筑多以满足功能为主，功利导向的城市建设使得建设水平普遍偏低，城市风貌难以形成。模式化的现代建筑在成本方面较特色建筑有相对优势：为节约建设成本，建筑过程中多采用标准化模件，造成建筑风格的雷同。

#### 3.2.1.3 依山沿江滨海的风貌特色

《中共广州市委 广州市人民政府关于进一步加强城市规划建设管理工作的实施意见》（2016年8月23日）指出塑造依山、沿江、滨海的风貌特色，形成鲜明的北部山区、中部中心城区、南部滨海城区的整体城市风貌。

**（1）北部地区突出山体森林平缓、连绵起伏的生态风貌**

保护花都西部、从化北部、增城郊野等成片农田，丫髻岭、王子山、高百丈、风云岭、五指山、石门、沙溪、蕉石岭、帽峰山、南香山等郊野公园和森林公园，流溪河水源保护区等自然空间。依托中低山与丘陵盆地地形地貌，形成连续性、开放性、景观性的自然景观界面。围绕白云山等自然山脉，通过视线通廊引山入城。保护坑背—莲塘村、木棉村、钟楼村、凤院村、钱岗村等岭南古村镇，突出岭南特色生态和文化特征。

**（2）中部突出传统与现代交融的都市风貌**

提升广州国家重要中心城市、历史文化名城的城市品质与魅力，保护沙湾古镇、华侨新村、新河浦、农林上路、长洲岛、横沙书香街等历史文化街区的城市肌理与街道界面。对标世界名河，塑造滨水风貌区，改善河涌水系水质，保护和利用好长洲岛、海鸥岛等59个江心岛屿，维育好海珠湿地等生态空间，形成丰富多元、凸显岭南特色的生态景观文化长廊。引导珠江沿岸的城市开发，优化珠江两岸天际轮廓线，加强越秀山—海珠广场传统轴线和燕岭公园—南海心沙现代轴线地区的建设指引，建设中西合璧、古今交融的活力都市。

**（3）南部地区突出港城融合的滨海风貌**

保护和合理开发利用滨海河道岸线，以及南沙湿地等自然生态空间，科学规划生产岸线、生活岸线、生态岸线。结合开阔的冲积平原、丰富的滨海岸线与河涌水网，增加黄山鲁、滨海农田等滨水空间的开敞性，建设布局开敞、特色鲜明的滨海城市。

### 3.2.2 底线管控，优化城市总体风貌

#### 3.2.2.1 回归本源、深挖文化

**（1）回归本源，探讨亚热带气候特征下的城市空间布局与建筑元素**

城市风貌形成的最初原因多是与其自身气候特征相适应的，在城市风貌规划中，应避免对城市传统元素的滥用与乱用，应从广州亚热带气候特征出发，探讨现代语境下如何适应夏季炎热少风的气候特征。具有岭南特色内涵的元素也是在城市风貌物质构成元素当中，也可蕴含在城市性质、产业结构、经济特点、传统文化、民俗风情等的内涵因素。本节分析岭南特色城市风貌物质构成元素及内涵因素，并以是否具有岭南特色作为依据，确定岭南特色城市风貌物质元素主要包括山水格局、三边（山边、水边、路边）、通道（即三廊：视廊、绿廊、风廊）、天际线、人文环境、开放空间、城市肌理、建筑界面、建筑、符号、植物等。

独特的气候塑造轻巧、通透的岭南建筑。为适应岭南炎热多雨的气候环境，敢于冒险、勇于开拓的岭南人在建造城市空间的时候，首先须达到各种利于通风、遮阳的设计条件。如建筑中常用的开敞通透的平面及空间布局、轻巧的外观造型，又如建筑群落中的天井与冷巷的运用、梳式的村落布局，均在实践中有极大的效用，得到了广泛的应用。建筑结合自然环境，岭南的园林建筑也常常体量较小、体态轻盈与通透。

开放的精神推崇中西合璧的设计方法。岭南人发挥了沿海地区的特色，以开放、多元、兼容的品性促进了各类文化的融合。在城市建设领域，随着一代代归国学子的悉心建设，中西合璧的设计手法逐渐被推广，岭南各地均现略带西洋风的建筑及城市空间，如开平碉楼、民国西洋建筑等。

重商务实的本色刻画素雅的风格、实用的空间。历史上，中国传统文化在经济领域具有重农抑商的倾向，但在岭

南地区并无突出的反映，岭南特别是珠江三角洲一带是商业贸易比较发达的地区。岭南这种商业性的社会环境，深深影响了岭南文化及城市建设的发展。如十三行、老城西关一带均突显大型商业城市的发展。

享乐感性的态度营造富于情趣的空间。岭南市民阶层以工商手工业者为主，他们的生活方式、审美意识和价值观念均较为舒适、快乐、美好，通过劳动，获得成功，享受乐趣。因此，岭南人喜欢建造富于乐趣的生活空间，如西关大屋中的小庭院、街头乘凉的小公园等。

**（2）深挖文化，探讨与现代生活习惯与模式相适应的城市形态**

社会的发展必然带来生活传统的改变，传统城市风貌也必须主动适应社会的转变，在城市风貌方面以人为本，在城市发展过程中得以保留延续，逐渐形成自身的特色。生态优先，减少现代技术对城市风貌的冲击。在城市建设中应该树立生态设计的理念，能通过城市布局和建筑设计解决的问题需优先解决，减少对现代技术的依赖。强化管制，制定完善的城市空间管控体系，优化城市风貌特色。制定一系列城市建设管理规定，进行城市风貌底线管控，设定城市发展愿景，鼓励城市建设向未来愿景发展。

### 3.2.2.2 四大城市设计风貌区引导广州风貌指引

重点地区划定主要为城市建设用地为主的区块，以控规管理单元为界线，对接“一张图”管控，将总体城市设计特色风貌、城市轴廊、标志眺望、公共空间、文化活动等相关内容作为管控策略，引导下一层级城市设计工作。

划定广州四类城市设计重点地区总面积约790.9km$^2$，约占市域面积的10%。以历史城区、长洲岛、沙湾、莲花山等历史文化要素，确定历史文化风貌区；以广州东站、体育中心、花城广场、电视塔以及向南延伸的新轴线组成的现代轴线风貌区；广州主城区沿江发展，滨水地区也是重点的城市公共空间，以珠江沿岸的滨水地区为要素，确定珠江景观风貌区；根据市、区两级公共中心及空港地区、广州南站、南沙枢纽、南沙港等交通枢纽地区，确定公共门户风貌区（图3-19）。

**（1）历史文化风貌区**

主要范围为历史城区、长洲岛、沙湾、莲花山等地区及周边地区，面积共计40.6km$^2$。根据相关保护规划统筹布局，以历史文化保护与彰显为主，严格控制整体格局和风貌，结合历史文化、自然人文等要素，在展现广州深厚历史积淀的基础上，形成历史与现代交相辉映的城市风貌。注重对历史风貌、公共空间、传统格局、文化活动、建筑体量、建筑色彩等要素的导控，注重新建建筑外观、尺度与原建筑相协调，创新历史文化遗产利用方式，打造特色历史路径和历史场所。

延续传统肌理。保护广州多元化的建筑群肌理，保护街巷的树枝状自然肌理，沿江、沿路的线形、鱼骨形肌理。延续现有建筑的梳式布局、坊式布局，注重新建建筑体形、尺度与原建筑肌理相协调，创新历史文化遗产利用方式，打造特色历史路径和历史场所。

控制建筑高度。按照《广州历史文化名城保护规划》管控，以“整体控制，重点保护”为原则，对历史文化风貌区内的新建建筑高度进行控制。整体控制历史城区的建筑高度，严格控制文物古迹周边地带和历史文化街区的建筑高度，根据街道尺度、视线走廊、城市开放空间景观、滨江景观的保护要求，结合建筑现状情况和相关规划确定。

保护骑楼街。原有骑楼街的线形、轮廓线、街道空间的高宽比及断面形式必须按现状进行保护。严格保护有历史价值的代表性建筑，保护建筑原有细部、材料与色彩。街道两侧应避免建设大体量建筑，新建建筑以“修旧如旧”为改造原则，按照街道现状的空间特质和建筑风格加以严格控制。有条件的可以在骑楼街两侧开辟辅道，以疏解交通压力。

**（2）现代轴线风貌区**

主要范围为北至燕岭公园、南至沥滘后航道的区域，包括广州东站、天河体育中心、珠江新城、广州塔、新轴线南部地区等城市重点地区，面积共计18.5km$^2$。注重对建筑群体、街道界面、建筑单体、材料色彩等要素的导控，塑造起伏有序、特色鲜明的天际轮廓线，注重公共建筑、活力场所的营造，塑造世界级都市轴线风貌特色，形成城市重要的活力客厅，凸显国际化、现代化的大都市形象。

营造开放活力的轴线空间。延续现有的宝瓶状轴线空间，强化轴钱，并与广州塔形成视线联系。运用下沉广场、庭院、灯光及步行台阶等要素，营造空间不同、景观各异的室外环境，与周边的城市空间便捷联系，形成特色鲜明的现

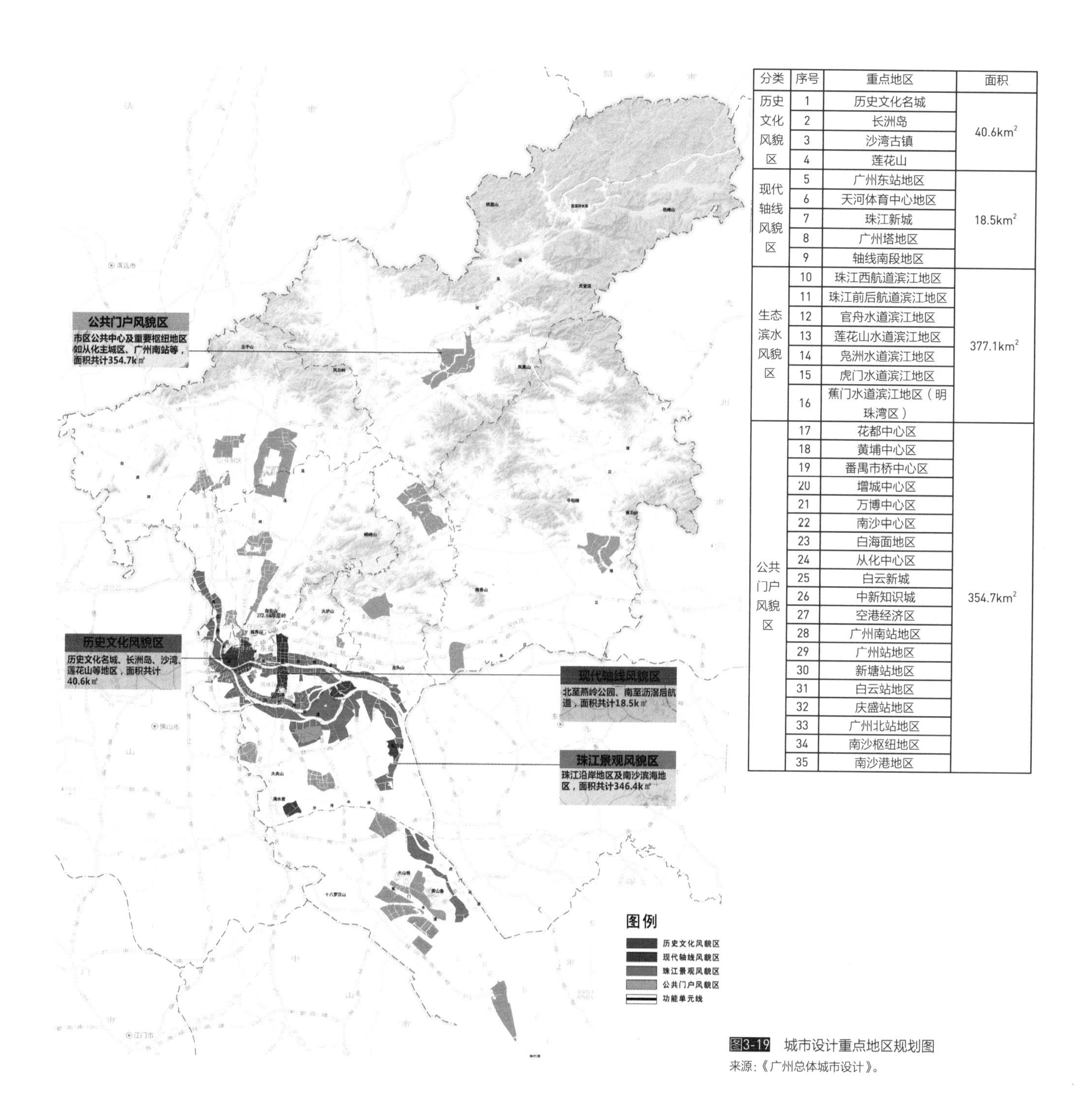


| 分类 | 序号 | 重点地区 | 面积 |
|---|---|---|---|
| 历史文化风貌区 | 1 | 历史文化名城 | 40.6km$^2$ |
| | 2 | 长洲岛 | |
| | 3 | 沙湾古镇 | |
| | 4 | 莲花山 | |
| 现代轴线风貌区 | 5 | 广州东站地区 | 18.5km$^2$ |
| | 6 | 天河体育中心地区 | |
| | 7 | 珠江新城 | |
| | 8 | 广州塔地区 | |
| | 9 | 轴线南段地区 | |
| 生态滨水风貌区 | 10 | 珠江西航道滨江地区 | 377.1km$^2$ |
| | 11 | 珠江前后航道滨江地区 | |
| | 12 | 官舟水道滨江地区 | |
| | 13 | 莲花山水道滨江地区 | |
| | 14 | 凫洲水道滨江地区 | |
| | 15 | 虎门水道滨江地区 | |
| | 16 | 蕉门水道滨江地区（明珠湾区） | |
| 公共门户风貌区 | 17 | 花都中心区 | 354.7km$^2$ |
| | 18 | 黄埔中心区 | |
| | 19 | 番禺市桥中心区 | |
| | 20 | 增城中心区 | |
| | 21 | 万博中心区 | |
| | 22 | 南沙中心区 | |
| | 23 | 白海面地区 | |
| | 24 | 从化中心区 | |
| | 25 | 白云新城 | |
| | 26 | 中新知识城 | |
| | 27 | 空港经济区 | |
| | 28 | 广州南站地区 | |
| | 29 | 广州站地区 | |
| | 30 | 新塘站地区 | |
| | 31 | 白云站地区 | |
| | 32 | 庆盛站地区 | |
| | 33 | 广州北站地区 | |
| | 34 | 南沙枢纽地区 | |
| | 35 | 南沙港地区 | |

图3-19 城市设计重点地区规划图
来源：《广州总体城市设计》。

代轴线形象。

塑造独一无二的天际线。重点对北起燕岭公园、南至海珠区南海心沙岛，全长12km的世界级现代城市轴线的天际线进行塑造，打造富有视觉冲击力的城市形象门户，形成以中信广场、东西双塔、广州塔、南海心沙地标区域等为统领的逐级向两侧降低的建筑高度秩序，构建起伏有序、极具气势的波浪式天际线。

建设便捷的地下空间网络。以“以人为本、空间明亮、充满生机、功能多样”为原则，将自然景观、通风和采光引入地下。重视地下空间及立体交通的研究，结合地下空间的设计，优化公共交通。建立以轨道交通为骨架、公共交通为主体、结合其他交通形式并行、人车分流的交通体系，并且实现快慢交通分离即过境交通和进出地块交通分离，公共通道、停车场等资源共享的目标。

**（3）珠江景观风貌区**

主要范围为珠江沿岸地区及南沙滨海地区，面积共计377.1km$^2$。注重整体风貌控制、地标天际线、建筑体量及组合方式、景观视廊、公共空间、立面与色彩等要素的导控，形成前低后高，层层递进的整体建筑体量组合形式，打造错落有致、富有韵律的天际轮廓线，注重保育水体与生态绿化，打造高品质的滨水公共活力空间，注重导控地标建筑与滨江空间的视线廊道，预留垂直江面的通江廊道，塑造良好的水城关系，形成独具广州特色的滨水城市特色风貌。

滨江预留更多的公共空间。重点塑造珠江景观带“三个十公里”，致力于打造“花城如诗、珠水如画”的世界级一流滨水区。增加城市公共空间的宽度，在规划新建区、大面积改造区保留100～200m的滨江公共绿地，已建或已批地区滨江绿地宽度小于100m的暂按现状控制，远期可结合规划改造加宽，其他江边根据实际情况预留滨江绿地。鼓励新建岸线采用生态堤岸，滨江绿地可结合实际情况，配套文化、体育、休憩类等面向公众开放的公益性服务设施。

塑造多元融合的建筑风貌。形成“前低后高”的滨水建筑高度控制，自西向东展现从传统到现代的建筑风貌。临江一线街区高层建筑以点式组合为主，避免连续板式组合，裙楼应保证贴线率，形成统一的界面。鼓励居住建筑公建化，塔楼建筑可与江岸成一定角度布置，角度宜在15°～45°之间，以增加通江视廊的宽度和滨江建筑展现面，塑造变化丰富的滨江建筑群体形象。

注重通江廊道的通视性和可达性。注重导控地标建筑与滨江空间的视线廊道，保证垂直江面通江廊道的通达性，留出通风廊道。临江地块（临江一线规划路与二线规划路之间）内的高层塔楼垂直江面的正投影长度总和不得超过地块宽度的2/3。除文化、体育等城市级大型公共服务设施外，低、多层建筑或高层建筑群楼最大连续面宽不得大于80m，高层建筑塔楼最大连续面宽不大于60m。

**（4）公共门户风貌区**

主要范围为市、区两级公共中心地区（如花都、黄埔、番禺等区公共中心）及空港地区、广州南站、广州东站、广州北站、广州站、新塘站、白云站、南沙枢纽、南沙港等交通枢纽地区，面积共计354.7km$^2$。注重特色风貌、公共空间、文化活动、建筑组合、建筑色彩等要素的导控，塑造与提升城市片区公共门户形象，加强心理认同，体现各自组团鲜明的特征；以人为本，营造宜人的街道空间，增加过街天桥，便捷市民使用，注重广场公园景观的塑造，突出城市空间的多样性和艺术性。

塑造与片区风貌相匹配的门户出入口景观。城市出入口景观灯建设应从功能优先的角度出发，符合地方实际，顺应市民意愿和城市发展规律，同时注重与城市地理环境和整体风貌的协调，禁止照搬照抄，禁止“形象工程”“政绩工程”，形成与城市片区发展相匹配的体量适宜、造价适宜的公共门户形象。

建设兼具品质和活力的公共建筑周边地区。着力提升大型公共建筑周边环境品质与人文活力。以人为本，加强场地设计，保证公共建筑与整体城市的景观协调性，梳理绿化景观结构，鼓励疏林草地设计，便捷市民使用，合理组织交通出行，提升建筑环境品质，保证公共空间的通达性及舒适性，促进人文活力，形成丰富的活动场所。

打造活力集聚、开放共享的城市公园广场。在植物绿化、灯光照明、路面铺装、景观小品、街道家具、无障碍设施、标识系统等景观要素方面实施修复提升，注重广场公园景观的塑造，加强公共艺术创作，突出城市空间的多样性和艺术性，为市民提供可停留、可漫步、可阅读城市风貌的驻足点。

# 3.3 营造市民共享的公共空间

## 3.3.1 构建可达均好的公共空间网络

### 3.3.1.1 公共性、开放性的公共空间

城市公共空间是城市或城市群中，在建筑实体之间存在着的开放空间体，是城市居民进行公共交往活动的开放性场所，为大多数人服务；同时，由于担负着复杂的城市政治、经济、文化活动和多种功能，它是城市生态和城市生活的重要载体；城市公共空间还包含与生态、文化、美学及其他各种与可持续发展的土地使用方式相一致的多种目标；此外，它是一直处于动态发展变化之中的。

根据存在方式划分，公共空间可分为街道、广场、公共绿地、附属公共空间四大类。按环境性质分类可分为自然空间环境资源和人工空间环境资源。按功能可分为居住型、工作型、交通型及游憩型四大空间类别。按用地性质可分为居住用地、城市公共设施用地、道路广场用地、绿地。根据公共空间在城市总体结构中的位置和地位可分为城市级—地区级—街区级公共空间，它们构成城市公共空间系统网络的一种基本模式。

### 3.3.1.2 广州公共空间现状

本书研究的公共空间为狭义公共空间——广场、公园、绿地、体育场地、文化设施附属广场绿地。

提取现状公共空间用地，按规划功能单元为组团单位，进行均好性、可达性、多样性的量化评估。其中，可达性采用公共空间500m圈层覆盖面积/功能单元面积作为评价指标，得出：市域范围的可达性整体较差，其中只有珠江新城、大学城等地区较好。均好性采用公共空间面积/功能单元人口作为评价指标，得出：市域范围整体一般，其中东部新城区优于西部老城区。多样性采用每个功能单元的公共空间类型数量作为评价指标，得出市域整体较好，中心城区种类较为丰富，其中类型单一地区较为集中（图3-20）。

图3-20 广州现状公共空间

来源：https://stock.tuchong.com/image?imageId=862609684287193159

### 3.3.1.3　公共空间的研究较为深入透彻

从城市设计角度对城市公共空间进行认识的内容比较多，国外的研究更深入，相当多的理论认识已经是耳熟能详。19世纪末卡米诺·西特在《城市建设艺术》中运用艺术原则对城市空间中实体与空间的相互关系及形式美的规律进行了深入的探讨。西特在研究中认为中世纪很多城镇的街道和广场所具有的品质在于形成了具有空间界限的闭合领域；诺伯格·舒尔茨根据存在主义哲学和发生心理学的相关认识，在《存在·空间·建筑》中提出存在空间理论，并认为存在空间有中心与场所、方向与路线、区域与领域3个要素；凯文·林奇在《城市意象》中提出著名的城市意象理论，将城市空间分为路径、边缘、节点、区域和标志物5个要素；诺伯格·舒尔茨在《场所精神——迈向建筑现象学》中提出场所理论，认为建筑师工作的意义在于创造有意义的场所。场所的实质是存在空间，而“方向感”与“认同感”是形成场所精神的关键。芦原义信在《外部空间设计》中利用图底关系等分析方法，提出了加法空间与减法空间等概念，对城市外部空间进行深入认识；C·亚历山大在《城市设计新理论》中提出城市设计细则，其中的“正向城市空间”表明了他对城市公共场所的重视，并就此论述在城市空间形成过程中如何组织公共空间；扬·盖尔在《交往与空间》中基于对人的户外活动的3种分类，分析了公共空间的设计要求；Stephen Carr，Mark Francis和Leanne Rivlin所著的《Public Space》从社会、功能、设计几个方面论述了城市公共空间。

一些学者将视角集中在具体城市公共空间要素方面。克利夫·芒福汀在著作《街道与广场》中分析了优秀的城市设计案例，包括街道、广场、步行街和滨水区等实例方案，分析的内容涵盖了视觉景观、空间尺度与建筑界面等几方面；德国学者汉斯·罗易德在《开放空间设计》中通过其理论及实践的经验揭示了开放空间设计的中心要素以及设计应遵循的方向。

城市公共空间形态的演进以空间形成的动态过程为研究对象，这方面的主要研究包括：斯皮罗·科斯托夫所著的姊妹篇《城市的形成》和《城市的组合》。在《城市的形成》中讨论了从历史的视点观察到的城市形态的某些模式和要素。将城市形态主要分为有机模式、网格、图形城市和壮丽风格几个模式，对城市公共空间的形态及演进有详细的论述。《城市的组合》一书分别考察了历史进程中的城市形态元素，包括城市公共场所、广场、街道等，并在功能、形态方面做了细致的研究；Wolfgang Braunfels在《Urban Design in Western Europe》中将公元900～1900年的西欧城市分成几种类型，从城市设计的角度论述了城市空间的形成。

城市地理学中对城市形态学的研究也与我们对城市公共空间的认识有密切关联。英国学者M.R.G.Conzen在对英国城镇ALNWICK的研究中，将关注点落在了街区内实体与空间的演变过程，他的著作《Alnwick，Northumberland: A Study in Town-Plan Analysis》在论述相关分析方法的基础上，对城镇进行了历史演变进程的分析。

### 3.3.1.4　全市域构建可达性、均好性、多样性高的公共空间网络

根据现状的分析，广州以保证90%的居民在5min内步行可达周边公共活动空间、保证90%的居民人均拥有16m$^2$公共空间面积、保证90%的功能单元内包含3类公共空间（广场、公园绿地、体育场地、文化设施附属广场五种）为目标，在中部风貌区周边塑造串联16个郊野公园的景观翠环，串联14个滨江公共空间的珠江水环，并构建景观廊道系统联系双环与区域公共空间核心区，形成种类多样、市民共享的公共空间网络（图3-21）。

**（1）强化“两轴”空间秩序，突出“两轴”统领城市空间格局的骨架作用**

传统轴线北起越秀山，经中山纪念堂、人民公园、海珠广场，南至珠江，包含以古代中轴线（北京路）和近代传统中轴线（起义路）为框架的整体区域。尊重原有街巷空间格局肌理，保护沿线历史建筑，控制周边新建建筑风格、体量、高度，紧扣书院文化、宗教文化、老字号、老街巷等，策划功能活动，逐步完善开放空间与绿地系统，改善空间环境品质。

现代轴线北起燕岭公园、南至珠江后航道南海心沙岛，全长12km。提升广州东站、花城广场、广州塔、海珠国家湿地公园等重要开放空间品质，紧扣市民需求，增加舒适的城市家具，丰富绿化景观，加强公共交通衔接，管控轴线两侧天际线轮廓和建筑风貌，构建功能复合、景观独特、体验丰富的轴线空间。

### （2）打造多条交通廊道，串联重点景观节点

提升城市重要景观廊道风貌环境，对机场高速、创新大道、第二机场高速（规划）、珠江西航道沿线—沿江路—临江大道（规划）、滨江路—阅江路等邻近自然景观资源的交通景观廊道，东风路、中山路、解放路、广州大道等19条联通重点功能片区的交通重要廊道制定核心管控，针对不同类型廊道的功能定位，进行差异化风貌引导，注重丰富和提升景观廊道两侧的界面景观品质。

### （3）建设若干贴近居民生活、主题突出的重要景观节点，增强城市可识别性

依托历史文化资源，营造位于沿江、门户、景观廊道的重要景观节点，加强文化宣传与展示，提高公众文化认同感与自豪感，充分发挥文化资源的景观价值。利用交通门户空间打造城市第一印象区，展示广州特色与品质，增强城市可识别性。

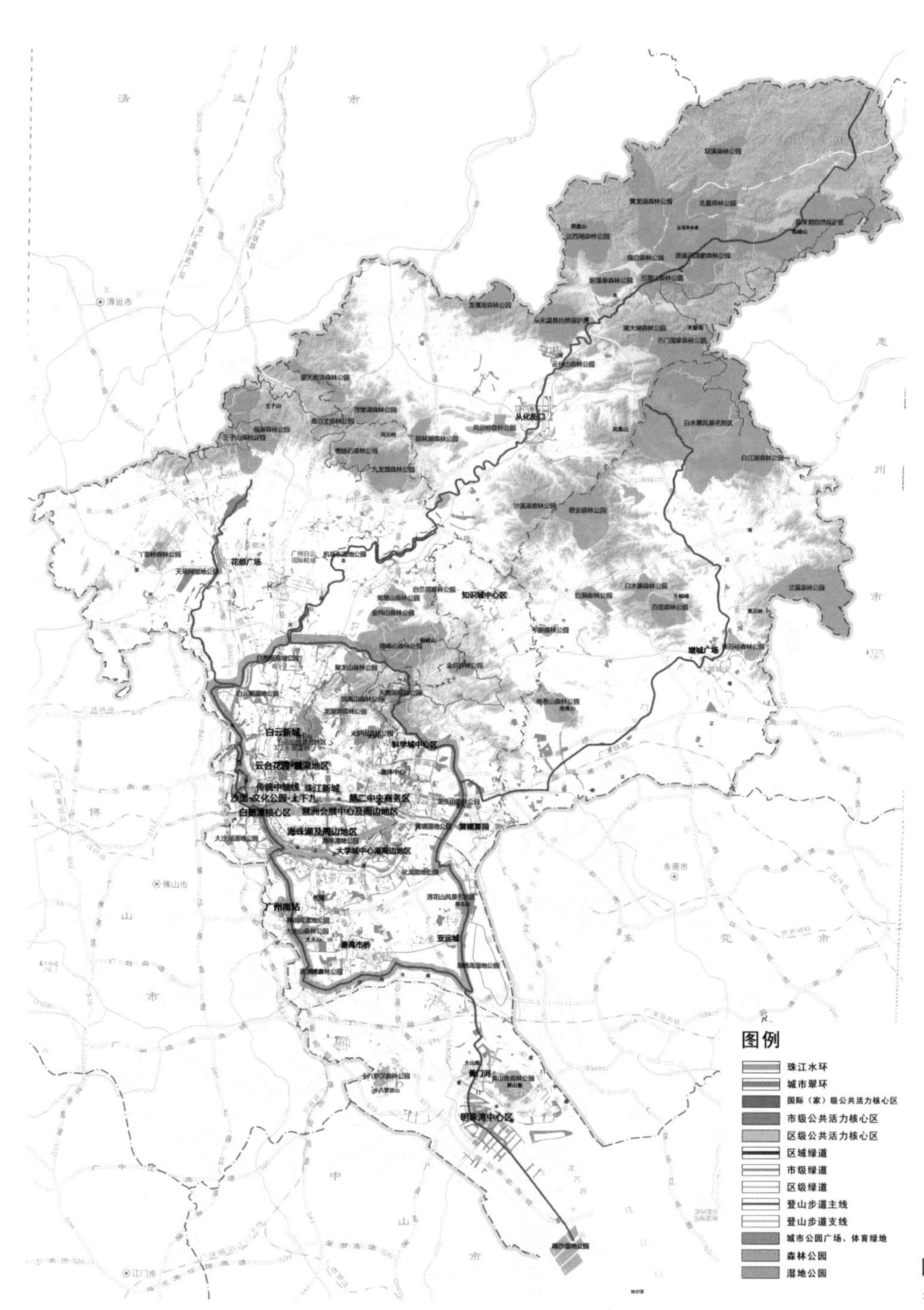


图3-21 市域公共空间规划

来源：《广州总体城市设计》公共空间专项。

## 案例：不同城市在总体层面采用不同方式引导公共空间塑造

北京总体城市设计的公共空间系统是依托城市开放空间格局，通过点线串联的组织方式，完善城市公共空间体系。以城市漫步计划为行动纲领，改善城市公共空间环境品质，提供城市特色风貌体验系统、推动城市公共空间建设。总体城市设计主要的工作对象是城市的物质空间环境，从类型来看，主要包括城市开敞空间、城市公共空间和城市建筑空间等。城市街道作为城市中使用最为频繁的城市公共空间，是直接展示城市空间环境品质的重要场所。

上海城市设计导则指出，公共开放空间是由街道、广场、公园等城市中可以自由进入的区域组成，这些空间不仅是建筑之间的“剩余空间”，而且是交通、交流、休憩等多种室外公共活动的场所，是城市生活的重要舞台。公共开放空间决定着城市区域的特征与意象，其层次、分布、设计、空间品质与功能直接影响着城市生活体验与质量。设置与公共交通、公共活动、公共设施紧密结合的广场、绿地等公共开放空间。上海街道设计导则将城市街道塑造成为安全、绿色、活力、智慧的高品质公共空间。

《深圳市城市规划标准与准则》规定：新建和重建项目应提供占建设用地面积5%～10%独立设置的公共空间，建筑退线部分及室内型公共空间计入面积均不宜超过公共空间总面积的30%。公共空间是指具有一定规模、面向所有市民免费开放并提供休闲活动设施的公共场所，一般指露天或有遮盖的室外空间，符合上述条件的建筑物内部公共大厅和通道也可作为公共空间。室外公共空间的规模一般不小于1000$m^2$，其分布密度要求不宜少于：商业办公区1个/2$hm^2$、居住区1个/4$hm^2$、工业区1个/6$hm^2$。除规划确定的独立地块的公共空间外，新建项目一般应提供占建设用地面积5%～10%的室外公共空间。公共空间面积如果小于1000$m^2$，宜与相邻地块的公共空间整合设置。公共空间实行统一编码，建成后挂牌公示。公共空间应与城市街道相邻，或者与步行系统和公共通道直接连接，以保证其公共性和开放性。公共空间应避免设于高速公路或快速路旁，避免机动车交通带来的噪声、空气污染以及交通安全隐患。

珠海市总体城市设计及城市CI设计的公共空间系统研究主要关注城市公共服务品质和人参与公共生活的方式。研究梳理已有城市建设和已有相关规划，对城市公共服务、公共空间、历史文化资源等要素进行评析和整合，建立完善的系统性标准，组织一个衔接法定规划与建设实施的、系统化的珠海活力公共空间系统。

南京市城市设计导则的城市公共空间设计指引更关注道路和街道。快速路、主干道应设中分带以及侧分带，次干道以上等级的道路应设置两侧机非分隔带。干道与干道相交时交叉口应渠化。建筑退让规划城市道路红线或沿路绿地绿线的距离由规划部门根据《南京城市规划条例》和地区城市设计的要求确定。在同一街区内，建筑退让道路红线或沿路绿地绿线距离应尽量整齐一致。鼓励城市支路形成特色商业街，并与集中设置的社区中心、基层社区中心有机衔接。提倡沿街建筑的公共性，处理好沿街建筑体量与街道尺度的关系，鼓励建筑沿街部分采用骑楼、敞廊等形式形成丰富的半室外空间。鼓励建立慢行体系，与公交系统衔接，串联重要公共设施，联系广场、公园及滨江滨河绿地。步行道、自行车道应连续、便捷，通过材料、绿化进行适当区分和隔离。沿江、沿河的人行步道、自行车道在与城市快速路、主干路交叉时，应尽可能采取立体方式从城市道路或桥梁下穿过，确保慢行车道的连续性。

### 3.3.1.5 塑造珠江活力水环

伴随着城市滨江地区的建设与更新，滨江公共空间作为先导区域，已从城市局部相对片段式的营造逐步走向大尺度连续性公共空间营造。广州提出要实现珠江前后岸线大开放。

#### （1）滨江公共空间营造的新趋向

滨江公共空间是实现城市战略发展意图的重要载体。江河是城市空间骨架的重要部分，是城市极具标志性的空间，是城市特质的集中反映。因此，世界各大城市都将滨江地区作为城市建设的重要主题，将滨江地区建设与城市的发展目标相结合，这是提升城市竞争力和宜居性的重要手段。例如，伦敦围绕“独占全球城市之首”的全球城市定位，将泰晤士河滨江空间作为实现城市发展战略的重要组成部分。

滨江公共空间与滨江地区更新共同推动城市功能转型。滨江公共空间与滨江地区更新是推动城市发展的重要动力。在更新过程中，滨江地区的消费功能逐步替代工业生产功能，大尺度滨江地区公共空间营造有助于城市功能的转型。例如，波士顿的滨江地区通过营造有创意的文化设计类办公区域，吸引有特色的公司进驻滨江地区，为产业升级带来更多活力。

滨江公共空间作为彰显城市活力的核心区域。“民生为本、还江于民”是两岸公共空间全面贯通开放的核心理念，强调了滨江地区的公共属性。因此，物理上的贯通显然是基本要求，还需要为滨江公共空间注入活力，吸引人群到达。例如，伦敦将废弃建筑和空间改造为公共空间，引入了多种文化主体。泰晤士河南岸步行道周围建立了许多著名的文化艺术机构，成为伦敦夜生活的核心区域。

#### （2）珠江活力水环营造

功能融合：汇聚复合要素，升级城市功能（图3-22）。

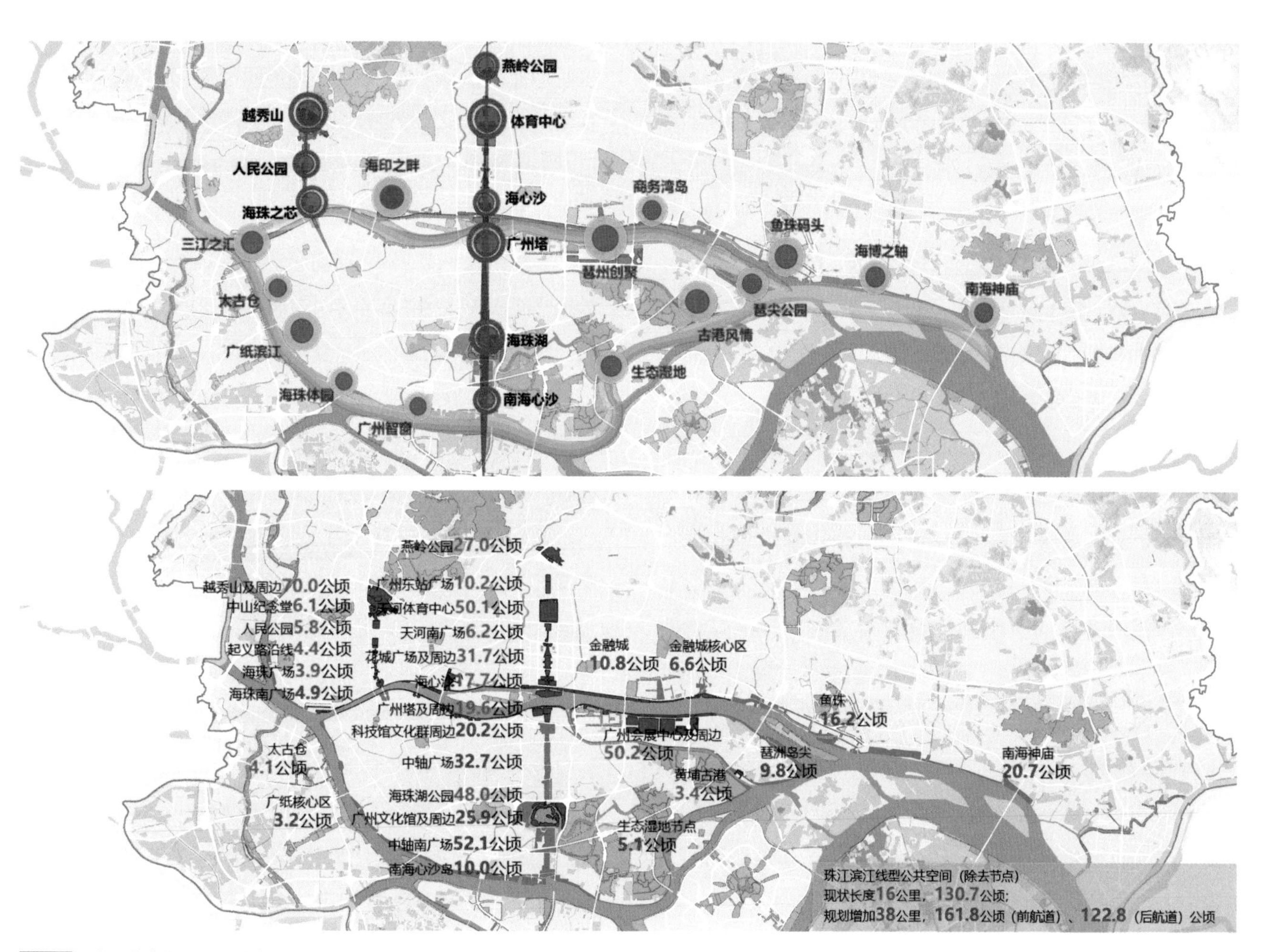


图3-22 珠江滨水世界级公共空间

来源：《广州总体城市设计》公共空间专项。

广州滨江公共空间打造的前提是优化滨江用地功能。划定了功能复合、功能转换和功能提升三类滨江功能优化街区，形成24片创新产业集聚区。对于老城区，通过转型提升商业业态类型，注入文旅休闲业态，结合滨江岸线打造滨江商业体验。对于珠江沿岸工业仓储区域，结合工业遗产保护建设高价值的文化创意产业街区。

贯通开放：坚持还江于民，彰显城市活力。广州在规划新建区、大面积改造区保留100～200m的滨江公共绿地，尽可能增加城市公共空间的宽度。已建地区或已批地区滨江绿地宽度小于100m的暂按现状控制，远期可结合规划改造加宽。鼓励滨江建筑底部空间为市民提供更多休闲活动空间和逗留空间。构建连续、贯通、安全和人性化的滨江慢行系统。提供漫步道、跑步道和骑行道等慢行通道，方便居民亲水、近水等多种慢行活动的体验需求。根据功能合理确定活动场地的尺度。鼓励小规模多点设置，避免出现缺少配套设施和活动场地的单调公共空间。例如，根据功能不同划分为城市广场、小型广场和口袋空间等。城市广场尺度宜控制在1万$m^2$以内。小型广场主要满足区域内人们日常社交、休憩和活动的功能，尺度宜在200～1000$m^2$，应布置充足和舒适的休憩设施。口袋空间是最小尺度的公共空间，提供半私密的休憩、等候和活动场所，尺度通常在100～200$m^2$，可结合街角、建筑退让和绿地形态转折等布置。

文化铸魂：突显城市特质，塑造文化景观。在城市竞争日益激烈的背景下，城市文化逐渐成为城市长久竞争力的关键。城市的产生和发展与江河密不可分，滨江地区饱含着城市深刻而久远的城市记忆，因此滨江地区也是城市要素最为集中的区域。随着城市功能的转变和能级的提升，原有滨江空间建筑的功能也随之更替，甚至荒废。将这些建筑植入新的功能，转化为城市文化空间，将城市不同时期的发展脉络在同一空间中碰撞，形成了独具城市特质的载体。滨江空间的贯通也是一次再发现城市特色要素的机会。广州认为榕树下的交往空间是广州特色的生活场景，保护利用珠江边的大榕树，通过场地设计形成丰富的活动场所。

精细设计：雕琢设计细节，提升城市品质。要塑造高品质的滨江空间，离不开精细设计。滨江空间要作为城市的代表，也必然需要精雕细琢。广州倡导运用“工匠精神”，按照铸就精品的目标，对街道进行精细化设计，从“道路设计”向“街道设计”转变，划分为道路横断面、慢行通道、机动车道、交叉路口、公交设施、过街设施、停车设施、交通标识、交通附属设施和市政设施十个方面，精准提升街道品质。以“一桥一景”为目标，通过“微改造”，对核心滨江地区的桥梁逐一确定主题定位，相应制订提升策略，塑造特色鲜明的风貌（图3-23）。

**（3）珠江活力水环引导**

从滨江开发转变为滨江开放，形成贯通的珠江滨水公共活力环。沿珠江前航道、后航道及沿岸区域共同构建广州主城区珠江活力水环，沿岸串联海珠广场、二沙岛、海心沙、琶洲会展中心、海珠国家湿地公园、海心沙岛、海珠体育园、广船公园、太古仓码头等重要公共空间节点，进一步完善公共绿地及城市广场，形成广州最具活力、最具人气的城市公共空间。

贯通活力水环，形成世界级的滨水空间。重点塑造14个滨江公共空间，赋予不同空间主题，沿珠江前后航道打通珠江活力水环，形成连贯的、多元的沿江公共活动空间带。

保护传统轴线，塑造世界级的现代轴线。保护完善老城传统中轴线公共空间，为城市提供优美宜人的公共开放空间环境和使用便利的步行交通环境。重点塑造北起燕岭公园、南至海珠区南海心沙岛，全长12km的世界级的现代城市中轴线。提升燕岭公园、广州东站、体育中心、花城广场、海心沙、广州塔、海珠湖、南海心沙等重要节点空间品质，管控轴线两侧天际线轮廓和建筑风貌，构建功能复合、景观独特、体验丰富的重要城市公共空间轴线。

优化珠江沿岸整体风貌提升现有公共空间品质。现状国际/国家级公共空间面积为494$hm^2$，主要为传统中轴线，新城中轴线北段及海珠湖公园，沙面至琶洲会展中心段。

高标准建造、完善活力水环及轴线空间。规划国际/国家级公共空间面积约503$hm^2$，主要为新城中轴线南段，珠江后航道及珠江前航道金融城至南海神庙段。

### 3.3.1.6 营建城市景观翠环

串联城市休憩公园，重点打造180km景观翠环（图3-24）。在主城区外围，规划长180km、宽约1km的城市景观翠环，串联沿线大象岗、滴水岩、海鸥岛、龙头山、天鹿湖、白海面等16个景观节点。西段沿珠江西航道荔湾区段及白云区段，北段沿流溪河、广州绕城高速，东段沿天鹿湖、开创大道、广澳高速、化隆、莲花山、海鸥岛，南段沿沙湾水道、滴水岩、大夫山、东新高速沿线。增加公共交通站点和配套服务设施，建设休闲步道和景观节点，丰富市民休憩场所。划分形成四大主题段，策划景观节事。通过对翠环地形地貌现状及景观植被特色的分析，划分四大主题区段，形成湖泊河流、郊野果林、湿地农田、生态山林等特色景观体验，策划翠环节事，丰富文化内涵，吸引人气。

打造四季岭南花景，形成“四季有花，处处有景”。以不同的开花乔木，构建一路一主景，在城市不同的地段，以宫粉紫荆、凤凰木等种类为主，带状或大片状种植开花乔木，强化和增加天桥绿化的簕杜鹃景观，营造春花和秋花之城，让广州花城名片更加靓丽。打造16个生态公园，增加相关服务设施。重点建设中部风貌区外围大象岗、滴水岩、海鸥岛、龙头山、天鹿湖、白海面等16个20hm$^2$以上的中大型生态公园节点，串联形成景观翠环，增加相关配套设施，便

图3-23 广州滨江公共空间提升

来源：《珠江景观带重点区段（三个十公里）城市设计与景观详细规划导则》，SOM为本项目框架规划和景观概念，设计方。

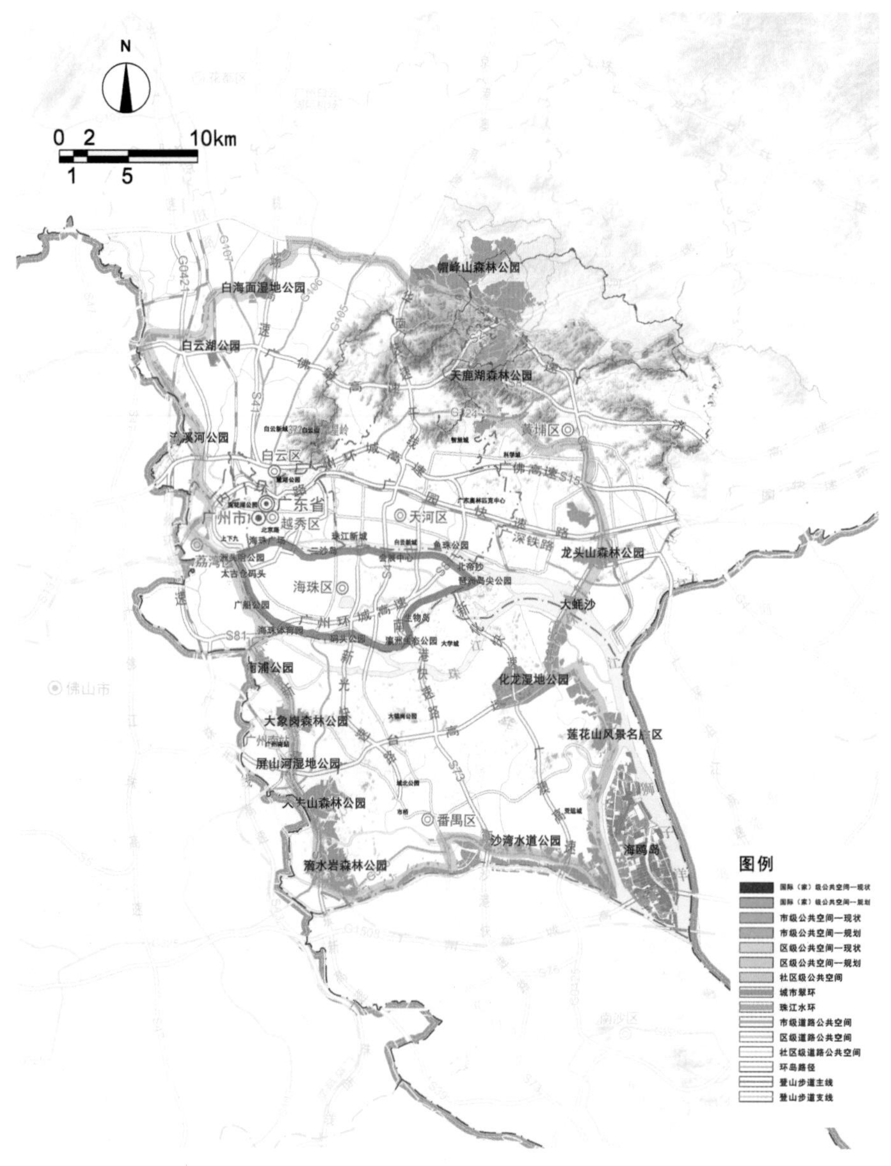


图3-24 城市景观翠环规划图
来源：《广州总体城市设计》公共空间专项。

于市民日常休闲游憩（图3-25）。

增加道路、公共交通、绿道的衔接。布局停车场，方便机动车的到达，增加公共交通站点，同时利用市级绿色街道、环岛、环山道路等慢行系统与其他公共空间便捷衔接。

**（1）构建区域绿色景观廊道**

从群众使用最多的公共空间"街道"入手，探索精细化建设公共空间。把景观道路、街道、废旧铁路、桥梁空间作为重要的公共空间进行功能和品质提升，鼓励通过首层架空增加公共空间，鼓励建筑公共立体连廊互联互通，鼓励线性空间结合城市环境进行景观设计。通过加强道路交叉口渠化改造，推广"小转弯半径"的人性化街道设计理念，把"车"的交叉口改造为"人"的交叉口，增加对自行车交通通勤等慢行交通的考虑。利用废旧铁路空间改造升级为线性公园。以舒适、安全、通达的标准，整体提升街道品质，为市民提供可停留、可漫步、可阅读城市风貌的驻足点。重点打造联系区域的四条区级廊道——白海面—流溪河—良口景观廊道、龙头山—新塘—增城景观廊道、白云湖—花都—王子山景观廊道、亚运城—黄山鲁—南沙湿地景观廊道。

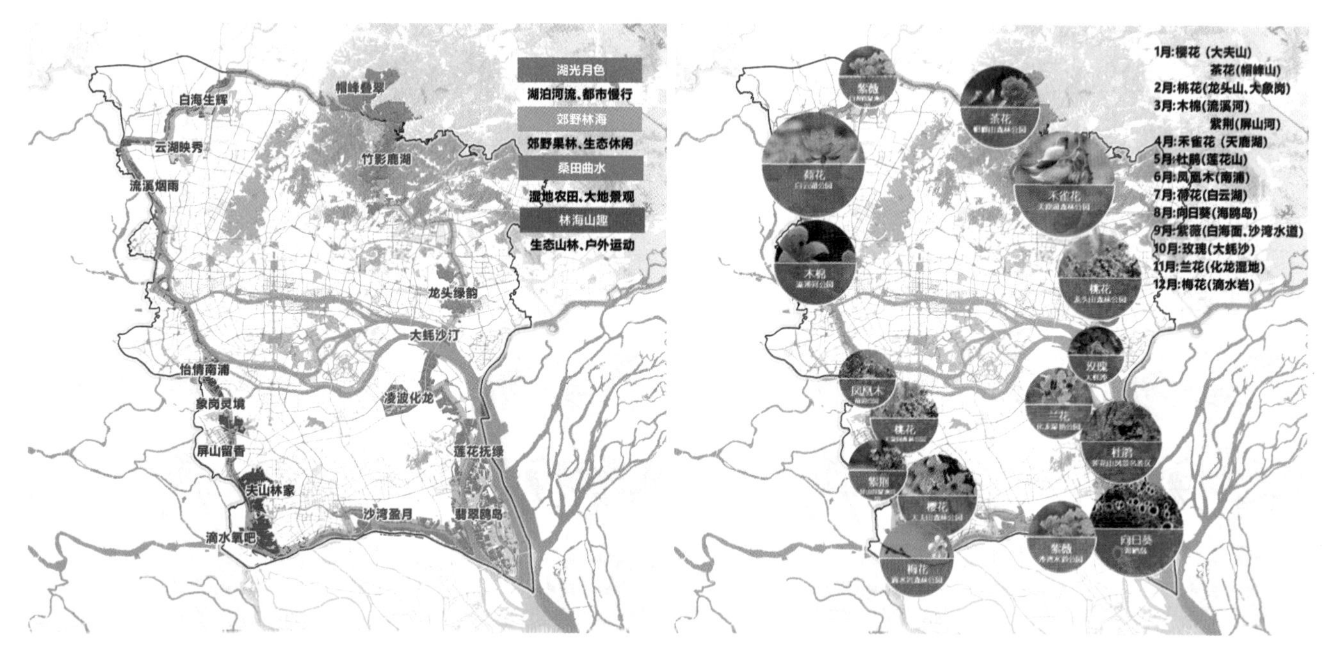


图3-25　城市景观翠环主题与花景

来源：《广州总体城市设计》公共空间专项。

（2）重点打造多层次的公共活力核心区

关注花城广场、琶洲互联网创新集聚区、金融城金融方城、恩宁路—沙面文化径、猎人坊街区、二沙艺术岛、海珠湿地周边、白云文化广场等街区品质，增加市民交往空间。在传统历史城区，通过城市更新，营造以多层建筑为主、慢行网络紧凑、小街区的传统城市肌理。城市新区形成便捷通达、疏密有致、开阔舒朗的高品质街区，展现广州千年魅力与生活融合。

着力提升大型公共建筑周边环境品质与人文活力。重点优化提升中山纪念堂、陈家祠、花园酒店、白云国际会议中心、天河体育中心、中国大酒店、东方宾馆、珠江新城四大公共建筑（广东省博物馆、广州市第二少年宫、广州图书馆、广州大剧院）等大型公共建筑周边公共空间，重点建设广州塔南"三馆"文化区（广州博物馆新馆、广州美术馆、广州科学馆）、东部沿江发展带海丝客厅等规划建筑周边公共空间。

重点打造珠江新城、东部沿江发展带、南沙明珠湾中心区、琶洲会展中心及周边地区、传统轴线、沙面一文化公园一上下九、广州花园一麓湖、海珠湖及周边地区8个国际（家）级公共活力核心区，对标国际，形成国际特色的公共空间。打造白云新城、广州南站、白鹅潭核心区3个市级公共活力核心区，为全市市民创造便捷舒适的公共空间。打造南沙蕉门河中心区、番禺市桥及周边、大学城中心区、科学城中心区、增城广场及周边、花都广场及周边、从化街口7个区级公共活力核心区，形成重要的区级公共空间集聚。

### 3.3.1.7　高品质的公共空间指引

（1）便捷、合理的公共空间布局

可达便捷：提倡公共空间与城市交通系统的紧密联系。公共空间应与城市街道相邻，或者与步行系统和公共通道直接连接，以保证其公共性和开放性。多元发展：通过多用途、多层次的开放空间体系与紧凑型空间模式建设，构建城区开放空间界面体系。根据使用群体特征（年龄、职业、文化背景）、群体规模等形成不同类型、不同规模的公共空间。共建共享：提倡在用地红线内（除退线外）为城市提供永久性场地开放空间。除规划确定的独立地块的公共空间外，新建项目一般应提供占建设用地面积5%～10%的室外公共空间。公共空间面积如果小于1000m$^2$，宜与相邻地块的公共空间整合设置。联系互通：倡导以公共空间为媒介沟通城市新旧片区。提倡通过连续的绿化廊道、广场开放空间改善的地区景观，同时建立起区域、道路和周边的联系。

（2）统一、个性并存的绿化景观

街道家具：保证完整、统一的同时，应符合尺度和个性，并具有艺术性。休闲类街道家具宜设置在生活性道路的建筑前区、城市广场、绿地等。历史城区街道家具设计应吸纳历史环境要素，延续历史风貌、体现环境特色。标识设施：中心区、商业街、滨江公园等重要地区的标识体系应进行专门系列设计。标识设施应整合道路、重要设施、景点等信息功能进行集中设置，也可结合公共空间中的车站、广告牌等要素进行一体化设计，体现环境特色。公共艺术设施：结合城市广场、道路节点、绿化环境设置雕塑、景墙、小品等公共艺术设施。公共艺术设施的材质、色彩、体量、尺度、题材应与周围环境协调。历史城区、历史地段内的公共艺术设施设计应体现历史文化内涵。树池花池：在硬质铺地上种植乔木要留出专门的树池。树池表面应采用植草覆盖，树池箅可选择具有图案拼装的人工预制材料，宜做成格栅状，方便行走并能承受一般的车辆荷载。鼓励设置花池、花盆点缀环境，烘托气氛。立体绿化：棚架、围墙、桥柱、桥体、道路护坡、河道堤岸以及其他构筑物等应进行垂直绿化。鼓励建筑物墙体外侧进行垂直绿化；鼓励公共建筑进行屋顶绿化。

（3）呼应公共空间整体性的建筑风貌

建筑界面：周边建筑临公共空间的界面宜设置公共功能。街道两侧由商业及各类配套设施组成的纯步行公共空间。建筑连廊：城市中心区、人流量大的商业、办公地区鼓励建设空中连廊连接各主要建筑。轨道交通可通过空中连廊与周边建筑连通。连廊的形式、材质需与周边建筑统一考虑，注意尺度与人性化设计。建筑色彩：建筑色彩遵循色彩比例与搭配原则，形成既协调统一又富有变化的地段色彩。公共性建筑可选择较为活泼或有艺术性的色彩。历史城区建筑色彩应与周围建筑及环境色彩相协调。建筑铭牌和店招：建筑铭牌和店招应与主体建筑同步设计。同一街区店招底板应统一高度、样式和色系，不应采用大面积单一艳丽色彩。鼓励商业街设置多样、丰富的店招和广告，以营造浓厚的商业氛围。建筑景观照明：建筑景观照明应合理确定景观照明的亮度和色彩，烘托地段氛围。位于城市重要公共空间建筑，鼓励设置装饰性和应景性节日灯光。临近人行道和照明应采用柔和的光源。

## 3.3.2 创新广粤公共艺术创作

### 3.3.2.1 公共艺术体现城市的软实力

（1）公共艺术提升城市个性气质

我国城市建设的实践经验表明，在各种城市文化要素中，公共艺术是最直观、最纯粹体现城市文化特征的载体，它反映着一个城市独特的个性气质，可以美化空间环境，展现地方艺术风貌，提升人文素养。城市雕塑等公共艺术在丰富城市文化内涵、塑造城市特色、美化城市环境、传承城市文化、促进城市精神文明等方面具有重要促进作用。

（2）公共艺术传递广州文化

城市公共艺术增添城市风貌的文化气息，并承担一定的城市功能。在城市规划与建筑设计中需要从公共艺术的空间布局、文化传递、形制设计、体量等进行规范与引导。例如广州“五羊雕塑”，长期以来被视为广州城市文化地标。因此，有必要对公共艺术进行研究，构筑广州特色大都市景观，完善标志性文化设施体系，形成富有广州特质的城市公共文化（图3-26）。

（3）公共艺术丰富市民生活，提升市民审美

公共艺术不仅仅只是公共场所的艺术，艺术品也不一定因为其被放置于公共场所而具有公共性。它还体现了大众与公共艺术品之间的一种互动关系，这种互动关系体现在大众的行为与心理方面。作为一种“艺术”，公共艺术还具有艺术品的特性。它必须具有一定的艺术价值和美学功能，以其优美的物质形态带给人视觉上的愉悦，对于所在场所的景观品质有着重要意义。

### 3.3.2.2 广州公共艺术现状

（1）公共艺术类型以城市雕塑为主

对全市11区主要城市公共空间内的城市公共艺术进行摸查，共摸查登记1245座城市雕塑（其中，包括越秀区架上雕塑22座）。景观小品类、艺术类城市家具、城市壁画类公共艺术数量较少。

图3-26 公共艺术传递广州文化
来源：《广州总体城市设计》公共艺术专项。

（2）公共艺术市域空间内分布极不均衡

以城市雕塑为例，全市城市雕塑分布高度集中在中心城区，尤其是越秀区全区雕塑数量众多且分布较为平均。越秀区共拥有415座城市雕塑，居各区之首。另外，番禺、海珠、荔湾等区的城市雕塑数量也超过百座。但白云、花都、从化、南沙等外围辖区的雕塑数量则明显偏少，各区城市雕塑的建设规模差异很大。

（3）公共中心、绿地、公共设施用地是公共艺术设置的主要公共空间

全市55%的城市公共艺术位于各类公园绿地和城市广场。另外，校园和文化场馆等教育文化类用地也是城市公共艺术布局的主要区位。而道路类公共空间、滨水类公共空间、门户类公共空间等地区城市公共艺术总体较为缺乏。

（4）公共艺术主题较为单一，特色题材偏少

根据对全市城市公共艺术的现状摸查，可以将全市城市公共艺术主题可分为名人类、历史事件类、生活场景类、寓言故事类、抽象意象类、艺术仿真类、其他类型七类。其中名人类、生活场景类和抽象类城市公共艺术比例最大。但历史类、地域特色的民俗类和试验性城市公共艺术比较少见，总体来说城市公共艺术主题较为单一。

（5）公共艺术与城市资源特色契合度不够

将七大类公共艺术主题进一步划分为历史文化和自然景观两大主题，并将两类公共艺术点的分布情况和全市历史文化资源和自然景观资源的分布情况对比。发现历史文化主题的公共艺术高度集中在历史地段，这与广州市历史文化资源点在全市各区分布较为广泛的特征明显不契合。同样，对比自然景观类城市公共艺术与全市自然景观资源的分布也可以发现类似问题，自然景观类公共艺术多以反映城市建设风貌的抽象型为主，多布局于城市公园、广场，而反映自然景观风貌的公共艺术极少。

（6）观赏型公共艺术为主，体验式公共艺术缺乏

公共艺术根据体验方式可以划分为静态观赏型、互动体验型和其他先锋探索型。广州市公共艺术的体验方式几乎全部为静态观赏，动态互动型和其他新形式的公共艺术严重缺乏，公众参与的审美和体验的深度不足。

（7）公共艺术观赏使用体验和维护保养状况有待加强

广州市公共艺术在主题选择和设计评价方面的得分均较高，有超过89%的城市雕塑在主题选择方面达到“较好”或“好”的标准（主题与其所在场所特征吻合，主题积极向上，具有一定特色和创意）；有82%的公共艺术达到“较好”或“好”的标准（在设计制作水平方面造型较为优美，色彩与材质运用基本得当，体量适中，制作较为精良，能够与周边环境较为协调）；但在公共艺术的观赏和使用体验以及维护和保养情况方面则得分偏低，仅有约70%的公共艺术达到“较好”或“好”的标准。

### 3.3.2.3 城市CI定位：云山珠水，活力都市

提取广州自然本底特征和城市形象特征，同时结合广州城市发展定位和发展目标，提炼出符合城市地域性、文化性、发展要求的城市形象定位。广州城市CI定位为：云山珠水，活力都市，以公共艺术为主要表现载体，将城市CI广泛应用于开敞空间、标志性建筑、园林绿化、市政设施及其他城市各个重要节点空间。

### 3.3.2.4 公共艺术提升城市软实力和新风貌

以全市统筹，分区引导，重点控制为原则，推动自然生态景观为主、自然生态景观与人文景观兼备、滨水景观为主、滨水景观与人文景观兼备、历史纪念与华侨文化、地域风俗、日常生活场景、现代城市风貌、现代产业景观九类题材，以城市公共艺术展示广州历史名城底蕴、传承岭南文化内涵、映衬山水景观格局、彰显中心城市风貌、提升城市魅力，大幅提升和展现广州作为国家中心城市和历史文化名城的软实力和新风貌。

**（1）公共中心**

主要包括城市与区域级公共中心，是集中体现广州国家中心城市现代城市风貌特色的地区。公共中心是提升城市形象的重要区域，该类型片区设置应结合城市功能，突出城市公共服务中心的繁荣与活力，体现城市现代化特色，强化景观风貌特征和可识别性，形成丰富而有吸引力的城市空间环境。

**（2）城市绿地**

主要包括各类城市公园、生态绿地、防护绿地等。根据城市绿地与城市雕塑的适应性，将绿地分为城市公园及街边绿地（包括各类城市公园、广场、街头绿地）、社区绿地及附属绿地、生态公园及风景名胜区、生产绿地及其他绿地四个等级。该类风貌城市公共艺术设置应以保护自然生态环境为前提，按照风景名胜区建设要求，对城市公共艺术体量、材质、主题等进行控制，体现岭南地域文化和自然生态景观特色。

**（3）城市历史地段**

主要包括46片历史文化街区及历史风貌区，是集中体现广州国家历史文化名城风貌特色的地区。公共艺术设置应严格按照相关法规及《广州历史文化名城保护规划》等相关规划要求，严格控制公共艺术体量、风格、色彩及雕塑主题，以保护历史文化风貌为基本要求，强化体现具有历史价值、反映传统风貌的人文景观。

**（4）门户地区**

主要包括机场、铁路客运站、港口和各主要公路交通出入口。门户节点应根据各自特点分别进行城市雕塑设计研究和规划的控制引导，可考虑集中体现广州城市精神的不同主题景观城市公共艺术设计，树立城市良好的对外形象。

**（5）滨水地区**

主要包括广州市主要江河、河涌、水库、人工湖周边的滨水区域。分为江河滨水区和滨湖滨水区两个等级。江河滨水区为江两侧800m，河流水道两侧500m范围。滨湖滨水区为主要湖泊两侧300m范围。主要包括：珠江生态文化带、流溪河景观廊道、东江—狮子洋景观廊道、沙湾水道景观廊道。

**（6）道路空间**

主要包括城市的高速路、快速路以及主次城市干道。城市高速路、快速路空间缓冲120m，主干道缓冲100m，次城市道路缓冲80m。城市道路公共空间公共艺术设置应结合道路属性、周边地块功能，以展示城市形象。

**（7）公共设施地区**

主要包括行政办公用地、商业金融业用地、文化娱乐用地、体育用地、医疗卫生用地、教育科研设计用地等在内的各类公共设施用地。公共设施空间作为城市公共服务的主要提供空间，是市民的学习、教育、运动、娱乐休闲、购物商贸空间，承载了大量生活空间。公共艺术融入公共设施空间，或是公共设施成为公共艺术品，应是城市公共艺术发展的新方向。

### 3.3.2.5 公共艺术指引

通过城市CI系统现有研究解析与成功城市CI案例研究，为广州市CI设计的分析与设计提供借鉴。分析广州市“古、外、今”的视觉表现、“山、水、田、园、海”的视觉表现等，并通过网络照片的大数据图像识别，提取广州的色彩与符号，发放网络问卷询问公众意见。参考广州的形象定位，得出广

## 案例：不同城市在总体层面采用不同方式引导公共空间塑造

西雅图完善的公共艺术规划体系，一般包括两大层面、三大类型。两大层面即城市整体层面和分区层面，在分区层面又包括局部地段、线性空间和特定场所三类空间的公共艺术规划。城市整体层面的公共艺术规划最重要的内容就是明确城市公共艺术发展的主要目标，并通过一系列的公共艺术项目策划和实施策略保障规划目标的实现。整体层面公共艺术规划的另一个重点就是明确需要重点发展城市公共艺术的城市空间，并区分这些空间的类型，以为分区层面针对这些空间制定更为详细的公共艺术发展指引提供依据。在分区层面，则结合各类空间的构成要素，将公共艺术资源合理地进行配置。例如结合区域内公共设施的形态布局、功能分区、重要景观节点和绿化系统、视线通廊和交通流线等要素合理布局公共艺术项目，并对公共艺术项目的具体内容和实施机制细化。

鼓励多主体参与城市公共艺术品建设。规划鼓励艺术家、社区、开发商共同参与城市公共艺术品的建设，针对不同主体提出相应的目标和人物。增加公共艺术作品在形式、材质、内容、布局方面的多样性，同时在社区和私人开发项目中促进公共艺术品的建设。

整合政府主导的公共艺术项目与各领域的规划和项目。规划并没有将公共艺术品规划建设作为城市规划建设的独立领域，而是将其在各部门的规划计划和建设项目中进行整合。例如，结合西雅图交通运输部（SDOT）的步行道改造项目设置公共艺术品，并以交通部为主体编制《西雅图交通部公共艺术规划》（SDOT Art Plan）。

明确各类公共艺术品的所有权和投资主体。规划将所有公共艺术品按所有权和投资建设主体分为三类：由市政府、州政府和学校投资、所有的公共艺术品；由社区、郡县和地铁物业投资、所有的公共艺术品；由私人业主投资、所有的公共艺术品。在此基础上，对各类公共艺术项目明确了建设资金来源和建设主体。

悉尼公共艺术规划体系包括两大层面，四大类型。悉尼作为澳大利亚最大的城市，也是澳大利亚的艺术中心，拥有诸如澳大利亚博物馆、悉尼歌剧院、悉尼交响乐团等丰富的艺术文化资源，并且还有浓厚的艺术氛围，这为当地的公共艺术规划提供了良好的基础。纵观悉尼在公共艺术领域的规划体系，包括规划引导和发展策略两个层面。规划引导针对不同类型的城市公共艺术制定设计导则，而发展策略则通过项目策划推动公共艺术计划的实施以及公众参与，共包括永久性公共艺术项目、临时性公共艺术项目、公共艺术保护项目、公共艺术社会合作项目四大类型。

公共艺术发展制定八大目标。悉尼公共艺术发展策略作为悉尼2030年可持续发展规划的重要组成部分，以生态、文化、生态、社会四大领域的可持续发展为指导，对悉尼市城市公共艺术领域发展提出了8大战略目标，并通过具体的项目策划使各目标得以落实。

州视觉形象优势以及需要体现的重点。依据形象定位及分析得出的概念进行图示化处理。包括标志物与标志图案，主要图形应选择城市结构的要点；标志色分城市的总体色彩与近人尺度的景观色彩。提出在标志性建筑、园林绿化、市政设施及其他城市景观的应用策略表达示范，通过下一阶段编制《广州市城市景观的CI设计》，指导CI系统的具体应用。通过城市景观风貌规划公共艺术专项规划+控制性详细规划/城市景观风貌分区规划+重要区域控制性规划图则（纳入地块改造/出让条件）的路径来具体引导公共艺术的设置。

### （1）城市雕塑类

雕塑类公共艺术主题主要划分为历史文化和自然景观两大类主题。历史文化主题的公共艺术主要布局于历史地段；市中心、CBD等商业氛围浓郁处，公共艺术以现代文化展示为主。自然景观类公共艺术以反映城市建设风貌、反映自然景观风貌的为主，多布局于城市公园、广场。

应鼓励与周边资源、人文、文化、环境等相契合，形成特色，鼓励岭南风、广州特色的公共艺术。强调趣味性、参与性、互动性。可要求在设计过程中有著名艺术家的参与，或者由有知名度的策展顾问来设立标准并且挑选作品。艺术品应当带来灵感，而它们本身应该成为吸引游人的去处。鼓励采用轻质、耐用、环保型材料，公共艺术布置需集合人行活动和人流走向。

**（2）城市家具类**

城市报刊亭首先满足其基本功能，同时因地制宜，选择与周围环境匹配的艺术造型，对提升道路品质，改善城市环境有重要作用。建议在有条件的地区可采用艺术型垃圾桶，永久垃圾桶和可移动垃圾桶结合布置的方式，主要人行道路垃圾桶尽量保证200m一个，材料多以铸铁和塑料为主，用中英文标明垃圾桶类型，颜色鲜明，和周边环境相协调。道路井盖在保证使用功能的前提下，建议材料和色彩与周边道路铺装相一致，增强统一性和艺术性，突出广州文化或者区域特点。道路护栏增强人行护栏的美化设计，可结合其周围环境进行独特设计，使人行道景观更加完整美观。邮筒的设计形式更多样，鼓励艺术、文化元素。

**（3）景观小品类**

喷泉增强亲水性设计，鼓励艺术、文化元素。景观亭廊在满足基本遮阴、遮阳、遮雨的前提下，可设置部分夜景照明进行点缀。进行多种植物配置设计，要求符合生态原则，丰富街头植物景观。造型设计可结合微地形，在有限的范围塑造更丰富的空间形态。鼓励与座椅等城市家具结合设置，形成多功能多形态花坛景观；鼓励设置智能花坛灌溉系统。

**（4）标识系统类**

街道标识系统应该有连贯性，鼓励艺术、文化元素。对使用者友善，要有效地帮助指路，可拓展补充交通、地图、生活等信息查询功能。标识的材料、照明和维护应该与整体的照明和城市家具特点相协调。街道标识的材料要求根据设计目的、标识结构，协调统一材料的面积、形态、色彩、肌理。同时，材料又是新时代、新理念、新技术的体现，不同的时代使用的材料是有所区别的。

**（5）户外广告类**

户外广告是一种城市景观。鼓励艺术、文化元素。避免多风格、多色彩广告的交叉混合布置，影响区段整体景观效果。传统岭南风貌街区的广告边框形式以岭南传统建筑装饰元素为主，对传统建筑元素尽量不遮挡，设置手法与建筑相统一。一般风貌街区的广告边框以现代建筑元素为主，对现代建筑元素尽量不遮挡，设置手法与建筑相统一。

公共设施类户外广告涉及城市家具设施、交通安全设施、市政交通设施和其他构筑物四大类型。禁止在公路收费站构筑的雨棚上设置，禁止在人行天桥上设置，严格控制结合城市家具如垃圾桶、座椅、公共电话亭等设置的户外广告，禁止设置以户外广告形式功能为主的城市家具；位于道路中央的BRT候车亭只允许在面向站台一侧设置户外广告，禁止在面向社会机动车道方向设置户外广告；鼓励采用现代科技使用电子广告牌和人机交互的广告系统，广告形式和内容应醒目，和整体周边景观环境相协调。

**（6）夜景照明类**

鼓励采用国际性元素或岭南元素进行灯具设计。结合空间进行布局，形成特色，丰富城市夜景。广场景观照明颜色可选用多类型颜色组合，但需避免对行人和游客的光污染；鼓励使用智能环保型路灯。植物照明鼓励采用国际性元素或岭南元素进行灯具设计。鼓励采用地灯或射灯等新型照明方式，照明需突出植物主干形体特色。路灯鼓励采用更灵活的形态设计方式，体现广州现代城市和岭南城市特色，需严格按照相关规范进行设置。对街道家具重点部位进行照明，光色以黄白光为主，防止对人眼产生炫光；鼓励多采用地灯等新形照明模式，丰富景观层次；样式在邻里中和地区中应该保持一贯性，并且同时顾及全面照明和行人尺度照明。

**（7）建筑体装饰类**

鼓励地铁区域通过多元化景墙、地景、雕塑等公共艺术的表达，缓解人们在上下班和旅途中的劳累。鼓励机场、高铁站、汽车站等公共交通场所开展与飞行、高铁、旅行、汽车等有关的公共艺术，采用影像、贴纸、雕塑、互动装置、VR等多种技术，实现旅客互动体验。鼓励酒店、银行、商场等公共场所的建筑体进行公共艺术装饰。鼓励对创意产业园区、艺术文化片区的建筑外墙进行公共艺术装饰。选择规划地区，包括需要涂鸦装饰墙体，需要美化装置如电箱，在市民可接受范围，规范管理，以公益性质进行，形成一道独特的街头文化景观。要求表达现实意义，宣传公益，宣扬传统文化，理性涂鸦。涂鸦反映内容需积极向上，鼓励体现岭南文化和广州特色；涂鸦材料需采用环保材料，避免对市民和游客健康产生影响（图3-27）。

推荐示例

不推荐示例

图3-27 城市公共艺术

来源：《广州总体城市设计》公共艺术专项。

# 3.4 建设岭南特色的品质都市

## 3.4.1 建构三维城市数字化模型基础

城市形态，作为城市空间在垂直维度的外在表达，反映了城市建设的历史累积，是城市整体风貌和形象展示的重要窗口。通过对法国巴黎、美国纽约等世界一流城市的分析，明确了将形态引导作为塑造城市形象、提升品质的重要手段之一。广州有天然的优良城市高度形态本底，新中心的建设也形成富有特色的形态，通过进一步的引导，将有助于广州形成更优美、更理性的城市形象（图3-28）。

目前大部分的城市设计形态引导，一是基于直观评判的传统高度形态控制，二是基于GIS数据库的多因子评价，多用于大尺度范围的整体高度形态控制，三是基于美学感知的视觉分析法，多用于重点地段的城市设计。但在总体城市设计中，尺度规模已经远超个人感知，多重要素叠加，常规分析方法无法解决，因此建立三维的互动模型，直观指引城市设计中用地条件、山水廊道、视廊、城市轮廓、风廊等多重要素的总体协调。广州目前城市管控模式仍停留于二维图纸化管理，缺乏直观性、灵活性，将GIS三维数字技术引入到三维形态研究分析、规划管理的阶段，促进量化控制内容更为科学精准，同时建立数字化的形态指引平台。

### 3.4.1.1 依山沿江，两轴相映的现状形态

背山面海，山环水润，广州具有天然的城市高度形态格局。北高南低，自北往南依次为中低山区、山间盆地、丘陵、平原、江湖、海洋，海湖河江，纵横交错。依山沿江，两轴相映，广州现状已形成富有特色的高度形态特征。形成丰富的、强辨识度的城市天际线。从中信到珠江新城CBD、广州塔，形成广州珠江沿岸的优美天际线及标志景观带。但在历史城区新建高层，会对城区保护存在危机。《广州历史文化名城保护规划》公布之前，由于土地价值的驱动与对历史已批规划的维持，增加了部分高层建筑，与历史风貌控制区交错。

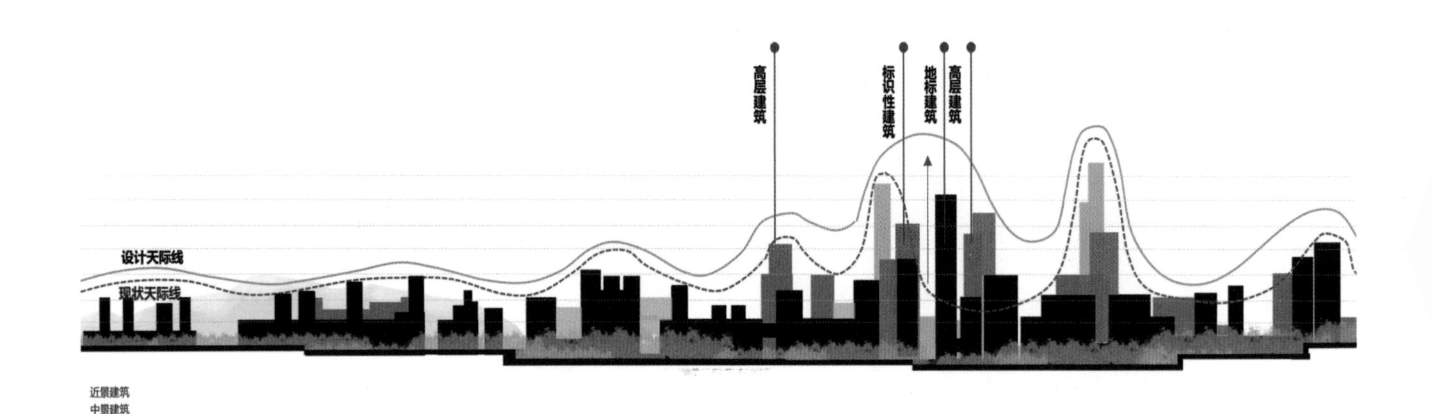


图3-28 形态引导示意图
来源：《广州总体城市设计》高度规划专项。

### 3.4.1.2 从城市体验的角度，结构性引导城市形态秩序

广州自20世纪90年代开始开展三维仿真技术的应用研究工作，在全国是开展比较早的城市之一。2001～2006年，主要以重点项目规划方案的三维仿真为主，先后完成了海珠广场、海珠桥南广场城市设计、珠江新城控制性规划、南越王宫署遗址及周边地区保护规划、新城市中轴线规划设计、广州大学城数字仿真模型系统。从2007年开始，开始了以三维技术应用为主的“数字详规”项目建设，建立完成了全市域三维数字地面模型，建成区建筑物体块白模模型、主城区面积约400km$^2$的三维基础数据库。并在此基础上开发了三维数字规划管理平台、三维辅助规划审批系统。

三维GIS技术具有良好的实用性、显著的社会效益，使得其前景良好，该系统对在替代传统的手工沙盘、辅助城市规划决策、辅助城市规划设计、减少不必要的修改、提高城市规划效率等方面提供了新的可行性途径，同时可推广应用到其他政府部门，作为城市三维GIS的基础平台。该系统的成功应用，将进一步提高我国城市规划的现代化水平。

广州基于现状与目标，以三维互动模型为工具，对接广州规划行政管理的功能单元与管理单元，形成高度分区，定量指引城市设计的总体要素协调，为高度引导提供参考依据和分类标准，切实有效地保护广州山水骨架，延续完整的山水景观格局。

广州从管理者、体验者两个维度引导、塑造未来城市形态：结构性的城市形态秩序。从城市管理的角度，延续山水格局，塑造特色城市形象，策略性提升城市价值。质感化的城市形态感知。从城市体验的角度，在眺望点勾勒美好城市轮廓，在节点疏通城市视廊，体验城市空间。

### 3.4.1.3 特大城市全尺度、全覆盖的基础模型建设

广州首次在市域范围建构了三维城市形态互动模型，通过数字化模拟全市域现状4.4万个地块与山体、水体的关系，梳理了依山沿江滨海风貌特色，形成“双环翠广佛，三城映珠水；六脉通山海，一轴领湾区”的总体空间形态格局。建立完成了全市域三维数字地面模型，建成区建筑物体块白模模型、主城区面积约400km$^2$的三维基础数据库。并在此基础上，开发了三维数字规划管理平台、三维辅助规划审批系统。

建立了广州市十区二市7434km$^2$数字地面模型和建筑物基础白模。利用2008年的航空影像数据（DEM 0.5m、DOM 0.2m）建设了表现地形起伏特征和地表影像的数字地面模型，并利用地形图数据，生成了建筑物白模（图3-29）。

图3-29 琶洲西区白模
来源：《广州总体城市设计》高度规划专项。

## 案例：世界一线城市通过三维形态引导，塑造独具魅力的城市特色

城市形态作为城市空间在垂直维度的外在表达，反映了城市建设的历史累积，是城市整体风貌和形象展示的重要窗口。通过对法国巴黎、美国纽约等世界一流城市的分析，明确了将形态引导作为塑造城市形象、提升品质的重要手段之一。广州有天然的优良城市高度形态本底，新中心的建设也形成富有特色的形态，通过进一步的引导，将有助于广州形成更优美、更理性的城市形象。

法国巴黎从17世纪开始实行城市建筑高度和风貌控制，通过城市形态引导，延续城市文脉。针对历史纪念物、风景名胜地的背景，阻止影响景观的建筑物修建；同时控制建筑尺度，规定建筑地面至檐口的最大距离为20m，1784～1967年5次修改的规划都坚持这一控制。形成中间低、四周渐次升高的"锅底形"城市轮廓线，中心区高度严格控制，形成以大凯旋门、圣心教堂、埃菲尔铁塔和先贤祠等标志性建筑为指引的景观特色与视线通廊。

我国香港围绕维多利亚港和背靠鲜明山脉的发展，勾勒城市形象。市民普遍认为山脊线/山峰是香港的珍贵资产，通过公众咨询，明确基于山脊线保护，确定7处眺望点，以山体景观20%～30%不受遮挡为原则，进行维多利亚港两岸城市高度控制：在观景廊道覆盖区内，海旁建筑物的高度限定在30～40层，而在内陆则可超过60层；在观景廊道覆盖区外可不设高度限制；在九龙半岛南端（高层建筑枢纽）可兴建超高层建筑。

美国纽约从1916年的《建筑分区条例》开始，便开始进行城市建筑高度的控制，在公平中寻求价值最大化。最初的高度控制主要考虑的是消除或减缓建筑高度增加所带来的负面影响，维护街道和公共环境的采光和通风，20世纪60年代以后，促进经济发展、提升房产价值、保护街区形态等都成为高度形态控制的目标。一方面，针对每类分区来控制其中的建筑高度，进行类型化管理，强调同一分区内的公平。另一方面，当有一些特殊要求或试图达到某种特殊目的时，往往不直接做出硬性规定，而采用一些灵活的技术手段，如开发权转移、容积率奖励等，引导土地开发顺应土地利用规划的要求。

建立了400km$^2$现状三维模型数据库。现状三维模型数据库覆盖的范围为：环城高速公路以内广州城区与四大重点地区环城高速公路以外范围251.37km$^2$，奥体中心及周边16km$^2$、大学城18km$^2$及其他重点区域合计400km$^2$。现状建模内容为：建模范围内的建筑物、道路桥梁以及公园山水、草地、树木、花丛、车辆、路灯、雕塑、标识牌、广告等环境配景。现状建模的数据基础：平面以1：500地形图建筑外轮廓线为基础，建筑物高度以2008年航空影像数据的测高数据为基础，外观以现场照片为基础。

构建了规划三维模型数据库。从2007年开始，试点在规划编制和规划报建项目中提交成果的三维模型，至今已实现了2007年内环路范围的"数字详规"编制成果的三维建库，实现了白鹅潭、白云新城和琶洲重点地区城市设计最终成果的三维建库，实现了旧广州水泥厂地块、琶洲B1301、1401地块、珠江新城F1-1地块等10个项目的修建性详细规划方案三维建库，实现了白云新城、大学城自行车馆、电视塔南广场、亚运村、亚运媒体区、琶洲员村地区、白鹅潭地区等30个重点项目城市设计竞赛方案的三维建库。利用现有的现状地下管线GIS数据，构建了广州市建成区范围内约2.2万km的三维管线数据库。结合广州市开展的城市绿道规划，利用现状、规划资料，已完成南越王宫署遗址博物馆、流花湖、新河浦、昌华苑、耀华大街、传统中轴线、沿江路等自然生态及历史文化节点三维虚拟场景建模。

### 3.4.1.4 广州全市域层面全覆盖实现空间秩序引导

#### （1）提取多重影响因子

土地基准地块反映地块现时的价值，规划区位反映地块未来的价值。地块价值敏感地反映了区位、城市设施、环境等各项用地条件，这些条件都自发支配着用地合理建设高度，潜在体现着土地经济条件和集约利用价值的差异性。土地基准地价的赋值方法是根据广州市规划和自然资源局发布的基准地价，按照商业、办公、住宅、工业用地的实际地价级别分别赋值。规划区位的赋值方法是在广州市建构枢纽型网络城市的目标下，根据广州市"十三五"发展规划、重要会议精神，确定的重点发展片区。从赋值结论可以发现，北京路地区、珠江新城、琶洲、沿江至黄埔临港地区，属于十级价值区；白鹅潭地区、新中轴南段、白云新城、大学城地区，属于八、九级价值区；南沙新区、南站地区、中新知识城、经济开发区东区等，属于六、七级价值区。

城市道路是地块可达性的重要影响因子。良好的交通可达性，具有更高的建设潜力，从而影响建设高度，进而影响城市三维形态。赋值方法是根据《广州市城市总体规划（2011—2020年）》的规划成果，将现状与规划城市道路均作为参考因素，主干道、次干道与支路，从人的尺度出发，将人的步行时间作为参照因素分别赋值；高快速路，从车行尺度出发，将车到高快速路出入口的时间作为参照因素进行赋值。赋值结论发现，中心城市城市道路密度大，普遍得分较高；番禺、白云的可达性，如支撑高强度建设，仍有待加强；南沙、从化、花都的可达性显出明显的线性效果。

轨道交通因子是衡量用地建设高度潜力的重要因素之一。根据很多城市的发展经验，地铁沿线尤其是站点附近地段由于良好的交通可达性，具有更高的建设潜力，进而促进高层建筑开发。赋值方法是将现状与规划城市/城际轨道均作为参考因素，分为枢纽站、换乘站、一般站三级，从人的尺度出发，将人的步行时间作为参照因素分别赋值，枢纽站考虑短暂交通工具的接驳。赋值结论发现，中心城市轨道交通已成网络分布，普遍得分较高，尤其枢纽站点辐射较强；南沙、番禺、白云北部、增城、从化、花都的可达性显出明显的线性效果。

景观因子主要反映建设中的控制因素，距离山边、水边越近，需有更严格的控制要求。赋值方法是根据《广州市城市总体规划（2011—2020年）》中对沿山、滨水地区的定义，通过城市设计中高度控制的经验，分别依据对沿山（50m等高线）、岸线（蓝线）的距离进行赋值。赋值结论发现中心城区、珠江沿岸、白云山周边、帽峰山周边为主要的控制区域；从化与增城控制要求较高，中新知识城需重点与环境协调；南沙新区控制沿海区域，着重于通风廊道的贯通。

#### （2）构建广州全域模型

在全市域层面全覆盖实现空间秩序引导，以4.4万个城市地块为基础，基于GIS、FME（Feature Manipulate Engine）建立城市总体指标数据库，通过对城市空间多因子的系统迭代计算，典型地块数据参照，共同确立合理高度区间，并通过城市设计修正，建构三维城市形态互动模型。根据广州市最新电子地形图数据（主要为2015年测量数据，部分地区更新至2016年6月），管控范围9区内，用地面积约1500km$^2$，现状城乡建设用地1239km$^2$，总建设量9.4亿m$^2$，建设用地毛容积率0.76。对接广州规划行政管理的功能单元与管理单元，形成高度分区，定量指引城市设计的总体要素协调，为高度引导提供参考依据和分类标准，切实有效地保护广州山水骨架，延续完整的山水景观格局。

以GIS为平台，分3个步骤建构三维城市形态互动模型。

第一步：引导范围确定。市域，剔除总规禁建区、限建区。目标引导市域范围，总面积7434km$^2$。目前，广州的建设已从中心城区向南、北扩展，包括功能紧密联系的连绵发展地区，符合城市长远的统筹发展。总规禁止建设区、限制建设区不作为建设区域。根据总规要求，禁止建设区指存在非常严格的自然资源、生态环境及地质等制约条件，禁止城乡建设的地区；限制建设区指存在较为严格的自然资源、生态环境及地质等制约条件，对城乡建设的用地规模、用地类型、建设强度，以及有关的城乡建设行为等方面有一定限制条件的地区。上述两类一般情况下不建议作为建设区域。以现行控规为基础，纳入系统计算地块4.4万个，用地面积约1500km$^2$。

第二步：系统迭代计算。利用GIS平台，初步建立三维形态引导模型。基于引导目标，选取"功能性+环境性"2层、4类要素、8项具体用地因子，综合评价。功能性因子主要考虑与用地可建设潜力有关的因素，环境性因子主要从人居环境的角度出发，两项共同构成系统运算的基本逻辑；因子评分不强调与建筑高度之间的正相关性，而是重在描述与建筑高度相关联的用地条件的差别。

因子赋值描述与建筑高度相关联的用地条件的差别，增加参照地块指标，包括2000年至今的已出让地块、十年前建成的典型片区、剔除掉明显不合理地块，输入刚性要求的控高，包括历史文化名城以及白云机场、南沙与第二机场预控高，历史文化街区核心保护范围内控高12m，历史文化街区的建设控制地带内控高18m，环境协调区控高30m，以及白云机场控高、南沙与第二机场预控高。根据用地性质相同，相似、邻近地块、参照地块的参照关系，确定地块合理高度区间，进入系统迭代计算（图3-30）。不同于一般计算模型将各项用地属性评价因子简单叠加，本次根据参评地块与相似地块、邻近地块、同类性质地块之间的参照关系，结合过去五年已批待建的合理项目数据所敏感反映出的用地条件关系，动态确定用地潜在的合理容积量区间。

第三步：城市设计修正，确立三维形态互动模型。在模型计算的基础上，引入总体城市设计中的城市结构与感知要求，将初步建立的模型修正为可作为城市形态引导的互动平台。视廊修正：对总体的城市轮廓线，沿山、沿水、沿海地区的天际线进行控制。城市天际轮廓线——打造疏密有致、高低错落和富有韵律感的整体城市天际轮廓线，针对关键的鸟瞰点，形成重要的城市天际轮廓线。沿山、沿水、沿海地区——控制建筑间距和建筑高度差，加强城市的通风渗透。沿山地区显露主要山体及制高点，控制通山视线通廊，处理好天际线与山脊线关系。沿水地区前低后高建筑梯度，控制通江视线廊道，簇团式起伏有致的天际线。沿海地区留出滨海公共空间，塑造前中远景层次，重点营造湾区周边界面。

### 3.4.1.5 广州城市形态的分区引导

高度优先发展区：利用超高层及地标性摩天大楼，强化中心及核心地带城市天际线的变化，塑造城市轮廓；高度普通控制区：一般建设地区，是城市的建设本底；高度严格控制区：历史文化保护地区、山体廊道、风廊以及视线廊道，按照刚性要素或城市设计要求控高（图3-31）。

十级高度区（高度优先发展区）：共12个功能单元，是最高层级的城市标志区，包括珠江新城至黄埔临港经济区、白鹅潭、南站地区；八、九级高度区（高度优先发展区）：共54个功能单元，高层集中地区，与城市标志区共同形成

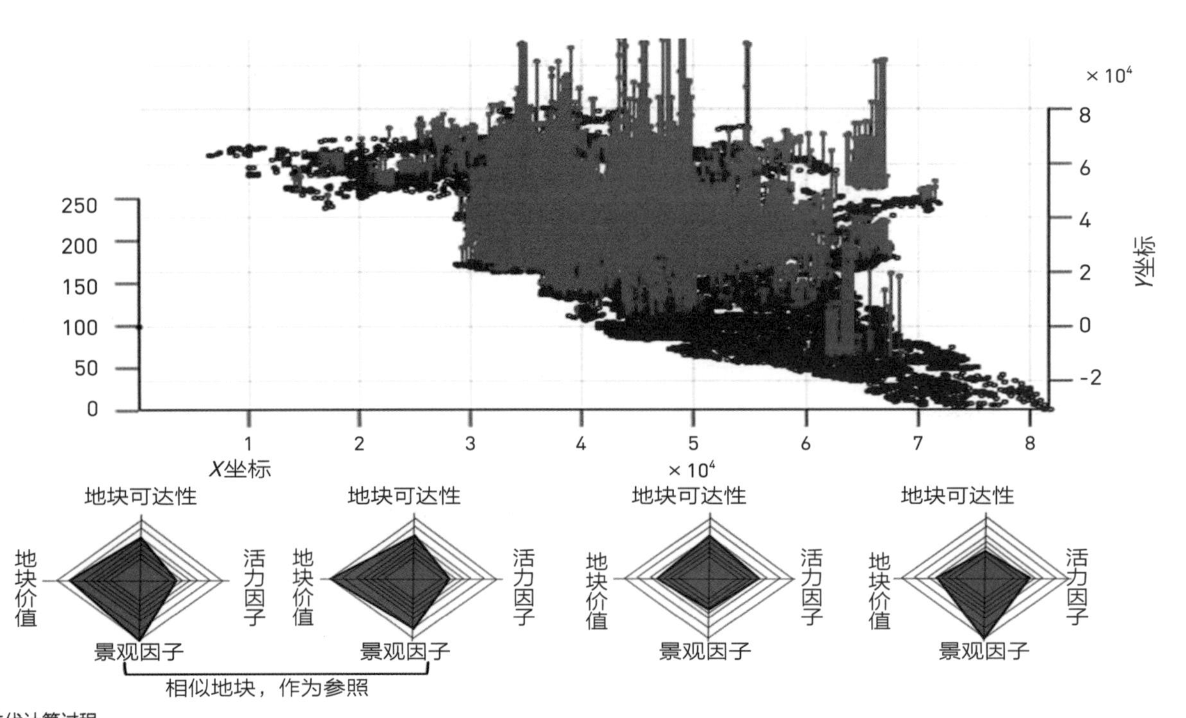


图3-30 迭代计算过程

来源：《广州总体城市设计》高度规划专项。

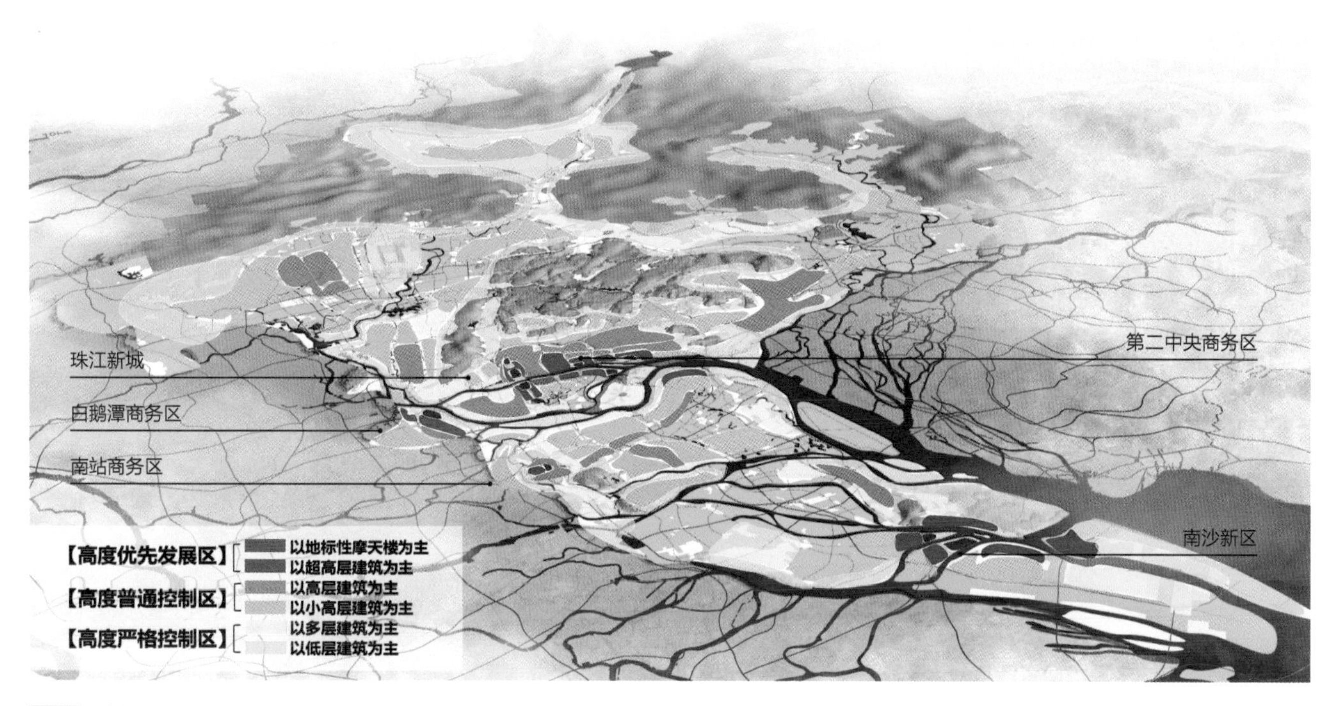


图3-31 高度分区引导
来源：《广州总体城市设计》高度规划专项。

优美的城市轮廓线；四～七级高度区（高度普通控制区）：共176个功能单元，是城市形态本底，需注重历史文化保护地区、山体廊道、风廊以及视线廊道的控高要求；一～三级高度区（高度严格控制区）：共140个功能单元，控制建设量及建筑高度，维护城市的生态本底。

高度优先发展区、高度普通控制区，进行潜力地区挖掘，作为城市精细化管理的依据。城市重点区域，如轨道交通的枢纽站、换乘站，均可作为强度重点开发区域，下一步城市设计需以塑造城市风貌、形成优美的城市天际线为主要目标。高度严格控制区，建议破高地区修正，作为城市修补的依据。对比现状控规，以保留城市的山水廊道、城市文脉为目标，按照分区要求提出修正建议，作为地块进行控规调整时的控高依据。山水地区的修正主要集中在白云山—帽峰山沿线、珠江前航道沿线（海珠区段、番禺区段）；另外，需要在南站商务区南边进行风廊的预留。

#### 3.4.1.6 广州地标的层次构建

两大区域三级地标：集中展示广州的特色风貌。中部山水城区：延续一江两岸，贯穿空港到南站，展示广州云山、珠水、古城的特色风貌；南沙滨海区：展示广州面向海洋的新城市风貌。簇团成长，形成特色的城市天际线与城市意向。一级地标：珠江新城中央商务区、第二中央商务区、南沙新区；二级地标：南站商务区、白鹅潭商务区、白云机场、白云新城、传统中轴线；三级地标：两大区域内部的地标协调区。

指引城市设计中的要素协调：城市视廊的贯通，城市轮廓的和谐，城市风廊的通畅。对各个地区的城市设计，重点提出关于视廊、轮廓以及风廊的管控要求，保证该类总体要素在上层次得到协调。引导提出合理并灵活的高度控制要求。对于非重点管控地区，三维形态的引导模型有利于引导城市设计提出合理并灵活的高度管控区间，避免对城市眺望景观造成“墙壁效应”。

### 3.4.2 构建云山珠水的城市景观廊道

明清以前，广州可看山、望水、览胜、观城，历史视廊通透开敞，历史地标资源禀赋佳。历史城区内山（越秀山、白云山）与江（珠江）的山江历史视廊，与古迹（六榕寺、西堤、中山纪念堂）等山体—古迹历史视廊通透开敞。

民国时期，白云山、越秀山、圣心教堂、镇海楼、中山纪念堂等地标景观可清晰看到，广州近代商贸沿珠江集聚，于西堤发展，形成近代城市天际线。建筑慢慢集聚及拔高，使得部分历史地标逐渐被遮挡。

随着现代城市发展，珠江新城的建设开发，形成曲线优美、节奏韵律的都市滨水天际线，广州塔、东西双塔等丰富多元的地标资源，白云山、火炉山、海珠湖等开敞空间远眺珠江新城等优质的景观视廊。

通过互联网大数据进行城市意象认知，人机互动识别出交通、山水、都市和人文四种类型节点，对每类搜索量较高的进行落点，进行交互式分析，归纳出主要的分意象结构，并进行二次分析，过滤相似选项，最终得到广州重要的景观视点。选取具有广州城市特色和形象代表性的建筑群、山体等景观地标作为视景目标，结合公园广场、山体制高点、珠江沿岸、交通门户等开敞空间作为眺望点，通过视线关联，利用三维模型模拟提出相应高度策略，构成景观视廊，让市民看得见山，望得见水。

#### 3.4.2.1 指引意义

**（1）“第一眼广州”公众认知广州城市意象空间载体**

结合外围山体河道资源打造6个郊野长眺观城点，并与区域层面眺望点相对接，过渡区域—市域眺望层级（区域眺望点）。

**（2）人性视野下有效指导重要视廊区的建筑高度控制**

珠江新城CBD、琶洲、金融城等中心区高楼云集，随着第二CBD、西部湾区、东部湾区等战略空间的开发，中心城区城市空间将逐渐呈现高密度开发的态势，面对更为复杂、多变的城市空间环境，如何基于人性视野角度，对中心城区重点地段的建筑高度、天际线等空间形态要素进行有效管控，将对未来广州空间形态优化产生较大影响。

**（3）形成系统性、实用性较强的眺望景观视廊管控方法**

目前广州乃至全国，尚未形成一套适用性强、有利操作的眺望景观规划方法，未来将在总结和吸取国内外眺望景观规划经验有益之处的基础上，形成符合广州城市发展规律、适用性强的眺望景观规划技术方法，并探讨建立眺望景观规划管控平台作为实施保障。

**（4）GIS三维数字技术的创新应用管理**

广州目前城市管控模式仍停留于二维图纸化管理，缺乏直观性、灵活性，未来将GIS三维数字技术引入到眺望景观视廊研究分析、规划管理的阶段，促进量化控制内容更为科学精准，同时建立数字化的眺望景观规划管理平台。

#### 3.4.2.2 广州景观廊道现状

**（1）有优质资源**

丰富多元的地标资源。集中于中心城区，拥有白云山、越秀山、珠江等山水地标，纪念堂、六榕寺、琶洲塔等历史遗存以及长洲岛、黄埔古村等传统村落，珠江新城广州塔、东西塔、琶洲会展中心等都市地标，地标资源丰富多样、景观优质。

地标多集中于珠江沿线地区，天河区新中轴、越秀老城区分布较多，其他地区分布较少。集中分布于天河区（35.3%）、越秀区（30.5%）、海珠区（20.5%）。市域已形成都市、山体、滨水、历史等丰富多元的地标性景观要素，主要集中于中心城区。由此可知，公众视线焦点感知主要来源于中心城区。中心城区围绕珠江沿线、白云山，形成历史、都市、山体等多元化城市地标，呈现“汇聚主城、古今交融”的特征。

开敞通透的景观视廊。珠江新城都市天际线初具规模，白云山、火炉山、环城高速、海珠湖湿地等开敞空间眺望珠江新城，景观视线通透大气，品位彰显；此外，越秀山看白云山、中大北广场看白云山、越秀山看传统中轴线等观山、历史视廊品质较优。

**（2）老城有管控**

名城保护规划提出11条重要视廊保护要求。《广州市历史文化名城保护规划》2014年11月经省府批准实施，提出中大北门广场—白云山、珠江—镇海楼（越秀山）—白云山、镇海楼—中山纪念堂等11条重点山江、山古视廊保护控制要求。

民国以前，历史城区内山（越秀山、白云山）与江（珠江）的山江历史视廊，与古迹（六榕寺、西堤、中山纪念堂）等山体—古迹历史视廊通透开敞，然而随着广州城市快

20世纪30、40年代眺望珠江沿岸、海珠大桥、越秀山

现状中山大学北门广场透过高层建筑的间隙观看白云山（历史城区内仅剩余的山江视廊之一

图3-32 老城视廊逐步被遮挡

来源：《广州总体城市设计》高度规划专项。

速发展，山江、山体—古迹之间的视线联系渐渐被高层建筑遮挡，现仅存有若干条狭窄的视线通廊，以前开敞通透的山江、山体—古迹的全景视廊已逐渐消失（图3-32）。

《广州市白云山风景名胜区保护条例》中高度管控要求。最新修正版本已于2006年4月1日实施，范围内新建的建（构）筑物，其高度应当控制在12m以内；外围保护地带内新建的建（构）筑物，其高度应当控制在15m以内。

### （3）新城待管控

新城局部存在对地标景观的视线遮挡。新城局部地段高层建筑的开发建设，使得都市天际线及地标景观存在被淹没的危险。随着广州城市化进程的加速，中心区呈现高密度开发态势，高层建筑无序开发及管控失控，对珠江新城、越秀山、白云山等地标性城市景观产生视线遮挡，造成了一定程度的“建设性破坏”，城市景观整体建设不协调，导致公众对城市空间环境体验和品评不佳。

现行控规对城市整体形态的管控有待加强。新城缺乏有效的高度管控措施，未来待加强有效的高度管控全覆盖。现行控规对建筑高度、密度等采取强制性、指令性的指标控制，建筑高度管控过于一刀切，缺乏灵活性，会对城市眺望景观造成“墙壁效应”。现行控规的建筑高度控制，对城市整体空间形态缺乏统筹考虑，忽视了城市眺望景观具有强烈的视觉属性，未从人性角度考虑公众对地标景观及周边环境整体的视觉体验和品位，导致广州中心城区空间形态存在局部失控、无序蔓延的问题。

### 3.4.2.3 构筑科学的技术框架

为建立人性化、可控性的城市形态空间秩序，构筑视廊“指定”+“导引”+“管控”三层次技术框架。

视廊指定。结合文献研究、影像分析、公众意象调查等多种方法，初步筛选出最具广州城市特色城市重要景观眺望点及地标对象进行分析，通过两两关联组合，构成潜力景观视廊。通过构建景观视廊品质评价指标体系，对潜力景观视廊进行评估，最终确定具有较大代表性的战略性景观视廊。

视廊导引。分类提出一般性管控导引，划定视觉控制引导范围，对眺望点（视点）、地标对象（视景）、视距、视角等基础性要素，以及地标视廊区、周边协议区、背景协议区、前景、中景、背景等视觉导控范围进行导引。

实施管控。选取沿山边、临珠江等不同类型的重要视廊，进行个例分析，采用GIS三维可视化分析手段，叠合法定控高因子，划定重要视廊及周边的建筑高度分区，对视廊覆盖区的建筑高度进行严格控制，结合现状建设情况，筛选破高的现状建筑，提出降层、拆改建等具体措施指引，对视廊周边区域的建筑高度进行弹性控制。

**（1）保护原则**

保护和利用原有的景观资源，将战略地标景观的视觉感知转化为控制指标，实现战略性景观公众感知的可控性。

山体视廊。对于白云山、火炉山等重要山体，将山脊线的1/3处作为视觉控制的基准高度，眺望点标高与山脊线1/3以上部分标高构成的楔形平面为高度控制面，原则上禁止建（构）筑物、植物突破该视廊高度控制面。对个别情况可灵活放宽，以及容许在适当地点出现地标建筑物以突出山脊线，避免产生“墙壁效应”。

地标建筑群落视廊。对于珠江新城以及未来待建的第二CBD、白鹅潭等地标建筑群落，设立40%～50%以上的地标建筑群落不受建筑物遮挡地带，原则上禁止建（构）筑物、植物突破该视廊高度控制面。若确实存在重大项目开发的个别情况，需进行相关论证判断。

历史地标视廊。对中山纪念碑、石室圣心大教堂等体量较大的文物古迹，设立1/3以上的历史地标不受建筑物遮挡地带，同时严格按照文物保护单位的保护规划控制要求，对周边建筑高度进行严格控制，保证较大的观景距离和范围，使得视线廊道保有通畅。

**（2）眺望点及地标对象**

基于广州游憩空间及活力评价结果，结合文献研究、公众意象调查大数据分析等方法，初步筛选最具广州城市特色的代表性眺望点及地标对象，选定都市、山体、历史、珠江四类战略景观地标，结合门户路径及活力游憩场所，选定眺望点、地标对象。

视点指观赏人数最多、观赏视域最大的观赏场所，一般为城市制高点、公园广场等公共空间以及交通门户，一定条件下，视点可与视景进行转换，主要有以下几个特点：观赏的视距合理；具有公共可达性；分为静态或动态的观赏点；行人凝视观赏的时间充足。在满足之前眺望点选取4大原则的基础上，初步筛选滨水桥梁、交通门户、公园广场、山体建筑高视点4大类共计40个眺望点。

视景为具有观赏价值的标志性城市景观，如山体、滨水等天然地形以及历史遗存、都市地标等人文景观，是具有重要战略意义、值得被特别强调的城市形态特征，是公众对广州城市空间意象认知的重要构成，需符合以下标准：易被看到和识别；具有地理或文化定位；具有美感；具有公共可达性；天然的景观焦点。在满足地标对象选取5大原则的基础上，初步筛选都市类、山体类、沿珠江景观节点、历史类4大类共计25个地标对象。

**（3）潜力景观视廊评估**

潜力景观视廊初步选取及过滤。根据初步筛选的40个眺望点、25个地标对象，经过两两关联组合，剔除掉满足以下过滤条件的视廊，最终初步确定70条潜力视廊。

潜力景观视廊的过滤条件：眺望点至地标对象的距离超过人眼可接受的10km视距；眺望点及地标对象的地理位置相仿，两者的视通区存在较大程度的重复。

潜力景观视廊指标评估：根据潜力景观视廊品质评价指标体系，对70条潜力景观视廊进行评分与排序，考虑未来广州城市建设发展的视廊预控，最后指定54条战略性景观视廊。

#### 3.4.2.4 指定两级二十二条景观视廊

市级视廊4条：传统轴线视廊（越秀山—海珠广场）、新轴线视廊（海珠湖—珠江新城）、白云山—珠江新城、火炉山—国际金融城（预控）。区级视廊18条：燕岭公园—珠江新城、丫髻沙大桥—珠江新城、南沙港快速—珠江新城、机场高速飞翔公园段—白云山、越秀山—白云山、火炉山—白云山、中山大学北广场—白云山、白云湖—白云山、白海面—帽峰山、南站商务区—大夫山、增城儿童公园/荔枝文化公园—凤凰山、从化街口—平头顶—棋盘山、花都广场—王子山、知识城核心景观节点1—帽峰山、知识城核心景观节点2—帽峰山、丫髻沙大桥—白鹅潭（预控）、深茂通道—南沙明珠湾区（预控）、南沙明珠湾区—黄山鲁（预控）（图3-33）。

重点管控4条市级景观视廊，提出定量导引要求；对其余18条区级视廊，提出定点、定性的导引要求（图3-34）。

市级视廊的管控：明确视点、视景的位置，并标注具体坐标，划定视廊区范围线；以地标的顶部整体形象可视为原则，要求地标建筑群的50%以上可见，确保公众视线不受建筑遮挡，对视廊区进行视线高度分区，结合GIS空间量化分析，针对每一条视廊进行网格点高度赋值，提出视廊区内的建筑高度指引。要求市级视廊范围内涉及的地块应编制视线影响分析，来确定地块建筑高度。

区级视廊的管控：提出明确视点、视景位置建议，对视廊区提出示意性范围。具体的坐标和范围线在下层级城市设计中开展视廊影响分析，来确定地块建筑高度。

### 3.4.2.5 塑造独一无二、层次丰富的城市天际线

延续广州“一江领乾坤、山海城交融”的城市空间格局，注重预留通山通江廊道，保持山、水、城之间良好的通达性，注重“山边、水边、园边”等开发空间周边天际线的控制，让市民看得见山，望得见水。北部地区突出山体森林

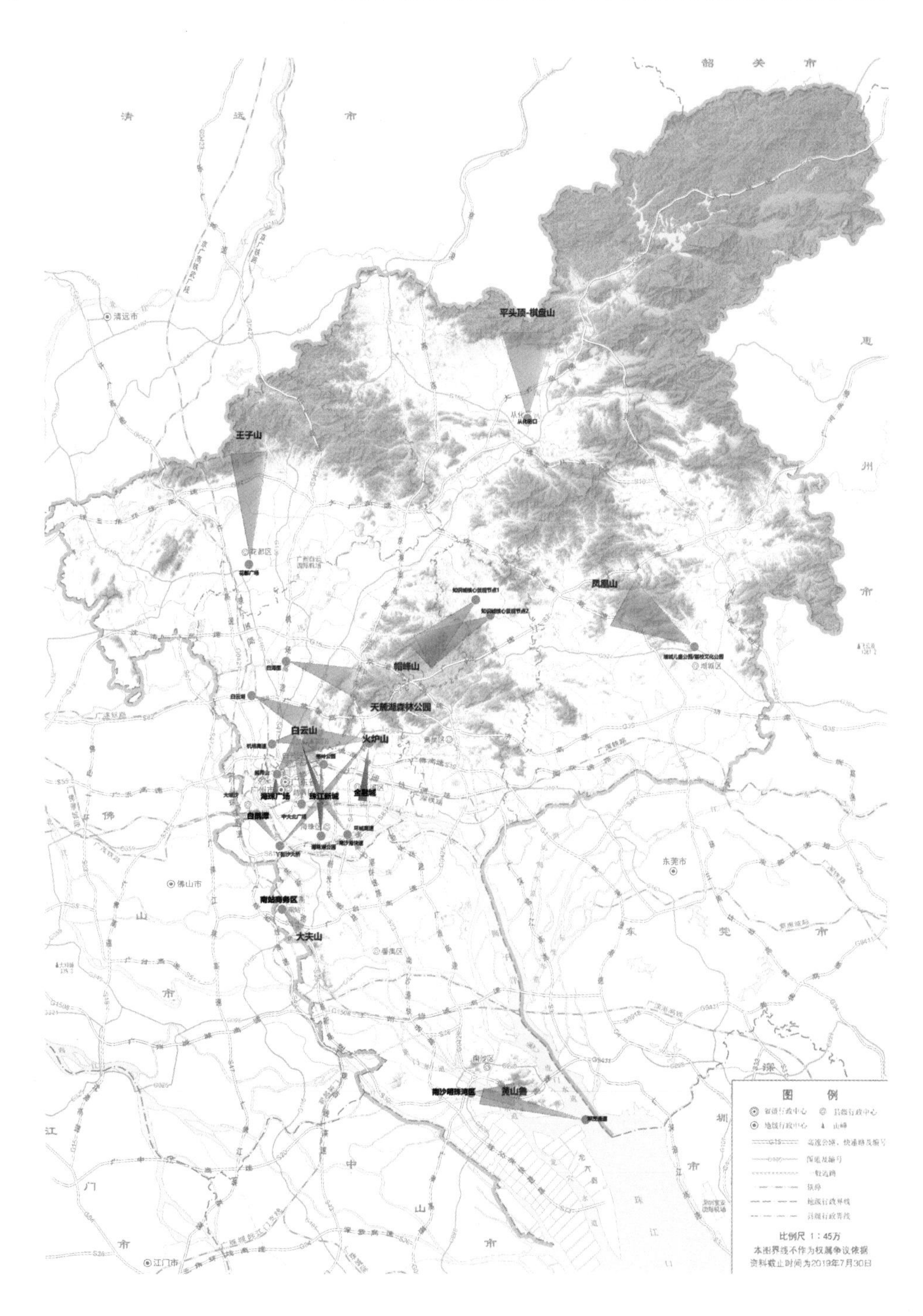


图3-33 市域景观视廊规划图

来源：《广州总体城市设计》视廊规划专项。

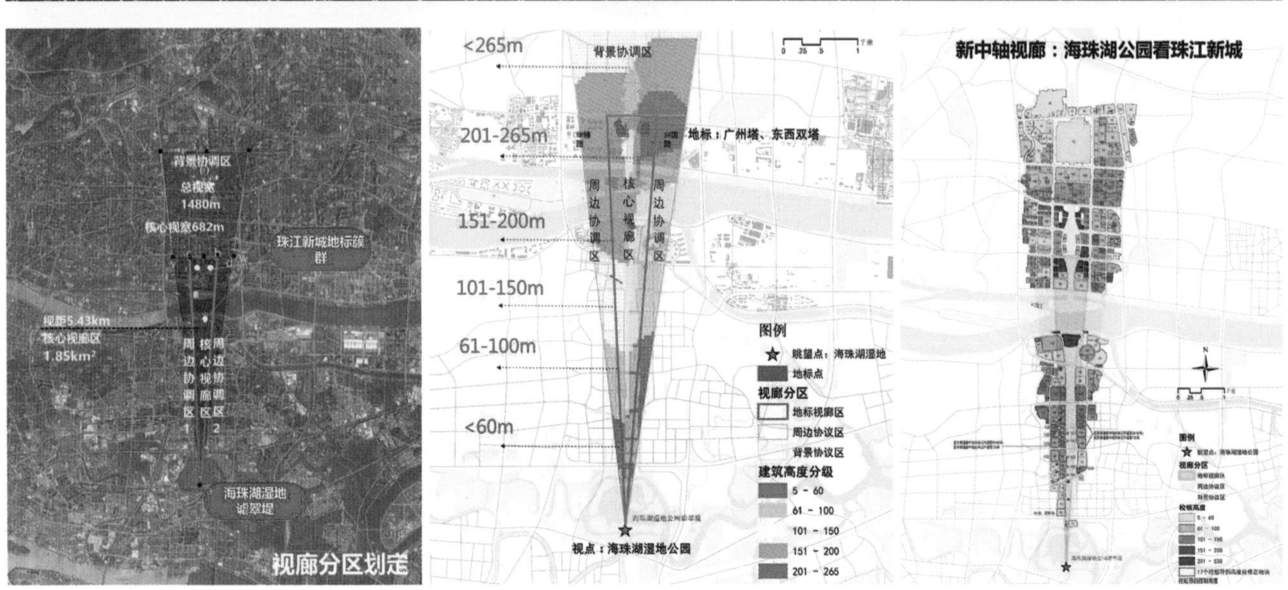


图3-34　海珠湖看珠江新城市级廊道管控

来源：《广州总体城市设计》视廊规划专项。

## 案例：国内外形成了成熟的视廊分析方法

英国伦敦指定4大类27条景观视廊。围绕圣保罗大教堂、威斯敏斯特等地标景观，形成伦敦全景、线性景观、滨河景观、城镇景观4大类视廊，共计27条景观视廊。采用视锥分区控制法的技术方法，严控地标视廊区域，禁止超过基本眺望线视锥控制高度面，弹性控制周边协议区及2.5～4km的背景协议区。单独编制景观管理框架，纳入大伦敦法定文件。

伦敦市政府颁布的《伦敦城市重要景观管理框架》（London View Management Framework）是《伦敦规划》的一项补充规划指导（Supplementary Planning Guidance，SPG），旨在平衡伦敦视觉遗产保护与城市开发建设之间的矛盾。指定的战略性眺望景观（Designated StrategicView）是《伦敦城市重要景观管理框架》（以下简称《框架》）中最重要的内容。通过《框架》对伦敦城市中最重要的城市建筑、街道、河流景观进行有目的、有策略地规划管理。

法国巴黎通过城市设计考察确定3类45条视廊。法国自1970年起开始研究制定用于眺望景观保护的纺锤形控制区，截至1999年，巴黎市内已经划定了覆盖全城的45处景观保护点的纺锤形控制区，形成全景、远景、框景3大类视廊。采用纺锤形控制法的技术方法。纺锤形控制是以保护"景点、视点、视廊"这些城市结构为目的的系统，纺锤形覆盖区域内建筑顶部（建筑高程+本身高度）禁止超过视平面即纺锤形控制图中确定高程值。纳入巴黎土地占用规划（POS）法定文件。将眺望景观视廊管控作为巴黎法定的土地占用规划（POS）的一部分，保障规划实施。

我国香港通过公众咨询明确基于山脊线保护，确定7处眺望点。市民普遍认为山脊线／山峰是香港的珍贵资产，在进行发展时必须格外考虑，加以保护。就保存远眺下的山脊线／山峰景观，拟订出维多利亚港两岸七个眺望点。以山体景观20%～30%不受遮挡为原则，进行维多利亚港两岸城市高度控制。设立一个20%～30%山景不受建筑物遮挡地带，作为香港城市发展高度轮廓控制的重要依据之一。

通过确立7个眺望点的观景廊道覆盖区，在观景廊道覆盖区内，海旁建筑物的高度限定在30～40层，而在内陆则可超过60层。在观景廊道覆盖区外可不设高度限制。在九龙半岛南端（高层建筑枢纽）可兴建超高层建筑。单独编制香港城市设计导则作为管控实施依据。

我国南京基于百度词频公众意象分析，确定3条天际线及4条通廊。基于公众认知的特色要素调查，从"山水城林"角度提取要素关键词，通过百度关键词热度排序，获取公众认知意象，确定南京古城特色风貌总体结构，明确两条天际线景观：火车站—玄武湖、纬七路中华门—新街口；三个高视点景观：鼓楼、新街口、江苏电视塔；四条视廊景观：狮子山—石城风光带、鼓楼—紫金山、御道街（明故宫）南向、御道街（明故宫）北向。

结合各类法定规划叠合分析进行老城区建筑高度控制。校验已有法规、条例、已批规划和设计，围绕目标和现实问题解决提出综合性的形态协调和优化措施建议，为解决历史遗留问题提出有条件的"出路"。最终为未来管理形成一个古城高度形态分区的总结果。

平缓、连绵起伏的生态风貌，注重白云区、花都区、从化区及增城区等沿山天际线塑造，保留山脊线的完整形态，形成彰显集约高效、山城融合、起伏有致的城市天际线景观。中部地区突出传统与现代交融的都市风貌，注重珠江新城、东部沿江发展带等滨江天际线塑造，保护通江廊道，建筑高度向水边逐级降低，建筑布局张弛有度，变化有序，塑造前中远多层次的建筑界面，形成起伏有致的波浪式天际线。南部地区突出港城融合的滨海风貌，注重明珠湾区、蕉门河等滨海天际线塑造，滨海预留公共空间及低矮公共建筑成为近景视觉中心，形成舒展的空间梯度，塑造滨海极具标志性区域，形成透气的城市界面，营造簇团式起伏的滨海天际线轮廓。

**（1）塑造独一无二的现代城市轴线天际线**

重点对北起燕岭公园、南至海珠区南海心沙岛，全长12km的世界级现代城市轴线的天际线进行塑造，打造富有视觉冲击力的城市形象门户，形成以中信广场、东西双塔、广州塔、南海心沙地标区域等为统领的逐级向两侧降低高度，变化有序、极具气势的波浪式天际线。

**（2）营造珠江景观带富有层次感的天际线**

整体保护和塑造沿珠江的天际线，重点引导珠江景观带30km沿江形成“前低后高”的滨水建筑高度控制，沿江预留公共空间及低矮公共建筑成为近景视觉中心，临江一线建筑（指地块主导功能建筑）高度控制在60m以下，以点式组合为主，逐级升高，鼓励塔楼建筑与江岸呈一定角度布置、错位布置，保护历史城区平缓有序的城市天际线，整体形成景城融合、富有韵律感的天际线（图3-35）。

**（3）构建多个交通枢纽天际线标志地区**

根据TOD集约开发模式，围绕轨道站点布局统领周边建筑群的视觉中心，形成显著的门户区域，逐级向周边降低高度，形成舒展的空间梯度，打造张弛有度、珠峰式的天际线。

#### 3.4.2.6 营造和谐共融、彰显特色的城市第五立面和第六立面

城市空间的立体化和复合化，使人们的视点提高，城市的第五立面越来越被人观察到，建筑顶部和其组合方式形成城市上部空间风貌，成为展现城市特色的“第五立面”。从城市层面，第五立面是构成区域内城市肌理的基本单元，影响城市空间形态，指的是从一定高度视角，从空中俯瞰到的城市上部空间的整体意象，由屋顶功能、形式、材质、肌理、色彩及自然风貌等要素构成的整体环境。

**（1）聚焦四类重点整治区域**

重点引导历史城区、白云山及广州塔等视域区域，白云机场起降区域的第五立面。采用优化屋顶形式、屋顶花园、绿化景观补充修饰等手段，营造与自然和谐共融的

图3-35 珠江新城沿江天际线

来源：http://dy.163.com/article/DHNA717V0524E4RB.html

城市第五立面。重视人流密集的枢纽空间、商业空间、地下通道、空中连廊等建筑第六立面设计，凸显时代特征（图3-36）。

机场起降航线周边：以白云机场跑道为边线，起降航线两侧东西各约5km、南北各约17km范围。重要交通廊道周边：高架道路及高架铁路等沿线两侧各1km范围内，包括机场高速、京珠高速、广州环城高速、广深高速、东新高速、南沙港快速、广园快速路等。风景名胜区俯视周边：主要山体周边俯瞰范围，包括白云山、火炉山、莲花山、大夫山、黄山鲁等周边。重点发展区域周边（高层集中区域）：珠江新城高层建筑南向俯瞰区域，以海珠湖周边为重点。

**（2）“四化”整治措施及标准**

整洁化：对屋顶违建、设备设施、物品摆放等进行管控。结合全市“控违拆违”工作，对市内私自搭建的生产生活设施，特别对使用彩钢瓦搭建的各类临时棚屋进行拆除，同时清理露天闲置物品、屋顶垃圾杂物等。所有的屋顶汽车停车场、机电设备、水箱设施等附属设备，都应同建筑的围护结构统一装饰起来，同时从周边建筑的角度不可见。建议将屋顶设施设备下移，结合增设开放式整体屋顶，增加屋顶景观与活动。

淡彩化：对高艳度（饱和度）和高反射度材料的建筑屋面进行色彩或相应材质的调整。色彩整治标准：工业建筑单体色彩原则上不宜采用大面积（外立面面积比例30%以上）高艳度的红、橙、黄、绿、蓝、紫等原色。工业建筑屋面材料表面颜色的饱和度、明度和材料反光系数都不宜过高，其饱和度值和明度值分别不宜高于4.0和5.0，反光系数不宜高于50%。对于地标建筑或地标工业景观带，应组织专项色彩设计。

绿植化：建议公共建筑、城市综合体、旧城改造项目、邻避设施等，将立体绿化作为实施的重要内容。花园式屋顶绿化适用于新建平顶建筑，以及屋面荷载、排水、防水等各项条件满足相关建筑安全要求的现有平顶建筑。简单式屋顶绿化适用于受屋面本身荷载或其他因素的限制，不能进行花园式屋顶绿化的建筑，且屋顶坡度不大于15%的坡屋顶建筑。

亮点化：结合规划建设热点地区，选取重点公共建筑，打造特色屋顶示范，营造具有岭南特色、富有整体艺术气息的第五立面景观，增强地区的可识别性。

| 管控重点区域 | 涉及整治范围 |
|---|---|
| 方华公路北侧工业区 | 白云机场起降航线周边 |
| 106国道沿线工业区 | —— |
| 中花路沿线工业区 | —— |
| 京珠高速沿线工业区 | 京珠高速沿线 |
| 均禾大道沿线工业区 | 白云山周边/机场高速沿线 |
| 广花一路沿线工业区 | —— |
| 夏茅工业区 | —— |
| 细松工业区 | 白云山周边/机场高速沿线 |
| 沙太路沿线工业区 | 白云山周边 |
| 沐陂工业区 | 广深高速沿线 |
| 会江工业区 | 东新高速沿线 |
| 沙湾工业区 | 大夫山周边 |
| 富怡路南侧工业区 | 南沙港快速沿线 |
| 市莲路两侧工业区 | —— |
| 官塱路两侧工业区 | 莲花山周边 |
| 官南永工业区 | 莲花山周边 |
| 姬堂工业区 | 黄埔临港经济区 |
| 云埔工业区 | 广深高速沿线 |
| 开发区西区 | 广深高速/广园快速路沿线 |
| 永和工业区 | 济广高速沿线 |
| 标准工业园 | 黄山鲁周边 |
| 环山大道西两侧工业区 | 南沙港快速沿线 |
| 新塘大道南侧工业区 | 广深高速/广园快速路沿线 |
| 广深大道东两侧工业区 | 广园快速路沿线 |
| 荔新公路两侧工业区 | 广园快速路/济广高速沿线 |
| 香山大道东侧工业区 | 济广高速沿线 |

图3-36　广州东塔向西鸟瞰

来源：《广州总体城市设计》高度规划专项。

### 3.4.3 深化耐人品读的城市色彩

在我国的城市设计和建设中，城市的配色方案仍然相对薄弱。随着我国城市化进程的加快，城市环境中出现了许多“色彩污染”，严重影响了城市的视觉景观。广州城市色彩融合与色彩滥用并存。传统的颜色样式正在逐渐消失。在现代城市建设中，融合的建筑方法和材料削弱了城市色彩的特征。同时，出现了奇怪的建筑，使这座城市到处都是鲜明的主要色彩。

广州是热带城市，阳光普照，四季常绿。广州特殊的地理环境，灿烂的自然环境色，复杂的文化含义和丰富的人工环境色，决定了广州城市建筑的主色调和副色调不适合高光和弱光。色相的类型决定了广州城市色彩的特征以及优雅的江南水墨画的不同颜色。因此，借助艺术语言，描述广州的城市配色方案。换句话说，广州城市建筑推荐色谱的颜色特征是柔和的粉彩颜色。

对广州城市色彩方案的研究不仅阐明了广州城市色彩的发展，而且对广州城市色彩的语义特征和结构演变进行了深入研究。对于城市而言，这是城市研究中长期丢失的基础工作，因为了解自己的色彩资源与了解生态资源和文化系统同等重要。如果找到自己的色彩系统，则可以避免与其他城市的色彩融合，并以此为基础探索广州的城市色彩。在全球融合的时代背景下，我们正在寻找广州自己的城市色彩轨迹。

#### 3.4.3.1 色彩规划的重要性

色彩是城市中最突出，最引人注目的景观元素。出色的城市色彩通常以最生动，最直接的城市形象一目了然地展现美丽。城市色彩因素广泛，并借助各种运输工具存在于城市的各个角落。城市色彩不仅受建筑区域建筑环境的影响，还全面反映了城市的自然环境和人文背景。一个地区或城市的颜色是由两个因素共同决定的：自然地理和人文地理，可以说，它受建筑区域人工环境颜色的影响。城市颜色通常由各种颜色元素和城市物理环境（例如城市的自然环境、文化环境和人工环境）反映的颜色形状。

对城市色彩环境的深入研究需要从城市整体色彩外观的宏观角度深入分析城市自然、人文和人工环境的色彩元素。它全面掌握了城市色彩元素，并系统地分析了城市色彩元素的特征和组成特征，以探索这座城市独特的城市色彩系统，并为城市色彩环境的优化策略提供了内部基础。

因此，城市色彩规划分析城市色彩成分，结合城市色彩环境，探索属于该城市的独特城市色彩系统和城市色彩规划思想，并构建科学、合理、可操作的城市色彩控制系统。研究和探索详细而系统的色彩管理规定：建议城市颜色推荐色谱图和控制指南，包括针对新建、翻新和扩建的建筑物的推荐色谱图和“禁用”色谱图选择，以及适合各种城市建设情况的建筑研究和配方。管理配色方案批准的方法和程序：城市色彩计划主要可以指导城市建筑物等人造色彩的固定色彩，并根据实际情况引导城市的临时色彩和流动色彩，包括城市广告、标牌系统等临时色彩。街道家具和公共车辆的颜色相同。

#### 3.4.3.2 广州城市色彩特征解析

在广州的现代城市建设活动中，城市色彩的价值尚未得到充分重视，城市色彩特征研究的缺乏、城市色彩规划的滞后，使广州的城市色彩难以得到科学有效的控制。在广州的城市色彩环境中，有各类建筑的色彩趋同，也有缺乏设计引导的杂乱的城中村建筑色彩，广告化用色的商业建筑色彩，自成体系、无视本地色彩传统的企业形象色彩，缺乏管理、擅自修改的建筑立面色彩等色彩滥用现象。

解决广州城市色彩混乱的根本在于寻找属于这个城市自己的色彩属性。因此，广州的城市色彩规划研究的首要任务是梳理广州城市色彩脉络，探索属于广州的城市色彩体系，为广州城市色彩规划控制提供具有内在依据的方法策略体系等。

在广州城市色彩风貌研究中，通过城市色彩环境调研，找出广州城市中不同功能性质、不同景观特质，且有代表性的重要景观地段，通过对天河区、沿江西路、二沙岛、上下九路等地段进行色谱化处理，提取广州城市典型的色彩风貌特征，形成有代表性的城市典型地段色谱化图景，形成共振的色谱表，以分析各地段色彩在城市总体色彩面貌中的定位。

**（1）广州城市色彩构成因素分析**

研究广州城市的色彩特质，需要深刻解析复合的城市色彩图景，并对城市的色彩成分进行分类研究，包括自然环境色、人文环境色和人工环境色。

就自然环境的色彩而言，广州有着“花城”的名声，表征自然环境并提取云山、诸水、海洋、典型土壤、岩石

## 案例：城市色彩与城市特色

厦门著名的旅游胜地鼓浪屿被誉为中国最美丽的市区。它收集了中西文化交流的建筑景观。领事馆、教堂、西式建筑和其他国家融合了不同时代的西方建筑艺术和技术，形成了多种多样的融合。建筑色彩景观：当地红砖文化的延续和变化，在墙壁上大胆使用西方建筑以及更多装饰色彩。总体而言，低光，中高纯度的红色，黄红色和其他暖色等色彩丰富。这些鲜明的色彩特征和出色的色彩风光为这座城市增添了动感（图3-37）。为了保护和增强这些色彩环境并创建理想的色彩环境，需要色彩规划方面的指导。

与我国许多城市相比，苏州的城市色彩具有一定的色彩特征。这座古城的色彩在每个人的脑海中形成了“黑白，灰色”的彩色图像（图3-37）。城市的颜色控制分为一般控制区、重点控制区和特殊控制区。特殊控制区主要是古代城市和古代城市以外的历史圣地。重点控制区域主要分为关前和平江历史街区、十鹿商业街区、工业园区重点区域、吴中区重点区域、高新区重点区域以及重点区域的几种颜色重点控制区域。象城区、人民路、赣江路、护城河、大运河等其他区域通常是控制区域。根据苏州市的特点，研究和提取了适用于主要城市和辅助建筑物的建筑物装饰色谱图，古镇（旧城区保护区）、旧镇（开发调整区）和中心城市的其他部分（不包括旧城区和旧城区）配色图集，颜色规划准则等，为准确有效地规划城市建筑颜色提供了基础。

图3-37　厦门与苏州城市色彩
来源：http://xinhua-rss.zhongguowangshi.com/232/-3995516146148169 61/1410789.html
http://citylife.house.2010.sina.com.cn/detail.php?gid=30282

等自然环境的色谱图，以了解广州的云山、诸水、海洋和潮湿的亚热带季风气候。

就人文环境而言，广州被称为“最难描述的城市”，因为它具有丰富、全面、独特和综合的城市文化，形成了浓厚的当地色彩传统和色彩偏爱。

在人工环境方面，广州是具有2200多年历史的古城。城市建设经历了生活的变化和各个历史时期的标记。人造环境具有大量的颜色并且是复杂的。本书对广州的色彩进行了全面的调查，并进行了总体认知研究，以进一步分析广州人造环境中色彩的含量和特征。

### （2）广州建筑色彩结构特征分析

建筑作为城市人工环境色彩的主要载体，以其大量性和色彩的固定性，在很大程度上决定了人工环境色彩基调。

广州城市建筑物中的历史建筑物数量很少且分散，主要集中在旧城区的西关、上下九和北京路等，多为拱廊建筑或砖混建筑。保留了墙壁上蓝砖、红砖或水泥砂浆的原始颜色，有些为石灰白色或黄色。广州市区的新建筑数量庞大且分布广泛，主要集中在天河区、番禺区的大学城、南沙新区等。新区的建筑色彩受现代建筑技术和先进的建筑材料的影响，多为白色、绿松石色的玻璃幕墙，以及明亮而优雅的黄灰色和黄红色。

宋元时期，绿松石绘画和釉料产品的发展丰富了建筑色彩，其色彩趋向于在具有中等至高亮度和中等亮度的绿松石灰色范围内。

明清时期建筑多为传统岭南样式，木、青砖、灰瓦、白石脚是主要色彩特征。建筑色彩集中于中高明度和中低纯度的R、YR、Y、G和N色系。明代建筑色彩暖色稍多于清代，总体来看，明清时期建筑色彩依然是偏冷的青灰色调。

民国时期，既有海外的西洋古典风格建筑的入侵，也有中西合璧风格的流行，还有复古主义的中国传统建筑的出现，是广州城建史上色彩最丰富的时期。这个时期城市建筑色彩是青灰冷色调与黄红暖色调。

中华人民共和国成立之初，大量本色红砖墙、黄色水泥砂浆饰面的住宅建筑兴建，使城市建筑色彩的暖色调成为主导基调。20世纪80～90年代，城市公共建筑中广泛采用蓝色、茶色镀膜玻璃幕墙与多采用Y、YR、R色系的陶瓷面砖、陶瓷锦砖等，使建筑色彩进一步趋向暖色调。

20世纪90年代至今，随着高技派建筑风格的流行，素混凝土、金属构架、纯色金属饰面板等国际化建筑材料的使用，色彩开始趋向中性、偏冷调，最终形成黄红灰色调冷暖并存的城市色彩面貌。

可以看出，在早期的城市建设中，生产力和技术水平的局限，使当地本土建筑材料成为影响城市色彩的最主要因素，由此形成具有鲜明地域特征的色彩倾向。在物资交流、信息交汇发达的今天，建筑方式与材料的国际化趋势，使地方建材的主导性越来越弱，地域性的城市建筑色彩特点也逐渐消减。

### 3.4.3.3 广州城市色彩规划策略研究

对于规模庞大、功能复合的广州市来说，城市色彩是个复杂的系统，要对城市的色彩环境进行有序的规划，就需要寻找适宜的角度。本书主张将城市设计的空间要素概念引入城市色彩研究中，从宏观、中观、微观等层面逐层进行规划引导。在各层面中，又需要按照各种色彩片区、各类型建筑、各类城市空间节点等系统提出规划导则和推荐色谱，是既分层面，又分系统的总体城市色彩规划。

注重传统与现代建筑融合，强调建筑细部与构造精细设计。充分汲取城市色谱精髓，传统式色谱以暖灰为主色调，现代式色谱以冷灰为主色调。规范城市色彩使用，建立城市色彩引导管理体系，重点引导历史名城、珠江新城、珠江沿岸及其他重点地区城市色彩。对建筑、设施、植被、路面等提出色彩使用指导意见，形成协调有序的广州城市色彩形象。

**（1）宏观层面，引导城市总体色彩倾向**

从宏观上讲，广州自然环境色彩系统和人工环境色彩系统之间的结构关系可用于调整和控制整个城市色彩景观图像，并指导宏观上城市色彩的整体调整和顺序。

在广州的原色和中间色的主要光谱中，黄色和灰色分布最广，新旧城区均有分布。它们位于传统和现代色谱的链接和中间色中。黄灰色表示旧城市的主要和次要颜色评分中的色调较暖，而新城市的主要和次要颜色评分中则较冷的色调。黄色调不仅能适应广州的阳光明媚，长夏短冬的气候特征，而且与花卉的自然环境相得益彰，成为人类活动充满活力的背景色。此外，黄灰色是一种愉快而舒适的氛围，它拥有宜人而祥和的气氛，且不夸张，适用于旧城市的低层建筑和新城市的高层建筑。

广州市色标的主要和次要色谱可以分为传统色和现代色（图3-38）。旧镇中的消色差、红灰色、黄红色和黄灰色的原色为暖灰色，新镇中的冷灰色的原色为黄灰色、蓝绿色灰色、蓝紫色和无彩色。

城市颜色分数用于指导广州人工环境的颜色。在一系列颜色组合中，主要颜色不仅出现在整个城市的宏观组合中，而且出现在中间层。颜色关系在各个级别都有主要的颜色主题。因此，城市级别的宏观颜色不会影响城市各个部分和主要建筑物的颜色特征。它要积极与其他颜色协调，以实现城市色彩系统的变化。

**（2）中观层面，引导重点地区用地，协调一般地区**

在中观层面上，提倡开发一种色彩计划策略、色域的结构特征以及每种建筑色彩特征的结果来控制中观水平。功能类型描述广州城市的色域和色彩空间分布结构、城市色彩控制的程度和水平，并通过选择城市的重要功能区域，重要的景观区域和主要项目周围的区域，着重于颜色计划的准备。这些关键控制区域应分别作为目标，以准备配色方案并提供推荐的配色方案和配色方案。颜色控制的主要内容是建筑颜色、建筑群颜色、空间节点颜色、空间走廊颜色等。

图3-38 广州传统与现代色谱
来源：《广州市城市色彩规划研究报告》。

在一项关于城市色彩规划的研究中，选择了八个地块作为中级城市主要色彩景观规划的示例。这八个地块代表广州的空间基础、空间节点或典型功能区域，例如：历史区的沙面、典型的骑楼商业街一德路、著名的商业步行街北京路和广州新CBD、珍珠核心河新市镇区、大型居民区五羊新城、广州大学区和该市标志性的琶洲会展中心。在广州的城市色彩环境中，背景色特征和色彩问题很普遍。这种方法也是一种代表性策略。其中，珠江风景区的色彩规划旨在实现节奏感。从局部到完全，然后从整体到局部，采用推荐的色谱选择方法。基于对当前颜色的深入研究，珠江颜色底端的界面相互匹配，从城市色标中选择对应的色谱，颜色匹配的图像就是图像图集的形状。

**（3）微观层面，引导构筑物、街道家具用色**

在微观层面上，建议结合广州城市建筑色彩的有形特征提供分类色彩设计方法，并为城市识别系统的色彩和街道家具的色彩提供指导。

和谐的城市家具色彩可以增强城市环境的艺术形象，不损害各种设施的功能价值，并且不会干扰与周围色彩环境兼容。构建统一的推荐色谱或禁止色谱，以及城市的整体颜色特征。在微观层面上对各种城市色彩载体进行色彩设计时，提交色彩创意并使用色彩样本进行审查，同时在颜色方案（例如商业广告牌的大小和颜色控制）中需要考虑颜色与面积、形状、比例和材料之间的关系。

# 04

# 大美珠江：一江两岸三带

广州自古依水而生、因水而兴，依托珠江前后航道不断拓展城市生产、生活空间，依珠江而繁荣昌盛。近年来，广州以问题导向入手，在深入读懂珠江历史脉络和深刻认知珠江沿岸建设不足的基础上，聚焦精品珠江三十公里，西至白鹅潭、东至南海神庙，明确百年珠江愿景，确定三个十公里总体风貌形象。提出百年珠江愿景，打造花城如诗、珠水如画的世界级一流滨水区，塑造广州国际形象。

规划从八个方面提出设计理念：一是水系统方面，着重提升现有河涌水质，保育江心岛自然生态功能。二是自然方面，改善滨江土壤质量，严控河道蓝线。三是可达性方面，研究跨江步行桥的可行性，增加水上交通，构建慢行网络，引导市民走近滨江。四是开放空间方面，增强沿岸公共空间连续性，将滨水空间引向街区内部。五是文化遗产方面，保护及活化历史建筑，注入新的功能及业态。六是活动方面，策划滨水公共活动，关注滨江仓储和工业转型升级，重塑繁荣的滨江商业传统。七是社区方面，建立紧凑可持续的滨江社区，增强社区与滨江步行联系。八是形象方面，塑造滨江特色场景体系，塑造错落有序、层次分明的城市天际线，形成前低后高的滨江空间形态。

本章旨在围绕回归珠江母亲河，总结珠江的文化历史影响，回顾规划及建设历程，并具体阐述八个专项规划指引。

# 4.1 回归珠江母亲河，塑造魅力纽带

珠江三角洲的顶点是著名的广州，东、西、北三江在此周围汇集、八口出海，有约200km海岸线，形成江海一体扇形地理格局（图4-1）。通过西江，广州内陆腹地可达广西、贵州、云南、四川等大西南；通过北江、东江翻越五岭通道，可连接湖南、江西，以及长江流域其他省份；借助于大运河，又可抵达黄河流域各省份。这样，大半个中国都被归入广州腹地的范围。中国古代和近代对外贸易的国家和地区，主要在南海周边、印度洋沿岸和阿拉伯地区，以及欧美、大洋洲等，广州是海上交通枢纽、海上丝绸之路发祥地，拥有我国最大海向腹地。加上历代王朝即使在严行闭关锁国时期，也对广州采取开放政策，保持一口通商格局。这样广州独擅天时、地利、人和优势，在长达两千多年历史进程中，从不间断地发展起来，这无论在全国，甚至在世界城市发展史上，也是罕有其匹的。

在广州两千多年的城市发展史中，以珠江为依托，自西向东分别成长出广州的三条发展轴线。同时把珠江作为一个纽带，链接了周边重点的发展城市，总体进行了升级优化，构筑了一个独具特色、全球化的创新带、经济纽带以及超景观带。这完美地优化了城市的功能空间布局以及城市的环境水平。

图4-1 珠江现状风貌

来源：AdolescentChat/图虫创意. https://stock. tuchong. com

## 4.1.1 珠江文化特质

### 4.1.1.1 珠江文化的开放性

水性使人通，山性使人塞。在江海相通自然环境和南国边远地区历史上政治环境相对宽松背景下形成的珠江文化，不仅是多元的，而且是开放的，二者互为因果，推动珠江文化不断新陈代谢，给其代表城市广州发展予以深刻影响。因为开放，外来文化流布广州，从未中止，且在城市文化各个元素和层面上留下深刻痕迹。南北朝时期引种广州地区的外来花果就有茉莉、柚子、枇杷、枣椰、无花果、波罗蜜等，唐代有栏果、油橄榄，宋元时期有占城稻、花生、西瓜，明清时期有番薯、玉米、烟草等。明中叶“西风东渐”以来，西方器物文化，包括铸炮、造船、枪弹、自鸣钟、摄影，以及近代各种工业技术、西式建筑等传入，被最先觉悟中国人接受，萌发和掀起一次又一次革命运动，广州由此成为近代中国民主革命策属地。

广州开放，造就了一个特殊华侨群体，遍布世界各地。以他们为载体形成的华侨文化，同是珠江文化一个组成部分。华侨文化有反映近代西方文化重要成果的优势，因为有他们的参与，广州城市无论物质、制度、精神文化各层面，都有华侨文化景观和思想足迹，如大量侨资产业、骑楼建筑、医院、学校、住宅等。梁启超说“广东人旅居外国者最多，皆习见他邦国势之强，政治之美；相形见绌，义愤自生。”又说：“广东言西学最早，其民习于西人游。故不恶之，亦不畏之。”“驯一部中国近代史，为有华侨文化参与，才演得有声有色，而广州恰是这部历史的中心。”

### 4.1.1.2 珠江文化的包容性

郦道元《水经注》曰：“水德融和，变通在我”。珠江水网稠密，流量大，四时不绝，一则水有溶解万物属性，二则这个水网和南海相通，做到了在不同的地区、民风文化中找到自己的定位，可以互相包容、互相沟通、相互融合，形成了一种你中有我、我中有你、圆融互动状态。在广州，佛教、道教、伊斯兰教、天主教、基督教、儒家思想以及各种民间信仰和平共处，绝少出现因文化特质差异而发生重大冲突、对抗事件。广州人在享受西方科技文明成果的同时，也有落后、蒙昧的陋习，但并行不悖地共存、相安无事。这些相悖现象，皆缘于珠江文化有海量胸怀、博大气派。

### 4.1.1.3 珠江文化的重商性

历史上，珠江流域离中原很远，很少会受到“君子谋道不谋食”的儒家思想的教条和传统的重农抑商政策影响，加之海岸线漫长，港口众多，广州港一直对外开放，商业贸易发展比较自由，塑造了珠江文化重商的风格，并以此比雄于其他大江大河文化。六朝时代，广州依靠海上贸易，富甲一方。唐代，连僻在天南的徐闻也有“欲拔贫，诣徐闻”之谚。宋代与广州有贸易关系的国家和地区达50多个，元代上升到140多个。明代，珠三角商品经济日益隆盛，以少量土地创造了巨大物质财富。清初，不管哪个阶级的人们都开始倾向于经商，屈大均在其《广东新语·事语》中说广东“无官不贾，且无贾不官”“儒者从商者为数众多”“粤中处处是市”，形成一个近乎全民性经商热潮，以及“广州帮”“潮州帮”“客家帮”三大地域商人集团，把生意做遍海内外，其中以“广州帮”势力、资本最强大。鸦片战争后，广州出现著名的十三行，为中西贸易的街市，也是广州商业文化中心。

### 4.1.1.4 珠江文化的创新性

由于历史上珠江流域对内相对封闭、对外相对开放的地理格局，中原王朝的政治、文化对其的影响也相对薄弱，又深得海外风气之先，使在这种背景下形成珠江文化，有较多创新发展因素和优势，形成创新性文化风格，其集中影响和最凸现效应的城市首推广州。汉初，赵佗割据岭南，以广州为南越国都城，他一方面传播中原文化，另一方面又尊重南越文化，自己仿效越人辫起发髻，对中原文化而言，这是一种礼仪创新。唐代惠能创立禅宗顿教，他的剃度和一部分佛教革新工作是在广州完成的。明代以陈献章、湛若水为代表的“江门学派”思想，突破程朱理学读书格物求理方法，开以自然为宗一代学风和“自得”“静坐”达到认识事理方法，是一个巨大的思想创新，广州是这个学派的发祥地之一。洪秀全将基督教组织形式和《圣经》神学理论进行再创造，建立“拜上帝会”和写成《原道救世歌》《原道醒世训》《原道觉世训》三部著作，奠定了太平天国组织和革命理论基础。康梁变法，创办“万木草堂”，培养维新志士，提出许多维新变法主张。孙中山重新解释三民主义等中国近代史上许多重大、革命性活动和成果，几无不以广州为基地展开和实现。

珠江文化创新是一个历史范畴，不同时代、不同层面有自己的代表成果，除上述思想创新外，其他创新也不甘后人。“西风东渐”早期，广州人用粤语注读葡语，称“广东葡语”，18世纪以后，又以同样方法注读英语，称“广东英语”，也是一种化洋为中的创新外。20世纪初，广州引入西式骑楼建筑，但不是照搬，而是结合岭南气候和重商特点，形成自己的建筑风格和街景。至近年改革开放，广州从海外引入各种价值观、道德观、人生观、生活方式、消费方式、时尚礼仪等，皆不是依样画葫芦，而有其模仿、改造成份，实际上也属文化创新范围，由此形成广州城市景观林林总总，蔚为大观，在全国城市独树一帜。

#### 4.1.1.5　珠江文化的务实性

在古代恶劣的自然环境、运离政治中心，明清以来商品经济发达、追求财富为社会风气背景下形成的珠江文化，表现出鲜明的务实风格。不论是各类器物使用，还是人们思想观念、价值判断、审美情趣、行为方式等，皆以讲究实用为目的。如广州人既努力赚钱，又尽可能多地享受，故追求时尚成为潮流。各类招牌、广告充斥城市空间。近代广东吸收西方文化，也以应用性器物为主，而对西方人文社会和理性科学引入较少，以致当年康有为不得不跑到上海采购西学图书。朱谦之先生为此指出：“北方的黄河流域亦为解脱的知识；中部的扬子江流域是可以解释为教养的知识；南方的珠江流域是可以解释为实用的知识，这是科学的文化分布区。”这种文化惯性也影响到现在。这种务实性可带来丰富物质财富，满足人们生活需要。

#### 4.1.1.6　珠江文化的领潮性

文化创新和领潮同是一种文化属性两个侧面。唯有文化创新，才能为自己积累高位文化势能，向周边地区辐射，起引领文化潮流作用，由此形成文化创新与文化领潮互为因果关系。

珠江文化发展到明清时期，已经脱羽成熟，跻进全国先进文化之列。第一次世界大战后，珠江文化经过蜕变与新生，更成为一种时代先进文化，形成强烈向外辐射态势。梁启超曾说广东在中国“实为传播思想之一枢要”。1925年李大钊悼念孙中山挽联曰：“广东是现代思想汇注之区，自明季造于今兹，汉种子遗，外邦通市，乃至太平崛起，类皆孕育萌兴于斯乡。”戊戌变法时期，康有为、梁启超在广州、长沙、桂林等地传播维新变法思想，许多知识分子纷纷回到自己所在府州县，开创维新变法新局面。如梁启超在长沙创办时务学堂，给当时顽固保守的湖南旧势力以猛烈冲击，此后湖南新式学堂日渐增多，民智以启，风气大开，大批有识之士走出三湘，走向全国，走向世界，显示近代湖湘文化取向不是上海而是广州。在云贵地区，梁启超办的《时务报》拥有不少读者，贵州宣传新学的“仁学会”“贵州不缠足会”接踵而起，显系受康梁思想影响而产生的文化效应。广东维新人物在政治革命的同时，也倡导文化革命，如梁启超、黄遵宪等先后提出“诗界革命”“小说界革命”“文界革命”等，在全国掀起文学革命的滚滚波涛，猛烈荡涤旧中国文坛。代表近代珠江文化最高成就的孙中山三民主义，一直在引领中国近代革命的潮流，并取得推翻清政权、结束封建帝制、建立民主共和国家的伟大胜利，广州无疑是这个潮流的渊薮。改革开放以来，广东创立的理论思想、体制模式、管理经验、各类产品、生活方式等，包括物质、制度、精神文化各个方面无不开拓创新成果，辐射全国，在某些方面引领时代潮流。基于此，广州也以改革开放前沿地定位，树立起自己的城市地位和形象。近年流行“东西南北中，发财到广东”谚语，这里的广东主要指广州。这个不争事实，是广州受惠于珠江文化最突出成果，也是城市发展的一个强大驱动力。

### 4.1.2　珠江对广州城市建设的历史影响

广州，云山珠水，河涌众多，造就了延续两千多年的“山、水、城、田、海”地理格局。有句俗语“白云越秀翠城邑，三塔三关锁珠江”，还有句俗语“六脉皆通海、青山半入城”，阐释了在漫长的历史长河中，广州城水互相依靠，相互共赢，因此创造了一种十分特别的城市空间特色和珠江文化的吸引力。广州依水而生、依水而兴，沿珠江而拓展格局，依珠江而繁荣昌盛。

在广州两千多年的城市发展史中，珠江与广州城市建设共生发展，总体上随着城市向南扩张，珠江宽度逐渐缩窄。在秦代珠江北岸位于今惠福路一线；在唐至南汉，珠江南移至今大南路文明路一线；宋元时期，珠江北岸位于今泰康路与万福路一线；明清时期，位于今太平沙珠光路以南；民国时期，珠江北岸南移至长堤大马路以南至八旗二马路一线；目前固定在现在的位置（图4-2）。可见广州城市空间与珠江密不可分，珠江在城市中承担重要的历史角色（表4-1～表4-3）。

### 4.1.2.1 秦汉时期

广州这个城市被选举成郡治、国都和它依山傍水优越的地理位置和自然生态环境优良都有着亲密的关系。第一任郡尉任嚣在众多之地中选择了白云山和珠江之间依山傍水的南越人居住胜地为南海的郡治，建城郭番禺城，后来的人们把它称为“任嚣城”。后期到了秦末农起义、中原狼烟四起之时，统治了岭南的任嚣、赵佗就自己建立了南越国，定都在番禺。

在先秦时期，珠江三角洲沼泽随处可见，而广州却是一块很罕见的胜地。广州这块地在古代被称之为“三江总汇”地，它是位于三角洲平原和丘陵地区之间过渡的位置。广州成立之初就是处在山和海之间的丘陵、台地和平原错综交杂区，宫城是处在番山禺山的台地之上，这个地理位置很好地证实了《管子》中所记载的“凡立国都，非于大山之下，必于广川之上，高毋近旱而水阳足，下毋近水而沟防省”城市选址的原则。

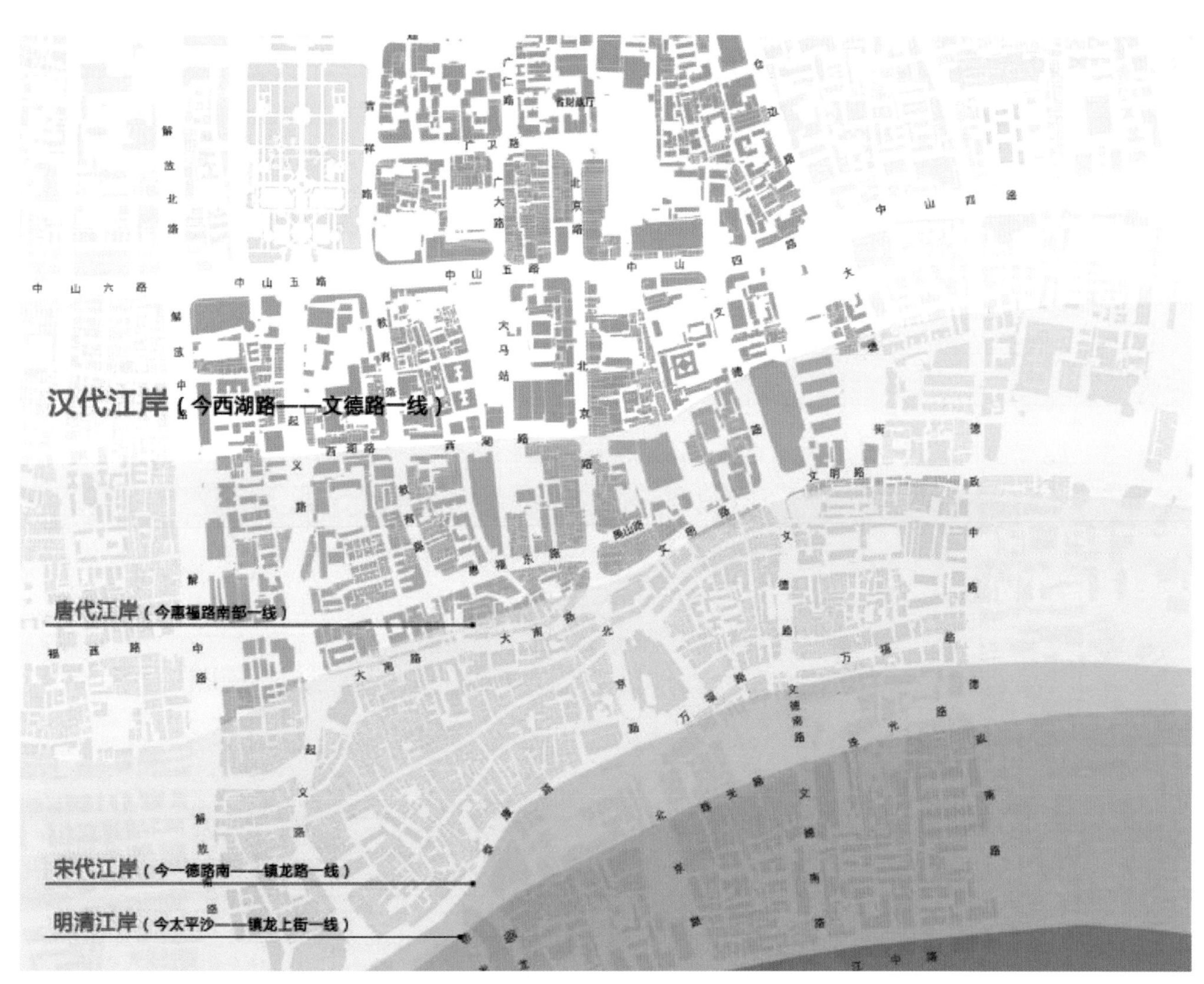


图4-2 历史不同时期珠江江岸

来源：《珠江景观带重点区段（三个十公里）城市设计与景观详细规划导则》。

**古代广州城市发展与水系的演进** **表4-1**

| 研究内容 | 秦汉（公元前204~220年） | 南北朝至隋唐南汉（220~971年） | 宋元（971~1368年） | 明至清中叶（1368~1840年） |
|---|---|---|---|---|
| 城市性质、功能 | 政治、军事 | 政治、商业 | 政治、商业 | 政治、商业 |
| 城市形态特征 | 西城东郭 | 坐北朝南、中轴对称、坊市制 | 三城并立、街市制 | 三城合一、城厢并立、街市制、“六脉片通海、青山半入城” |
| 水系建设的主要目的 | 军事防御、供水灌溉、防洪排涝等城市建设的基本需要 | 商业主导，中国传统山水园林思想影响 | 商业主导，城市扩张需求，中国传统水利科学指导、山水园林思想影响 | 商业主导，城市扩张需求，中国传统水利科学指导、山水园林思想影响 |
| 河涌湖泊水系空间建设及形态特征 | 天然水道 | 开始利用自然山水营建山水城市，以商业为主导的水运网络开始形成，结合水利工程建离宫别苑、城市公共园林 | 水道与商业街市结合紧率，形成六脉渠→内深→江海的三级水系，主要依托南濠、玉带濠、东濠、文溪形成商业街市的骨架 | 内城防御加强，水运作用降低，通航、避风功能丧失，城内六脉渠淤窄，沦为排水渠；城北文溪改道，水患增加，下游淤浅：西关沿西濠、大观河两岸发展成繁华的商业街区 |
| 珠江水系空间建设 | 天然水道 | 唐代，南城近江；南汉，衢平番山。禺山，填南部沿江地带筑新南城 | 城市进一步向江发展，宋南城的街巷呈现儿条大致平行的东西向长街的形态 | 珠江北岸进步南移，众多码头建设，城南珠江沿岸和西关平原商业区兴盛 |
| 珠江与城市关系 | 天然防御屏障 | 对外贸易的先决条件，向江发展的肇始 | 对外贸易的先决条件，向江发展继续延续 | 内外贸易的先决条件，沿江发展态势明显 |

**近代广州城市发展与水系的演进** **表4-2**

| 研究内容 | 前期（1840~1911年） | 中期（1911~1936年） | 晚期（1936~1949年） |
|---|---|---|---|
| 城市性质、功能 | 鸦片战争主战场 | 革命策源地，广东政治中心、文化中心 | 政治中心 |
| 城市形态特征 | 双核心的城市形态、西关建设、河南开发 | 老城区全面更新、拆墙筑路 | 城市破坏 |
| 水系建设的主要目的 | 商业主导，城市扩张需求，中国传统水利科学指导、山水园林思想影响 | 西方现代城市规划思想影响，水利科学指导，改善城市形象和卫生条件的需要 | — |
| 河涌湖泊水系空间建设及形态特征 | 主要延续清代形态，日常清淤维护。西关、河南水系整体成形 | 政府开始用西方现代技术和管理方法来整治、改造河涌，河涌航运功能进一步减弱 | 战乱停顿 |
| 珠江水系空间建设 | 西关建设，河南开发，沙面租界建设 | 江堤修筑，江岸开始人为裁弯取直；西堤新式商业区形成；海珠桥建成 | 战乱停顿 |
| 珠江与城市关系 | 内外贸易的先决条件，外贸地位被上海取代，城市继续沿江发展 | 内外贸易的先决条件，外贸地位被上海取代，城市继续沿江发展 | 城市被破坏 |

**现代广州城市发展与水系的演进** **表4-3**

| 研究内容 | 改革开放前（1949~1977年） | 1978~1999年 | 2000年至今 |
|---|---|---|---|
| 城市性质、功能 | 海防前线、变消费性城市为生产性城市 | 改革开放的前沿阵地，广东省政治、经济、文化中心 | 建设成为现代化国际性区域中心城市 |
| 城市形态特征 | 城市有一定规模扩展，旧城区空间结构日趋混乱 | 城市用地迅猛扩张，围绕旧城区星圈层式质密状平面扩展，同时沿江河、交通线放射状发眼，多元拼贴的形态 | 单中心向多中心转变，按照“东进、西联、南折、北优、中调”的战略正在发展中 |
| 水系建设的主要目的 | 水利建设、城市环境改善的基本需要，中国传统山水园林思想影响 | 水利建设、城市环境改善的需要，现代水利科学和污水治理技术的支持 | 城市跨越式发展、全面提升城市形象。改善人居环境，现代生态思想影响和生态技术的支持 |
| 河涌湖泊水系空间建设及形态特征 | 河涌水系的全面治理、改造。并开始了截污工程建设：建成四大人工湖，水利建设与公园建设相结合 | 《建成区濠浦改建计划》《濠涌整治五年规划》；三涌整治，并完成了城市水系防洪排涝功能需求的整治 | 全面、大规模、巨额投入的水系整治，生态治水观念开始落实，2010年亚运会前为冲刺阶段，亚运会以后继续提升改造 |
| 珠江水系空间建设 | 江堤修筑，码头建设，跨江桥梁建设 | 《珠江两岸总体规划》完成，开始水质治理和沿岸景观、建筑改造 | 水质改善，完成一河两岸景观、灯光工程，并完成重点地段的城市设计 |
| 珠江与城市关系 | 城市沿江向东发展，珠江沿岸跨越式布局工业片区和工业点 | 城市沿江组团式布局，城市向南边珠江口方向整延 | 正式确立城市跨江发展，设立南沙区建设海港城市 |

在汉武帝平南越后的三百多年间，广州城没有大规模的城池建设，处于很长时间的自然变化中。中央集权的统治和历代南迁的汉人让中原文化快速传播开来，岭南的原住民逐渐移风易俗。

#### 4.1.2.2 隋唐时期

从建城到唐代，受地理因素的影响，珠江在广州河段发生了比较大的变化。在晋以前时期，坡山（今惠福路）直接临江，晋时期之后的广州珠江河道的岸线每年都在以0.6m的速度向珠江推移，唐代的珠江岸线已经在推进到大南路一线，它的西南面则开始移至畔塘地区（今流花湖以南）。江岸在不断南移，国外的商船、南下的大型船舶都可以从南海地区直接开往珠江，然后停靠在珠江码头或者根据当时情景在较为宽阔的城内河道进入到城市的内部。这些都为广州的对外贸易和岭内外的经济文化沟通提供了很好的机会。

隋唐时期是我国封建社会发展的一个高潮。大运河在开凿之后贯通了南北水运的交通，唐代南方城市飞跃发展是因为全国的经济中心和人口重心的南移导致的。归根结底是因为海上丝绸之路的发展，南方河海港的广州是经济繁荣之区，商业发达，它迅速成为当时三大商业城市中的一个。天宝初年，广州已经形成了“州城三重”的局面，亦为南城、子城及宵城。从刺史署到南城门、清海门的清海军门直街，出城内外的商业街的主道和干道相连接，并且直接到珠江边，逐渐形成了城市南北向轴线（今北京路）；城市的蓬勃发展早就突破了城墙的局限，城外新兴的居民区和商业区，中间的南部地区和西部地区的沿河水道地区的水运交通都很发达，逐渐发展成了繁荣的码头区域，沿江街市也随着发展起来。随着移民的商人们逐渐增多，当时就参照里坊制，在西部地区划分了适合外侨居住区，称之为“番坊”。

唐代到南汉时期，因来来往往的船舶逐渐增多，以商业为主的水运网络开始形成，珠江港口开始设有内外港码头。该时期的广州内港主要分为坡山码头和兰湖码头；外港码头则主要有屯门码头和扶胥码头，扶胥码头在今广州黄埔庙头村，村中建有南海神庙。当时，但凡从广州出发的船只或是前往广州的外国商船都是要经过南海的神庙古码头的，国内外商人在出海前会来南海的神庙祈福自己可以平安抵达、生意兴隆和顺利。扶胥码头和南海神庙的繁荣兴盛是广州海上贸易的历史足迹。

#### 4.1.2.3 宋元时期

归根于造船技术和航海技术的发展进步，我国的海外贸易在两宋时期就已经得到了前所未有的发展。继唐代时期在广州设有市舶使，宋元两代均在广州设市舶司，方便管理舶商征收其舶税和收买舶货，实行了“禁榷”，并且方便招待外国商人。宋代时期的广州已然成为中国最大的手工业区域、商业中心和成熟的对外通商口岸，此时的广州是中国重要贸易港口之一。“广州之所以可以繁荣，归根于贸易的发展关系，而且关系到了重要的封建朝廷的经济”，国内外的贸易繁盛需要广州城完善的水运网络互相融合，从宋真宗大中祥符二年（1009年）开始，在南汉的水网的基础上通过不断地清理、整改和归并，最终逐渐形成了六条南北走向的大水渠，成为六脉渠。

因为水运交通的遍及，广州商业街市与水道相结合是宋代在城市空间结构上一个十分明显的特点。西城作为一个以商业为主的城市，最重要的是将城内外的交通网相互关联。宋代六脉渠中的五脉集中在西城，密集的陆路与渠道网络建设了比较小的商业街区，便利的陆路交通和众多临水面是利于商业发展的理想格局。总之而言，宋代时期的广州是主要依托着南濠、玉带濠、东濠和文溪濠形成的商业街市框架。来自世界各地的货物或待装货物的大船会停泊在各濠口等水面较为开旷之地，货物根据小船分装沿着大小水道贯穿于城市的内部，这是当时广州城内主要的商品交易方式。

沿江拓城。由于水路交通发达，广州城沿珠江向西、向东拓展。其中向西是在唐代“西来初地”码头的基础上，形成以白田镇为中心的临港产业区，白田镇也成为宋代八大镇之一。向东也沿着珠江沿岸发展，形成东城的码头区，城内重要的盐、米等物质的物流中心就在这里，每天源源不断地向东城内六脉渠右二脉边的仓库区运送盐仓、米仓等物资。

#### 4.1.2.4 明清时期

广州在明清时期就已经成为广东全省的政治、军事、经济、文化中心，这是十分有利于国家政权的统一与巩固的，同时也有利于广州甚至是整个广东社会经济的快速发展。广州的农业生产水平不断提高，甚至位于全国先进行列，在周边的水系交通要道开始出现农业商品化和专业化生产商业的重镇；手工业生产与商品贸易的繁荣，“广货”兴起并开始大量的往中原地区甚至国外销售，城内的商品十分丰富，沿着广州城珠江和主要水运濠涌，大小的店铺林立，直接创造了城南、城西繁华之地的诞生；据历史记载，从乾隆22年（1757年）起到第一次鸦片战争后，被广州一口通商和十三行贸易垄断的近200年的时间里，广州的海外贸易独具特色，达到了前所未有的繁荣。不仅在进出口商品种类上空前增加，粤海关的收入也不断增多，还激励了副业和手工业通过各种水系渠道链接的运输和贸易网络，带动了广州社会经济的发展。以广州作为起点的海上丝绸之路开始向全球扩展，广州成为东西方交流的贸易中心，与世界各国的经济文化交流规模庞大，影响广。

西关地区真正被开发是在宋代开始的，先从上西关开始再到下西关，接着顺着西关涌一步一步发展。明代开始大开发，开通了大观河和通西濠相连，因此在沿西濠和大观河上形成了“第一甫到十八甫”的商业聚集。由西濠金字湾西侧的第一甫起始，到老城为第八甫（为南北走向），折西到西关涌为十一甫；南折到西为十三甫、十四甫；到西濠，再南转到西为十八甫。这十八个甫是根据河流发展的，西止于下西关涌。除了这十八甫（十八条街）是商业活动，西关地区的其他区域还是没有经过开发利用的农村。

西乐围及永安围筑堤防洪是在清代修建的，西关市政道路又开始设有西关涌码头，形成了“前店后厂”形式的商业、手工业聚集区。西关涌的开通和物流码头的建设是促进西关加工业发展的缘由，使得西关平原逐渐成为纺织工业区，大街小巷纵横交错。街巷的命名和织造业有关，如锦华大街、经纶大街、麻纱巷等。海外贸易和纺织工业带动印染、晒、扇、浆缎、机具、制衣、制帽、鞋业、袜、绒线等有关联的产业也开始发展起来，西关的经济逐渐发达，人口也增多，市区划分的范围也超过了原来的十八甫，因此在十八甫的机房区之西慢慢形成了住宅区。

清代结合了珠江岸边的湿地浅滩和西濠口码头建设的十三行。它结合了明代以来的牙行从事的对外贸易，在西濠口开始向南边沿珠江浅滩和湿地扩展，利用珠江码头地理优势建设官办洋商。乾隆年间（1736年后）在河边立夷馆，将外贸的权利放入其中。后来又把税关移到了十三行的南侧江边处。因此“十三行”随之兴起，直接带来了城区用地的形态变化，形成了洋商活动地区（建码头、花园、运动场等），使得珠江河面变得狭小。

#### 4.1.2.5 民国时期

孙中山1917年9月在广州设立军政府，任职为大元帅。同年5月，广州军政府把大元帅一职撤销，改成了集体领导。因此孙中山离开了广州前往了上海，直到1920年的秋天在陈炯明的帮助下返回广州。在这段时间里，孙中山发表了《孙文学说》和《实业计划》。他列举了中国重大建设项目总共是有10种的，分别叙述在他的“六大计划”之中。其中10项重大建设的第3项是铁路中心和终点并商港地，“第三计划是主要之点，为建设一南方大港，方便完成国际发展计划篇首所称中国之三头等海港。吾人之南方大港，当然为广州。”他还写道：“新建之广州市，应跨有黄埔与佛山。”他计划建设的“南方大港”港址就选择在广州市东南珠江河段的虎门至黄埔深水湾一带。孙中山表示希望“改良广州城，以为世界商港”。他认为广州应当扩大市区的范围到黄埔和佛山。他的想法在数十年后对民国时期广州的发展起到了重大作用，也可以说直接影响到了今天的珠江三角洲一体化规划。

1929年，程天固任职广州工务局局长，他提议建设广州内港。当时的黄埔港还没有开埠，根据粤海关的报告，每年进出口轮船吨位高达757万多吨，“除比较小的轮船外，每日出入口海洋船平均还大约有一万多吨”，面对这么大的港口流量，当时该码头的设施还是十分简陋的。落后的内港码头设施导致的直接后果是广州运输货物价格偏高，这不仅仅会影响到人们的生计问题，还不利于广州工商业的持久发展，各地区的货物“多不敢以船航行此地，各大华商，亦因此故，不敢在此地投资经商”。程天固认为内港建设实施后会很好地改变广州本地进出口货物的交流能力，他把新码头选址在了市区河南洲头咀一带，原因是这一带的水比较深，方便交通，“拟择为内港建筑地址，划定地界建筑码头货仓”，可提供3000t以下的海洋船停泊使用，3000t以上的海洋船就需要停泊在日后的黄埔港。除了内港的码头，还必须考虑到港区仓库的建设，“本区域现有的货仓例如太古渣甸等多都被私人建设自用了，现在建筑中的日本商人如三井大板等公司的货仓都是属于私有性质，并没有公用的货仓，今天既然决定要建设内港，货仓的管理是有裙带联系的，因此才会计划。”

#### 4.1.2.6 中华人民共和国成立至改革开放前

中华人民共和国成立之初，广州城市建设的主要工作内容是恢复社会生产和稳定人民的生活。1954年，提出了“社会主义城市建设作为目标，是为国家社会主义工业化、为生产、为劳动人民服务”的指导方针，广州确立了“在一定的时期之间，渐渐把广州市从消费城市基本上转变成社会主义的生产城市”的城市建设目标，这个基本点到改革开放前期都还保持不变。

1958～1964年，国家处于大规模经济建设调整的时期，广州的城市建设获得了一定的发展。在旧城市以外的周边，主要是珠江沿的南石头、赤岗、员村、白鹤洞等地区开始跨区域式地发展了一些工业片区和工业点，同时建设了部分工人住宅区、水上居民新村和华侨住宅区，把海珠广场、流花湖作为中心的重点地区也开始渐渐成为广州全新的繁华区域。

#### 4.1.2.7 改革开放至今

珠江水系的空间建设，早期主要是对于足堤岸、码头和跨江大桥的建设。到20世纪60年代初期，广州市主要的码头已经全部建成，如黄沙、人沙头、如意坊，珠江岸河南的堤岸到1968年年底的时候也已全完成。跨江大桥方面，到1990年年底珠江在广州河段（主航道）上已建设了多座大桥：海珠桥、珠江大桥、人大桥、广州大桥、洛溪大桥和海印大桥，大大方便了南北的交通。珠江水系空间建设的拐点就在1993年。这年，广州市《珠江两岸总体规划》全部完成，该规划提及岸线的功能安排、划定岸线用地，将广州珠江两岸分为了四个部分，明确了各个部分的功能定位、景观特色和重点发展方向。往后，广州市把整治珠江作为重点的整治项目，并在1995年7月召开了整顿珠江动员大会。在《珠江两岸总体规划》的引导下，广州市开始对珠江流域的水质治理和沿岸景观、建筑的改造工程。

### 4.1.3 珠江沿岸城市空间的规划历程

珠江沿岸地区已有的规划涵盖从宏观到微观的各个层面，其中宏观层面的规划有6项，包括《珠江黄金岸线实施方案》《广州市珠江沿线地区整体城市设计》等；中观层面的规划有17项，包括《广州市白鹅潭地区控制性详细规划》《北京路文化核心区起步区控制性详细规划》等；微观层面的规划有11项，包括夜景照明规划、景观规划设计、环境整治规划和户外广告设置方案等。

#### 4.1.3.1 第一次珠江沿岸城市空间规划

从白鹅潭起到南海神庙的珠江前航道沿岸地区被称为是“珠江黄金岸线”的范围，它的水道长约58km，岸线长约122km，沿岸的纵深100～500m。为了可以突出实施的重点，以广州大桥为界的黄金海岸划分为东部的重点打造区、西部的提升完善区。把主要位于东部的重点打造区作为实施重点地区，包括珠江新城—员村（广州金融城）地区、琶洲地区、黄埔中心区、长洲岛国家级生态文化旅游区（含洪圣沙岛）、黄埔滨江新城等重点功能区，共41.8km$^2$。实施的重要节点是位于珠江黄金岸线的范围内，主要包括白鹅潭、太古仓、海珠广场、大沙头、二沙岛、海心沙、广州电视塔、琶洲会展公园、鱼珠核心功能区、洪圣沙岛、黄埔古港、南海神庙、中山公园等。

以规划引领建设，确定“一、三、五、十”的工作阶段及分期目标分步实施；以重点功能区的整治建设为目标，多种方式、分不同阶段来推动珠江沿岸的产业转型升级，大力推动商贸的会展、文化产业等现代服务业的发展，打造八大产业转型升级的集聚带；完善基础设施配套和公共交通体系，提高基础设施服务水平；优化珠江沿岸的景观环境，不断提升珠江沿岸城市的形象，发展文化内涵，打造出广州“水城”品牌；完善相关的行政决策、立法管理机制，建立财政、土地、产业等保障机制和激励政策。将珠江沿岸打造成广州产业发展转型升级和构建绿色低碳城市的示范区，推动广州经济发展方式转变，弘扬岭南水文化，提高广州文化软实力和影响力，走新型城市化发展道路。

2012年由原市规划局负责、市建委配合拟定的《珠江黄金岸线实施方案》，对珠江沿岸地区其后三年规划建设起到非常重要的指导作用。原市建委以六大专项为重点组织推进各项工程项目，推动珠江沿岸地区建设走上了新台阶。"实施方案"具体分为6大任务47项工作、6大亮点工程52项工作，共计99项。自2012年至2015年3月，已完成了35项工作（含"六大工作任务16项""六大亮点工程19项"），基本按期推进。

#### 4.1.3.2 第二次珠江沿岸城市空间规划

2016年"一江两岸三带"工作方案总纲通过，优化提升珠江的经济带、创新带和景观带，同时带动了优化城市功能分布和城市的环境质量，建设幸福美丽家园。推进"一江两岸三带"建设，是贯彻落实"一带一路"的重要部署，是区域协调发展和城市创新驱动战略的实施，是广州市委市政府推进巩固和提升国家中心城市地位的重要抓手。根据广州市委市政府部署，相关部门成立领导小组，开展珠江经济带、创新带、景观带规划研究工作，明确"1+3"成果结构，即一个总纲（珠江两岸三带工作方案总纲），三个建设方案（珠江经济带建设方案、珠江创新带建设方案、珠江景观带建设方案）。

根据全流域的理念在《珠江两岸三带工作方案总纲》提到，"珠江景观带"的工作范围主要是包含了广州市境内的珠江河道、流溪河、白坭河、东江北干流、增江和番禺区内三角洲网河以及虎门、蕉门、洪奇沥三大入海口，总长373km，划分为四大区段：

北段：流溪河，即流溪河水库至老鸦岗沿岸地区，水道长约156km；

中段：从老鸦岗到南海神庙的珠江前航道及后航道沿边地区，水道总长约67km，其中老鸦岗至白鹅潭为西航道，水道长约16km；白鹅潭向东到黄埔是前航道，水道长约23km；白鹅潭以南到黄埔称之为后航道，水道长约28km；

南段：从南海神庙到南沙龙穴岛的滨江沿岸地区，水道长约60km；

东段：东江、增江沿边地区，水道长约90km，其中东江约30km，增江约60km。

### 4.1.4 珠江沿岸品质工程开展情况

#### 4.1.4.1 珠江景观带建设方案

以珠江作为重要的纽带，将沿岸重点发展地区串联起来，对此进行整体优化升级，构建特别的、适合国际一流的经济带、创新带和景观带，带动优化城市功能的布局和城市的环境质量，为广州现代服务业、制造业的崛起加入新的动力和活力，服务广州建设国际航运中心和物流中心、贸易中心、现代金融服务体系的大局，巩固和提升国家中心城市地位，建设幸福美丽家园。

以"三全，三建构"的工作思路，全流域、全要素、全流程全面高标准建构精品珠江（图4-3）。全流域规划：珠

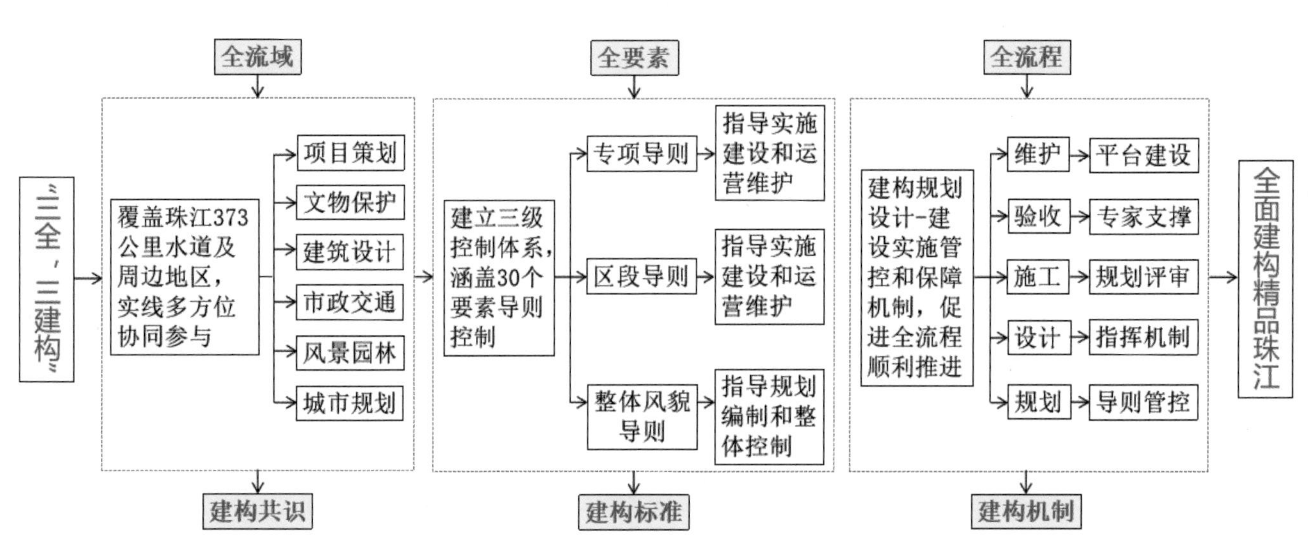


图4-3 打造精品珠江技术框架

来源：《珠江景观带重点区段（三个十公里）城市设计与景观详细规划导则》。

江一江引城，是“山、水、城、田、海”大景观格局的脊梁，是带动全市各区产业功能和生态环境提升的原动力。规划实现珠江全流域覆盖，系统布局各区段景观特质，促进城市规划、园林景观、建筑设计、文物保护、项目策划等全方位多专业协同参与，使景观带与经济带、创新带相互融和、互为支撑。

全要素指引：珠江景观资源集生态和人文于一体，景观要素丰富多样，展现出自然风光、岭南魅力和都市活力。规划对桥、案、岛、码头、建筑、夜景等全要素编制建设指引，全面提升珠江景观品质，打造精品珠江。全流程管控：建立“规划—设计—施工—验收—维护”全流程管控体系，确保各环节衔接紧扣和顺畅，以规划高质化、审批标准化、建设精细化，实现近期快见效、远期见长效的“双效”管控。

建构共识：珠江不仅是广州的母亲河，更应成为最具吸引力的世界名河之一，这需要建构长远的、大家共同认可的观念。通过建构全市管理部门和全市市民统一的价值观去规划、建设、管理和爱护珠江，共同约定遵守，形成社会共识。建构标准：珠江景观糅合了岭南水乡文化的特质，在世界名河中独树一帜。通过建构岭南特色的滨水景观审美标准，形成政府规划建设的管控导则和市民自觉遵守的行为准则，从而使这套标准从规划理想贯穿到建设实施，再融入人们的日常生活中。建构机制：珠江要迈向世界名河之列，需从顶层设计入手，建构起规划、建设、经营、维护的管理机制和政府、企业、社会团体协同参与的保障机制，并指向实现精品珠江目标作为建构机制的原则。

以全球城市的视角，紧扣“一江两岸三带”，集聚高端要素，建设高品质生态文化滨水区，提升珠江景观带精细化、品质化的建设水平，呼应公众“回归珠江母亲河”的需求，建设贯通的珠江、开放的珠江、文化的珠江，规划形成“一个愿景、三个十公里、八大策略”。

一个愿景：聚焦精品珠江“三个十公里”，打造花城如诗、珠水如画的世界级一流滨水区，塑造广州国际形象与目的地。

三个十公里：“西十公里”以中西合璧为特点，展现城市变迁的花园式滨水长廊；“中十公里”以现代化多元作为特色，展现大都市的文化魅力和创新的集聚特色的岭南水岸；“东十公里”以生态低碳为特点，展现活力与开放的现代化港城。

八大策略：从水系统、自然、可达性、开放空间、文化遗产、活动、社区和形象八个方面提出设计策略，建造一个安全和谐的净水之城，加入区域生态格局的自然之城，提倡多种模式出行的通达之城，开放多样的全民共同享受品质、发扬历史的文化古韵之城，功能多元、充满活力的幸福之城，尽展全球城市形象魅力之城。

三级体系精细导控。构成“1套总则、1套分则、9项导则”的三级设计导控体系。“总则”作为西、中、东三个十公里城市空间的总体架构，明确风貌主题策略与总体管控要求；“分则”针对11处滨江特色场景，提出滨江空间形态、景观与开敞空间、岸线、街道等方面的城市设计指引；9项景观详细规划导则，即建筑与场地、堤岸改造、绿化广场、街道与道路、桥梁、环境艺术、夜景照明、水环境、游船与码头，对滨江空间的设计与施工给予精准的设计引导与实施建议。

着眼微观、聚焦品质，形成“1贯通+3提升”行动计划。“1贯通”，即推进60km珠江贯通核心工作，包括珠江西航道—前航道至黄埔大桥的景观道路、整理前后航道沿线的工业仓储用地、60km滨江慢行路径贯通，聚焦精品珠江北岸，打通5km试验段。“3提升”，一是城市客厅提升系列工作，针对圣心教堂、省体育中心等城市客厅，从植物绿化、灯光照明、路面铺装、景观小品、街道家具、无障碍设施、标识系统7大景观要素来提升；二是特色路径提升系列工作，构建7条具有广州特色路径、历史文化步径及沿线品质提升；三是品质街区提升系列工作，包括长堤、新河浦地区等9个品质街区提升。

贯通珠江两岸60km，近期推进5km试验段。提升滨江空间公共性、可达性、连贯性，以贯通60km滨江为目标，打通珠江核心段两岸60km存在着3类18处断点。近期着重开展5km试验段贯通工程，包括围蔽打通工程、增设步行桥工程、滨江绿化优化工程以及桥底改善工程等4类10项改造工程，形成珠江北岸5km贯通示范。

增设两座跨江步行桥，串联两岸城市目的地。规划增设连接长堤—南华西和海心沙—广州塔的两座跨江步行桥，一方面以步行桥提升南北两岸慢行联系，高效串联珠江两岸城市目的地，让城市滨江公共空间更为有机紧密；另一方面将步行桥本身作为滨江风貌的地标节点，通过设计精良的步行桥打造横跨江面的城市新亮点。

打造场景，浓缩展现珠江风貌精华。从人的观赏尺度出发，将位于重要区位、蕴含重要历史故事或具备城市发展跨时代意义的滨江空间打造具有滨江特色的场景。规划了城市的标志性、城市的主题性、历史文化类总共3类11处的滨江特色场景，包括三江之汇、琶西创聚、一岛两湾等（图4-4）。通过精细化设计重要视点和视域与其观赏的场所，营造出高品质的场景风貌和观赏的视觉效果。

复兴西堤，再现千年商埠历史风采。恢复西堤千年商埠历史风貌，对沿岸现状的文物保护建筑、保护建筑、历史建筑和一般建筑进行逐一摸查，梳理出应保护、拆除和填充开发的区域，并对每幢建筑提出详细的风貌保护和修葺要求（图4-5）。

港城联动，打造鱼珠国际航运服务中心。改造位于鱼珠地区的木材市场，发挥其紧邻城市CBD与良好交通设施的基础优势，传承黄埔老港地区航运产业基础，建立港城联动的第四代国际航运服务体系，将鱼珠地区打造成为集商贸、服务、创新、文化等多元复合的国际航运服务中心（图4-6）。

揭盖复涌，塑造西濠涌、漱珠涌滨水景观。计划了长远恢复坐落在西堤的西濠涌和海珠的漱珠涌，沿着河涌两岸打造出高品质滨水空间与骑楼水街，利用河涌将滨水景观纵向引入城市腹地，改善沿江社区人居环境，提升城市微气候与公共景观。

#### 4.1.4.2 珠江两岸贯通工程

为进一步提高人民生活品质，支撑建设实力广州、活力广州、魅力广州、幸福广州、美丽广州，实现大美珠江精品三十公里大开放，广州市政府拟统筹珠江沿岸开发建设，开展珠江两岸贯通工程，落实一江两岸三带“三个十公里”总体风貌要求，珠江景观带（三个十公里）滨江城市界面，打造滨江3类17个地标节点，形成多元活力滨江带，将珠江建成广州最亮丽的风景线，塑造广州国际形象。

至2020年，实现西十公里和中十公里贯通。形成不间断的滨江通道。远期实现三个十公里整体贯通。

**（1）开局阶段：重点改善滨江慢行环境（2018年）**

完成总体策划与规划指引，2018年完成《珠江两岸贯通工程实施计划》与《珠江两岸贯通工程的规划指引》，细化《珠江两岸贯通工程三年实施计划》，合理确定每年具体建设项目、投资规模、建设时序等内容。重点改善滨江慢行环境，完成新中轴线地面高差改造工程、洲头咀公园提升工程、珠江广场—丽景湾居住区间通江廊道提升工程、磨碟沙公园改造工程四大工程。

1）新中轴线地面高差改造工程。滨江路径长约150m，用地面积约6000m$^2$。现状由于桥梁高差存在断点2处，中轴线滨江通道被阻隔。建议开展广场改造，微地形设

图4-4 三江之汇

来源：《珠江景观带重点区段（三个十公里）城市设计与景观详细规划导则》。

图4-5 西十公里效果

来源：《珠江景观带重点区段（三个十公里）城市设计与景观详细规划导则》。

计，增加1号桥、2号桥步行贯通，整修3号桥对外开放等工作。

2）洲头咀公园提升工程。滨江路径长约300m，用地面积约57000m²。洲头咀公园地处白鹅潭三江口，景观视野极佳，但是现有公园功能单一，缺少公共艺术及观景设施。建议新建观景平台、公共艺术、市政环卫设施等，进行滨江慢行道及绿化景观提升。

3）珠江广场—丽景湾居住区间通江廊道提升工程。滨江路径长约380m，用地面积约8000m²。珠江广场—丽景湾居住区间通江廊道通道空间品质不高，人行体验较差，滨江资源无法渗透进街区，滨江空间感知度较低。建议提升珠江广场—丽景湾区间滨江段景观品质，增加人行空间，提升滨江空间品质。

4）磨碟沙公园改造工程。滨江路径长约480m，用地面积约29000m²。现状公园滨江慢行道较窄，亲水平台品质不高，滨江慢行道与阅江西路缺乏垂直通道，现状需绕行230m。建议增加1个上下桥垂直通道，提升亲水平台品质，提升滨江慢行道断面设计。

### （2）攻坚阶段：形成连贯的滨江慢行路径（2019年）

2019年重点打通各类断点，贯通珠江沿线滨江慢行路径。完成新世界别墅区改善工程、金融城滨江围蔽改造工程、滨江明珠—中信君庭居住区间通江廊道提升工程、新墟涌贯通工程、马涌东出口贯通工程、黄埔涌口贯通工程、琶洲大桥西侧涌口贯通工程、琶洲涌贯通工程八大工程。

1）新世界别墅区改善工程。滨江路径长约630m，用地面积约9000m²。滨江公共空间为新世界别墅区两侧铁网、树木、球场等围蔽，滨江道路不通。建议打开滨江围蔽区，增加桥头广场、滨江慢行道及绿化景观提升、景观照明提升等。

2）金融城滨江围蔽改造工程。现状因施工围蔽和棠下涌自然河道形成断点，可结合金融城规划建设滨水公园，新建滨江步行桥，形成滨江公共景观节点。

3）滨江明珠—中信君庭居住区间通江廊道提升工程。滨江路径长约300m，用地面积约10000m²。滨江明珠—中心君庭居住区间滨江廊道通道端点空间被围蔽，滨江资源无法渗透进街区，滨江空间感知度较低。建议提升滨江明珠—中信君庭区间滨江段景观品质，增加人行空间，提升通江廊道空间品质。

4）黄埔涌口贯通工程。滨江路径长约410m，用地面积约2000m²。现状需从沿江步道向后绕行穿过有轨电车线，通过矮小出口进入阅江西路。阅江西路滨江视线被有轨电车线路遮挡，景观效果不佳，滨江体验差。建议沿滨江原有步行路径架设慢行桥，选取灵动的流线型结构造型，连接三条慢行路径，进行涌口绿化改造、驳岸改造等内容，形成景观节点。

5）琶洲大桥西侧涌口贯通工程。滨江路径长约30m，用地面积约300m²。现有自然河道断点1处，需绕行阅江中路，断点宽度30m。建议增加1座慢行桥，2个桥头广场，进行涌口绿化改造、驳岸改造等内容，形成景观节点。

6）琶洲塔涌贯通工程。滨江路径长约100m，用地面积

图4-6　东十公里效果
来源:《珠江景观带重点区段（三个十公里）城市设计与景观详细规划导则》。

约1000m²。现有自然河道断点1处，需绕行阅江中路，断点宽度85m。建议增加1座慢行桥，2个桥头广场，进行涌口绿化改造、驳岸改造等内容，形成景观节点。

7）临江大道东延线。现状条件较好，但滨江绿化仍有品质化提升空间，建议提升滨江绿化440000m²。同时，增加步行桥一座，用于改善九沙涌两岸的步行联系。

**（3）收官阶段：实现二十公里贯通（2020年）**

2020年重点推进更新改造类工程，完成如意坊地区改造工程、黄沙水产市场改造工程、二沙岛西及港湾广场二期改善工程、南方面粉厂滨江改造工程、西郊泳场—如意坊码头五大工程。

1）如意坊地区改造工程。滨江路径长约700m，用地面积约65000m²。现状为新风港务公司集装箱码头区，可结合如意坊隧道工程完成滨江步行道贯通，建设内容包括滨江慢行道及绿化景观提升、景观照明提升、市政环卫设施提升等。

2）黄沙水产市场改造工程。滨江路径长约300m，用地面积约45000m²。现状为广州港集团有限公司，功能为黄沙水产市场，东侧可连接至白天鹅宾馆、沙面岛。可结合黄沙水产市场更新和黄沙滨江码头进行改造，建设内容包括滨江慢行道及绿化景观提升、码头改造、景观照明提升、市政环卫设施提升等。

3）二沙岛西及港湾广场二期改善工程。滨江路径长约1500m，用地面积约52000m²，港湾广场二期用地面积16000m²。二沙岛西现状为广东省职工体育运动技术学院围蔽管理，导致岛尖不通，自然河道打断滨江空间联系。可结合步行桥建设进行岛尖广场改造、堤岸改造、滨江慢行道及绿化景观提升等。港湾广场现状为铁栅栏所围，广场内部植被状况较差，可结合广场改造工程打开围蔽，提升整体景观品质。

4）南方面粉厂滨江改造工程。滨江路径长约200m，用地面积约35000m²。现状员村涌、南方面粉厂码头旧址、六合茶居隔断滨江一线步道。建议结合码头改造，预留滨江通道空间，在西侧加步行桥，形成完整连续的景观空间。

### 4.1.4.3　绣珠江精品珠江文化长廊

精品珠江文化长廊西起沙面岛，东至二沙岛，是落实广州市国土空间规划、珠江景观带城市设计等工作的一项实施工程。以“绣珠江”为主线，从绣文化、绣魅力、绣品质三方面，挖掘珠江水系的文化资源，引领城市生活和公共空间品质提升，通过整体设计与效果把控，确保文化长廊的国际化、精细化与品质化，彰显广州历史底蕴文化魅力。

**（1）绣文化，打造珠江水系开放性文化博物展示区**

整体布局在珠江文化的长廊功能。位于珠江两岸的广州已经有2200多年的历史文化，为了让珠江文化的概念更加深入人心，对珠江历史文化发展沿革进行系统性梳理，从时间纵轴、空间横轴，自西向东划分沙面国际文化、西堤中西合璧文化、海珠广场红色文化、二沙岛文体艺术四个文化主题功能区。此外，将珠江两岸沿线及相关延伸区域，打造成为新时代的红色文化功能区，以起义路中共广州市委旧址、第一次全国劳动大会旧址、中华全国总工会旧址、广州解放纪念像为核心区域，以大元帅府、孙中山纪念堂、团一大广场、中共三大纪念馆、黄埔军校同学会旧址、农讲所为代表，展示广州近现代文明的革命史和发展史，让市民感受爱国主义的熏陶。

**（2）绣魅力，塑造珠江西十公里重要城市名片**

聚焦滨江空间环境、街道活力、文化遗产、地区功能的复兴，近期重点提升沙面、西堤、海珠广场的空间环境及起义路的街道活力，逐步推进文化遗产及文化街区的提升工作，对滨江老旧街区、公共空间提出更新改造计划。

沙面定位为“西广州、漫沙面”广州世界文化名片。为实现无车岛，为未来建筑业态提升留出活动空间，采用取消停车场、新建停车楼、智能化管理等交通设计方法，实现从车行到人行的变化。岛内提出“1+3”实施方案，创造一条中央大街路径串联三大场景（中轴场景、生活场景、打卡场景）；岛外提出“3+3”风貌协调方案（三界面、三连通），整治高架桥、沙基涌驳岸、岛外人行道三种界面的风貌；提升沙面岛的区域可达性，优化车行桥、人行桥、过街桥的慢行连通，人民高架桥底空间的连通，黄沙码头、白天鹅码头的水上连通。

西堤定位为“百年西堤”广州百年经典街道。作为珠江文化带建设的重要节点，规划方案把群众利益放在首位，改善人居环境，提出了“共生街道”的模式，即根据“一街一策、一户一设计、一馆一触点”的办法，将街道共生、商民共生、文化共生贯穿，让附近的居民都可以过上现代的品质生活。西堤街区从滨江一线街区、建筑、产业的环境改善延伸到背街里巷人居环境品质改善，推动滨江经济向背街经济发展，利用环境品质改善倒逼产业经济升级。

起义路—海珠广场定位为“历史和现代交融的文化客厅”。以建设世界优秀旅游目的地为目标，打造具有全球影响力的城市轴线。通过对场地现有的历史文化要素和生态景观资源整合，以“一广场，两公园，海珠夜”，营造高品质的公共空间，整体打造越秀历史纪念广场，构建海珠桥—起义路的红色文化轴线。

一广场：历史纪念广场以广州解放纪念雕像为核心，打造全铺装化的公共纪念广场。通过交通规划，联系缤缤广场和纪念雕像空间，通过放射线空间串联东西侧公园景观空间。历史纪念广场以五边形木棉花图案（内含五角星）结合放射线的肌理形式打造2.7hm$^2$的铺装化广场并增设升旗台。整体机动车交通以中部五边形环岛组织，优化广场周边道路交叉口，改善现行交通环境。

二公园：3.3hm$^2$的东、西绿化公园主要采用“留绿增色”的手法，清理低矮灌木，增设景观花卉，放射线中间则结合园博会景观，营造疏林草地的城市公园。

海珠夜：以红色文化为主题，整体打造环海珠广场夜景灯光效果。夜景灯光以广州解放纪念雕像为核心，构建海珠桥—起义路的庆典盛景轴线，通过射线串联海珠绿化广场五边形，演绎红色主题夜景。以环广场建筑立面为灯光背景，烘托夜景氛围（图4-7）。

**（3）绣品质，打造宜商宜居的活力街区**

聚焦起义路传统中轴线—海珠广场—珠江沿岸的环境品质提升，有助于改善人居环境，解决新、旧城区生活品质“不平衡不充分”的发展矛盾。

全面提升街道人行空间品质。全要素提升范围包括起义路、侨光路、泰康路、一德路、长堤大马路、沿江路等道路，以“微改造、以人为本、慢行优先”为核心，把市民的需要当作重要的指导，把行走和慢行系统的方便性和舒服性相结合，从而完成了交通性道路向生活性道路的转变。

全面提升社区生活品质。以“改善民生、突出特色”为切入点，坚持先民生后提升的原则。从问题出发，顺应居民日常生活需求，从完善老旧小区配套设施切入，实施供水、供电、供气、道路等市政改造提升项目，解决居民日常用水、用电、用气等问题；通过建筑加固、楼道修缮，对老旧小区建筑物本体进行升级，打造安全、舒适、便捷的居住空间；通过增加公共活动空间、老人服务设施、绿地开敞空间等，提升小区整体环境。此外，在保障上述社区基本服务内容的基础之上，深度挖掘当地文化底蕴，增强社区功能内涵，传承岭南文脉，重塑街区活力，促进城区控量提质，切实改善人居环境，实现“干净、整洁、平安、有序”的小区居住环境。

图4-7 海珠广场改造后效果

来源：《珠江景观带重点区段（三个十公里）城市设计与景观详细规划导则》。

# 4.2 八大专项规划指引建设世界级珠江景观带

在八个专项规划的基础上形成22条景观详细规划导则，它们分别是公共空间、滨江形象、文化遗产、滨江街区、水系统、自然系统、道路可达性、滨江活动，支撑珠江建设成为世界级滨水区。

## 4.2.1 公共空间：开放绿色的品质廊道

珠江开放空间塑造包含了六大策略，一是将珠江两岸打造成为都市会客厅；二是打造60km连续的滨水开放空间，连通珠江两岸公园；三是植入有吸引力的功能，改善现状空间品质；四是以沿河空间为基础，塑造线形公园；五是优化步行交通，提升滨江空间的可达性；六是提升街道景观，提倡街道作为公众集会的空间。

增加珠江两岸公共空间。增加城市的公共区域宽度，新建区域绿地的宽度应该控制在100～200m，建设更多、更宽阔的滨江绿带，滨江的绿地需要考虑到现实情况，配套文化、体育、休憩类等对大众开放的公益性服务设施。提升滨江绿地的建设品质，建设可进入式的滨江公园绿地，设置公共活动场地。为了给市民提供更多、更好的娱乐活动区域和可发展空间，鼓励滨江地区建筑底部的空间发展（图4-8）。

注重通江廊道的通视性和可达性。滨江的建筑空间布局需要确保其视觉的通达性，建设时必须要留出通风廊道和留出更多的通江廊道，在长度上不能小于15m，通廊的间距不能大于100m（图4-9）。

创造丰富多元的活力堤岸。在不影响行洪情况下，以安全、活力、生态及文化休验为原则，创造丰富多样的堤岸形式。提升岸线亲水比例至40%，通过增加挑台、栈道、码头、自然缓坡等多种形式改善岸线亲水性，结合防洪水位设置亲水平台。结合滨江地区场景主题，设计特色多元的栏杆。

提升滨江绿地活力与品质。滨江公园绿地需建设成可进入的形式，考虑滨江的绿地情况再设置其公共活动区域，考虑码头情况增加商业、餐饮、娱乐等服务功能，精细管控滨江细节要素。城市家具结合周边空间要素一体化设计，最大间隔50m设置一组座椅、垃圾桶等设施。

打造精致有活力的建筑场地。统筹建筑退界与街道空间一体化设计，利用场地高程进行多功能空间设计，丰富场地活动空间。

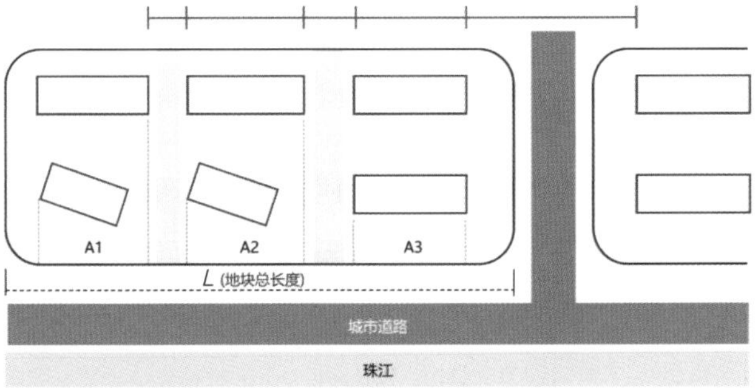

图4-8 通江廊道控制示意

来源：《珠江景观带重点区段（三个十公里）城市设计与景观详细规划导则》。

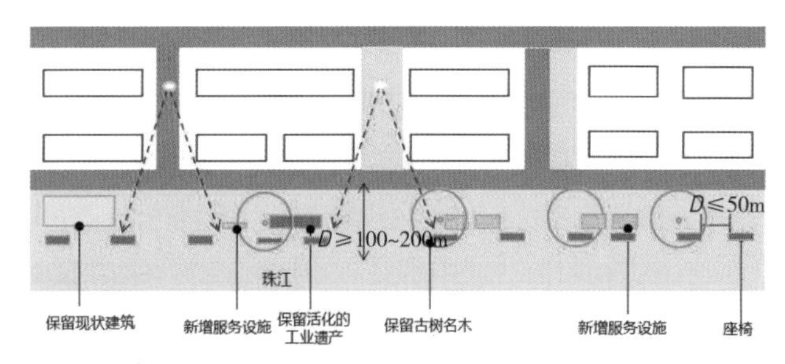


图4-9 滨江绿地控制示意

来源：《珠江景观带重点区段（三个十公里）城市设计与景观详细规划导则》。

### 4.2.1.1 沙面历史文化街区品质提升

历史文物在沙面处处可见，为了加强对历史文物的保护，在提高街区品质时邀请了建筑界的专家作为沙面人文物保护区域人居环境综合整治的总负责人。现在，沙面的欧陆风情小镇装修基本实现，尖顶式阁楼、新巴洛克式、券廊式等欧式建筑风格，散发出了独具特色的外国风情，同时处于中间线上的千米花街繁花似锦，吸引了许多游客。总而言之，沙面对于历史文化街区的保护与实践是通过以下几个方面来实现的：

沙面内的文物建筑都进行装修。沙面更像是一个活博物馆，其中的文物建筑有的还曾经历过火灾甚至还有部分是经历了多次修复复原的。因此，沙面外立面中文物建筑的整体装饰其实不是单纯的表面装修，而是进行了内调，在此基础上尽可能地恢复文物建筑原本的色调和保持原来的外观、“牛角”等建筑特色。而且还很好地处理了建筑里面的问题，如开裂、漏水现象。建筑的主要色调是红色、淡黄和灰色，在其修护时使用了红砖、仿石、水刷石等相对传统的材质修饰表面，以此来很好地恢复它的历史风貌。在非文物建筑的修复上，为了不喧宾夺主导致破坏文物建筑的协调性，在整体上采用了比较淡的颜色，使其亮度降低。有些整体装修很有难度，有一些已经经过多次修复的建筑就会采取特殊的技术进行加工处理。例如，沙面北街61号的4层建筑，其墙体原来采用的是红砖，但是后来使用了约5cm厚的泥浆，将它凿开红砖墙才出现在世人的眼前。通过观察其横截面可以发现其最起码是经过了4次修复。

布置沙面的中轴线千米花街。对于绿化方面，计划增多街心花园的绿化面积。为了使沙面建筑群和欧陆风情相协调，街心花园考虑使用欧式对称型的设计风格，将大道两边的硬地改造成花坛，在花坛上种各种各样的花卉。在道理两旁的绿化带上加多个入口，可以方便人们从不同的方向前往公园中心。沙面大街两侧长达千米，在参天的古树衬托下历经了众多风雨的欧式建筑形成了贯穿东西的景观中轴线。对此，沙面大街的道路上还使用了罗马石作为铺装，努力做到在原材料和色调上和沙面特色的欧式建筑风格相适应；道路两边将铺上平石，创造一条两千米长的、令人赏心悦目的绿道。

展开沙面雨污分流改造和新建防洪花堤。以往的沙面中的雨水管和污水管是同一根，导致雨水和污水都只可以通过从同一条合流管排向污水处理厂。近几年通过整治，在全岛范围内新增了一套新的雨水管道，从而实现了雨污分流，将雨水通过新增的管道直接排到珠江，而污水则通过原来的管道排向大坦沙污水处理厂。同时，为了更好地解决一百多年来沙面遇到的困难，环岛建造了1200m的防洪花堤，高约0.6m，上面种植了植物，现已经基本完成，可以很好地抵抗洪水漫堤。

沙面管线治理惠及民生。沙面治理的目的是惠及民生，因此要特别注意落实配套的民生工程，比如三线下地、雨污分流、自来水管改造等工程的落实。所有的三线均已落实，头顶上杂乱无章的拉电线现象不再出现；雨污分流技术的实施彻底解决了每年都会出现的水浸的问题；自来水管的改造很好地改善了供水系统，因此居民们用上了更加干净的自来水。

通过不断的努力，沙面历史文化街区的整体风貌得到了有效改进，其中包括文物建筑以及非文物建筑，还有全岛及周边区域的环境风貌、道路交通、市政设施等方面（图4-10）。

### 4.2.1.2 西堤街区人居环境改善治提升

提出“共生街道”概念，对5个街区制定一街一策，实现街道共生，对39户公有建筑制定“一户一设计”，实现产业共生，对5个文物保护建筑制定一馆一触点，实现文化共生。重点推进三项工程，通过场地改善、立面更新和里巷改造，为产业升级提供环境基础。

以靖远路为试点，作步行化街区，它是把南方大厦作为中心的。首先是产业更新的尝试：搬迁数码产品的卖场、销售快餐等低端的产业，释放建筑空间上的用地，加大投入精品酒店、博物馆和展览馆、高端餐厅或零售行业、商务金融产业等，综合提高了业态功能、增加了土地的利用价值、丰富了该区域的活动。

### 4.2.1.3 海珠广场及周边品质提升

海珠广场及周边位置扩大范围以“一场两园”为重点，把长堤大马路和沿江路4km的滨水景观带相连接，总面积约2km$^2$。海珠广场的东、西两园以“碧海丹心，花开盛世”为主题，创作了“越秀华章”“胜利的号角”“繁荣大湾区”“流光花瀑珠江情”等创新花展，打造全新的创新型园博会。其中，“胜利的号角”位于海珠广场东园，一个偌大的大喇叭好像正在吹起胜利的号角。

海珠广场及周边品质提升工作的重点内容：在景观品质

图4-10 沙面历史文化街区现状照片
来源：《珠江景观带重点区段（三个十公里）城市设计与景观详细规划导则》。

提升方面，针对海珠广场、海珠南广场（远期）老街巷精品门户节点，主要措施有：突破了红线道路的街区化、慢行交通设施的人性化、场地铺装的精细化、绿化布局的合理化等四个措施；在街区及建筑改造提升方面，针对环广场重点楼宇立面整饰和重点道路沿街立面整饰，主要措施有：融入主题文化功能、原有业态功能品质提升、建筑外立面整饰；在道路品质提升方面，以起义路、沿江路、长堤大马路、泰康路、侨光东路、侨光西路、靖海路、回龙路、解放路、一德路、大新路等道路为主，拓宽人行道空间、增设路边临时停车、创造小转弯街角广场、过街设施人性化处理、规整市政设施带；在夜景灯光改造方面，针对海珠广场周边重点建筑灯光工程和重点道路沿街立面灯光化改造，策划展演主题、建筑立面灯光改造。

此外，还精细化微改造了海珠广场周边社区，装修了居民楼2000m$^2$的屋顶防水，12km左右的三线下地，整改了起义路、泰康路、大新路、长堤大马路等传统骑楼风貌街区，修复了5处历史文物建筑，整饰建筑立面2.8万m$^2$、沿街招牌1500m$^2$；建设高品质维新横街口袋广场，营造了运动、休憩、表演等多种活动的街区生活场所，改善了周围居民的生活水平。品质提升工作还包括非机动车通行道路的公共场地如人行道等铺设透水砖；起义路北、谢恩里街道缩减机动车道、拓宽人行道；海珠广场周边设置8条发光斑马线示范点，包括海珠广场起义路口、一德路桥广西路口、侨光东路泰康路口等；海珠广场及起义路安装10个智慧灯杆示范点，将具备视频监控、智慧照明、气象站、LED信息发布与交互等复合功能；沿江西路、解放南路侨光西路段、沿江中路段等将增加止车桩、更换护栏等。

#### 4.2.1.4 长堤街滨江沿岸环境综合整治

长堤街滨江沿岸环境综合整治立足三大设计理念：①打造品质化的商业动线，保证7m车道，增加人行道和商铺前广场，扩大商铺退缩空间，实现人车分流；②营造人性化的城市公共空间，重点打造广场节点，植物抽疏场，提升场地活力，增强周边地域联系；③反映精细化的工业遗产景观特色，提取工业遗产元素，做出地域特色以锈板为主材，打造精细化城市家具。

长堤滨江沿线景观品质化提升：以一条动线、五个公共节点为空间承载，通过人车分流和商业退缩创造连续的商业动线。针对现状长提通透性不足的问题，对植被抽疏，露出特色建筑立面，发挥独特景观资源，打通原先与人隔离的绿地，塑造爽朗的天际线，营造人性化的疏林草地（图4-11、图4-12）。

以人为本，慢行优先：通过设置小转弯半径，为行人提供更多的停留空间，缩短过街距离，同时限制车速。美化人行道，增加人行道醒目度，使司机有意识减速；采用突起型

图4-11 长堤滨江沿线景观品质化提升

来源：《珠江景观带重点区段（三个十公里）城市设计与景观详细规划导则》。

图4-12 长堤大马路改造的效果

来源：《珠江景观带重点区段（三个十公里）城市设计与景观详细规划导则》。

标线减速带控制车速，保证游人安全；通过人行道变截面的设计，增设四个临时停车位，满足游客临时停车需求；同时解决沿街商户的大型货车转弯半径不足的问题。

以工业元素打造高品质城市家具：采用锈板作为城市家具设计的元素，将工业气息贯穿整个设计，延续场地的文脉，对长堤的工业遗产氛围起到很好点缀的作用。

多杆合一，美化街道：规划杆件总数97根，较现状（133根）减少36根。提出3种合杆样式：第一种在既有路灯杆上增设杆件；第二种将既有交通标志杆增高，其上再增设其他交通标志；第三种取消既有行人导向牌，新设锈板导向牌。整改后，城市道路空间被合理、有序地使用，美化道路环境。

## 4.2.2　文化遗产：传承广州的历史底蕴

精雕细琢延续近现代沿江建筑文脉。保护和发扬历史风貌地区风貌特色，增加了可识别性，突出了城市的特色。但是还是尊重原来的城市肌理文脉，继续延续当代建筑尺度，调和周围片区风貌。允许在保证整体历史风貌区和谐的前提下具有时代性的设计，鼓励通过出让、出租等方式对历史建筑进行合理地活化利用。延续长堤大马路、六二三路、人民南路、洪德路、同福西路等骑楼街、民国林荫道、麻石巷道的传统街巷界面和风貌特色（图4-13）。

重塑具有历史记忆的特色场所。保护及活化现有历史建筑和文化遗产，注入新的城市功能和业态。重新策划工业用地并对此进行生态修复，把文化艺术和创意产业相结合，对工业遗产与公共场合进行结合再相互利用，提高珠江啤酒厂、黄埔港等潜在工业遗存保护区建筑功能，增加海心沙等标志性公共场馆的常规使用功能，提升场馆使用率。

### 4.2.2.1　太古仓码头区改造综合整治规划

太古仓码头区基本情况：太古仓原来是英国的太古轮船公司码头仓库，人们把它称为“太古仓”，其法律代表人是太古洋行，地理位置是沙面英界9号，是原来太古洋行的地址。太古仓码头的主要作用是卸载、装置、存放货物。改革开放以后是太古仓最繁华的时段，当时的广州有4个作业区域，分别是河南、芳村、新丰以及东丰，其主力区域是河南和芳村，当时的广州港成为枢纽码头，是因为太古仓有东南亚地区及我国香港、海南和北方沿海的航线，粮食、糖类、水泥等货物从世界各地先发到广州后再发往其他区域。因运输方式越来越现代化，使得海上运输的船舶越来越多，因此对码头的设备使用和环境要求越来越高，广州港的货物运输越来越往东边偏移，太古仓的货物运输越来越难。工业大道

图4-13　特色生活场所

来源：《珠江景观带重点区段（三个十公里）城市设计与景观详细规划导则》。

地区由原先的工厂区逐渐转为了居住区，导致太古仓要面临转型。

太古仓的总面积为71236m²，包括码头区的陆地面积是54888m²，码头岸线是312m。其原本的码头仓库共有8栋，以及隔壁建立的一个庞大的石塔，除了有一栋在20世纪60年代因火烧毁而重新建设的，剩余的7栋仓库和石塔都算是完好无损的。目前的规划范围内有码头区沿江的3个丁字码头栈桥以及7个仓库、堆场、广州港集团办公区办公楼、广州海关办公楼等建筑以及场所设施。

对于太古仓码头仓库区目前的建筑保存进行了调查研究和评定，其内的仓库和厂房的质量都很不错，其构架比较坚固，而且是大的跨度和空间，所以对建筑内部空间的可利用要求高，具有良好的优势。它是20世纪初期广州对外经济贸易的一个缩影，和沙面的英法租界、各国洋行、领事馆区一同经历了同一个历史时期的广州甚至中国近代以来不对等的对外贸易关系和港口贸易发展历程，因此具有很好的历史、文化、艺术和使用价值。如果完成了对应的功能转变，可以省下很多投资，再次实现工业遗产类的建筑价值。

太古仓码头保护和利用的模式：在保持原本码头区整体性、真实性的基础上，进行重新装修和建造码头的环境，维修、合理利用太古仓的仓库建筑，保持原本的特色近代工业建筑标志和历史文化，加入全新的文化和城市生活方式，将这个区再次建造为艺术展示、在线购物、休闲娱乐、游玩相结合的平台，把历史文化和时尚元素融为一体。八个具有较高价值的仓库作为艺术设计、IT产业的工作室，服装SHOW展览和一些演出的多功能厅如小型话剧、舞台剧；还有3个“丁”字码头装修成游艇码头、文化休闲场地；东边的办公区域装修成商娱中心的一系列服务设施。

太古仓滨江规划的设计：①功能区域的划分。在不改变城市发展方向和城市建设目标的背景下，把原来的布局以及仓库的建设特征保持不变，改造成城市滨水开放空间和新型体验式的商业文化景区，分为以下三个区：第一，历史文化保护区。它是工业遗产的主要保留区，其中包括基本完好无损且有较高价值的7座仓库、石塔和三个码头。规划设置根据历史的真实性和整体性保护原则对太古仓的建筑本体和码头进行维修，并且加入了新的技术，把工业遗产改成了创意时尚服务和城市休闲娱乐区域空间，把工业历史发展下去。第二，动态功能区。在历史文化保护区的东侧主要是购物、餐饮区域，设计原则是在尊重原本格局的基础上对其进行改造、整合，使之成为具有特别魅力的区域。第三，静态功能区。这个区域在东北部，是把高品位餐饮、住宿作为主要功能，营造一个相对清静、隐私的氛围。上述三个功能区动静结合、新旧合一、相互互补，形成一个整体。

②建造完整的交通网络。太古仓所在地理位置交通比较方便，其北部是金沙路，东部是革新路，西部为珠江，南部是规划二路，太古仓内部的规划是穿过环岛路。此外，金沙路和其的东边工业大道相互连接，《广州市城市总体规划（2011—2020年）》中提到，工业大道和芳村大道根据鹤洞大桥与洲头嘴隧道把东侧的工业大道相互形成了闭合的环形道，为基地的内部用地功能提供了一个先决条件；地铁一、二、六、八号线和广佛线相互交错。这些交通设施的出现大大提高了太古仓码头的地理优势，同时也带给了太古仓码头强大的动力，重要的是将催化住宅、商业、办公等综合性城市功能，给太古仓的持续发展带来了更大的可能。

③景观体系设计。太古仓的重要景观体系有：沿江码头的景观带；仓库工业遗产景观区；东部服务功能景观区，共同建设成了面、线、点景观结构体系，成为整体有序的景观结构。沿江码头景观带是利用珠江的后部航道带状景观，保留了“T”形老码头，形成把历史人文景观和沿江自然景观融为一体的滨水休闲景观带。仓库工业遗产景观区是利用现有的仓库、石塔，保持了原来的肌理，同时给其新的使用功能，再增添部分新的景观元素，形成特别的工业景观区。

#### 4.2.2.2 信义会馆保护开发规划

广州信义会馆的历史和价值。城市发展进程的见证者是信义会馆的旧工业厂区，自从20世纪的50年代就开始在此建厂区和厂房，它是广州工业发展历史的缩影，同时也是现代城市建设中不可以取代的一部分。有了历史，城市才有了基石，旧区域的工业厂房是现代人生活的珍贵财富。信义会馆的基本配套设备十分齐全，工业厂房给工业生产提供了场所和设备，总的来说，它的结构十分坚硬，空间可塑性强，可以通过一定的设计改造和升级，把这些功能进行升级就可以把工业厂房很好地发展下去。工业厂房的建筑设计一般都具有历史设计的风格，保存了那个年代的艺术方式和风格，能把那个时期的建筑审美体现出来。

信义会馆的开发特点。信义会馆的改造是把旧有的建筑物、厂房改成新的商业场所，把现有的厂房的空间设计成有个性的展馆，为一些高级消费和社会活动提供适当的场所。整个厂区包括多功能展示厅、情景酒吧、工人博物馆、当代艺术家工作室、五星级酒店公寓。把一个厂房改造成一个高质量的生活环境，高雅的生活空间。其用地面积2.5万$m^2$，20栋建筑，总建筑面积为1.3万$m^2$，总投资2亿元左右。信义会馆经营模式是商业模式，传统的创意产业园是为企业或艺术家提供有前景的发展平台，帮助艺术家们发展创造性的事业，而信义会馆就不是，它是进行商业和艺术之间的合作。

信义会馆的景观设计特点。在信义会馆的一个休闲区域，摆放少许点缀和文化小品，走进小石路，横走在历史的河流中，体验着岁月的流逝和足迹，在这里找寻内心的平静和体验。这里是个十分完美的世界，“工厂以演绎时尚”，把工厂的作用体现出来了，在另外一个世界里凸显着另一种独具特色的时尚体验。红色的城墙，尽显着历史的味道，蕴藏着一种胜利的喜悦。内部空间也保留工厂原本的样子，为各种活动提供了便利的组织变化，可以大空间也可以小空间，让人感觉像是没有完成设计一样，适合举办画展、摄影展、车展、现代艺术展、公司发布会等。

### 4.2.2.3 广州琶洲西区珠江啤酒厂改造规划

部分保留工业遗产。珠江啤酒厂区的总面积约27$hm^2$，其中南部约17.4$hm^2$的土地目前已经被政府收储，北部大概有10.5$hm^2$的土地目前是作为项目规划范围。规划范围是滨水区面积为3.6$hm^2$的琶醍啤酒文化区，其余的6.9$hm^2$用地作为珠江啤酒厂的自主改造区。通过对厂区中有历史文化价值的部分做了一定的保留、对原建筑的外部进行装饰，加入现代建筑表皮等方式进行保护性的更新和利用，实现文脉的保护和经济效益的双丰收。

活化利用，配套与CBD互补的生活功能。琶洲地区加大发展“世界级会展城”，为的是可以使得互联网电商总部加入，同时和已经存在的会展功能互相促进，以提升会展的国际影响力。目前该区域的周边配套设施还在做进一步的改善，对于珠江啤酒厂的改造规划项目与地区相结合的发展要求，它的规划定位是琶洲会展的配套服务区。规划联合这一定位对该区域进行了功能的复合式开发，将工业遗产再利用与创意设计、高端展贸、文化推广等现代的产业方式相结合，使得工业遗产加入城市功能系统中得到有效发展的同时，又能适应城市发展的综合性服务功能要求，以此提升整片的活力和增添动力。同时，周边规划在现有的广州经济地标、产业地标的基础上，依托现有的独特的啤酒厂建筑和啤酒博物馆文化，提升文化的产业品牌效应，打造文化地标，增加广州的国际城市魅力；根据现有的滨水景观环境资源，挖掘旧厂工业景观的优势，提高区域环境的品质，成为一个有工业特色的城市标志。

1）打开廊道。建造“四轴五区”的空间结构，根据3条南北向功能的轴线来疏通滨水通廊，用1条东西走向的文化轴线（景观）联系五大功能区（即总部商务区、设计创意区、高端展贸区、文化推广区和户外休闲区）；合理利用琶醍区的滨水景观，适当指导游客分散行驶，同时增加区域纵深方向功能之间的联系，实现区域的资源活力共存；考虑落实场所的改造和总体构思，充分考虑地块现状的功能结构，对工业遗产进行一定的保护，疏通多条滨水步行廊道，加强滨江新设置的娱乐休闲板块和原有工业更新板块对于纵深方向之间的关联，在保证区域可通透性的同时，建设具有活力的公共区域。“四轴”，是在纵向上考虑国际啤酒总部大楼等现代建筑和麦芽罐酒店的改造建筑，建设一个现代商业氛围和历史感并存的时尚轴线；把具有历史文化与审美价值的工业保留建筑结合，以底层空间改造和合适的功能配比塑造充满工业文明时代韵味的活力休闲轴线；根据啤酒博物馆、嘉年华和水塔等特色建筑，建设荟萃啤酒文化的啤酒文化轴线。在横向上打通烟塔和麦芽罐酒店之间、麦芽罐酒店和啤酒博物馆之间的通道，成就连通各功能区、联系古今文化的游览体验的轴线。

2）弥补痕迹。琶醍区内珠江啤酒厂工业保留得很好，因为有轨电车在区域内经过使得滨水公共空间出现被分割、人气的流失和周围区域的功能类型比较单一的情况，规划在留下珠江啤酒厂历史文化足迹的同时结合有轨电车的建设，把分隔开的滨水公共空间很好地组合起来，再强化区域之间的功能联系。

3）创造节点，扩宽人流。规划根据工业遗产景观的再次设计，加强特别的工业历史文化因素，建造成四个特色的广场，分别是烟塔广场、琶醍广场、酒泉广场以及水塔广场，并在四个广场内举行表演、观演和集散等活动，以此来吸引周围的人流量。烟塔广场在琶醍文化创意艺术区西边的入口，设计原理是把原本就有的烟塔建设到垂直的交通体系中，并且设计多层的观景平台，重新装入新的现代建筑表皮使其成为烟塔广场的标志性建筑；广场是半围合的装修风格，一边是商业区和办公楼，这使得有时尚潮流的现代感觉；另一边是广场、珠江，这边看起来十分宽广，有很好的空间开合感。琶醍广场是把原本麦芽罐酒店做了合并、高起等空间加法，重新建设管理用房和观景餐厅等区域，把它的整体建设升级成了独特的精品酒店，并把有轨电车作成户外休闲区的亮丽风景线；广场的空间层次丰富，它的围合界面有很多年代感、很多层次的特点，工业遗存和商业业态相合一，围绕周边，尽显创意艺术区历史变革的精彩信息。酒泉广场的啤酒发酵罐经过切割、上彩和架空等改造后，在其下方引入酒泉水景，再加上原装配厂房建筑改造后一起建设的酒泉广场，具有现代结构主义风格；广场的围合界面都是用原来的厂房建筑重新改造形成的，很有历史感和故事感。水塔广场留下了原来水塔比较单纯的立面，通过加入环形瀑布、装置观景台等的设计升级，结合文化推广区的厂房装修改造，构建了新的水塔广场。

#### 4.2.2.4 TIT产业园规划

广州TIT国际服装创意产业园（以下简称：TIT创意产业园）坐落在广州市海珠区新港中路397号（原广州第一棉纺织厂下属的广州纺织机械厂用地），与广州新建成的电视观光塔（俗称小蛮腰）相依靠。其实际用地面积约92338.22m$^2$。广州纺织机械厂（以下简称：纺机厂）是广州纺织工贸企业集团有限公司名下的一家大型国有企业，它的发展历程有几十年。2006年，广州纺织工贸企业集团积极配合市政府号召的“退二进三”政策，进行了业态转移、产业升级，把原来的纺机厂建设成了符合产业主题的服装创意基地。地块东面是奇星制药厂，南面是广州市纺织中等专业学校和新港中路，西面是艺苑路，北面接着赤岗涌边市政路，路边的形状是不规则的。通过改造和创新，把一个具有悠长历史文化的旧工业厂房改建成了一个功能主题明显、具有岭南文化风味的现代纺织服装时尚创意产业园区，这是十分有代表性的工业厂房创造案例。

#### 4.2.2.5 黄埔村（港）更新规划设计

黄埔村于宋代建村，距今已有上千年历史，自古便在海外贸易中扮演着重要角色。南宋方倍孺在《南海百咏》中描述此地当时已是“海船所集之地”。黄埔村附近的琶洲塔（海鳌塔）建于明代万历二十八年（1600年），为外来船舶导航而设，至今仍屹立江河畔。明清之后，黄埔村发展成了广州对外贸易的外港口。康熙二十四年（1685年）设江、浙、闽、粤四个海关，黄埔村南边的酱园码头设有黄埔挂号口。1757年，清政府撤销了江、浙和闽海关，只保留了在黄埔村的粤海关，因此所有对外的贸易只剩下广州一口，黄埔村就此进入了它最辉煌的时代。

今天的黄埔村，祠堂大多比较完整，有的空寂、有的衰败、有的在老人们的牌九声中显得温情且气息淳厚，有的已成为细语迎客的小店。街道曲折、池塘隐现，新房子夹杂在古旧、残破的老房子之间，突兀、生涩但不失自然。

看不见的规划设计手法：依照广府地区的建造习俗，氏族聚众而居，祠堂是最重要的公共建筑。祠堂均面向池塘而建，而以斑块状水面联系起来的祠堂建筑群实际上形成了以祠堂、水面、道路勾勒出的村落公共空间体系，具有与村落的空间肌理以及梁、冯、胡、罗四大姓氏的分布呈现高度吻合的特点。因此，把河涌—水系作为重要线索的公共空间组织就是“看不见的规划设计”中的控制线，它明显不同于以布局合理性、交通组织等为主线的规划设计思路。这种结构性的线索既是空间性的，也是人文关系和社会组织的体现，是各种关系的层叠；而对河涌—斑状水面的疏浚并不完全是生态环境意义上的作为，更是一种文化意义上的空间复原。黄埔直街是黄埔村中心位置的一条南北向街巷，联系柳塘大街与夏阳大街，但从实地调查的情况看，目前这条街道的现状与其中心位置的重要性不相吻合，冷清、狭窄，尽管这里有当前黄埔村保留最完整的一些祠堂建筑。

祠堂作为公共性的建筑，和它相对的公共空间没有展示出来，和柳塘大街、夏阳大街相比，那里都是随着水面展开，和连续排列的祠堂等重要建筑组织公共空间。而在这里，公共空间的连续性断裂开来。如果从整体空间结构上分析，黄埔直街也应该是沿水面展开的、连续的公共空间。结合周边建筑的肌理、姓族分布进行综合分析，同时观察到村落内部的主要排水方向均指向黄埔直街，并在地势上呈现出周边高、中心低的特点。

从空间结构到营建：随着空间的基本结构自然发展，虽然新建房屋外貌奇特和简陋，但是仍然表达出了：工艺低廉、制作方式粗糙、随意的特点，使得外部形态向低质发展，最为主要的是这些细部构造和传统的施工工艺分离，导致形态风貌的断裂，显得更加的冲突、刺眼。对此，对黄埔村的风貌保护和更新建设来说，倡导的是自发性的维护、改造和建设，需要放弃平常的“设计”立场和思维，不去“做”新的尝试，而是在传统手艺和现实生活方式中“发现”创新，对传统的细部做法和构造工艺展开深刻研究，联系今天的建造方式与工艺技术，全方位考虑经济性和可实施性，摸索和总结出较为容易理解、方便学习和掌握、实施的建造方式、细部构造和施工工艺。

从空间结构和建设开始，探找内生性的发展逻辑，这是当前的历史背景下更新保护策略研究的一个概括，但愿可以探索出更适合、也更有效果的设计策略去完成黄埔村和黄埔古港的重生，希望有这样一个历史风貌的地方不会变成一个典型的“城中村”。但是首先要做的肯定还是对研究对象之外以及围绕研究对象的各种事件本身进行深入的了解和考虑。

### 4.2.3 水系统：打造安全干净的水环境

贯彻海绵城市、生态修复的建设理念。现状河涌划分三类进行整治，通过实施河涌截污清淤工程、水生态修复工程、湿地工程、水土保持工程、暗涌揭盖复原工程等，优化河涌水体品质，改善水环境水生态状况，有效恢复受损的水环境生态系统，还原水系历史形态。在有条件的位置建造生态堤岸，设计植物缓冲带、湿地等海绵城市设施。通过生态修复手段改善工业区污染土壤质量和生态环境。

形成适应气候变化的安全堤岸。加强气候适应性设计，应对全球气候变暖、海平面上升带来的影响，减缓灾害风险。提高防洪排涝效率，推进海绵城市建设。通过抬高堤岸边界，或利用地形设计生态岸线，增强堤岸抵御风险的能力，建设满足水利、防洪、行洪和通航要求的安全堤岸（图4-14）。

#### 4.2.3.1 东濠涌综合整治工程

东濠涌在古代被称作文溪，它的发源地是云山麓，连接着云山珠水，在宋代是人工修建的排水系统六脉渠中的一个。在明清时期被当作广州老城东部的护城河，形成把河道作为中心的商业型街市的构架，主要角色是为市内的居民供

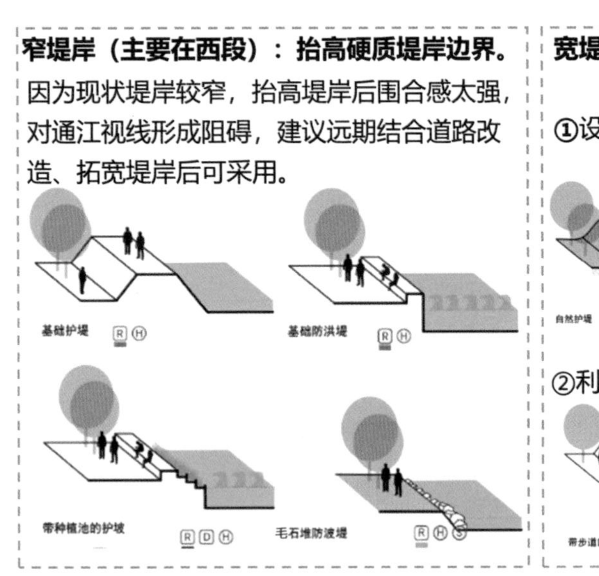


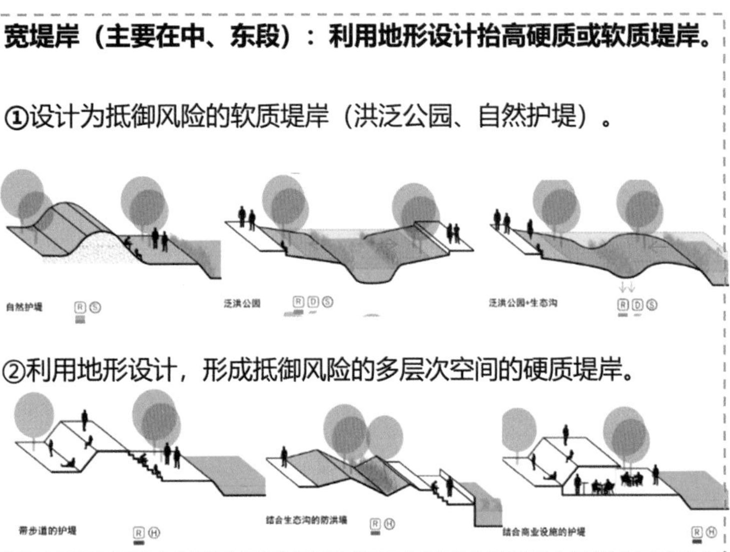


图4-14 抵御风险的堤岸断面

来源：《珠江景观带重点区段（三个十公里）城市设计与景观详细规划导则》。

水和水运主干道。在中华人民共和国成立初期，在东濠涌源头修建了麓湖水库，并把东濠涌的上游重新改建成了暗渠；1985～1990年，东濠涌被渠化了，部分东濠涌改成了箱式暗渠，东濠涌作为主要交通和商业街市的功能彻底崩塌；1993年年底，为了疏导广州当时和旧城之间的南北交通，提出了“覆沟为路”计划，建成了现在的双层东濠涌高架道路，城市的滨水区分化成了交通空间，并不是原来的河涌天然生态和景观的功能，从此东濠涌沿线片区落败。

2009年开始对东濠涌进行全方位整治，当前已经完工了越秀北路以南部分的一期工程。在整治过程中拆掉了临涌两岸的约4.8万$m^2$的房屋，跨涌高架桥下进行滨水景观休闲带和公共绿化广场的建设。河涌和城市道路之间的高度存在较大差异，根据这天然的差异，在高架桥两侧建造了几个下沉的节点广场，以减弱周围道路与高架桥的相互影响，加强河涌的空间感。河涌两岸和步道、汀步以及小桥相互连接，成为吸引市民前往的带状滨水公园。根据河涌和两侧的绿地，从麓湖到沿江路全线配置了一条都市型绿道，贯穿东濠涌边绿地通往珠江，为市民们提供了在旧城中心区中很少见的运动型休闲生态走廊，并初步建立了水域蓝道空间和绿道系统。

东濠涌的整治考虑了当地居民生活的需要，近水、游玩、垂钓、休闲健身的场所沿着河边分布，甚至根据老城区的居民需要安置了方便遛狗的宠物厕所。无论是工作日还是节假日，在河两侧的某些地段充满了浓厚的生活气息。但是工程建造在城市文脉的继承方面处理得不好，把沿河涌两岸低矮的民宅差不多都进行了拆除，有老广州市井生活的建筑一下子全都消失了，剩下的都是不清晰的现代城市背景和一幢根据民国建筑重新建设的博物馆。此外，有着浓厚历史痕迹的东濠涌沿线，在本次改造中有众多历史遗址、文物建筑没有和河涌建立很好的关系。景观设计的主题和小品也和河涌历史没有联系，只是用了一些历史题材和标志进行设计。

### 4.2.3.2 荔枝湾涌改造工程

#### （1）荔枝湾涌的历史文脉背景

严格意义上来说广州的荔枝湾涌并不算是一条独立的河涌，而是广州城西一带珠江边的沼泽地中相互交错的水系的总名称。在历史上出名是因其自然环境和人文风情。荔枝湾涌是有新和旧之分的，清朝时期，荔枝湾涌所在的地理位置有所改变：旧荔枝湾涌是今天的荔湾路以西、中山八路以北位置；新荔枝湾涌是今天的荔湾湖公园、多宝路、黄沙大道的位置。

1）古代的荔枝湾涌

荔枝湾涌在古代最早出现是在汉代时期，相传公元前206年，汉高祖刘邦派陆贾去广州向南越国王赵佗劝降，在离土城不远处的溪边河旁（今周门彩虹桥一带）陆贾种了莲藕和荔枝。在东汉时期，这块区域种植的荔枝是作为上贡给皇帝的食物以及朝廷送给外国使臣的手信，因此这一片种植荔枝的佳地被称为“荔枝洲”或者是“荔枝湾”。在五代十国时期，南汉的皇帝刘长在荔枝湾涌附近建造了广袤三十余里的皇家园林，南汉后主刘银每年到了暑夏就会在这块区域摆起“红云（荔枝）宴”。随着唐代的到来，荔枝湾涌开始有了很多岭南园林，广州的荔枝也开始出名，其中包括因为荔枝而出名的园林——荔园。“荔枝时节出旌游，南国名园尽兴游；叶中新火欺寒食，树上丹砂胜锦州。”这是诗人曹松在《南海陪郑司空游荔园》中对岭南节度使郑从说所建的荔园的描述，可以想象当年的荔枝成熟后有多美。在元代，荔枝湾涌的沿岸依旧保留了“御果园”的功能，除了荔枝树，在此区域加种了里木树（柠檬树），人们把柠檬做成舍里别（解渴水），然后进贡到朝廷。到了明代，荔枝湾开始流行种植“五秀”（莲藕、马蹄、菱角、慈菇，茭笋），荔枝湾涌水系就开始不断被开发，河涌可通到珠江白鹅潭区域，渔民渐渐来到这里聚集，白天到江边捕鱼，晚上就回到湾口停着，形成了“荔湾渔唱”明代羊城的八景之一。清代开始，旧的荔枝湾涌开始成为过去，而新的荔枝湾涌流域逐渐走向了鼎盛时期。但是因为“闭关锁国”，清代的广州很少有指定的通商口岸。当时荔枝湾涌的地理位置就是现在所在的西关地区，也就是广州商贸活动的中心区域。除此之外，在荔枝湾涌上逐渐出现了游河艇，分为“四柱大厅”和“洋板”两种。前者的四柱一篷，四通八达，可以欣赏和观看到两边的景色；后者头尖，分为大小两种，大的有篷，珠帘掩映。河上有卖小吃的船只，游客可以吃到正宗的“艇仔粥”和白灼河鲜，可以边吃边聊，十分惬意。文人骚客、市井小贩、街坊百姓都喜欢聚集在这里，因此荔枝湾涌变成了十分热闹、繁荣的地方。荔枝湾涌美好的景色也吸引了不少富商在此定居，因此建造了许多别墅和园林。到了清代后期，出生在该地的女性很多都有从商的背景，她们多接受过中西式教育甚至还有的出国留学，在穿着上也十分得体，见多识广、追求生活品质，“西关小姐”这一称号因她们而来，形成了荔枝湾涌这块区域的一大靓丽风景线。

2）近代的荔枝湾涌

在民国时期，荔枝湾涌继续清代的发展，随后到达历史顶峰后开始败落。鼎盛时期，荔枝湾涌流域有潘园海山仙馆、唐荔园、张氏听松园、邓氏杏林庄、李氏景苏园、叶氏小田园、小画舫斋陈廉伯公馆、蒋光鼐故居等出名的别墅。日军侵华期间封锁了荔枝湾涌的出河口，官员和富商开始迁离，荔枝树也不再繁茂了，游客和人流量大大下降，荔枝湾走向衰败。20世纪40年代，随着城市的发展，人口增多，荔枝湾涌的荔枝树就被砍了，流域范围内开始大量种菜，菜农们开始到这里居住，以往的风光不再有。

3）现代的荔枝湾涌

城市的建设带来了很多污染，荔枝湾涌区域的水质开始受到污染，环境卫生开始变差并影响附近人们的生活环境。因此，荔枝湾涌渐渐被掩埋。随着广州亚运会的到来，荔枝湾涌又再次展开规划，通过改造后又回到了昔日的繁华。改造后的荔枝湾涌恢复到了当年的文脉意境，同时也改善了当地居民的生活环境，这里再次成为广州中心城区标志性的观光景点。

### （2）荔枝湾涌改造策略

荔枝湾涌改造中文脉延续的意象多选于鼎盛时期的清代，根据其自然景观和人文风情这两部分进行加强。自然景观方面主要表现在传统的岭南水乡特色并加入了岭南园林的设计；人文风情方面加入了岭南传统的艺术元素。而且还从商业方面进行打造，主要表现在以下的方式：

1）保留区域建筑与意境重构

建筑把艺术和历史相互结合，旧城的河涌改造中对于两岸建筑都做了保留，为传统文化活动和仪式的发展提供了重要依据。对沿岸的历史建筑，荔枝湾涌在重新建设过程中都把它努力地保留和做了修复，比如明代的梁家祠、明末清初的文塔、近代的陈廉伯公馆与蒋光鼐故居等。今天梁家祠仍然具有祠堂的作用，梁氏后人也依旧在这里举行祭祀活动。平时的文化休闲区旅游咨询服务中心和文塔的保留使得复兴传统的“开笔礼”成为一大可能，文塔建筑是延续了人们对“文昌”的美好祝愿；保留和修复的蒋光鼐故居活化成为博物馆，向游客传达着当年有关蒋光鼐的故事；保留有待活化的陈廉伯公馆让游客能想象到当年富商巨贾们生活得点点滴滴。随着城市的迁移，沿边的现代建筑开始有居民自建房也有部分的单位宿舍等。多种多样的建筑与传统建筑的意境格格不入。对于这些建筑，荔枝湾涌在修建中不是采取“拆而重建”的方法，而是把提炼出来的西关特点重新加到建筑的外立面上，将原有的建筑尽可能地保留下来。建筑的保留也是当地居民留下来的，这样就能把最厚道的一套社会活动传承下来，保留着人们最渴望体验到的“人情味”景观。

2）重塑历史场景与营造历史场景意象

旧城河涌曾经的写照是历史场景，它可以最直接地折射出历史。重现历史场景或营造出历史场景的意象，是复兴时期历史场所“完整性”的一个重要手法。荔枝湾涌重建之后，以清代“四柱大厅”船型作为模型的游河艇在河涌水质被改善后再一次出现在大众视线中，重新回忆起旧时人们“画船士女亲操楫，水窗明瑟共一杯”的历史场景；在河涌重建的过程中，加入了岭南园林的元素，以廊、亭、桥、叠石、流水等作为景观的节点，加上对沿边历史建筑的保留，构建出荔枝湾涌鼎盛时期的景观现象。鼎盛时期的荔枝湾涌，沿岸有很多四人组对的粤剧，像八和会馆这样的粤剧就出现在荔枝湾涌片区，粤剧具有重要的位置。荔枝湾涌进行改造后，植入粤剧大戏台，结合各区域的私人组队，并定期在这里举办粤剧表演。这样的舞台不仅可以满足粤剧演员的演出需求，还可以满足旅游人士和当地居民看粤剧的需要。另外，在荔枝湾的三期改造工程中，新建的仿岭南古典园林建筑群——粤剧艺术博物馆，把展示作为主要的宣传方式来宣传粤剧文化。新建的粤剧大戏台和粤剧艺术博物馆，用一动一静的形式把粤剧元素加入景观中，营造出历史场景的意象，荔枝湾呈现出的独特的本土文化性质也可以满足旅游人士和当地人们的文化需要。

3）保留和加入本土特色商业

代表着一个城市历史沉淀的是本土的特色商业，这是人文不可或缺的历史见证。对本土的特色商业进行保留和加入，能一定程度上传承历史文脉，表现本土的人文风情，并把它作为河涌景观维护的经济支撑。对荔枝湾涌来说，它很大程度上是因为商贸而兴，到现代，荔枝湾地区仍然是以古玩、特色小食为主。荔枝湾涌的重新整治，加入了本地区商业的特色，活化后的旧建筑还是用来居民商住，后来发展成原住民自给自足生产销售的马蹄糕、斋烧鹅、鸡仔饼等特色小吃一条街。通过活化该区域的古玩城，将原本零碎的古玩商家整体合并规模化，很好地把这一传统商业保存下来。把铜艺等传统的手工艺商品引到荔枝湾涌，用特色的商业活化河涌，昔日商业的繁华又回来了，这也为景观的发展提供了一定的经济帮助，形成了很好的循环发展。

4）复兴传统节庆活动

传统节假日活动，有着城市居民对生活的美好祝愿和许多回忆，这也是城市历史文脉发展下去的重要表现。旧城区河涌重建之后，恢复部分传统的节日活动不但可以发展河涌历史的文脉，而且可以在不同节日中形成不一样的人文景观。在改造工程实施后，荔枝湾涌以泮塘村为依托，以西关文化为基础，以本地居民为载体，定期举行特色的节假日活动，比如春节举行水上花市、元宵节举行水灯、端午节举行泮塘赛龙舟、七夕节举行灯谜会、中秋节举行赏月、文塔开笔礼与魁星诞辰、粤剧的表演、梁氏宗亲活动等。人们可以根据喜好自行参与到这些活动当中，从而一步一步地提高荔枝湾涌公共区域的文化活动氛围，从活动中传递河涌的历史文脉。

5）提炼地域符号运用

加入地域标志设计的景观作品、景观项目等细节一样可以展现河涌的历史文脉。荔枝湾涌展现出的西关经典元素通过艺术创作表达，根据变化重构等方式表达出独有的西关文化标准，并实际运用到视觉标识系统。通过艺术设计，荔枝湾涌很多指示牌、说明牌等环境设施的造型，符合现代生活需求的同时又具有浓厚的传统西关文化味道。另外，尽可能通过一切物质载体，加强西关文化标志和进行艺术上的装饰。这类的西关元素标志着多样的景观细节，表达了区域的文脉。

### 4.2.3.3　漱珠涌修复工程

#### （1）漱珠涌的历史文化背景

1）清代广州河南最早形成的街区

广州海珠区位于珠江南部，四面环水，因此广州居民习惯把它叫作“河南”。据历史记载，在东汉时期，议郎杨孚已经开始在这里开基建宅了。杨孚“移洛阳松柏种宅前。隆冬，蜚雪盈树。人皆异之。因目其所居曰河南。河南之得名自孚始”（屈大均，《广东新语》）。在很长一段时间里，河南的经济不发达，被称之为“乡下”。河南城区的发展是从西北角的漱珠涌一带发展起来的。在1907年德国工程师舒乐（F. Schnock）画的广州地图，称之为“广东省城内外全图”，这算是早期用西方现代测量的方法画的广州地图。从这个图可以看到，直到晚清时期，广州河南的城区仅仅是局限在西北一隅，就在今天南华西街、海幢街、龙凤街等的范围内，其余大部分地区依旧是农田。当时的河南还不属于广州的“省城”，舒乐把河南的西北部当作是这幅地图的附属部分，在绘画完成后加注了“河南附”三个字。图画中突出了漱珠涌的地理位置，涌上的几座桥梁都被明确地标注出来。漱珠桥和环珠桥东边是海幢寺。有人说：“先有南华西，再有海珠区。”作为街区的南华西是以南北向的漱珠涌为纵轴线向东西两边展开的。因此也是可以说“先有漱珠涌，后有南华西”。广州在古代是一个水城，内外交通大多以水运为主要交通方式。繁荣昌盛的商业圣地，分布在水运交通比较便利的涌边濠畔。玉带濠和漱珠涌就是典型的例子。明代广州内城南侧的玉带濠虽然繁华时间不长，据载那个时期的濠畔街“当盛平时，香珠犀象如山，花鸟如海，番夷辐辏，日费数千万金，饮食之盛，歌舞之多，过于秦淮数倍”（屈大均，《广东新语》）。但是，随着清代玉带濠的落败，取之而起的是河南的漱珠涌。

2）百年前广州的一条“秦淮河”

18世纪下半叶至19世纪上半叶是广州河南漱珠涌历史上最昌盛的时期。当年这里的茶楼酒肆、商铺客栈鳞次栉比，河上篷船画舫穿梭如鲫，行人来来往往十分热闹。漱珠涌不仅仅是清代显贵富商寻求欢乐的场所，还是骚人墨客吟咏游玩的地方，曾留下了不少有意境的诗篇。何仁镜在《城西泛春词》中写道：“家家亲教小红箫，争荡烟波放画桡。佳绝名虾鲜绝蟹，夕阳齐泊漱珠桥。”漱珠涌沿岸的酒家生意十分好，当时三家最出名的酒楼是醉月楼、成珠楼、虫二楼。全武祥在《粟香随笔》中说道：“不是仙人也好楼，漱珠桥畔小勾留。窗临碧海供遐瞩，门对青山可卧游；四壁笙箫花似锦，一帘风露月如秋……”《白云越秀二山合志》一诗中详细描写了当时的酒家美食：“桥畔酒楼临江，红窗四照，花船近泊，珍错杂陈，鲜薨并进。携酒以往，无日无之。初夏则三鯬、比目、马鲛、鲟龙；尝秋则石榴、米蟹、禾花、海鲤。泛瓜皮小艇，与二三情好薄醉而回，即秦淮水榭未为专美矣。”何星垣在诗中写道：“酒旗招展绿杨津，隔岸争来此买春。半夜渡江齐打桨，一船明月一船人。”说明当时广州居民的夜晚生活是相当受欢迎的！河涌小艇上的疍家女，一边划着船只一边哼唱着当时比较流行的粤曲《叹五更》：“……与君买舟同过漱珠桥……五更月影照墙东，倚遍栏杆十二重……离情别恨难入梦，海幢声接海珠钟。睡醒懒梳愁有五种，忽见一轮红日上帘栊。”当时处在漱珠桥畔的成珠茶楼的客人十分多，茶楼最繁荣的区域范围到漱珠东市。因此可以说这是清中叶广州的一条“秦淮河”。

3）清代中国最早对外开放的旅游区

自唐代以来，伴随海上丝绸之路的繁荣发展，越来越多的外国人到中国做生意和定居。在清初时期中国实行了海禁政策，导致对外贸易行业遭受很大冲击。乾隆二十二年（1757年）清政府取消了上海、宁波、泉州等口岸，规定只能把广州当作中国唯一一个对外的通商口岸，外商只能到广州进行贸易。广州的十三行开始快速发展起来，大量的外国人来到广州做起了生意或者是定居。但他们会被清政府看管着，并且经营活动区域也是受到限制的，清政府的这种做法很快就使到华的外国人开始反抗。终于在乾隆末期政策有所放松，开放了河南的漱珠涌一带和芳村花地这一代作为旅游景区，外国人在规定的日子里可以前往这些地方游玩。住在十三行的外国人开始前往漱珠涌一带休闲度假，到周围的海幢寺和园林进行参观和游览。美国人威廉·亨特（William C. Hunter）在《旧中国杂记》写道：“到商馆对岸河南的大庙（按指海幢寺）游玩，总是十分有趣。这座庙宇是华南各省中最漂亮的寺庙中的一个。每当晚上，大约有和尚200～300人会聚集在三间一排的大殿上诵经……”。清代有在衙门官邸接见外宾的规定，海幢寺和十三行富商的私人园林成为清政府官员接待外宾的场地。比如乾隆年间来到中国的英国使团和荷兰使团都曾经下榻伍家花园，英国使团团长马戛尔尼（G.Macartney）详细描述了英国使团下榻伍家花园的情景：“吾辈所居之馆舍在一小岛之上，地与英国洋行相对。英国洋行……与馆舍相隔之河面其宽不过半英里也。馆舍之中房屋极多，分为数院，互相隔离。各院之装置形式虽殊，而其精致华丽，适合卫生则一……馆舍四周乃一绝大之花园，有奇异之花木及不易习见之名卉甚多。其一旁有一庙，庙中有一高台，登台远望广州全城之景色及城外江河舟楫，可尽入寸瞳间也。”1806年的俄国商船“涅瓦号”船长李香斯基一行到海幢寺进行游览并且吃饭，还到十三行的富商潘有度的园林府邸南墅游玩，在潘氏的亲自陪同下，欣赏了潘能敬堂列祖列宗的五座神主牌（李香斯基：《涅瓦号环球游历记，1803—1806年》）。距离漱珠涌不是很远的宝岗，还是外国人在中国最早的跑马博彩之地。清代张品祯在其书中《清修阁稿》记录：“西洋人每岁孟冬以走马角胜负，围粤城河南之宝岗以为戏马场，输赢动计万金，观者如堵墙焉。”

**（2）重现漱珠涌历史文化风貌的可能性**

当前漱珠涌的历史风貌已经被破坏得面目全非了，但值得开心的是，大部分地区依旧是比较低矮的房子，一些有价值的历史建筑已经被标志成市级文物保护单位。虽然部分历史建筑已经残破了（比如潘家大院），但幸运的是它的主体结构还是大体被保留住了。即使有部分历史建筑消失了，但它还是有其存在的痕迹的。20世纪90年代，海幢寺进行了重新修复和重建。当地居民对历史文化区的保护和建设也很上心，2008年，居民把收藏了近十年的原本安置在漱珠桥上的“漱珠”石匾献出，现收藏于海珠区博物馆。

近几十年来广州快速发展，城市面貌日新月异。漱珠涌的这份历史遗产是值得被记住的，不要让它从人们的记忆乃至后代的记忆里中消失。近年来学术界对于南华西街历史文化保护区的保护和开发问题进行了一系列有目的性的讨论，规划部门做了《南华西街历史文化保护区规划》，这给以后的工作打下了很好的基础。但是遗憾的是，规划到目前都没有得到真正的落实。

但是单纯的保护是很难维持下去的。保护要和开发相结合，在开发中保护，在保护中开发，才可以取得双赢的效果。地理学者吕拉昌建议要参考国内外改造老街区的经验，建设 RBD（游憩商业区），可以不需要政府的大量投入但政府要进行严密监管。这是一个需要进一步讨论的话题。在南华西街历史文化保护区中，早期可以把漱珠涌沿线作为纵轴，以横向的南华西骑楼街作为辅轴，重点进行建设。主要研究漱珠涌揭盖复涌的可行性。在保护和建造沿线历史文化建筑的同时，严格按照制订好的详细规划，按照历史风貌沿河涌兴建一批具有岭南水乡特色的建筑和庭园。即使有制作“假古董”的嫌疑，但在大部分拥有历史文化价值的文化古物已经不存在的背景下，这是一个解决办法。“真古董”

可以在按修旧如旧的原则装修改造之后，加上开发利用，但“假古董”可以对“真古董”起到衬托的作用，共同创造成一个集休闲、娱乐、购物、美食、游览为一体的、充分体现广州岭南水乡文化特色的旅游胜地。

广州市在最近几年规划了白鹅潭经济圈规划，它的范围只包含荔湾区。但是一个缺少了海珠区的白鹅潭是不完美且不完整的。因此可以考虑把漱珠涌的历史文化旅游区加入大白鹅潭商圈，给这个商业气息比较浓郁的经济圈加入一些文化元素。

#### 4.2.3.4 水环境保护与治理导引

改善水环境生态状况，建设亲水生态堤岸。揭盖复涌，还原河涌历史形态，有效修复受损的水环境生态系统，确保城市防洪排涝功能。完善污水收集及处理系统，逐步完善排水体制；打造绿色市政品牌，实施排水设施景观化改造。排水原则：新建、改建、扩建项目的排水工程在规划、设计时应当根据排水规划采取雨污分流制、地表径流控制及雨水综合利用等工程措施。现状管线迁改工程应根据实际情况，采用满足近远期城市发展要求的技术方案，并严格按照现行国家标准《城市工程管线综合规划规范》GB 50289的相关要求执行。对于新建城区，建议源头径流系数等设计参数仍然应按照《室外排水设计规范》GB 50014中相关标准执行；老城区排水系统提标改造工作，应优先结合源头径流控制系统与局部管网修复与改造，综合地上与地下工程，共同达到《室外排水设计规范》要求。近远期有效结合，打造绿色市政品牌，实施排水设施景观化改造。排水管网达标率90%，城乡生活污水处理率94.5%，河涌截污率70%。年径流总量控制率范围在60%～85%，建设指标需满足《广州市海绵城市建设指标体系》规定值。

### 4.2.4 滨江社区：功能多元的幸福之城

1）目前社区存在的问题：①随着城市功能向新城迁移，旧城缺乏人口及业态注入，部分街区呈空心保护的消极状态；②批发市场没有适应现代商业的商业模式，市场及周边区域物流及仓储功能混乱；③超尺度的地块及建筑、封闭的社区、厂区及港口占据了大量的岸线；④部分滨江单一功能的城市区域及职住不平衡的现状造成了夜间的空城；⑤尺度失当的滨江硬质广场，使用率较低的滨水开放空间；⑥社区缺乏场所或有力的机构来组织活动。

2）社区提升策略：①通过活跃的沿江社交空间提升步行体验，并引导人流向江边；②创造步行范围内的就近就业机会；③打造一系列具有公共艺术及社区服务功能的活跃滨河开放空间；④提升公共空间品质，结合活动策划，强化滨河空间可达性及活跃性；⑤将原有工业场地打造为可持续、宜居的21世纪社区。

3）社区划分：目前随着城市功能向新城迁移，旧城缺乏人口及业态注入，部分超尺度的封闭地块以及厂区港口占据大量岸线，部分社区呈消极状态，因此规划将37个社区分三类提出针对性提升策略：对于保护开发区域，保持历史街区现有肌理，提升建筑业态，提升公共空间与公共艺术；对于潜在更新区域，对部分地块更新改造，激活整个社区，提升功能与公共空间；对于潜在功能转换区域，梳理旧厂及旧村，通过重新开发置换功能，提升环境品质（图4-15）。

4）老旧小区改造措施：重新定义社区是一项长期的工作，可以从以下几个方面进行“微装修”：①保护“古代文化”。由于许多住宅建筑具有特定的历史文化并反映地方特色，因此在改造过程中必须对其进行保存，保留历史并保留其遗产，以改善其人文地位与文化。②实施固定施工政策。建筑物主体的质量应保持中等，无需进行结构式的大装修，应对建筑物的外墙进行修补，并以统一的风格涂漆，以建立社区形象，营造社区平等感。擦干排水网（包括更换井盖），拆除非法建筑物、构筑物和社区设施，安置步行系统。③贯彻“以人为本”的原则。在旧社区改造过程中，要充分尊重居民的需求，以人为本，并在改造、维护过程中制定相关恢复计划。根据总体计划进行恢复和组织，以最大限度地减少对居民生活和功能的影响，应确保每个居民都参与其中，同时需要密切注意居民生活的实际变化。

#### 4.2.4.1 珠江沿岸老旧小区微改造

珠江沿岸老旧小区改造项目沿江社区带范围为：西至北京路、东至二沙桥，南至江岸、北至长堤大马路—八旗二马路—大沙头路；三片社区范围：白云片区、德安片区、五羊片区，共11个社区；沿江精品示范段为：八旗二马路东段

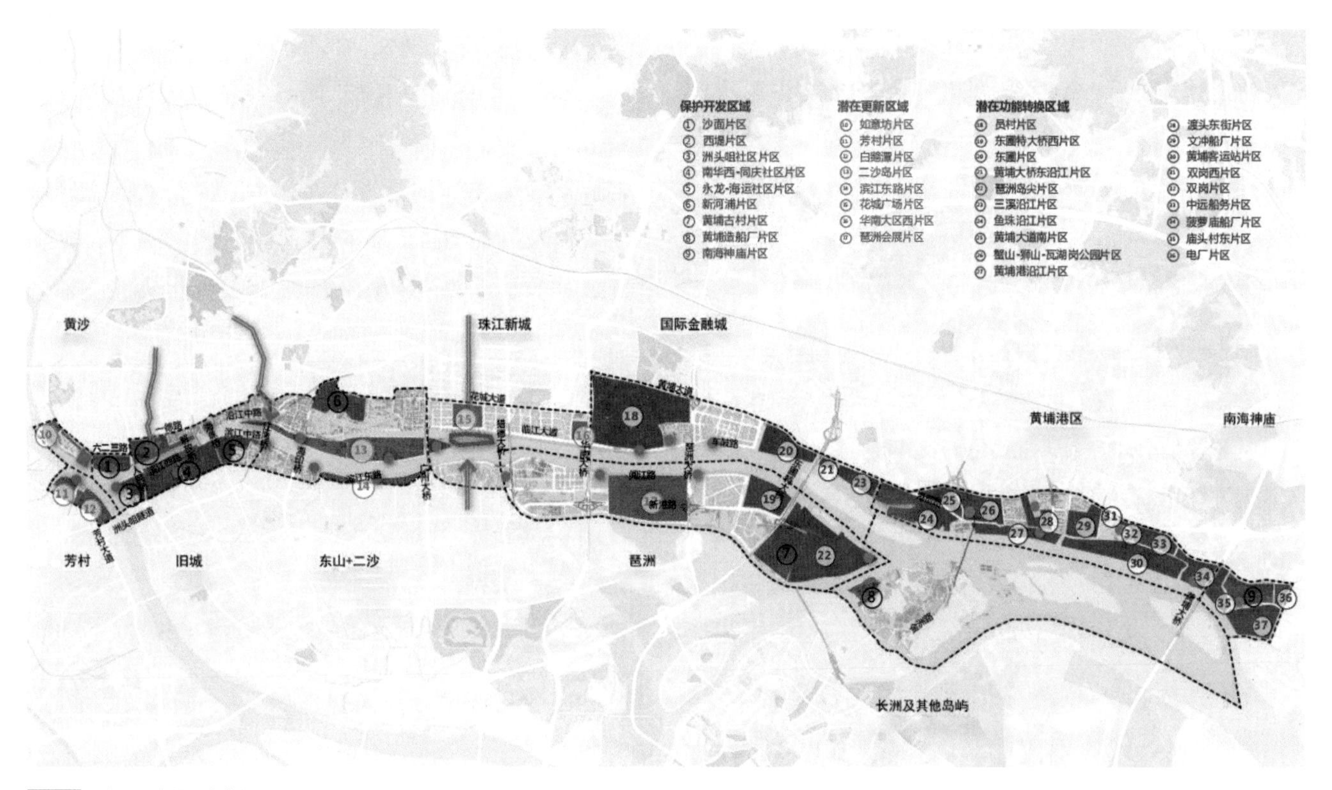


图4-15 珠江两岸社区规划

来源：《珠江景观带重点区段（三个十公里）城市设计与景观详细规划导则》。

及沿江路，西起北京路、东至江湾桥，长度0.9km。

### （1）现状梳理

沿江历史文化资源丰富，是引领城市建设的先锋之地，留下了众多历史文化遗产，展现近现代城市发展的长卷。

历史文化现状：古官道路径模糊，天字码头多次改建，未形成高品质的空间门户，接官亭仅保留一处牌坊，八旗会馆原址处仅保留一块石碑。总体而言，历史资源分布零星，缺乏路径串联。

景观现状：难通达、路径断。沿江路滨江绿地基本连续，但绿地较窄，品质欠佳；绿地全部免费向市民开放，但未能很好地串联成片，未能发挥最大化的效果。

道路交通现状：慢行难、少活力。①交叉口转弯半径大，街角空间局促，行人过街距离远。沿线有27个交叉口，基本都为T形交叉口或不规则交叉口，大多进行信号灯控。部分交叉口转弯半径较大，在12～18m之间，交叉口转弯车辆车速较快，行人过街距离远，且过街安全性不高。②自行车道存在连续性差、宽度过窄、被停车占用等问题。现状沿江路带除大沙头三马路以东路段无自行车道外，其余道路均设有自行车道。主要有两种形式：一种是与机动车共面的自行车道，宽度1～1.5m；另一种是与人行道共面的自行车道，宽度1.5m。仅海港城一处集中自行车停放点，并设置自行车停放架，其他位置多为市民自发停放。③社区路内停车多为长时间停车，使用率约为85%；路外停车信息指引不足，收费与路内停车持平，使用率不高；沿江路停车管理不严格，占用人行道、自行车道或交叉口空间违章停车现象常有发生。道路破损，功能要素有待系统提升。

社区现状：缺设施、环境乱。普遍存在大面积荒废绿地，休憩座椅、文化宣传栏、自行车停放点等设施缺乏，儿童游乐设施老旧，社区活力偏低。楼栋缺乏安全门，“三线”杂乱，墙面脱落，楼栋内照明、报箱等设施简陋，空间幽暗。缺乏垃圾围闭设施，垃圾乱堆影响居民通行；公共用房普遍简陋；社区围墙老旧、样式杂乱、缺乏维护。

### （2）设计理念

沿江景观带再扩展，向背街小巷延伸，塑造更干净、更整洁、更平安、更有序的新社区。实施串路径、树门户、理通廊、活界面、提设施、注活力、倡慢行、精细化的策略。

八旗二马路微改造设计针对以上策略，重点梳理：一条马路、六个路口、七条通江廊道、门楼，重点关注全线立面整治、视觉识别设计（图4-16）。

### 4.2.4.2　石室圣心大教堂及周边地区城市设计

**（1）圣心教堂历史**

圣心教堂位于“卖麻街”，也是清朝两广总督部堂衙门所在地。1856年，英法联军把两广总督行署夷为平地，并强行征地计划兴建圣心天主教堂；1864年，教堂采用哥特式建筑风格设计，整体用花岗岩石砌造，被百姓直呼为“石室”；1888年，历时25年，“石室”圣心教堂落成，它作为世界上四座历史悠久的哥特式石制教堂之一，是东南亚最大的天主教堂石建筑，同时也是中国最令人印象深刻的双层哥特式建筑之一。“石室”具有三个显著的“中国特色”：首先，教堂左右两侧的两扇木门是用富有岭南特色的梅花和菊花木雕雕刻而成的；其次，教堂屋顶上的所有瓷砖都是岭南瓷砖；最后，双塔尖塔上有两个带有闪电的石葫芦，在中国也很少见。

从《越秀区志》中的清初广州城郭示意图可以看出，两广总督行署（圣心教堂）南边为旧城墙，通过东西侧的靖海门和油栏门出城通江。

卖麻街历史：卖麻街有上千年历史了，宋代时已经有此街名。卖麻街在珠江附近，这里曾经是编织篮子、袋子、麻绳的市场，后来又有许多油条、水果条、蔬菜条栏和更多商品出现。在明清时期，这个地区到处都是商店。来自各地的人们聚集在货运吧台前，讨价还价的声音来了又走，很富有人文气息。卖麻街上曾有鳞次栉比的麦芽糖作坊，是老广州最甜蜜的回忆。卖麻街融市集的喧嚣与衙门的庄严及教堂的神圣于一街。总督衙门和街上的景色都别有韵味，神圣的教堂靠近世俗，并相互融合于一体。

**（2）设计策略**

1）打造四条主要路径

溯源靖海门路径：省总码头—靖海路—靖海路广场——德路—大教堂；溯源油兰门路径：西堤—爱群大厦—长堤大马路—海珠南路——德路/卖麻街—大教堂；新增步行路径：沿江路—长堤大马路—果菜街区——德路—大教堂；教堂环线。

2）保留传统产业，引入文化艺术旅游业态

保留并规范一德路海珠南路的海味产业，升级靖海路文具百货产业，扩大金融产业；围绕教堂广场及卖麻街形成文化产业业态；清理居住社区的仓库等。

3）还原建筑本色

复“源”最大规模的石构哥特式教堂：追溯建筑历史信息，包括建筑概况、建筑图纸、保护价值定位及社会历史文化背景。宜洗不宜刷：石材表面清洗，按照“最小干预原则”，用中性水清洗建筑表面污垢，后喷石材保护剂。原材料原工艺：墙面破损区域，对花岗岩进行修补，用相同材性的材料进行修补，按照传统配方修补破损处。原样修复后期损毁的局部区域：依照建筑既有图纸，按照历史旧貌资料更新建筑部件。

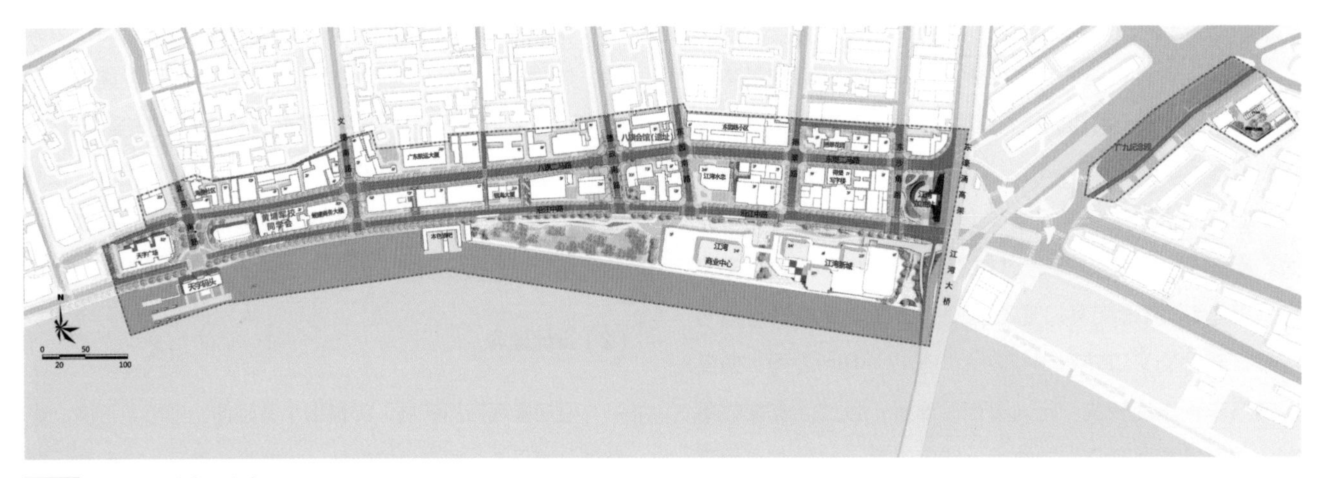

图4-16　八旗二马路街区改造工程
来源：《珠江景观带重点区段（三个十公里）城市设计与景观详细规划导则》。

控制界面：清除石室教堂广场两侧骑楼屋顶加建，规整原有空间天际线；美化外观：整洁建筑外部设计，统一立面比例与细部设计，恢复历史建筑美感。活化首层：骑楼首层使用透明化立面策略，增设开放商业空间，行人自由行走建筑内外。

统一连续界面：建筑上层保持立面风格、尺度、比例一致；精细化要素：优化立面中其他要素（处理设备、管线等），精细化指引。提升首层活力：优化首层骑楼内侧沿街界面，营造街角骑楼新业态，活化街道。

新建骑楼保持传统氛围，注重时代性演绎。延续肌理：骑楼开间尺度控制4～5m。高度连续：建筑高度3～4层，平齐原有建筑群。首层为商业功能。元素重构：提取一德路骑楼街元素，如色彩、窗户、山花、栏杆等，现代手法重新演绎（图4-17）。

4）营造广场场所

在原真性复原的基础上，增强广场仪式感；取消车行交通，打造观赏步行环道；将其他历史建筑纳入观赏区；提升广场铺装品质；周边业态升级，以休闲娱乐为主。

教堂广场：移除现有的花坛，增加游人驻足停留的空间；禁止广场右侧车辆通行，扩大广场实际使用面积；广场采用矩形灰色系石材拼花铺装；广场一德路路口处增加标示雕塑（具有某历史象征意义的雕塑）；建议移除教堂的封闭铁门，扩大人（广场）的可活动范围，使人可以近距离感受教堂建筑；卖麻街全铺装化，两侧增加旅游零售业态，教堂前方禁止车辆通行；增加广场两侧的休闲餐饮业态，骑楼内部可设咖啡座、茶座等；广场两侧增加长条石材座椅。

教堂院落：移除正前方铁门，协调整合教堂门卫。移除教堂左侧的临时建筑，将教堂前广场边界取直，空间规整化。教堂两侧铺地上增加“历史长廊”，采用雕刻铭文的方式介绍教堂的飞扶壁、玫瑰花窗等细部。结合现有教堂两侧的树池，以小景墙的形式讲述石室的故事，同时也作为教堂与周边建筑的视线隔离。教堂出入口处铺装差异化。规范教堂内部停车，采用树池、花池等进行视线隔离。

图4-17 骑楼改造
来源：《珠江景观带重点区段（三个十公里）城市设计与景观详细规划导则》。

5）注重交通人性

建立多路通达、多点集散的客流路径。近期严管货运，借鉴沙河经验，开辟专用空间来规范货物装卸和运输（手推车）；远期引入第三方物流，借鉴日本经验，引进第三方物流平台，发展O2O模式，统一货运车辆、货运时间及货运/理货区。重点优化5条道路交通组织，对5个交叉口进行“双精”（精细化、精准化）设计。

6）恢复街道生机

通过1条历史路径、5街5巷提升、1片街区改造恢复街道生机。将沿江西路打造成起于海珠石上、榕树下的生活艺术长廊，通过压减机动车道，增加慢行空间机动车道宽度由8.5m压至7m，原1.5m宽自行车道改为2.5m宽，双向行驶；提高步行、骑行空间品质，创造榕树下的积极停留空间；空间分区，快慢分离，打造积极停留小空间；改进铺装、设施、颜色搭配，提升公共生活品质。

#### 4.2.4.3 仰忠社区微改造项目

**（1）现状问题梳理**

1）公共绿化

植物种植过于单调，在狭小空间易形成压迫感，植物生长情况不佳；植物种植形式杂乱，形成不了统一美感与韵律感，而且容易成为卫生死角等；树池形式简陋，大树树根裸露，缺少地被植物的点缀；主要建筑前绿地植物配置不能衬托、美化建筑；缺乏绿化广场。

2）三管三线

社区电话线、电源线和宽带线已启动并运行，并且大多数都裸露在户外，这种现象会严重影响整个社区的美观，更重要的是会危及人们的生命安全；地下水电设施定位不明确，“一户一水表”尚未实施；通常存在诸如污水堵塞、漏水和化粪池排水等问题，影响居民生活；供水系统设施差，水管生锈、污水质量差、水管漏水、水压供应不足、水阀门故障等问题频繁出现。

3）消防及安全隐患

乱挂乱晒，离电线很近，存在严重安全隐患；居民楼的楼道狭小破烂，无消防设施，缺照明设施，存在安全隐患；社区消防设施堆放障碍物；栏杆及支撑铁架生锈严重，存在安全隐患；遮雨棚破损、衣物乱挂现象严重。

4）建筑楼宇

建筑外墙破损严重，建筑存在结构问题；墙体年久失修，墙体脱落严重；门窗破损严重，存在治安等安全隐患；遮雨棚损坏严重，雨天漏雨；阳台栏杆扶手断裂，存在安全隐患；社区存在部分违章建筑，有安全隐患；建筑违规改造较多。

5）公共休闲设施

缺乏文化休闲广场及娱乐场所，如文化室、图书馆等；健身器材设施少且破旧；社区内的宣传栏分布不合理；缺少休闲座椅，部分石桌破旧且放置位置不合理；社区收信箱破旧；缺乏无障碍通道。

**（2）改造策略**

1）公共设施：规范整理小区室外三管三线，安装维修小区照明设施，更换雨水立管，安装楼道公共照明，规范整理楼道内公共强电管线和弱电管线，粉刷楼道（含墙面批荡油漆），修复楼梯扶手，修复楼梯踏步，更换楼内公共排水立管，改造楼内公共给水立管，维修更换公共加压水泵，维修改造楼内公共消防设施，安装一户一水表，维修更换电表箱。

2）公共环境卫生：合理设置垃圾收运点，清理燃气、消防等设施占压和楼道间杂物，拆除小区内违法建筑物、构筑物及设施。

3）公共休闲娱乐设施：建设公共休闲小广场，提升小区整体绿化，设置文化宣传长廊。

4）公共治安防范：在合适位置安装维护门禁系统以及视频监控系统，以保障民生安全，坚持“以人为本”的理念。

5）公共服务：合理配置文化室、托老中心、社区医院，完善社区物业管理。

6）停车场建设：合理配置机动车停车位，合理配置自行车停放点。

### 4.2.5 滨江活动：汇聚最广州生活方式

展现地区主题文化。结合现有文化设施策划滨水户外活动场所（图4-18），打造6处特色活动区，包括白鹅潭三江口地区、长堤—海珠广场地区、珠江新城地区、金融城—琶洲地区、第二中央商务区和南海神庙地区，为滨水及水上活动提供载体。强化珠江滨水活动体验，恢复东山迎春花市和龙舟竞渡等传统文化活动，规划龙舟比赛赛段和沿江跑步环线。

普及推广公共艺术。鼓励世界知名公共艺术家、城市装置艺术家或跨界大师进行雕塑小品与城市家具设计。注重场地的艺术化设计，设置有公众吸引力的互动喷泉、户外剧场、特色铺装等场地设施。应用声光电等现代创意科技元素提升公共艺术效果，塑造城市亮点和热点（图4-19）。

#### 4.2.5.1 广州国际马拉松比赛活动强化广州滨江形象

通过滨江空间贯通为全程和半程马拉松比赛提供线路。广州国际马拉松比赛（简称“广马”）是广州一年一度的国际性体育赛事，也是广州一项标志性赛事活动。该赛事成立于2012年，是中国田径协会的A级认证活动，历年来深受国际关注。自2014年以来，中国连续四年获得金牌，分别于2016年和2017年被评为国际田联铜牌和银标，2018年被评为国际田联黄金标准。更值得一提的是，广马是国家体育

图4-18 露天活动场所
来源：《珠江景观带重点区段（三个十公里）城市设计与景观详细规划导则》。

图4-19 户外公共艺术
来源：《珠江景观带重点区段（三个十公里）城市设计与景观详细规划导则》。

总局、广东省政府和广州市政府批准并在国际田联备案的中国高水平马拉松比赛，也是中国田径协会的标志性活动。2019年，广州马拉松还入选了由中国田径协会和中央广播电视总台体育频道联合发布的“奔跑中国”马拉松系列活动赛事名单。

全程拉松路线——起点：天河体育中心；马拉松终点：花城广场（图4-20）。路线：天河体育中心南广场（起点）—天河路（逆行）—体育东路（南行）—冼村路（南行）—临江大道（东行）—临江大道金融城疏解道折返—临江大道（西行）—猎德大道—花城大道隧道上方折返—猎德大桥—西二号路（东行）—阅江路（东行）—阅江路与会展中路交汇处折返—阅江路（西行）—滨江东路—滨江路折返—滨江路—艺苑路—艺洲路—滨江路（西行）—洪德路（南行）—人民桥—沿江路（东行）—大通路（东行）—谭月街—晴波路—海心沙—海心沙一号桥—临江大道—花城广场（终点）。

半程拉松路线——起点：天河体育中心；半程终点：广交会展馆北广场。路线：天河体育中心南广场（起点）—天河路（逆行）—体育东路（南行）—冼村路（南行）—临江大道（东行）—临江大道金融城疏解道折返—临江大道（西行）—猎德大道—花城大道隧道上方折返—猎德大桥—西二号路（东行）—阅江路（东行）—阅江路与会展中路交汇处变道至逆行方向（东行）—阅江路（逆行）—阅江路（琶洲大桥底）折返位置折返—广交会展馆北广场（终点）。

### 4.2.5.2 “广州国际龙舟邀请赛”突出岭南文化

“广州国际龙舟邀请赛”作为中国传统体育中的五星级赛事，它突出了岭南区域文化的历史情怀，被誉为世界上最具标志性的龙舟赛事之一。每年五月，龙舟横穿珠江，散布在广州的各个角落，彰显了龙舟独特的魅力。组织推广龙舟竞赛的目的是弘扬人民文化，弘扬“精诚合作、奋勇向前”

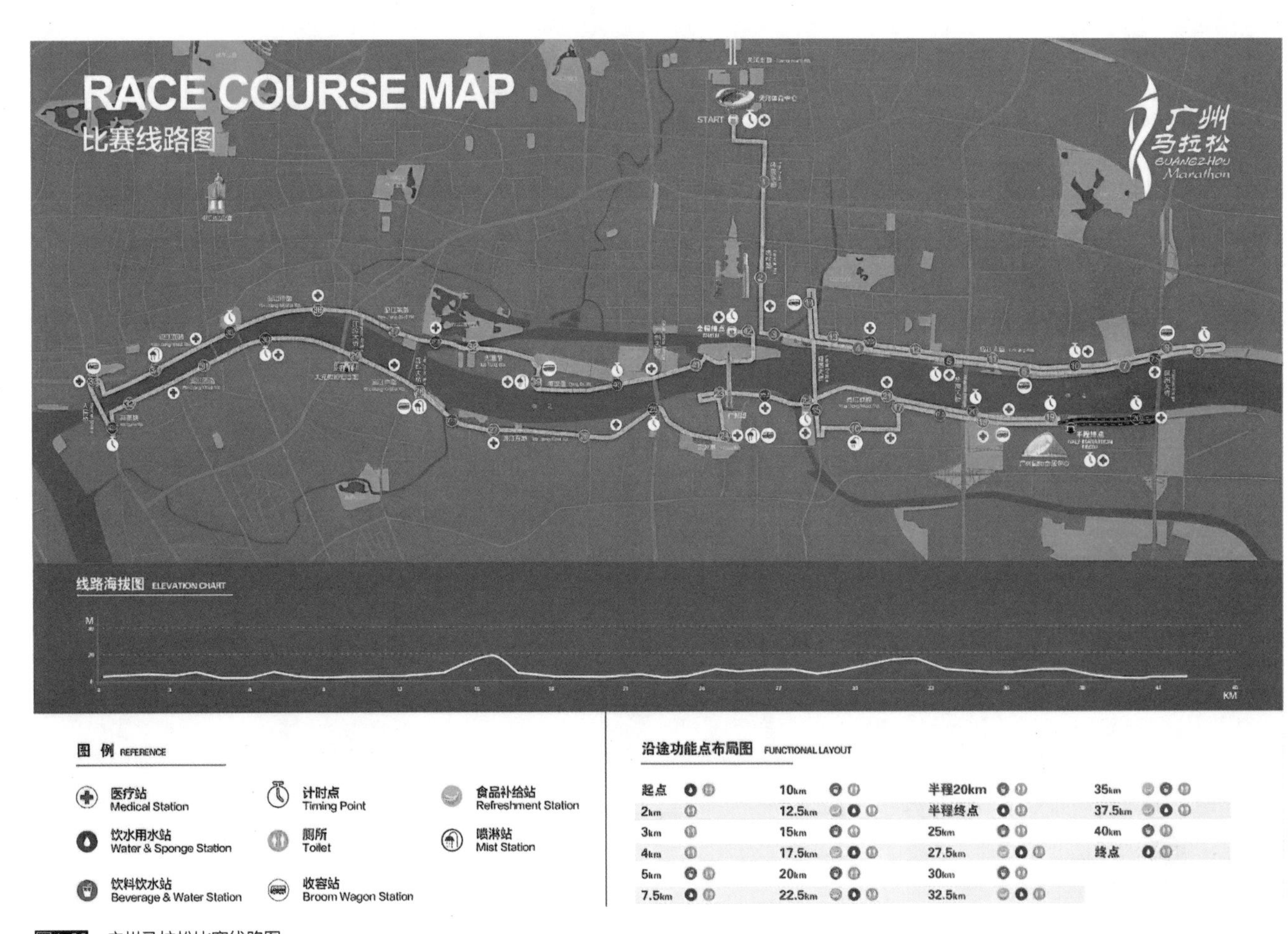


图4-20 广州马拉松比赛线路图

来源：https://www.meipian.cn/1sxakfla

的龙舟精神。龙舟自古至今都代表着和谐共赢的友好象征。广州国际龙舟邀请赛每年吸引着将近100余条龙舟参加比赛。

#### （1）赛事简介

广州国际龙舟邀请赛以“全国一流、国际瞩目的体育强市”为建设方针，并发挥了积极的影响，它是具有岭南地区特色的文化体育活动。“以水为桥、以舟会友”的发展理念具有深刻意义，成功举办国际龙舟邀请赛为广州举办第16届亚运会积累了重要经验以及实施策略。

广州国际龙舟邀请赛源自1985年举办的广州龙舟竞渡赛，1994年，赛事升级更名为广州国际龙舟邀请赛。赛事将中华民族优秀传统文化与竞技表演相结合，集国际性、专业性、表演性于一体。

据初步统计，第16届广州国际龙舟邀请赛约有13.5万名群众在珠江两岸呐喊助威，前来报名参加这一国际龙舟大赛的有将近110支队伍，运动员7000多人，其规模创举办16年来之最。其中境外参赛队伍达到28支，这也是这一大赛举办16年创造的新纪录。

#### （2）比赛时间与地点

时间：每年端午节后第一个周末；地点：中大北门广场至广州大桥之间的珠江河段（即珠江海印桥至广州大桥之间的河段）。

## 4.2.6 自然系统：水绿交融的生态空间

增加滨江绿化覆盖率。包括沿河边缘的自然生态和空间保护，并计划将河流的绿色空间比目前增加40%，提高溪流的绿化率，沿绿色河流线延伸，推进三维绿化，增加广场绿化种植和建筑立面绿化，提升透水铺装利用率（图4-21）。

保护珠江的生态环境。保护江心岛的生态完整性，打造鸟类的生物之家。限制江心岛的建设活动，如北迪沙、大吉沙和大蚝沙。强化土壤污染管控与修复，改善工业用地土壤质量。

### 4.2.6.1 临江带状公园规划设计

临江带状公园西起广州大桥，东至琶洲大桥，全长约7km，宽100～150m，总绿化面积达60余万平方米，是广州市除越秀公园以外的第二大公园。除在临江大道一侧建有供自行车骑行（柏油路）和市民步行（麻石路）的绿道外，还建有便于市民观景的畔江步行绿道，并铺设了一条塑胶缓跑径，供市民健身跑步。三条道路，各有用途，市民可各取所需，各行其道（图4-22）。

临江带状公园是广州市众多公园的后起之秀，得益于广州亚运会，建成于2010年。设计者使用岭南园艺技术创建微地形结构，并添加了品种高大的树木，例如凤凰树、大叶子等，地面上的植被和其他岩石和花卉通道形成了不同的花

图4-21 软质堤岸规划示意

来源：《珠江景观带重点区段（三个十公里）城市设计与景观详细规划导则》。

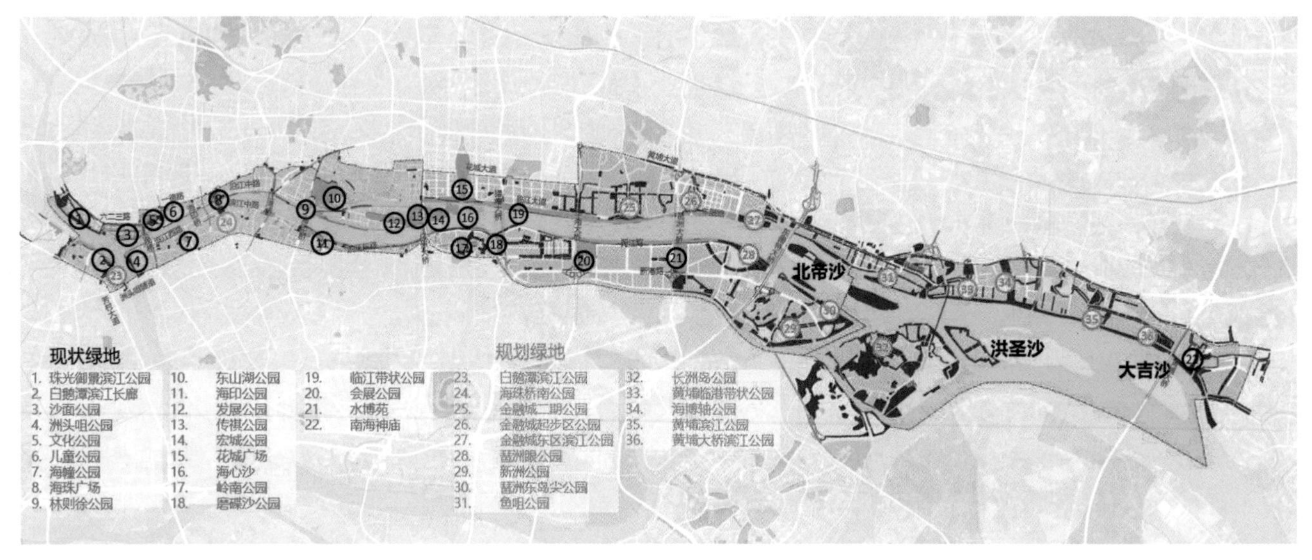


图4-22 滨江绿地规划图

来源：《珠江景观带重点区段（三个十公里）城市设计与景观详细规划导则》。

园。建造辅助设施，例如花园步道、木材步道、花园长椅、广场、长途汽车站、厕所等，从而形成一个庞大壮观的公园，它拥有优雅的风景，丰富的资源和开阔的空间。与其他公园不同，该公园中有带状的草坪可以让市民在上面休息。

公园在改造升级的同时，新铺设了一条长约3km的塑胶跑道。在临江大道猎德路口，“临江大道缓跑径”几个大字矗立着，砖红色塑胶跑道从这里开端一直向东延伸，远远望去就像一条彩色丝带在临江带状公园内蜿蜒。市民表示，缓跑径不仅仅让跑步过程更加舒适，从视觉上也带来了美的享受。在跑道旁边的树上，增加了景观照明，每棵树上安装了三四盏照明灯，为夜跑人群提供了充足的光线。

### 4.2.6.2 二沙岛艺术公园（钻石草坪）设计

二沙岛艺术公园位于二沙岛最东端，是广州中心城区首个艺术草坪。这里原是废弃停车场和亚运通道，升级改造后把废弃停车场“变走”了，换成了绿地景观。二沙岛艺术公园的外观很独特，草坪上没有普通的高低交错，而是菱形的艺术草坪布局形式。迄今为止，该公园主要由十种不同的花卉、树木、观赏性植物（例如红色的穗状花序、唐蒲和美人蕉）组成，花卉面积达到500m$^2$。公园近10000m$^2$被现代灯光装饰为“钻石”。入夜后，在灯光的映衬下，钻石造型闪烁而动。花园草坪上的花卉艺术形式与几何图案相结合，在草坪上突显出来，给人以美的视觉感受，同时由于自然环境的优良也促进了动植物的繁殖，促进生态文明建设。

### 4.2.6.3 珠江江心岛规划

#### （1）江心岛现状

生态失衡、特色缺失。根据江心岛自然生态状况和历史文化背景，可以将其分为三种类型，即生态岛、乡村岛和城市岛。江心岛的自然环境正在逐渐恶化，具有生态验证作用；人工林以榕树为主，榕树特别单调，不考虑生态功能；场景的原始风格逐渐失去色彩，空间不均匀，没有亲水区域（表4-4）。

三十公里水岸空间不连续、活力不足。三十公里的水路分为西部、中部和东部三个部分。集聚着多条日游、夜游线路和26处码头，蕴藏着悠久的历史文化和人文情怀。西部是从白鹅潭到广州大桥的10km处，沿河的开放空间较为狭窄，历史文化被很大程度隐蔽，不足以形成理想的城市家具系统设施；中部距广州大桥至琶洲岛东端10km处，公民参与程度较低，而且沿江岸两带的景观较宽；东部是从琶洲岛东端到南海寺的10km，目前基于工业沿岸为主要枢纽（图4-23）。

**江心岛现状评价表** **表4-4**

| 序号 | 岛名 | 面积 | 规划定位 | 类型 | 现状评价 | 价值 | 景观要素 |
|---|---|---|---|---|---|---|---|
| 1 | 沙仔岛 | 5.6hm$^2$ | 严格保护II类 | 生态岛 | 自然生态条件良好，分布密林水塘，无人居住 | 生态涵养 | 密林水塘 |
| 2 | 北帝沙 | 96.2hm$^2$ | 严格保护II类 | 生态岛 | 现状植被良好，有大片的果树和蕉田，但部分鱼塘被淤泥填埋，生态环境受到一定程度的影响 | 传统农耕文化 | 果林鱼塘、耕地、村庄 |
| 3 | 大蚝沙 | 96.01hm$^2$ | 限制开发I类 | 田园岛 | 自然生态条件良好，岛内作物以香蕉为主，有荔枝鱼塘。黄埔大桥跨境而过。现有硬质堤岸仅在一定程度上缓解洪潮险情，内涝情况多有发生；缺乏基本公共服务设施 | 广府传统农耕文化 | 蕉林农田鱼塘湿地 |
| 4 | 大吉沙 | 128hm$^2$ | 限制开发II类 | 田园岛 | 自然生态环境较好，居住人口少，外来游客对岛环境影响较小，岛内慢行系统不完善 | 广府传统农耕文化 | 蕉林农田鱼塘湿地 |
| 5 | 洪圣沙 | 46.5hm$^2$ | 限制开发I类 | 田园岛 | 厂房仓库、堆场为主，自然生态条件差 | 广州工业遗产文化 | 仓库码头林地 |
| 6 | 长洲岛 | 96hm$^2$ | 限制开发I类 | 田园岛 | 自然村落与革命历史遗迹并存，水乡风貌与革命历史文化特色突出，岛内交通系统和配套服务设施缺乏 | 历史文化与生态并存 | 革命圣地、人文古迹、传统古村、岭南水乡 |
| 7 | 沙面 | 28hm$^2$ | 优化利用类 | 城市岛 | 岛上临江和主要街道空间休息设施不足，绿化景观缺乏色彩和氛围 | 近代历史风貌区 | 近代欧陆风貌历史街区 |
| 8 | 二沙岛 | 134hm$^2$ | 优化利用类 | 城市岛 | 以大面积的微地形疏林草地为主，空间开敞，视野通透，但是休息服务设施数量较少 | 高端滨水宜居示范、音乐体育文化 | 别墅群、体育运动、音乐艺术 |
| 9 | 海心沙 | 16.6hm$^2$ | 优化利用类 | 城市岛 | 正在进行规划调整，景观地标区位突出，以广场为主，缺乏遮阴绿化和休息服务设施 | 庆典会场、中轴地标、亚运名片 | 亚运会开幕式场地 |

图4-23 珠江前航道三十公里江心岛

来源：《珠江景观带重点区段（三个十公里）城市设计与景观详细规划导则》。

**（2）规划理念：岛、城、人共生**

国内外对于岛屿形成理论和过程，以及生态文明的案例研究相对广泛且成熟。美国佛罗里达州的印第安岛占地2000hm$^2$，有“城市生态绿肺”的称号，该岛具有生态自我修复、自我保护和养护的功能。河流生态系统利用植物对地下水的弃置来建立海岸保护系统。德国的莱茵岛开发了一个生态小岛，并将其列为环境优先事项。在经历了快速的城市化进程之后，广州必须研究城市发展与珠江生态之间的联系，保持自然和谐统一并维护城市自然的生态环境。

**（3）总体控制：5个关键指标**

选择关键指标具有双重性。以保护自然和可持续发展生态景观为总体目标，选择降雨和洪水设施作为生态系统的关键指标；选择岛上的森林线，保持绿色空间，独特优良的树种和植被是景观特征的主要指标，体现了广州整体地质风貌的可持续性和区域特色。

指标1：雨洪设施。珠江两岸及江心岛是构建珠江生态廊道的重要载体。沙仔岛、北帝沙、大蚝沙生态系统现状基本完整，而其他岛屿生态系统遭受了不同程度的破坏。通过降雨数据GIS分析，东部区域江心岛面临“降雨即被淹”危险，该指标提出红树林湿地植物系统、雨水花园、生态堤岸、植被缓冲带和植草沟五类雨洪设施的详细指引，修复岛岸生态功能，以生态景观设施建设韧性城市。其中红树林湿地植物系统利用现有江心岛外围红树植物、水杉、落羽杉等水生植物进行修复，防风削浪；生态堤岸是利用本土水生植物打造多级缓坡的生态堤岸带，削减雨洪对岛岸的破坏，同时也为生物提供丰富的生境。

指标2：绿化空间连续度。连续开放的绿色空间反映了滨水区的空间质量。空间连续性尤为重要。绿色空间渗透并混合了珠江沿岸的公共开放空间，将广场连接到建筑物的前部、街头绿色空间、街道的拐角处、缓慢的绿色道路等，停车场、狭窄的空间、小港口、桥下的空地、空旷的空间等受损区域形成了充满活力的小型公园和街道广场。

指标3：岛岸林际线。符合“节奏、层次、对比”等艺术原则，主要秉承的艺术特点为“断裂”“补充”和“改善”等，并采用设计方法打破以建筑物为主体的天际线，增强多元性和创新性，通过协调珠江两岸和岛间森林线，形成一个富有影响力的魅力小镇。例如，长壁森林在天际线两旁，整体感观形成了渐进式天际线建设和林线的双重节奏，具有错综美感；玉竹林线突破原有的建筑物西侧的天际线，以主楼的顶部为视觉中心，与港口的东部形成鲜明对比。

指标4：植物色彩。植物的颜色是反映植物景观的重要因素，它直接影响人的视觉感受。尊重该地区的生长条件，配合岛屿和沿海植被的色彩，并反映当地和季节性特征。例如，长廊花园的西段是四季常绿的花园，冬季和春季以暖橙色的形式呈现，并开出高大繁茂的花朵；历史建筑连接，根据植物的色彩规划设计，在广州海滨形成了一个为期四个季节的花卉节系列活动。

指标5：乡土树种。不同的乡土树种是反映区域自然生态和城市风格的重要因素，珠江和江心岛有13种主要的本地植物，植物种类繁多、规模广，其中榕树、榄仁树和洋紫荆最多。而且植物布局以常绿乔木和开花乔木为主。该指标要求根据木材不同的情况优化原生树的骨干，常绿树和开花树的配置应继续形成江心岛乡土植物库，并以绿乔木和开花乔木为主要树种。

**（4）设计导则：12项要素**

在实施规划和管理的指导下，从江心岛和珠江两岸提取了12个景观要素，各景观要素对应不同设计理念，并为9个江心岛和3个分区设计了景观设计指南，为珠江的规划和实施提供了清晰的设计指南。

**（5）休闲水岸设计导则：三段三主题，一岸一空间**

设计导则分为三个部分并围绕三个主题展开，每个部分都包含有关样式设置、绿化特征和种植策略的大纲说明。其中每段水岸根据地理位置需要进一步细分地段位置，并采用绿色开放空间贯通连续原则。

### 4.2.7 交通可达：倡导多模式公共出行

梳理现状交通的主要问题，从公共交通系统和道路提升两个方面进行交通优化。公共交通层面：梳理地铁站到江边的联系通道，增强标识引导；有轨电车作为观光为主的线路，东西延伸串联主要景点；整合轮渡码头完善水巴网络，规划串联城市滨水目的地的旅游观光线路和短捷过江的交通通勤线路；强化水巴与其他公交方式的衔接。道路交通层面：完善网格状的跨江主干道系统，打造滨江平行干道，分流滨江路压力；优化滨江区域交通，减少不必要的绕行，提升滨水空间可达性；加强货运管理，疏解不合理交通需求，升级批发市场业态，货运仓储外移；借助智能交通设施提升道路服务水平，降低对小汽车出行的依赖。

贯通两岸慢行通道。打通沿岸现存的施工围蔽、河涌隔断、桥底隔断3类18处断点，近期实现规划范围两岸60km珠江公共设施，通过连接周围的公园、绿色的街道空间和河滨空间，在两侧进行延伸。创建连续的珠江慢车道系统——漫步道+慢跑道+自行车道（图4-24），以实现加强慢行路线计划，提升现有跨江桥梁慢行空间品质，利用水巴强化两岸公共联系。

提升街道精细化设计。从“道路设计”向“街道设计”转变，按照5类街道功能（交通型、生活型、景观型、商业型、工业型）10大要素（机动车道、交叉路口、道路断面、慢行通道、停车设施、交通标识、过街设施、公交设施、附属设施、市政设施）系统提升街道环境品质。交通型街道应设置较少的交叉口便于机动车辆穿行，做好变截面设计，并提供安全、方便、足够的行人和自行车停留空间和缓冲区（图4-25）。生活型街道满足步行的连续舒适，尊重“弱势群体”，适当缩小路缘石转弯半径，完善无障碍设计。景观型街道应增加沿线绿地空间的可进入性，采用通透的植物配置，提升道路的可识别性和美学品质。商业型街道应保证充裕的步行通行空间，营造商业氛围，注重座椅等城市家具的艺术品质和细节设计。工业型街道应满足货运车辆配送和装载货物的功能要求，减少和隔离邻近地区居民在道路上的通行。

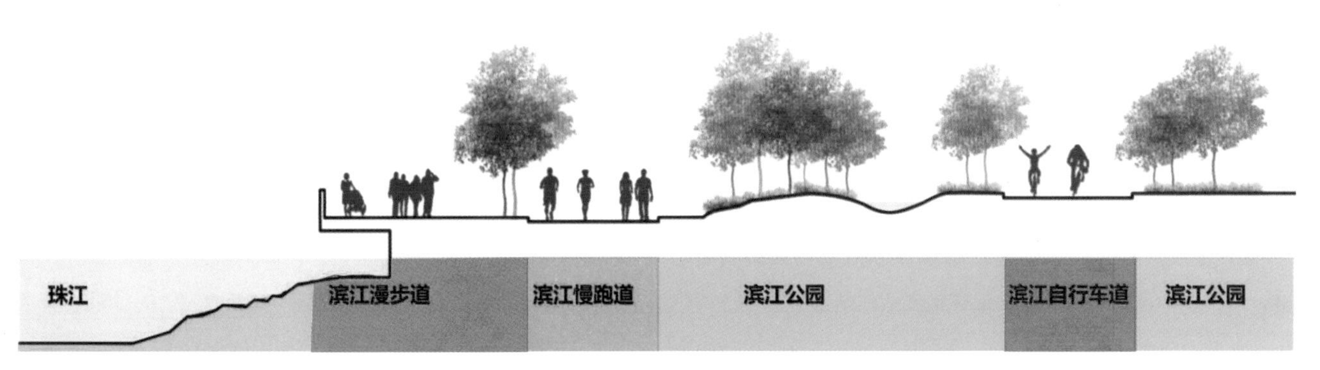


图4-24 滨江慢行交通断面图
来源：《珠江景观带重点区段（三个十公里）城市设计与景观详细规划导则》。

图4-25 精细化街道设计
来源：《珠江景观带重点区段（三个十公里）城市设计与景观详细规划导则》。

塑造具有滨江特色的景观道路。将临江大道、阅江路、沿江路、滨江路、新河浦路等打造一条以滨江特色为主题的景观道路。弱化道路交通功能，提高步行可达性，强化街道绿化，使用通透式、渗透式的绿化设计，注重街道的人性化、品质化设计，次支路交叉口应尽可能使用小转弯半径，增加更多街角空间，同时鼓励交通杆件集约化设计，实现多杆合一，倡导街道家具与文化展示相结合，以增加道路可识别性（图4-26）。

优化过江步行联系。提升海珠桥、江湾桥、人民桥、解放桥、海印桥、广州大桥、琶洲大桥、东圃特大桥、猎德大桥、华南大桥、黄埔大桥的桥梁构件、慢行系统、桥梁色彩、桥梁家具、标识系统和桥头空间的品质，从而保证桥下通行顺畅并优化过江步行联系，以实现上下桥立体交通衔接便捷。新建桥梁风貌应与周边建筑风格、环境氛围、文化气氛相互呼应，营造“一桥一景”的珠江特色景观。

### 4.2.7.1 公共交通可达性提升

落实14条既有规划轨道线路，较现状增加7条，形成以轨道交通为骨架的公交网络；有轨电车作为旅游观光为主的线路，向东延伸至黄埔古村，向西延伸至人民桥；沿江增加1条观光巴士环线，南海神庙至如意坊地铁站；新增7条公交线路，提升12条步行联系，强化地铁站与江边的联系。

水上交通规划，配合城市东进发展，水上巴士观光线向东延伸至南海神庙；范围内新建渡轮码头15处，主要集中在中段和东段；搬迁拆除渡轮1处，位于西段堑口码头；整合渡轮码头及地铁站，打造多功能的水巴网络。

### 4.2.7.2 强化垂直滨江的慢行交通衔接

规划新增80条，共160条垂直滨江的衔接通道，其中主要通道90条，次要通道70条。西段将白天鹅宾馆引桥步行化，实现慢行交通复兴；中段结合沿街退缩空间拓宽慢行空间，完善自行车专用道提升慢行出行品质；东段在路网规划中预留充足的慢行道宽度。

### 4.2.7.3 珠江贯通工程

核实珠江精华段范围内有20处断点，主要分为权属和施工围蔽、河道隔断、桥底隔断、改善提升四类；北岸贯通13.7km，未通3.9km；二沙岛环岛贯通4.1km，未通2.1km；南岸贯通15km，未通0.5km（图4-27）。

#### （1）马涌东出口贯通工程（河道隔断类）

梳理发现现状存在三大问题：①骑行、步行被马涌隔断，滨江慢行道成为断头路；②景观设计需进一步提升，符合在此运动人士的需求；③慢行道较窄、铺装品质较差。

规划贯通工程主要包括：①慢步道、骑行道品质提升；②周周乐广场三道贯通、绿化及体育设施提升；③马涌慢行缓坡。方案提出四条规划建议：①桥面宽度不小于6.5m，设置慢跑道与双向骑行道；②桥体增加观景面；最宽处为10m，供行人停留；③栏杆高度不得小于1.1m；④满足通航：桥面最高处与滨江东路的标高一致为10.8m。

#### （2）新中轴线地面高差改造工程（桥底隔断类）

梳理发现现状存在两个问题：①桥梁高差断点2处，由

图4-26 小转弯半径路口改造示意
来源：《珠江景观带重点区段（三个十公里）城市设计与景观详细规划导则》。

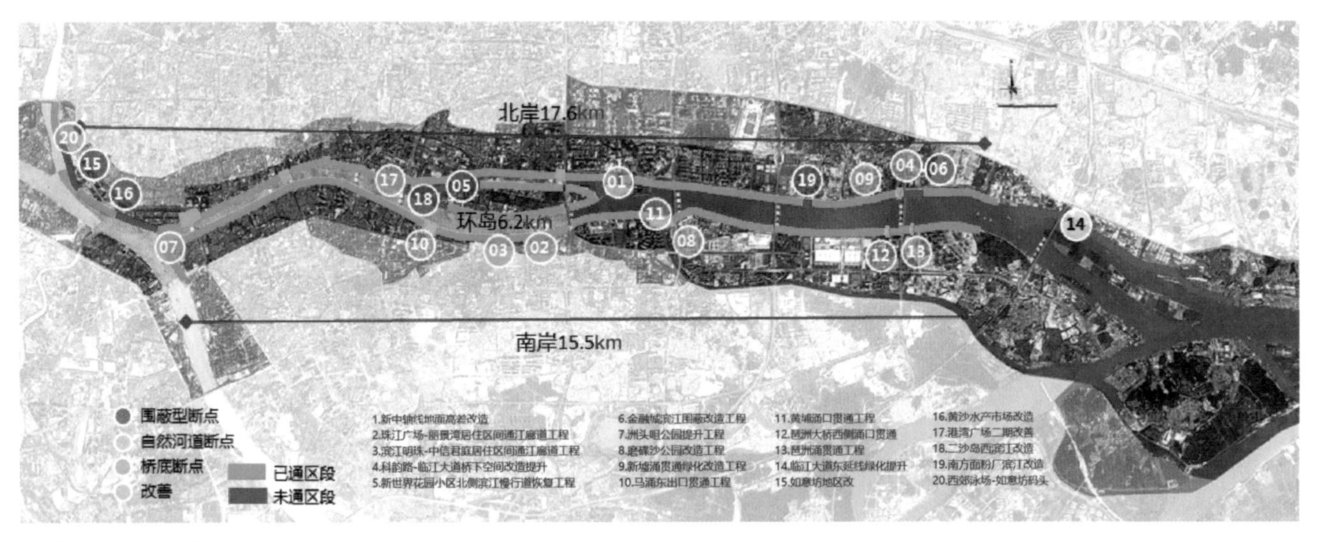


图4-27 珠江精华段范围内20处断点示意

来源:《珠江景观带重点区段（三个十公里）城市设计与景观详细规划导则》。

于1、2号桥高差不足，滨江通道被阻隔。②3号桥桥底空间局促、阴暗。

规划贯通工程主要包括：①1号桥两侧坡道；②2号桥两侧坡道；③桥底通道铺装下沉。3号桥桥底最小净空规划控制要求：①桥底净空不得小于2.8m；②桥底空间不得小于6m，其中步行道不得小于2m；③栏杆高度不得小于1.1m，护栏应设置罩面；④照明、设施等设计符合区段整体风貌要求（图4-28）。

**（3）磨碟沙公园改造工程（改善提升类）**

梳理发现现状存在三个问题：①上桥需绕行230m，距离过长；②亲水平台设计陈旧，喷泉废弃，品质有待提升；③慢行道较窄、铺装品质较差。规划贯通工程主要包括：①三角地整体改造，增加步行栈道；②滨水平台景观提升；③滨江慢行道提升。

磨碟沙公园改造规划提升建议：①绿地断面优化：滨水打造生态岸线；有条件区段步行道可出挑；利用自然基底打造微地形开放公园（图4-29）。②塑造观景场所，活化磨碟沙公园滨水区：利用亲水岸线打造龙舟停靠港口，塑造特色节点；内港空间可打造亲水台阶岸线；植被结合座椅一体化设计（图4-30）。③利用地形设置缓坡楼梯，衔接磨碟沙公园与阅江西路高差：结合地形，设置缓坡楼梯，衔接磨碟沙公园与阅江西路高差，增强步行体验（图4-31）。

**（4）如意坊地区改造工程（围蔽提升类）**

梳理发现现状存在两个问题：①现状岸线功能为新风港集团的作业区，占据滨江一线，步行道无法贯通；②沿线景观品质、文化标识有待改善提升。

贯通工程主要包括：三角地整体改造，增加步行栈道。如意坊地区改造规划提升建议：①围蔽改造时，应留出至少3m的滨江公共通道作为临时通道；②改造后，堤岸需留出大于14m的滨江慢行公共空间，有效组织漫步道和骑行道。

## 4.2.8 滨江形象：展现全球城市魅力

### 4.2.8.1 自西向东展现从传统到现代的建筑风貌

传统历史建筑风貌区体现中西合璧、广府风韵的建筑风貌特色；现代都市建筑风貌区体现现代多元融合的建筑风貌，塑造当代都市活力；东部生态文化建筑风貌区体现生态低碳、活力开放的现代港湾特色，塑造创新商务商贸文化港区。打造全景式滨江特色场景，包含3个类别的11个标志性河景，各具异同，颇有特色，而且具有城镇地标、城市主题以及悠久的历史文化。

**（1）传统历史建筑风貌区**

体现中西合璧、广府风韵的建筑风貌特色；尊重原有城

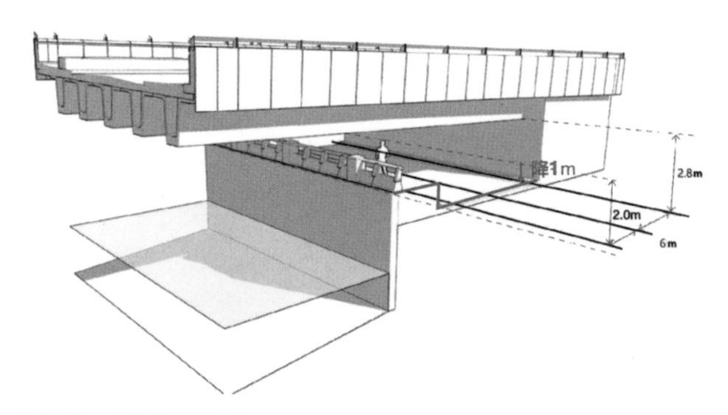


图4-28 3号桥桥底建议
来源：《珠江景观带重点区段（三个十公里）城市设计与景观详细规划导则》。

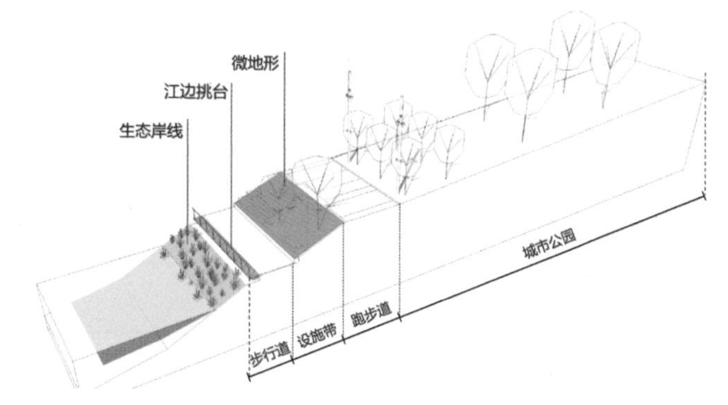


图4-29 磨碟沙公园改造建议1
来源：《珠江景观带重点区段（三个十公里）城市设计与景观详细规划导则》。

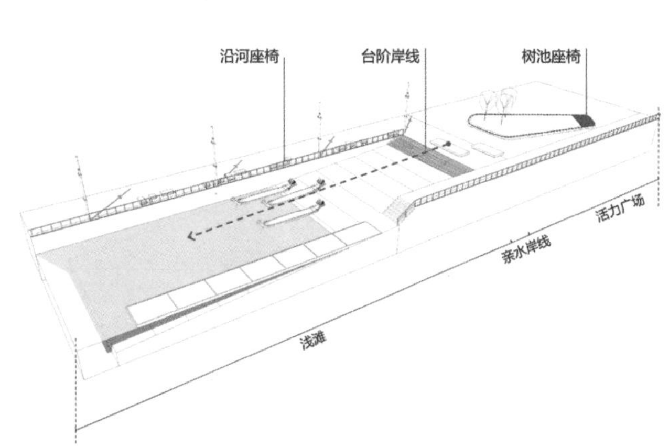


图4-30 磨碟沙公园改造建议2
来源：《珠江景观带重点区段（三个十公里）城市设计与景观详细规划导则》。

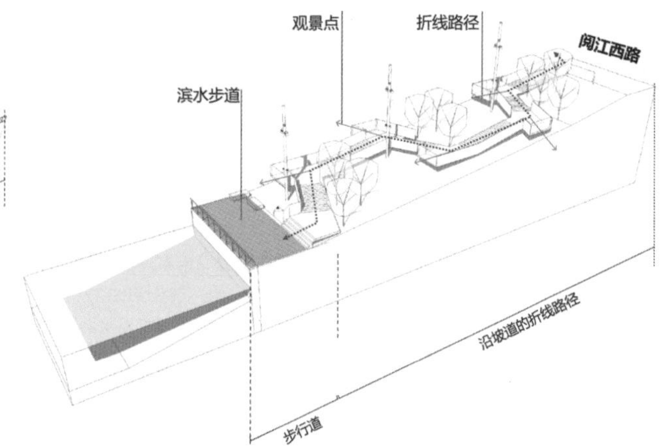


图4-31 磨碟沙公园改造建议3
来源：《珠江景观带重点区段（三个十公里）城市设计与景观详细规划导则》。

市肌理，延续现有老城区建筑尺度；保护和发扬历史风貌地区风貌特色，凸显广府传统建筑特色；在充分尊重原有历史风貌的前提下，鼓励具有时代性、高品质的活化和更新开发设计。

**（2）现代都市建筑风貌区**

体现现代、多元、融合的建筑风貌，塑造当代都市活力区：新建建筑应塑造与提升城市形象，整体天际线富于变化并有韵律感，体现滨江国际CBD集聚区风貌；建筑体量及界面应体现相应的环境氛围，重视建筑细节，突出多样性、艺术性，具有大都市文化魅力；鼓励采用科技创新的建筑元素，表现时代精神；新区建设应采用地域适应性设计，鼓励底层形成连续架空公共空间和营造创新岭南水岸空间，提升城市活力。

**（3）东部生态文化建筑风貌区**

体现生态低碳、活力开放的现代港湾特色，塑造创新商务商贸文化港区：控制临港一线建筑高度，采用小体量、多层次、立体化的临江建筑组合；充分利用滨江工业遗产建筑元素，保留港口印记，凸显港口产业区文化特征；采用建筑特征简洁、绿色、科技的设计元素，体现绿色生态技术特征，彰显生态低碳港湾特色。

### 4.2.8.2 打造前低后高的滨江建筑天际线

临江建筑应退岸线布置，建筑退江岸线高宽比宜小于1。临江一线建筑（指地块主导功能建筑）高度控制在60m以下（延续历史审批的项目除外），通过临江二线高层建筑将城市天际线与高低水平和美丽的节奏相结合。整个天际线具有独特的艺术气息，临江一线高层建筑以点组合为主，避免连续的楼板组合式设计；塔楼建筑必须与河岸成特定角度布置，并且角度必须在15° ～45° 之间，以增加通江景观的宽度和斜坡的外观美感，并在一定程度上具有稳固性。

### （1）建筑高度应依据所处位置，形成两个层面的建筑天际线

第一层是临江的一线建筑物（指具有土地功能主导型的建筑物），其高度控制在60m以内，形成一个舒缓且稳定的区域。城市天际线的第二层是腹地（第二行），高度控制在60～150m；重点地区的核心区可布置150m以上的塔楼群，形成簇群式的城市天际线（图4-32）。

### （2）滨水建筑高度

临江一线建筑应对滨水建筑高度进行规划设计，并且应向公众开放，以临珠河前运河两侧的建筑物为源头向沿海岸撤离，滨水建筑退界高宽比应该小于1（图4-33）。

位于历史城区范围内的新建建筑高度按照《广州市历史文化名城保护规划》和各保护规划的要求进行落实：历史城区内建筑高度的控制分为不同的类别，其中文物周边的建筑高度应严格控制；历史文化街区核心保护范围、建设控制地带和环境协调区分别控制为12m、18m和30m。

### （3）建筑组合控制

临江一线的高层建筑应采取以点组合为主的形式进行规划设计，并避免连续的面板组合；建筑组合高度控制应与周边区域协调，避免同一高度的高层建筑连续多栋布置，临江一线街区高层建筑高度变化宜小于15m。

1）居住建筑风格指引

建筑高度：建筑空间布局应形成高低、大小、进退变化，其中，高层住宅项目应依托城市开敞空间和主要道路布置，塑造丰富的城市轮廓线，避免出现大面积同一高度的建筑组群。建筑组群高度在形成差异化的同时，要避免高度差异过大，不提倡布置低层和小高层、高层组合。

建筑色彩：生活居住区宜遵循“变化统一相结合”的原则，创建和谐的城市色彩。居住区建筑色彩应采用温馨、大气的色调。外檐等建筑局部点缀不同颜色，形成立面的丰富层次。可采用颜色搭配形式：竖向搭配、横向搭配、色调统一、混合搭配。

建筑风格：沿江住宅，特别是临近商务区的居住建筑，宜采用公建式风格；鼓励居住建筑风格的多样化、创新式的设计，创造丰富的城市空间和天际线；临近历史城区的住宅应适当引入传统元素，与历史建筑形成呼应与对话。

建筑组合：建筑布局应考虑景观视廊要求，宜保护可观赏地标、特色景物的视野，避免景观变得狭窄。在保证景观视廊的前提下，应确保居民的安全感和归属感，增强街坊的围合度，并确保景观生态的优良性，居民生活的安居性能。此外，建筑间距符合日照技术规定。建筑连续面宽不宜过大。

建筑底层设计与材质：建议在居民区的主要街道两边创造一个优雅多姿、景观怡人环境，这将使行人有更好的视觉感受。对人流量大的街道，应增强商业流动性，鼓励零售商店的普及，地方和设施应尽可能安排在横街或后街位置。此外，应该在合适的街道拐角处设置一些易于识别的标志和更多可开拓空间，从而改善街道的环境，以营造居民归属感和体现以人为本的理念。

鼓励在住区周边及内部设置公园绿地及广场等小型开敞空间。高层居住建筑尽量避免使用面砖。多层居住建筑尽量避免使用大量幕墙。当建筑为临街建筑，且临30m（含30m）以上道路时，建筑外立面材质宜突出高品质，有底商的建筑在底商部分需考虑宜人、亲人的材质作为外装饰材质。阳台应采用不锈钢、玻璃等材质的通透栏杆。

2）商业/办公建筑风格指引

建筑高度：根据功能形成适宜的建筑体量与高度分布，

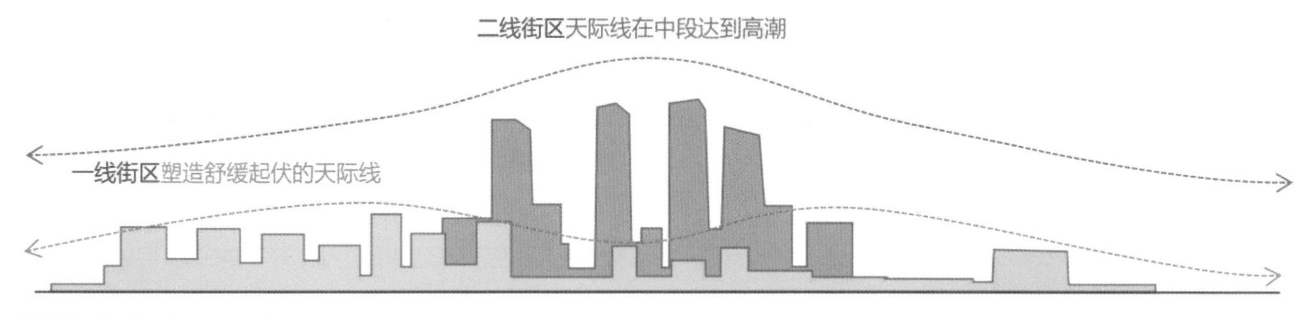


图4-32　两个层次的滨江天际线
来源：《珠江景观带重点区段（三个十公里）城市设计与景观详细规划导则》。

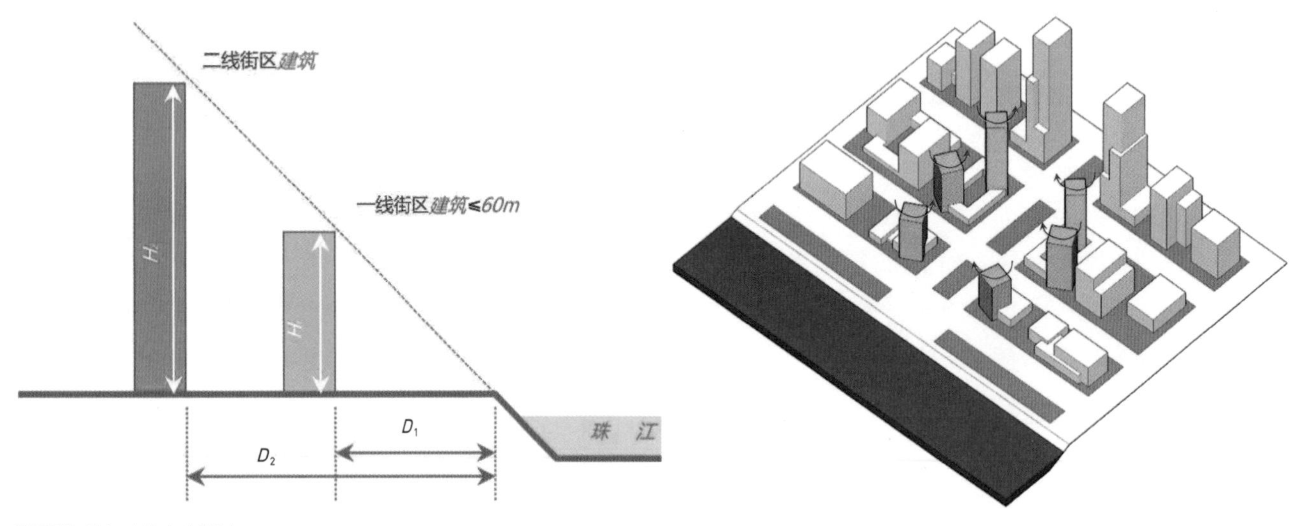


图4-33 滨江建筑高度控制

并构成具有识别性的空间形态，避免形成大面积同一高度的建筑群体；建筑群应形成梯级的高度变化。标志性建筑应坐落于适当的选址或地点，位置明显，而且与城市环境相协调。

建筑色彩：以浅色调为主导，体现时代感及现代化气息。高层建筑中幕墙的颜色应与对应的城市生态环境相统一，以最大限度减少玻璃表面的外观反射现象。

建筑风格：塔楼主体应当以相似的材质和形式连系基座和顶部。利用立面设计表现来消解高层建筑的视觉屏障感。横向和竖向建筑元素之间应达到平衡，外立面应反映建筑层高，体现人体尺度。高层建筑结构可在立面上有所表现。

建筑体量：应遵循“大同小异”的设计原则，对建筑的体量进行差异化处理。内部设备和设施应在整个建筑外观中进行整合规划设计。整体建筑的设计不应太大和太宽，必须严格控制高层建筑的高度。同时，遵循艺术性和可观性，对多层建筑的风格进行变换。注重个性并通过变化形成一种简单的建筑结构。

建筑底层设计：建筑物外部接口的设计应保持城市的基本结构和主要形状，并在特定位置传达地标特征。以柱廊、台阶和平台的使用提供空间的拓展和人行为的延续。

利用玻璃、柱廊等软性界面创造“半室内化”空间，引入自然要素，设置环境小品。

建筑标识：标识的材质和配色应与建筑主体协调统一；不应使用任何闪烁的灯光，或任何移动部件。

开放空间：设置与公共交通、公共活动、公共设施紧密结合的广场、绿地等开放空间。布置不同功能和主题多元的建筑前广场，形成具有强烈场所感和标识性的开放空间。鼓励设置中小尺度的广场，单个广场用地面积在400～1500m²，仪式型广场可略大。建筑内部鼓励设置底层架空层、中庭，并尽量与城市公共空间结合复合化使用。建筑鼓励在平台和屋顶等处辟设休憩空间、空中花园，并设置引导行人前往休憩空间的设施。

立面遮阳：避免大面积玻璃幕墙，同时采用多种遮阳方式，适应岭南气候特征。

场地设施：设置公共艺术装置、休憩桌椅、树池、标识牌、垃圾箱等场地设施，设施造型简约有创意，且易于使用。

骑楼设计：公共性较强的建筑鼓励设置近人尺度的骑楼过渡空间。骑楼的空间尺度符合相关技术规定。

### 4.2.8.3 突出“一桥一景”的特色景观

全系统、全要素提升现有11座跨江桥梁整体风貌，明确各座桥梁风貌主题。根据每座桥梁的风貌特色和主题定位，建议将桥梁样式指南用于桥梁系统、桥梁家具、识别系统、缓慢移动系统、桥梁颜色和桥梁空间的40个元素，主要以6个系统为主导。

根据三个十公里的不同特色和定位，将十公里范围内的桥梁风貌归为三类，分别体现近代广州、现代广州和生态广州的风貌特色。通过对桥梁历史的研究、周边环境的摸查和以桥梁为轴线的南北两岸标识性景观的研究，总结出以桥梁为轴线的城市景观风貌特征，提出每一座桥的主题定位。使桥梁的景观风貌能与周边环境相协调，同时使每一座桥都能体现出独具特色的风貌，营造“一桥一景”珠江特色景观。

### 4.2.8.4　打造赏心悦目的城市夜景

针对“三十公里”区域的特点，提出以夜间照明为重点，突出主题的西、中、东三段，指导夜间照明设计。西段以长堤为主体传承岭南历史文化，展现中西合璧风貌；中段以珠江新城、琶洲岛、广州国际金融城为核心展示现代都市风貌；东段以黄埔临港经济区为核心，展现活力与开放的国际港湾风貌。

**（1）西十公里——中西合璧风貌**

形成结合了中国和西方元素的广州现代城市风格。两侧的灯光颜色建议是暖黄色，提高沿江建筑照明亮度等级，限制彩光使用，统一亮显骑楼商业部分，细致刻画以长堤段为主体的岭南历史建筑结构；二、三线现代建筑以暖白光为主，亮度等级低于沿江建筑，形成界面纵深层次。对载体条件欠佳的建筑照明弱化或不照明，使视觉界面精致、协调。二沙岛照明在保护整体较暗环境的前提下，提升地标文化建筑亮度、光色等级，突出建筑天际轮廓线；提升亲水驳岸照明艺术性，考虑近人尺度突出城市文化特征，引入带有岭南元素或节庆元素的照明装饰。

**（2）中十公里——现代都市风貌**

创建具有现代广州岭南特色的现代都市（图4-34）。以白光为主规划设计广州大桥至猎德大桥的建筑照明。提升新中轴上的建筑与花城广场的光色、亮度等级，允许局部彩光和动态效果，凸显轴线感。猎德大桥至东圃特大桥以暖白光为主。琶洲岛、国际金融城等地区，根据近暖远冷、近高远低的原则，区分一、二、三线建筑光色与亮度等级，丰富沿江界面纵深层次。

**（3）东十公里——国际港湾风貌**

发展低碳生态，并充分展现充满生命活力和开放的国际港口风格。主要是通过暖白光在保护整体较暗环境的前提下，营造多样化的亲水驳岸，形成连贯的岸线照明，展现高品质的国际滨水风貌。南海神庙、黄埔军校等全国重点文物保护单位采用高亮度照明，应考虑照明对文物本体和周边风貌的影响。

将夜景照明划分为“点、线、面”三个层次进行控制导引。

点：三个十公里范围内的重要照明节点，包括沿江一线重点建筑、重要公共空间节点、重要历史文化街区（西十公里：白天鹅宾馆、白鹅潭露天长廊、洲头咀公园、西堤历史建筑群、海珠广场、北京路；中十公里：东西塔及四大文化建筑节点、海心沙、广州塔、音乐博物馆；东十公里：黄埔港经济区、航空中心公园、黄埔军校）。

线：三个十公里滨江一线夜景照明，包括岸线和桥梁（岸线：珠江岸线、岛屿岸线；桥梁：景观型桥梁、交通型桥梁）。

面：三个十公里范围内一般区域的夜景照明（住宅区、商业区、公共绿地区）。

图4-34　西堤——长堤夜景示意
来源：《珠江景观带重点区段（三个十公里）城市设计与景观详细规划导则》。

我爱你中国

# 05

# 聚焦品质：沿江打造城市重点地区

从历史上看，水路运输一直是最经济，最便捷的运输方式，它在广州市中心的珠江干渠沿线得到了很好的解释。广州主要沿珠江水系前后航道扩张，沿珠江干流向东、西、南节点跨越式发展。

广州近年来城市发展沿珠江向东，高端集聚，精细化高效利用土地。因地制宜开展城市设计，推动城市双修行动计划，进行生态修复、城市修补，全面提升城市品质。

本章旨在梳理近期沿珠江水系开展的重点地区城市设计。城市实践引领高端要素集聚，展示珠江母亲河的文化魅力，形成珠江景观带高品质城市空间。

# 5.1 十年一剑：方寸匠心造就城央世界品质

## 5.1.1 珠江新城城市设计过程

### （1）1993年版珠江新城城市设计

1993年美国托马斯规划服务公司的珠江新城城市设计方案基本奠定了现在的城市空间结构，该方案确定了几个主要导控要素，包括从体育中心直达海心沙岛的轴线位置；东面珠江公园的大型开敞空间，以及滨江绿化带；小街区的网格与尺度；确定了两栋标志性建筑，当时放在了空间序列的北端，临黄埔大道（图5-1）。

### （2）1999年城市设计咨询方案

1999年广州又举行了珠江新城城市设计方案咨询工作，华南理工大学、同济大学、广州市城市规划勘测设计研究院三家设计机构参加，最终以华南理工大学方案进行深化（图5-2）。华南理工大学编制的城市设计方案确定了几个主要导控要素，包括：扩大了中轴线的沿线开敞空间，使之作为一个大型绿化公园；二层连廊把中心区主要的建筑联结成一个相互联系的建筑群体，布置错落有序。

另两个方案则未能突破1993年的设计结构，塔楼建筑

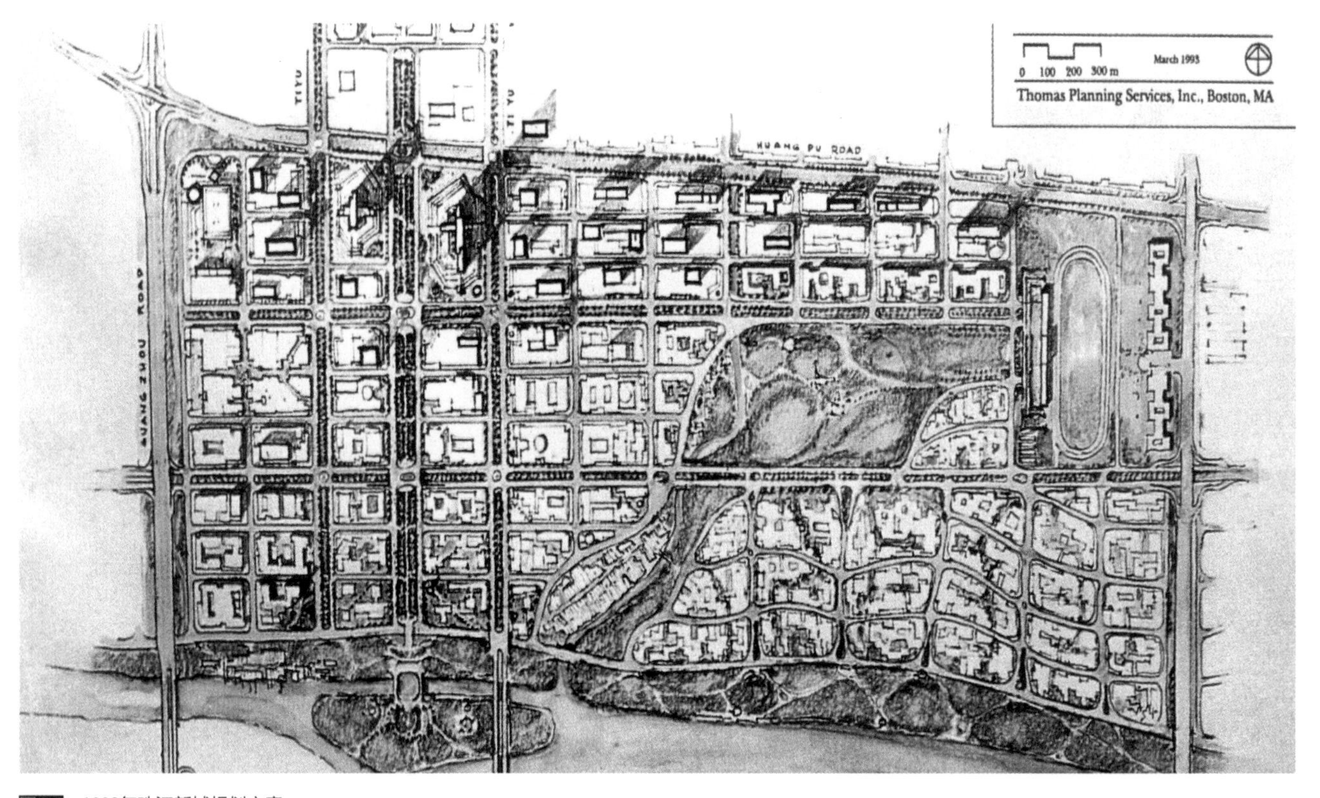


图5-1 1993年珠江新城规划方案
来源：美国托马斯规划服务公司方案。

的相互关系较为呆板。这几个方案都存在标志性建筑的位置与形态特征并不明显的问题。

### （3）1993～1999年珠江新城城市设计存在的问题

珠江新城规划是按照控制性详细规划深度要求编制的。从实施情况看，该规划基本满足了土地招标拍卖的要求，但未充分从城市设计的角度出发，对总体空间形态进行深入研究。规划虽然对珠江新城的城市环境设计提出了要求，如建筑高度控制、建筑间距管理和绿化空间，但这些控制要求尚嫌笼统，且其科学性也存在一定的问题。

珠江新城规划缺乏对城市空间的引导，如果每一栋楼都按规定退缩间距，结果将会造成被称为Free—Standing（独自伫立）的景观形态，整个地区成为一片建筑形态各异、各自独立、互不关联的建筑森林，公共空间也不能形成体系。

### （4）珠江新城规划编制的发展——2003年的《GCBD21—珠江新城规划检讨》

2003年的《GCBD21—珠江新城规划检讨》通过城市设计研究很好地改善了珠江新城原规划中对城市建设群体的三维关系关注不够的问题。规划检讨从增强该地区的城市特色并建设有质量的公共空间角度，提出建筑设计的规划建议，从景观环境、开放空间系统、步行系统和绿化设计等方面进行施工指导；从土地利用调整、道路交通规划改善、建筑物和空间布局优化、改善土地生态建设等方面，试图建立珠江新城的整体空间结构，以此作为管理和规划的依据（图5-3、图5-4）。

### （5）珠江新城城市设计导控要素中的"导"与"控"

从珠江新城规划启动编制到2003年的《GCBD21—珠江新城规划检讨》，珠江新城规划不断在调整完善，城市设计导控的要素也不断在演变，但有些导控要素却一直延续了下来。这包括中轴线、标志性建筑、开敞空间的导控。虽然中

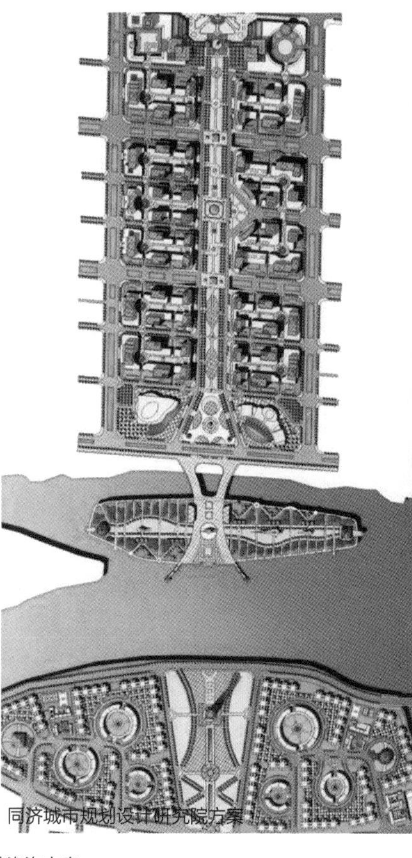

图5-2　1999年广州新城市中空间序列珠江新城段城市设计咨询方案
来源：华南理工大学、同济大学及广州市城市规划勘测设计研究院的珠江新城竞赛方案。

轴线的形态略有调整、标志性建筑高度也有拔高且位置进行了调整、开敞空间形态也进行了变化，但这些导控要素得到了继承和发展。

2003年《GCBD21—珠江新城规划检讨》之后，珠江新城进入快速建设发展时期。在珠江新城的实施过程中，城市设计中确定的部分导控内容也在调整，如建筑高度进行了提高，建筑风格和色彩等变得更为丰富。但有些导控要素却得到很好的落实，包括中轴线空间序列、开敞空间、

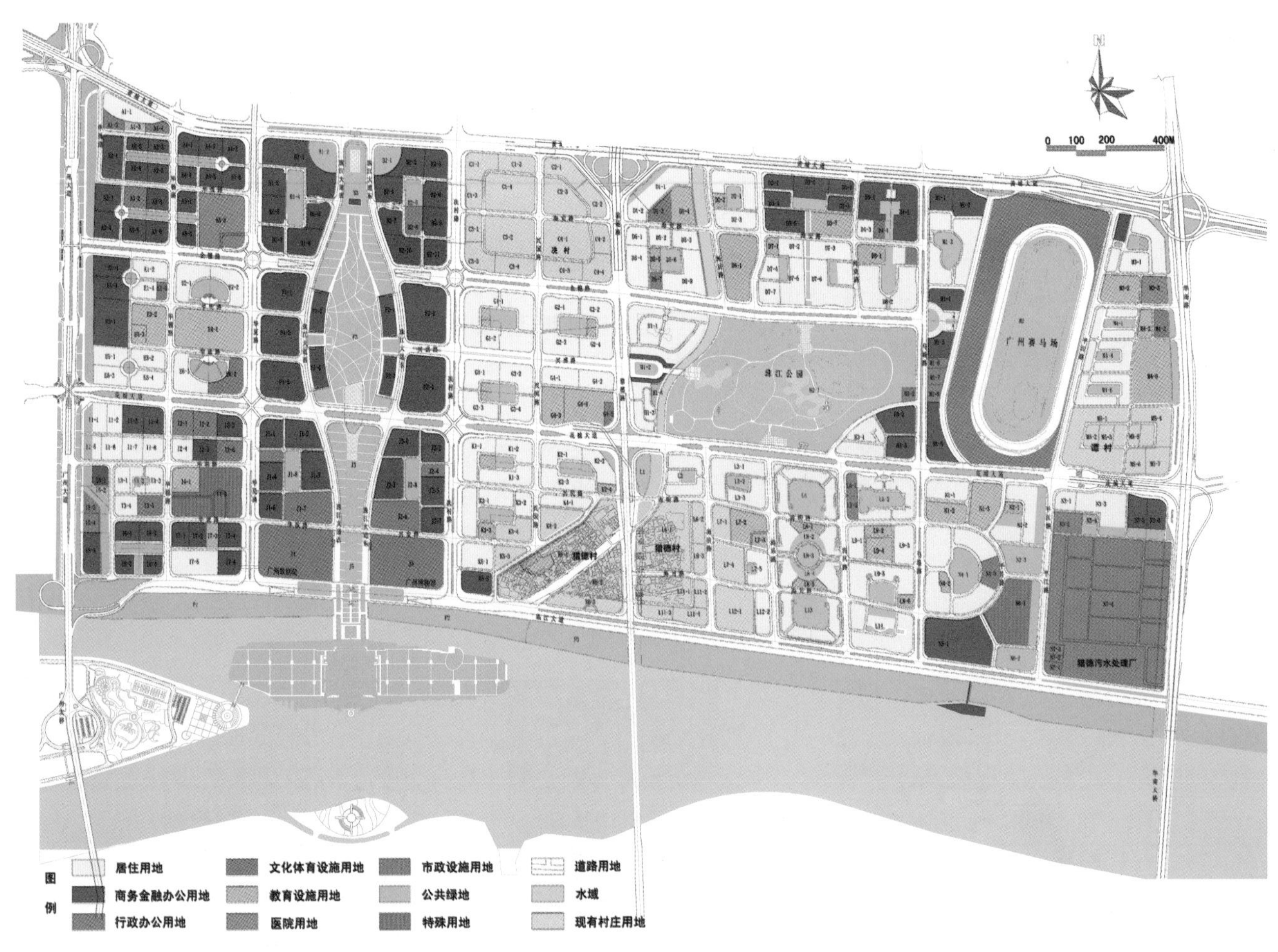


图5-3 土地利用规划调整图

图5-4 总平面图及鸟瞰图

来源：《GCBD21—珠江新城规划检讨》。

二层步行连廊体系等。上述得到很好落实的导控要素与公共利益直接相关。在建设过程中，上述几个城市设计导控要素从管理操作性上看是容易得到有效控制的要素，也是决定城市整体空间的关键要素。这些要素在管理中应该采取比较刚性的“控”的方式；而建设过程中，建筑风格、色彩等导控要素则没有过多地控制，适当给其留有创造余地，这些创造的贡献在于形成城市景观环境的多样性，因此这些涉及地块内部的、与公共利益关系较小的要素适合采用比较弹性的“导”的方式。

## 5.1.2 珠江新城城市设计导控的成果形式

城市设计导控在规划管理中具体通过什么成果形式在什么阶段去引导和控制城市建设呢？下文将从总体城市设计导控、街区城市设计导控、地块城市设计导控三个阶段进行阐述。

**（1）总体城市设计导控**

总体城市设计导控属于宏观层面的规划控制，在这一层面上主要通过地区法定图则将城市设计确定的空间序列、开敞空间、街区尺度、路径等要素进行控制。在总体城市设计导控中，针对上述控制要素，其主要控制内容如下：

空间序列：城市新中轴线在珠江新城可以分为南北四个次区段，其中金融、商业和文娱3个次区段是GCBD21核心重要组成部分。海心沙岛次区段以旅游观光为主导功能，形成城市景观节点。

商业活动空间序列：商业步行街联系城市新中轴线与珠江公园，是珠江新城规划确定的唯一一条商业步行街，是珠江新城开敞空间和步行系统的重要一环，在景观上联系城市新中轴线中心广场和珠江公园，形成珠江新城东西向商业活动空间序列。

标志物：珠江新城的标志物以西塔和东塔与珠江南岸广州塔共同组成。这也是新城中轴线的制高点。

标志物首先要体现在其高度上要超过一般的建筑。因此，其建筑高度与周边建筑高度的协调关系就是需要重点控制的方面，特别需对珠江新城整体建筑天际轮廓线进行控制，只有将珠江新城整体建筑天际轮廓线上标志性建筑与基底建筑的关系控制好了，标志物才能脱颖而出（图5-5）。在珠江新城建设过程中，各地块建筑高度均有不同程度的拔高，但标志物和基底建筑的关系始终没有变化，只是将建筑天际轮廓线整体往上进行了平移。需要控制的是建筑天际轮廓线上的标志性建筑与基底建筑的高度关系设计。而具体地块的建筑高度是可以在一定幅度内变化的。需要控制的是建筑高度的变化的上限和下限是需要“控”的，而在这个范围内的哪个高度是可以灵活处理的，属于“导”的范围。建筑高度的导控是一个动态的过程，周边建筑如果进行了调整之后，标志性建筑的高度要重新研究确定。

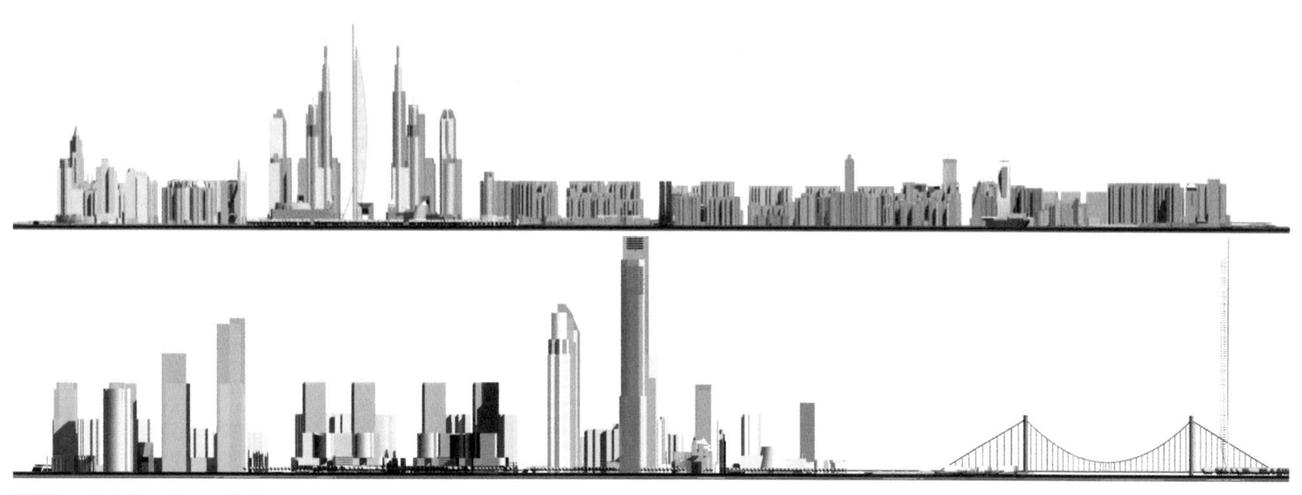

图5-5 珠江新城建筑天际轮廓线
来源：《GCBD21—珠江新城规划检讨》。

标志物的另外一个属性就是其建筑风格应该体现地域性、时代性和创新性，在城市设计导控中，建筑的风格应该是采用引导的方式，给设计者留有一定余地。因此建筑风格是属于“导”的范围。

开敞空间：开敞空间包括点、线、面三个层次，面状开敞空间包括珠江公园、中轴广场群和海心沙公园绿地；线状开敞空间包括珠江沿岸绿化带等；点状开敞空间包括街坊内部庭院等。

总体城市导控层次上需着重控制面状上的珠江公园、中轴广场群和海心沙公园绿地以及线状上的珠江沿岸绿化带等。将开敞空间纳入地区总体城市设计导控进行控制。绿线蓝线是属于强制性内容，不得突破，属于“控”的范围。而其内部种植的花草类型在城市设计导控中只提建议，给景观设计师留有一定创造的空间，属于“导”的范围。珠江新城对于开敞空间的导控提到：为了改善区域环境，应该使绿化系统的要素趋于多元化、结构趋向网络化、功能趋近生态合理化并满足景观欣赏，发挥气候优势，合理配置乔、灌、藤、草本植物，混合四季物种配置，形成一个稳定的复层混合立体植物群落，高矮、远近草木结合，体现层次美，提高绿地质量。

**（2）街区城市设计导控**

街区城市设计导控制属于中观层面上的控制。2003年《GCBD21—珠江新城规划检讨》中，通过街区城市设计导控制，就街区空间形态的改进进行了城市设计研究。该检讨作为未来管理工作依据的控制性规划成果，提出指导性原则和指导下一层次的建议，为下面层次的地块规划控制图则的设计提供依据。

街区城市设计导控包括划分街坊的数量；提出街区的平均容积率、建筑密度和绿化率；提出街区的围合度；沿街区的主要立面风格与形式；确定整个街区的退缩间距及设置街区的主要标识物等。

下面以珠江新城A街区为例（图5-6），说明在街区城市设计层面其主要的控制内容：①规划平均容积率为7.81，建筑密度39%，平均绿地率23%，是一个高层中密度的街区。②街坊应采用建筑围合半公共空间的模式，保障足够的日照间距和适宜的空间景观。各地块不得建围墙，都应提供相应街坊公共绿地，公共绿地应采用联合设计报建方式，待后建项目竣工时一并建成，费用根据开发量公平均摊。③建筑立面以沿街部分为主立面，次序如下：广州大道、黄埔大道、金穗路、华厦路。除华穗路外，其余路段不得设建筑裙房。④建筑物退缩。⑤步行道设置，在规定开口处与相邻街区相通。⑥广州大道、金穗路、华厦路、黄埔大道交叉口旁建筑天际线须重点处理，使其具有一定标识性。建议转角处单幢建筑加高、顶部特殊处理，并留小型街头广场。建筑方案必须经有关政府管理部门组织设计竞赛确定。

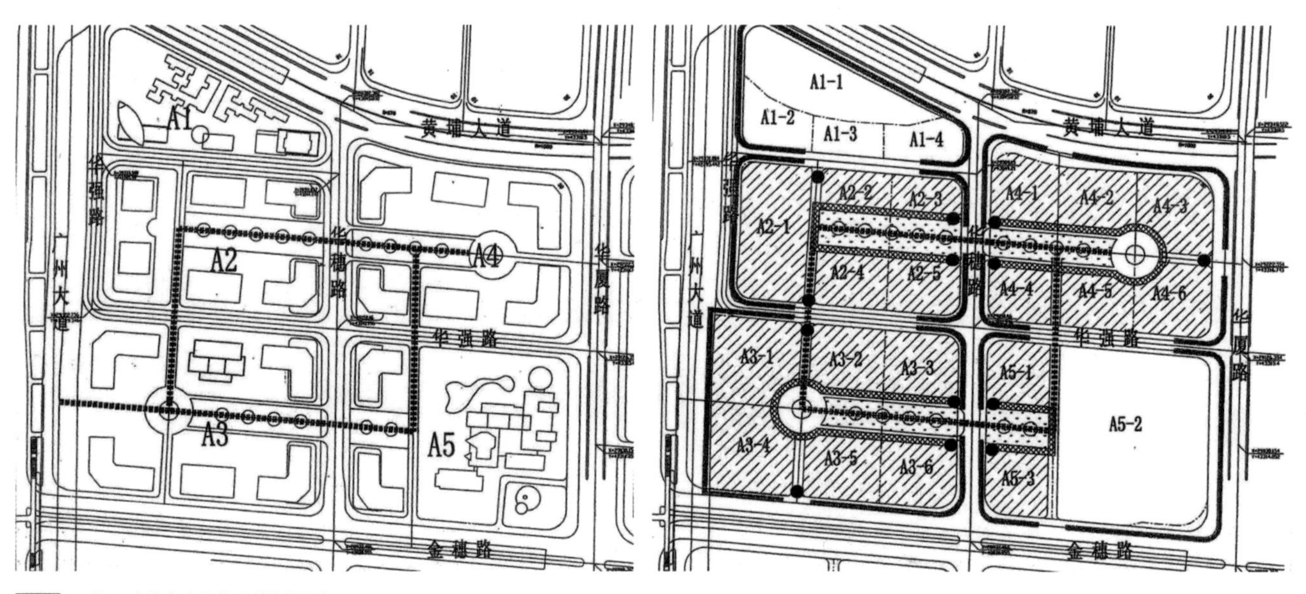


图5-6　A街区建筑意向及街区控制图则

来源：《GCBD21—珠江新城规划检讨》。

（3）地块规划控制图则

地块规划控制图则主要是落实整体、街区层面的城市设计导控要求，例如：空间序列及开敞空间的边界需要在所涉及的地块内用建筑限制建设线进行控制，并控制其贴线率，以保证上述空间能有较完整的连续界面。重要地区的建筑高度取值范围的控制（一般下限是无需控制的，控制上限即可），建筑限高要在地块层次明确。路径中的步行路径可能需要从某些地块内部穿越，此时也需要通过在地块控制图则中规定步行线路走廊等。除此之外，地块控制图则中还需要有传统控规中必需的一些其他控制要素，如：用地性质、建筑密度、容积率、用地位置、用地面积、建筑面积、绿地率、公配要求、道路交通规划要求等。

## 5.1.3 珠江新城规划实施与建设管理

珠江新城地区从2003年的《GCBD21—珠江新城规划检讨》到最终实施，303 个开发地块中，控制要素变化较多的有建筑高度（主要为建筑高度提高，提高幅度一般为10%～20%），约 70 个地块，占总数的 23%；容积率变化了的地块约 22 个地块，占总数的 7%；基本维持原来控制要素的有开敞空间、绿地率、建筑密度等。开敞空间除海心沙建设亚运场馆减少西侧部分绿地、广州海关地块原规划的南北对称绿地及西塔东塔绿地位置调整外，其他开敞空间基本维持；道路及界面也基本落实了城市设计控制。总体来看，涉及公共利益的部分均得到有效控制，涉及地块容积率、建筑高度、密度、绿地率等开发指标的调整较多，而这部分调整带来对控规的大量修改。若从规划编制阶段对这些指标给定更为宽松的范围值，并在范围值内出具规划条件，并通过土地出让合同予以固化指标，则在保证控规的严肃性的同时，也可更好地适应市场需求。

### 5.1.3.1 新中轴建筑高度控制

城市建筑高度是影响城市景观和环境品质的重要因素，构成城市设计控制体系中的重要一环。其控制基本原则是“显山露水塑城”，不仅要保护自然或人文景观，还需要塑造起伏变化的轮廓线，强化特色风貌，并兼顾土地利用的经济性。

中信大厦、体育中心、广州塔等位于轴线上的建筑，较好地限定了中轴线；君悦大厦、农行大厦、西塔东塔等轴线两侧对称建筑规划是按对称控制。但建设过程中，由于市场的作用，对称建筑高度先后被打破。

从建设效果看，中轴线以外的大部分视点看中轴上不对称高度的建筑，不存在明显视觉失衡，相反，一定程度上增加了景观多样性，体现了城市的开放包容。

（1）东塔西塔

以东塔西塔为案例，对整个实施规划过程中的城市设计导控实际绩效加以评述。

广州市政府在2010年亚运会之前对广州房地产市场进行了透彻的分析与检查，认为在珠江新城建造超高层商业建筑具有经济发展的可持续性。因此，2004年广州市有关部门根据中轴城市设计的指导方针组织了“双塔”建筑设计方案征集。这样通过建筑设计方案选择业主，可以确保实现城市的设计目的。政府在选择业主时，确保其了解设计理念及其设计完成时间。在两个建筑商的建筑设计和国际设计大赛中收到的12种方案中，有7种设计具有相同对称的结构，有4种设计具有“相同的标准”，只有一个设计表示“不一定相同”。

2004年6月5日，广州市“双塔”（西塔）建筑设计方案国际邀请竞赛技术文件评审会提到，“双塔”处在城市重要的发展空间序列和景观空间序列上，其空间形态应具有鲜明的标志性和视觉吸引力。“双塔”的主体建筑——东、西两塔应和谐，设计应注重研究两座塔楼的形式、体量之间的关系。最后采用了名为“孪生”的8号方案。8号方案塔楼高400m，总楼层102层。

西塔在2010年亚运会之前建成，建筑高度最终方案为432m。东塔塔高530m，和432m的西塔遥相呼应，成为珠江新城核心区的“双子星塔”。“双塔”与广州塔共同形成广州新地标（图5-7、图5-8）。

双塔高度从竞赛时完全一致，到最后实施中东塔高西塔一百多米；从高度的严格对称到现在的不完全对称。对此，当时有过一次讨论，主要有两派意见：一派强调人的体验感知，裙楼对称就行，塔楼不用对称；另一派强调严格对称，严格对称的纪念性可以加强城市名片效应。实际方案中东塔西塔的裙楼部分也不是完全对称，建筑密度也不一样。当时的理念是开敞空间面积要一样，因为两块地大小不一样，因为建筑密度也不一样。东塔也不像西塔有副楼，没有副楼的好处是裙楼可以更好地做大商场，副楼的容积率可以累积到塔楼上。

双塔高度变化也影响了城市景观。从中轴线以外的地区看（如猎德大桥、广州大桥等人视角度），东塔提高高度后，因不同建筑高度形成一定韵律，视觉效果良好，加强了城市建筑形态多样性和建筑天际线的起伏变化。

从新中轴线上的视点看（如电视塔中部观光厅、花城广场人视角度），东塔提高高度，对轴线两侧的视觉均衡产生一定影响。

从上述分析可以看出，对标志性建筑高度的感受因视点不同而不尽相同。调整高度对城市景观的影响仅限于特定视点，其余大部分视点上看高度调整对城市景观影响不大。因此导控中建筑高度可弱控或引导，在管理实践中通过论证确定。

案例评述：两塔不再高度对称的变化是一次全国专家论证会讨论的结果，也是对传统认为的轴线两侧建筑对称要求的颠覆。实际上从2005年开始，2000版珠江新城城市设计所确定的高度控制要求因建筑空间和建筑技术的变化已逐步突破，从曾经牢不可破的控制要求变成可技术论证的引导要求。双塔建筑高度提高之后，其标志性地位更加得到强化。从此案例中可以看出，建筑高度实际上可以进行一个更为宽松的范围值控制，高度范围值的设定要考虑标志物与建筑天际轮廓线等关系（在其他案例中，可能要考虑历史文物的保护、机场限高的因素）。

中轴建筑高度对称是古代城市自上而下的君权体现，现代城市建设更反映市场的作用，注重开放包容和多样性。在广州新中轴线建设中充分反映了多样性的增强、控制性的相应弱化。

**（2）农业银行大厦和富力君悦酒店**

当新的中轴线的整体城市设计于1999年开始时，黄埔大道的北段已基本成型，这使得整个规划符合标准多元化原则。黄埔大道以南的建筑物相对较少，两侧建筑物必须相互对称，水瓶座广场两侧的建筑物只能应用“乱中求序”的规划政策进行布置。当时，完整的农业银行大楼是欧洲的古典风格，高75m，外加两个圆顶。如果在另一侧建造相同的房屋是有必要的，但恐怕是很难找到业主的。但是，如果轴线两侧的建筑物相距近两千米，则它们显然与布局不兼容。研究的最终结果是选择中信广场大厦，北上最高的建筑物与以

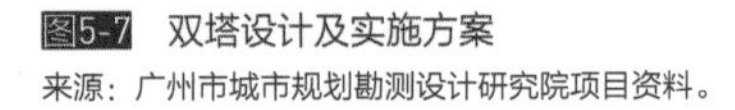
图5-7　双塔设计及实施方案

来源：广州市城市规划勘测设计研究院项目资料。

南为中心轴的最高大厦之间的连接，在连接线的1/3处，即在观光塔旁边。除了东站绿色广场、水瓶座天河中央广场的材质元素（铺路、绿化界面等）也根据轴线对称排列，形成了整齐有序的视觉序列，并遵循“在混乱中寻找秩序”的目标。

在此背景下，农业银行大厦西侧富力君悦酒店在设计过程中曾按城市设计构想采用双圆形屋顶造型，以求得与农行大厦对称，最后实施对还是取消了双圆形屋顶造型，建筑高度也突破了，提高至95m。

案例评述：富力君悦酒店高度提高20m后，从人视高度上看，不对称高度造成的差别不容易被感知。且富力君悦酒店之后建设的南侧两个完全对称的弧形建筑高度也均为95m，因此高度适当提高之后没有对中轴线景观造成明显影响。本案例中，建筑高度也是在建筑方案评审阶段研究判断确定的，原来确定的高度也变为可技术论证的引导要求。

### 5.1.3.2　珠江新城沿江天际线控制

由于开发商倾向于将地块所有建筑高度都建到控规允许的最大限高。在此种现实情况下，地块越大，越容易形成高度一致的一堵墙景观，如珠江新城东部沿江天际线上富力天峦、猎德村改造区、凯旋新世界、侨鑫汇悦台等，除了富力天峦有一定起伏变化外，其余缺乏变化。住宅建筑一字排开，缺乏视线廊道，围堵了沿江界面，造成压抑单调的氛围。而珠江新城西部沿江天际线，农商行、保利中心、发展中心，以及西侧的华美达、凯旋会、汉苑等建筑高低起伏，建设效果较好。

图5-8　东塔西塔建成效果二

来源：广州市城市规划勘测设计研究院项目资料。

上述明显的效果差异主要是由于地块面积大小不同导致的，珠江新城西部地块较小，商业地块面积多为1.0～2.0hm$^2$，居住地块面积多为1.5～2.0hm$^2$，特别是地块临江面宽65～160m，相对珠江新城东部地块临江面宽100～260m窄很多（图5-9）。加之建设实施过程中实施主体对城市设计导控确定的建筑高度做不同程度的调整（据统计，珠江新城有23%的地块建筑高度在实施过程中进行了调整），使得地块小的珠江新城西部天际线比东部天际线丰富且富有层次。

**（1）标志物控制**

珠江新城双塔：珠江新城从一开始就确定了两栋标志性建筑，但当时是放在了空间序列的北端，临黄埔大道。经过多轮研究，为使得游客乘船过程中能够在珠江上观赏珠江新城的两座超高层建筑。设计采取标志物控制的理念，将其从文化广场以北的黄浦大道旁移开。经过几轮调整，标志性建筑仍然保留在中轴线的两侧，以对称的形式存在，与海心沙中的电视塔形成三角呼应之势，成为广州市的新地标。在标识性方面，双塔建筑方案建筑形式及风格富有特色，采用透明浅色玻璃形成巨大的玻璃幕墙。在高度方面也进行了多次调整和提高，以达到其作为珠江新城标志性塔楼的目的。

广州塔：2000年规划在二沙岛东端岛尖，后来调整到珠江南岸的现在所在位置，这是个成功的案例，既呼应了新中轴线，也顺应了珠江东西向的轴线，位于两条轴线交叉点上。

燕岭公园：新中轴线北边，原本火车东站是以两栋高层作地标，后来两栋高层取消后实际以燕岭公园作地标，随着新中轴线继续北延，可能将来以南湖地区内的凤凰山南山将作为新的地标。

**（2）界面控制**

街道及空间建筑界面对于空间的形成和造就场所感具有特殊意义。城市设计控制通过加强对界面新建建筑贴线控制，争取主要空间界面的有序和景观的协调。考虑街廓的完整性和连续性，城市设计导则规定沿珠江、华就路、兴盛路等主要道路建筑必须贴线建造。而靠次干道则应采用“多层建筑在花园”的模式，以形成良好的内部环境。

从建成效果来看，珠江新城在外贸外事街区、兴盛路商住街区等位置的建筑界面控制较为成功。而其余大部分界面因个别建筑原因不同程度地出现建设失控，出现失控的原因包括：①单体建筑出于造型追求未按控制要求落实建筑贴线；②因个别地块的性质临时改变，使得地块建筑形体不得不做出调整，建筑形体为了适应新的功能对原控制要求做了调整；③其他原因。

界面建筑贴线要求一般作为控制要求，具体单体建筑设计管理过程中一般可通过组织专家会对建筑方案进行评审，并决定具体界面协调的原则。根据专家意见，原来控制要求可能增强，也可能减弱，原来作为强控的有可能变为弱控，原来作为弱控甚至引导的有可能变为强控。城市设计导则的落实在规划管理和实施过程中存在一定自由裁量，城市设计

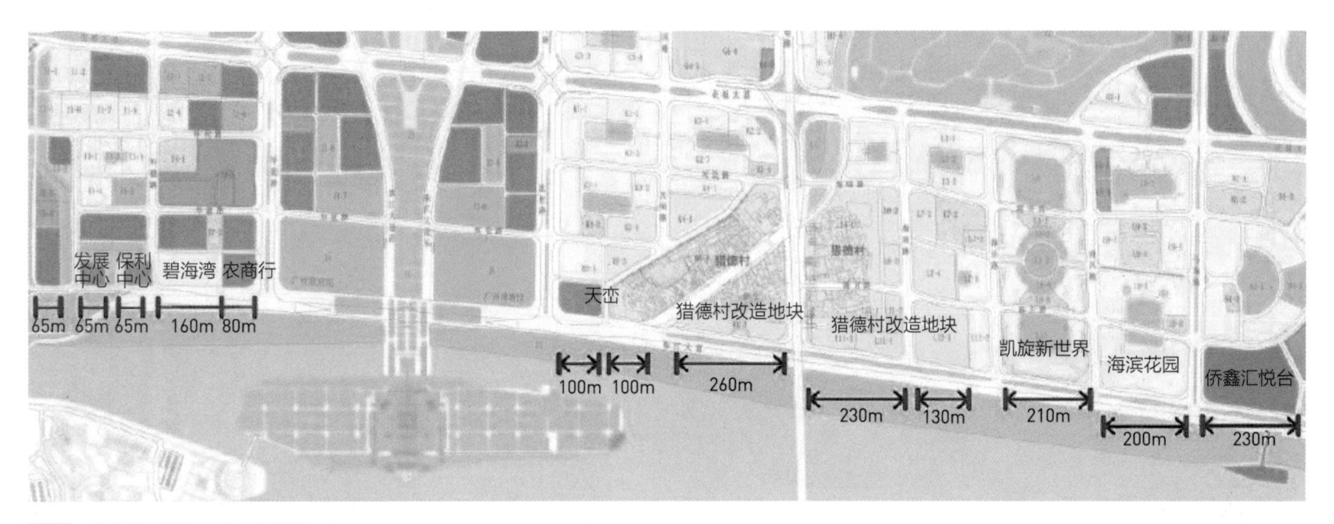


图5-9 珠江新城沿江地块尺度示意

来源：广州市城市规划勘测设计研究院项目资料。

控制可能呈现出“导”“控”的互相转化。

建筑界面没有作为强制控制要素，从建成效果来看，在外贸外事街区、其商住街区等位置的建筑界面控制较为成功，其良好的界面控制效果既有赖于规划的执行，还有赖于导则规定了贴线部分不算容积率，使开发商提高贴线的积极性。

值得一提是，地块建筑密度对沿街建筑界面的完整性有一定影响，地块建筑密度越高，其沿街界面相对越完整。而建筑密度较低，则不利于形成完整建筑界面。珠江新城地区地块建筑密度一般按相关标准确定，居住地块一般25%～30%，商业地块一般40%～50%，而地块的高密度建设并留集中绿地的做法在欧美城市得到运用，并形成较好的街区建筑界面及富有活力的城市街道空间。

**（3）建筑风格控制**

在2003年的《GCBD21—珠江新城规划检讨》方案中，要求强化广场周边的建筑轮廓，使所有朝向广场的建筑物都成为良好景观的一部分。

建筑物退缩（退道路红线）：沿华夏路、花城大道退10m；沿珠江大道西、珠江大道东、金穗路、兴盛路退5m，同时各建筑必须符合图则中的贴线建设要求。

2003年1月24日，广州市规划局召开市环境艺术委员会议，对方案中的建筑风格和形式问题进行了讨论，认为方案在珠江新城中轴线的“都市绿核”核心区域进行建设，既与中空间序列的环境不协调，也与现在进行的周边地块建筑风格（如歌剧院、市第二少年宫）不协调，建议对该地块采用多方案比选的方式，采用“先建项目导向”原则确定。2003年6月7日，广州市规划局再次召开会议，明确了需要提出若干建筑风格的方案进行比选。2003年9月11日，广州市规划局对广州珠江投资有限公司提交的方案进行审查后，同意外立面按欧洲古典风格进行设计。2004年4月14日，广州市规划局颁发了建设工程规划许可证，对其建筑功能、公共建筑配套等相关指标做了详细的规定，在穗规建证[2004]366号文的建筑工程审核书中同意了按放线测量核定的位置建设农业银行大厦项目。

**（4）开敞空间控制**

开敞空间是由点状空间、线状空间、面状空间组成的互相联系的公共空间体系。在珠江新城中，面状空间是指城市新中轴线系列广场群、瘦狗岭公园、海心沙公园、珠江公园等。线状空间是指珠江沿岸林荫道、连接城市新中轴线与珠江公园的商业步行街、广州大道沙河涌沿线绿带、沿猎德涌绿带、生活性道路等。点状空间指居住组团集中绿地及小块街头广场绿地等。珠江新城开敞空间中最主要的是中央公园，它严格按照城市设计控制的要求进行落实，其现在已经成为市民观光游览、交往聚会、购物、休息、娱乐以及邻里交往、体育锻炼，儿童游戏等的重要场所。

### 5.1.3.3 小结

在珠江新城不断建成的过程中，建设所面临的外部发展条件一直在发生剧烈的变化，而其得天独厚的区位使其天生就具有承载广州新希望的基础，但如何在广州快速变化的社会经济环境中保证珠江新城的发展按规划实施，一直是规划管理部门关注的焦点。在珠江新城实施的历程中，对建筑高度、风格等城市设计导控要素容易引发争议。从其建设情况来看，我们发现中轴线的空间序列、部分建筑界面、开敞空间等相对来说控制得较好，特别是其控制出了大型中轴绿化带以及优美的城市轮廓线。

# 5.2 金融方城：曲水藏金彰显岭南园林特色

为实现“金融强市”的战略目标，广州市进行了金融方城的规划建设，方案通过促进空间形式和功能形式的整合，来解释公共场所和建筑物的控制和标准。金融方城既是广州与国际金融市场接轨的纽带，也是具有完善综合服务配套区的城市新增长极。

## 5.2.1 区域视野，打造国际金融中心

### 5.2.1.1 国家层面——转型升级、金融创新

**（1）金融热点地区南移——中国南方地区需要金融中心**

20世纪80年代的金融体制改革，使北京成为金融发展决策控制及银行监管中心，形成了金融集聚；20世纪90年代随着上海浦东的对外开放和快速发展、建设上海陆家嘴金融区、发展人民币交易运营业务，形成了上海的金融集聚中心；21世纪初，华南地区经济发展到一个新的阶段，伴随着东南亚各国的崛起，珠三角地区需要特定的金融中心，服务成长地区。

**（2）创新型国家建设——金融是转型和创新重要力量**

2005年国务院发布《国务院关于发布实施〈促进产业结构调整暂行规定〉的决定》，表明我国各地区进入了产业结构调整的时代，发展金融业是产业转型的重要手段。2006年1月9日的全国科技大会上提出2020年建成创新型国家，金融是创新型国家建设的重要力量。

**（3）金融改革创新——中国需要金融创新的改革区**

中国金融体制改革的脚步自20世纪80年代从未停止过。2008年金融危机后，我国又一次掀起了金融改革的浪潮，2012年3月28日，国务院常务会议决定设立温州市金融综合改革试验区，试验区更多地专注民间金融。珠三角也提出创建金融改革创新综合试验区，珠三角的金融改革应更加注重创新。

**（4）人民币跨境结算试点——中国需要区域金融合作**

人民币推行跨境结算业务试点城市，将稳步赢得与国力相适应的主导权，并成为新一轮全球金融监管改革的中坚力量和世界经济的稳定器。广州作为国家对外开放的主要城市，是提升人民币在东南亚地区地位的重要空间承接平台。

### 5.2.1.2 珠三角层面——回归实体、打造核心

**（1）大珠三角——香港为龙头，广州、深圳为两翼**

香港转型——由为内地经济提供涉外金融服务转向为东南亚国家提供离岸金融服务，是亚太地区主要的资产与财富管理中心、中国企业最重要的境外上市和投融资中心，是全球主要的人民币离岸业务中心及亚洲人民币债券市场。

深圳基础——巩固和提高作为国内证券交易中心、基金管理中心和风险投资中心的地位。

广州基础——银行业、保险业基础较好，是区域性的银团贷款中心、票据融资中心、资金结算中心、保险资产管理中心、产权交易中心。

**（2）打造区域金融中心**

广州市强化金融发展目标，着力打造广东金融强省核心，进一步强化区域金融管理营运中心、银行保险中心、金

融教育资讯中心、支付结算中心功能，加快形成区域财富管理中心、股权投资中心、产权交易中心、商品期货交易中心。广州市旨在形成带动全省、辐射华南、连通港澳、面向东南亚、与广州国家中心城市地位相适应的区域金融中心，成为广东金融强省的核心，辐射带动区域金融协调加快发展。

### 5.2.1.3 金融城层面

**（1）全球视野提升可达性及快捷性**

为满足金融活动对高效、快捷、便利、舒适交通的需求，设计通过轨道交通组织，使广州国际金融城可20min直达白云机场，并以此为起点，连接国内、国际；10min直达广州南站，从广州南站将可55min到达香港，加强金融城与城市高快速路网的衔接。

金融城需要有国际化的、高效的交通组织解决大规模的人行和车行流量。地铁、轻轨、高铁等大运量的公共交通线路的组织应满足各种交通方式的无缝衔接，形成便捷的人行步道流线。

**（2）卓越区位加速金融产业集聚与辐射**

广州国际金融城具备得天独厚的区位优势。广州国际金融城选址珠江新城中央商务区东侧，广州国际会展中心北侧，是广州大都市的核心发展地区。这一优势区位将形成有助于功能复合、能级强化的广州市域的强驱动中心，与其他城市功能组团拉开层级，为外围多中心节点提供发展空间，优化网络型多中心节点体系。

全球级CAZ提升广州城市竞争力。决定金融城竞争力的不仅是金融城自身，还有其所处的城市综合发展区。广州国际金融城应与周边的会展、高端商务办公、酒店、高端零售等各种功能关联起来，这与当前国际上CBD向CAZ（Central Activity Zone）演进的发展趋势一致。全球级的CAZ将加速区域金融中心的集聚与辐射效应，全面提升广州城市竞争力，引领广州城市发展转型升级，走新型城市化发展道路。

**（3）联动区域发展**

以国际视野，按照“低碳经济、智慧城市、幸福生活”的新型城市化发展要求，将规划区打造成为国内领先的金融集聚区，同时立足广州，依托珠三角，面向东南亚，打造新型城市化最佳示范区、国内领先的金融集聚区、岭南特色的中央活力区、国际一流的生态理想城。

广州国际金融城突出金融主导的特点（图5-10），包括核心金融服务业、辅助金融服务业等多种金融功能类型；另

图5-10 金融城总平面

来源：金融城起步区规划实施检讨。

一方面需要围绕金融主导功能，完善银行证券、信息咨询、商业娱乐、居住生活等配套功能。通过主导功能和配套功能的高度结合，与珠江新城、琶洲国际会展中心采取功能发展互补、交通强化互动，共同形成功能复合、能级强化的广州市域强驱动中心，共同构成城市战略中枢。进一步提升广州国际金融城的辐射能力，提升城市活力。

## 5.2.2 精细规划，凸显岭南园林特色

在精细化规划管理背景下，在新型城市化理论指导下，开展重点发展区域的城市设计竞赛与深化工作，在实践中不断探索总结和发展，逐渐形成重点地区城市设计工作的技术路线。在金融城规划编制过程中，广州市规划和自然资源局突破原有规划编制工作机制，开创了规划编制新方法，实现了三大创新：新理念——提升规划“天花板”，新团队——国际名师“保驾护航”，新方法——保障设计成果落地。

金融城总用地132.4hm$^2$，其中城市建设用地为123.87hm$^2$。金融城整体布局相协调，规划区主要布置金融城的核心功能，用地布局上以商业、商务用地为主。围绕金融产业需求，规划配套相关商业、办公、文化、娱乐等用地，完善城市功能，提升区域活力。规划引入TOD开发模式，结合地下轨道站点设置综合交通枢纽，在枢纽及站点附近进行高强度、高密度的商业办公功能综合开发。方案保留并改造现状河涌水系及滨江绿地，围绕绿地设置文化娱乐、休闲游憩等功能，提升规划区整体环境品质。

### 5.2.2.1 规划原则

金融主导：金融机构、企业总部、金融服务。确保金融城产业功能和综合服务功能的实现，使其成为立足广州、依托珠三角、面向东南亚、国内领先的金融集聚区。

特色塑造：中国文化、岭南风格、广州名片。金融规划延续岭南文化的历史风格，融入新的城市环境之中，打造兼具国际品位和岭南特色、反映城市功能和时代精神的城市形象。

综合开发：全面协调、地上地下、一体发展。金融城与珠江新城、琶洲国际会展中心功能互补、联动发展；设置交通枢纽，增强金融城与周边区域的联系；地下空间运用绿化大厅、下沉广场、采光天顶、玻璃拱廊等手法，形成地上地下一体化。

智慧交通：公交优先、慢行系统；新型交通完善各级道路网络，建立高效的公共交通体系。通过广佛环线、地铁、新型交通线、传统公交和电瓶车等多种交通方式连接开发地块，优化地区交通与外部交通。

低碳绿色：绿色市政、先进技术、智能管理。利用自然河涌、绿地等开放空间，通过河涌水系及堤防设计，增强生态走廊和亲水休闲空间的紧密联系，设计和谐的建筑和景观生态系统，体现可持续发展的要求。集约利用土地资源，注重能源综合利用等。

### 5.2.2.2 规划结构

规划基于金融城功能布局要求，借鉴中国传统方城格局和古代造城理论，利用曲水藏金的手法，融汇岭南建筑及园林特色，形成独具特色的“方城、曲苑、翠岛、玉带”规划结构（图5-11）。

金融方城。以金融监管、金融总部办公、金融前台交易、商业配套等功能为主；以方城广场为中心，四边建筑环绕；以传统“方城”为设计理念，东西南北各设一门，融入现代设计元素，形成兼具传统特色与时代气息的功能区域。

岭南曲苑。由财智翠岛、金鹿湖、滨水休闲商业等组成，是规划区内部以休闲娱乐为主题的具有现代岭南园林特色的功能空间。

财智翠岛。由国际金融交流中心、休闲商业、餐饮美食、金融公园等组成，450m高的地标建筑金融国际交流中心与珠江南岸的琶洲古塔隔江相望。

活力玉带。环绕方城曲苑，以总部办公、综合商业为主导功能，通过立体复合的功能业态，以疏密有致的空间布局和高低错落的建筑形态，凸显金融城的活力与魅力。

### 5.2.2.3 功能分区

规划以金融办公为核心功能，复合发展商业服务、文化娱乐、特色居住及相关配套服务功能，形成金融办公区、总部办公区、综合商业区、滨水休闲区和特色生活区五大功能区。

金融办公区：以金融办公为主体，引进国内外著名金融机构，是广州国际金融城的核心构成部分，带动金融城的整体发展。

图5-11 金融城效果图
来源：金融城起步区规划实施检讨。

总部办公区：用金融办公的集聚效应，布置世界500强企业、跨国企业、国内知名企业的区域总部及各类咨询、会计、信息、评级、认证等金融服务类业态，为金融城提供高端的商务办公服务。

综合商业区：集金融服务、总部办公、商务酒店、商业休闲、社区配套、餐饮美食等多功能复合的综合配套商业区。

滨水休闲区：充分利用现状河涌，设置休闲、商业、餐饮、文化等设施，结合地标建筑提供多样的、活力的滨水活动场所，营造宜人和富有魅力的岭南滨水休闲空间。

特色生活区：由棠下村复建住宅区和江源半岛居住小区组成，建筑设计体现岭南特色，并临江规划一处超五星级酒店，为规划区提供顶级的酒店服务。

### 5.2.2.4 规划特色

金融主导，完善配套。规划在“一线三局”的引导下，金融城促进金融机构的均衡发展，为金融服务机构提供支持，并建立金融服务变革平台。

文化底蕴，岭南特色。规划书写中国传统技术和理论，围绕以“方城曲苑、古今交融”为主题的政策方针来设计。塑造一个兼具中国文化内涵与岭南特色的国际化金融中心。结合现代气候适应性，创新发展了岭南特色，在地形、布局、建筑、细节四个层面融入岭南要素。

低碳绿色，智慧交通。规划以“低碳经济、智慧城市、幸福生活”三位一体的新型城市化理念为指导，运用12项绿色市政技术，构建从规划、建设到运营全生命周期的、完善的低碳生态控制体系及智能化的基础设施。

地下空间，综合开发。金融城起步区地下空间以“功能复合、立体交通、自然舒适、配套完善”为理念，创建一个精致的地下城市综合体，包括交通、商业、公共服务、停车场和绿色市政。

以人为本，宜居宜业。金融城规划始终贯彻“以人为本”的规划理念，营造“宜居宜业”的工作生活环境，创建一个24h充满活力的金融中心。了解金融、文化、商业、酒店、住房和相关支持服务中办公室的规模，通过各类小配套服务，为金融从业者提供更加便利的工作、居住场所。

## 5.2.3　立体开发，打造地下复合城市

金融城作为广州国际金融城重要的组成部分，承担金融城产业与生活综合服务配套功能。主导功能包含商业商务、居住生活、公共配套。

全球视野，提升影响。通过规划快速轨道交通和道路交通直联白云机场和广州南站等重要交通枢纽，以全球的视野，依托国际空港联通全球的交通体系，通过高铁枢纽连通全国主要城市，提升金融城的国际影响力。

轨道引领，公交优先。规划多条城市轨道交通经过或覆盖金融城东区，轨道交通将是这个地区最强大的支撑，考虑引入新型交通系统（现代有轨电车），提升地区的公共交通服务水平，坚持公交优先的规划理念。

### 5.2.3.1　新型交通系统规划

基于金融城地区的城市空间定位和各组团的功能细分，引入新型公交系统，充分考虑与城际和城市轨道的衔接，形成多层次的骨干公交网络，以提升地区公交服务水平和交通品质，改善地区出行结构，满足地区多层次的出行需求。此外，通过新型公交线路串接金融城各个发展组团，加强组团间的联系并支持沿线地区的开发建设。

### 5.2.3.2　新型公交制式选择

新型有轨电车具有绿色、节能、低碳、环保的特点，具有运能适中、设置灵活、工期短、投资低、低地板无障碍化、高品质服务等优点，注重与城市环境和市民生活相融合，对乘客和周围环境更加友好，是交通方式与城市环境衔接融合的低碳解决途径，也是新城开发的重要途径。

为打造高品质、健康生态的金融城地区，规划建议地区新型公交系统采用能够与地区环境衔接融合的新型有轨电车系统，通过新型有轨电车车辆的定制服务及无接触网技术，配以简洁大方的车站及网格状草坪设计，构建与建筑风格相融合的现代有轨电车系统，打造金融城地区流动的亮丽风景线，并有效提升地区公共交通服务水平和交通出行品质。

### 5.2.3.3　常规公交规划

借鉴国内外主要城市的金融城和中央商务区的公交发展经验，建议在金融城地区规划地区巴士系统，作为地区快速轨道交通、新型公交系统的重要补充，加强交通管理（颜色、编号、新能源、信号等），并建议采用低碳绿色的新型电动公交车。

1）公交场站需求分析。根据交通模型测试分析，规划区公交场站需求面积约1hm$^2$。

2）公交场站布局。基于金融城城市设计功能布局，结合快速轨道交通及新型公交系统规划布局，按照公交场站用地需求，在充分摸查现状公交场站的基础上，金融城东区规划设置2座公交场站（1座枢纽站、1座首末站），总用地面积为1.22万m$^2$，满足地区配套公交场站的需求。

### 5.2.3.4　枢纽布局

交通枢纽是集聚多种交通方式的场所，具有交通转换效率高、换乘便利等优势，对地区的发展起着关键性的带动作用。在充分尊重金融城二期枢纽布局规划方案的基础上，结合地区的土地利用规划、组团划分、地区骨架公交网络布局等，依托城市轨道交通、新型公交站点和公交枢纽站构建地区交通枢纽体系，东区形成“一主一辅”的交通枢纽格局。

“一主”：东圃客运枢纽。结合地铁站点、新型交通站点设置，建立大型社会停车场，构筑交通枢纽，打造城市综合体，构筑便捷、绿色的综合交通枢纽。“一辅”：前进村换乘中心。

### 5.2.3.5　停车系统规划

充分遵守相关停车规划和政策，在金融城地区形成以配建停车为主体、公共停车为辅助的、供需和谐的静态交通格局。通过对停车系统进行针对性指导，建立管理机制，逐步建立合理的收费体系，从而实现金融城停车与社会经济的协调发展。

根据国际经验，合理的泊位构成应是配建停车场占80%～85%，公共停车场（主要指路外永久停车场）占10%～15%，路内停车场约占5%。考虑到金融城地区属于高强度开发的商务办公集聚的交通发达地区，地区开发规模较大，未来地区的交通量较大，为不影响地区路网交通运作，建议不设置路内停车。

适度从紧：根据交通需求预测分析，未来金融城地区道路交通压力较大，停车配建指标应采用适度从紧的策略。

地下连通：结合周边路网情况及地块开发情况，考虑与邻近地块地下车库连通，共同管理，提高车辆进出库效率。

开放共享：规划鼓励各地块配建停车场对外开放，让各类停车需求共享停车资源，以合理利用办公、居住、商业等在停车时间上的互补性，提高车库利用率。

### 5.2.3.6 地下空间规划

整个起步区地上总建筑面积445万$m^2$，地下总建筑面积达213.6万$m^2$，地下共分5层开发，地下一层为综合管沟、公交车站、商业及车库；地下二层为商业、车库、地铁站厅层，以及连通轨道站厅和各地块商业的公共人行通道，提供完善的地下步行网络。地下三层为轨道站台、新型轨道交通、停车及地下环路，通过地下环路，构建地下互联互通的停车系统；地下四层为车库以及预留地铁线；地下五层为车库、地铁4号线及广佛环城轨站台（图5-12）。

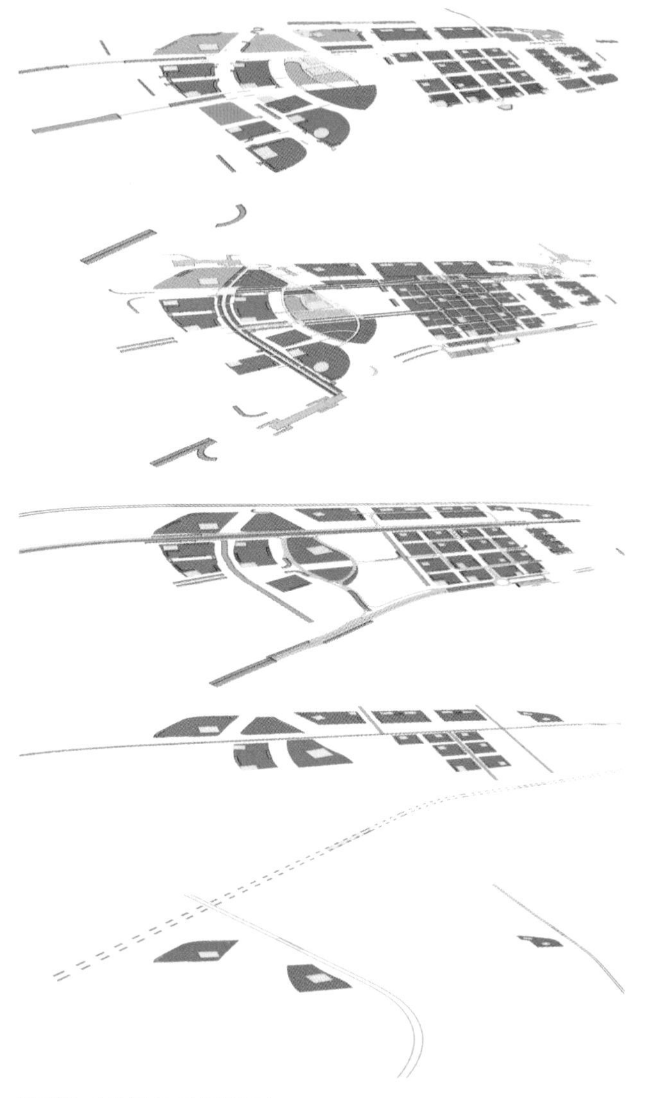

图5-12 金融城地下分层规划图

来源：广州市城市规划勘测设计研究院项目资料。

其地下空间具备开发与投资规模大，投资、建设、运营主体及种类多，空间关系复杂，协调难度大，工程时间紧迫等特点。同时，限于地下空间建设不可逆性，以及规划层面地下空间在设计深度与广度的局限性，缺乏对地下空间从“城市规划—工程设计—施工建设—运营使用”的统筹考虑。因此，在城市设计及控规地下空间专项的基础上，又引入含地下空间竖向设计及建设规划在内的11个专项规划研究，对地下空间开展深度一体化的统筹规划工作，将所有与地下空间相关的规划建设信息进行系统梳理和宏观协调，通过建筑工程设计深度的规划设计对空间与系统进行验证，避免空间冲突、功能缺失等问题的发生，推动实现地下空间紧凑高效开发、资源品质利用的目标。

规划贯彻统一规划、统筹设计、上下一体、有序建设、刚弹结合、指导实施六大理念。按照“总体布局、重点先行”的思路，综合考虑地下空间功能结构、基础设施建设时序、土地出让及市场开发需求等因素，以“主要功能骨架先行、公共服务设施同步设置、各建设项目逐步快速推进”方式进行规划、建设。

**（1）地下空间全生命周期的统筹规划——地下空间研究广而深，专项融合度高**

吸取国内外大型地下空间的建设管理经验，开展综合管廊及市政设施、地下空间商业业态、地下空间防灾、大型地下空间结构分缝变形4个与地下空间直接相联的专项研究，以及绿色建筑技术、智慧城区、区域能源、固体废弃物分类收运处理、水综合利用等多个相关研究。

以地下空间控规为基础形成统筹、协调平台，同时纳入建筑、交通、市政、景观等多专业工程设计方案，从功能布局、道路交通、公共设施等方面使地上地下规划进行充分协调，实现地下空间多系统的完善统一，平面及竖向设计合理有序，确保地上地下一体化规划。

统筹明确了市政设施、道路、景观及地块各层层高，通过下沉广场、垂直疏散交通核、水平连接通道等节点设计，提出错层交接、中庭转换、平层衔接三种形式，把不同地块、不同层数、不同功能的空间有序串联，实现竖向设计的协调统一。

**（2）精细化管控——公共利益最有保障，预留充足开发弹性的地下空间**

提出“积木”骨架，“缓冲区”联系的规划控制模式，以实现地下空间连片统一规划、无缝衔接。金融城起步区地下空间利用相对独立的花城大道、临江大道公共部分搭建出“积木”主框架，在出让地块内预留地下空间“缓冲区”，在“缓冲区”内优先设置联系通道、逃生楼梯、公共下沉广场、市政管井等公共设施，实现出让及非出让地块地下功能与空间无缝衔接，解决了地下空间不同权属、不同建设周期及竖向的衔接问题，并预留了充足的弹性。

通过对地下空间公共属性进行分类，按照“刚性+弹性”规划要求来控制，明确金融城各地块地下空间各项设施的空间定位及建设要求，纳入控规导则，为地块出让规划设计条件的精细化提供基础条件。

**（3）空间体验最优——以公共服务为主导、功能最紧凑集约的地下空间**

为充分体现以人为本的建设理念，规划设置了地下公共步行通道、车行联络道、地下公交站场、生活配套服务功能，通过在三维立体空间对规划方案进行校核与优化，将综合管廊、地下新型轨道交通、过境市政车行隧道以及地下人行通道统筹规划布局在花城大道主干道道路投影范围，并处理好与地下公交站场及周边项目车库的衔接，为人与车都提供快速、便捷的交通体验（图5-13）。

提供不同等级的全天候、开放式的公共步行通道连通所有地块。除雨污水管线外，将所有市政管线统筹设置在4条干线综合管廊内，并根据河涌整治方案，优化地下市政设施走向及竖向标高，为其与地下商业冲突点提供更好的空间解决方案。

为实现地上地下的自然生态过渡，设置44个三种不同类型的下沉广场，把地面景观引入地下，并且高标准配置完善的地下公共设施，打造舒适宜人、以人为本的地下环境，与地面景观融合，塑造上下一体的高品质城市景观环境。

地下空间统筹规划通过对相关专项研究的统筹整合，将以往在建设运营中遇到的问题与经验前置于规划阶段，为今后的设计施工提供具有可操作性的指导和技术支持，使规划地下空间达到功能最合理、空间使用率最高、费用最省、方案最优的目标。

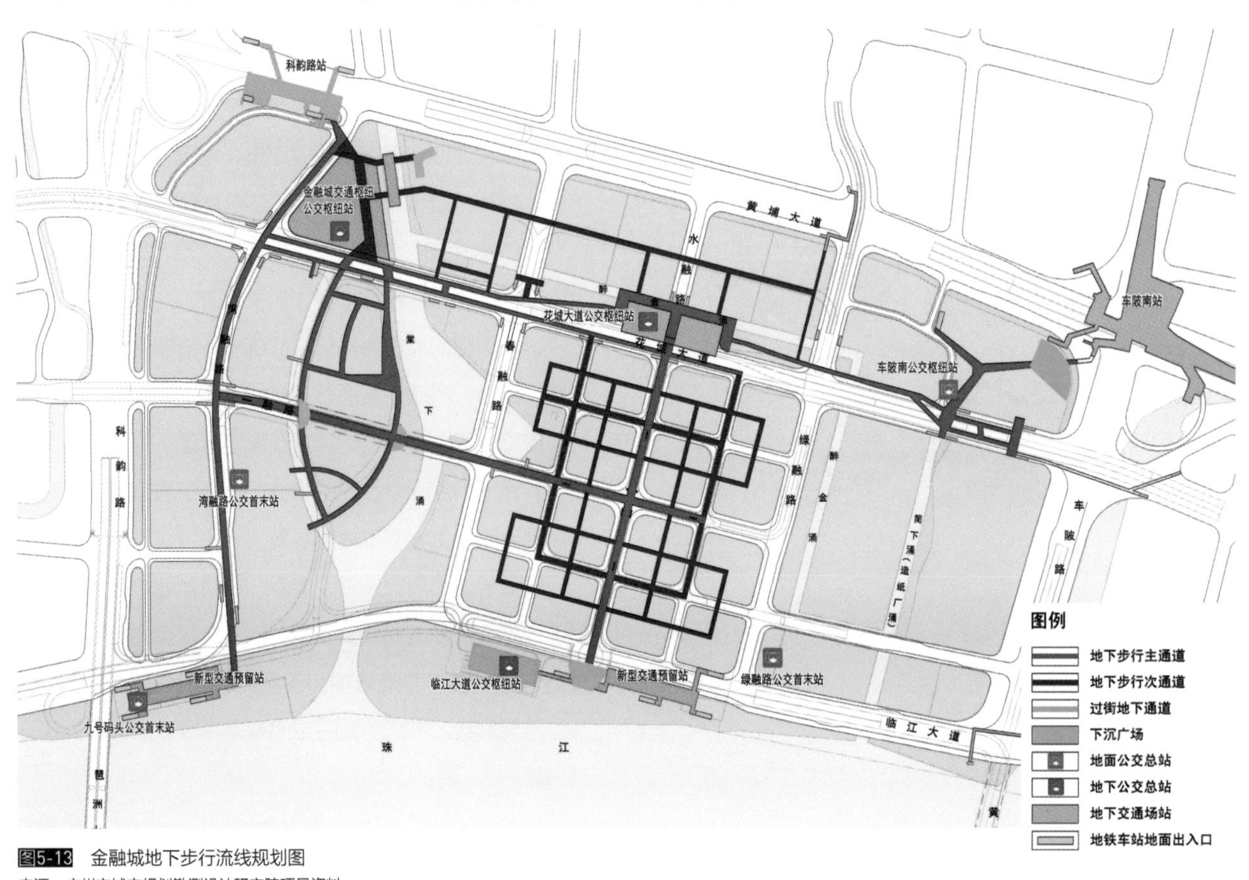


图5-13 金融城地下步行流线规划图

来源：广州市城市规划勘测设计研究院项目资料。

# 5.3 海丝新貌：三塔映江塑造世界湾区形象

## 5.3.1 突凸海丝和工业文化特色

### 5.3.1.1 海丝文化——古代海上丝绸之路的发源地

广州是中国海上丝绸之路的重要起点，而黄埔则是起点的所在地。海丝文化传承千年，古代南海神庙临江而建，在唐宋时期已是“海舶所集之地”，在海外贸易中扮演重要角色。随着时间的推进，黄埔港位置不断迁移，但作为航运交通与货物运输的重要港口，如今依然发挥着它的作用。港口历史信息十分丰富，是中国古代水上交通重要见证。

### 5.3.1.2 工业文化——广州的工业大区，近代以来在广州扮演着重要的角色

如今基地内依然存在着文冲船厂、黄埔老港、木材加工场等龙头工业企业，随着城市的发展与产业的转型，许多临港工业面临产业转型。黄埔拥有浓厚的工业文化，也遗留了一些工业遗迹，如黄埔老港6号仓库、文冲船厂一号船坞、嘉利仓码铁轨以及数量不少的塔吊、龙门架等。

### 5.3.1.3 军事文化——在地理区位上有着重要地位，军事文化气息浓厚

最为出名的则是由孙中山创建的黄埔军校，它是近代中国革命策源地和中国“将帅摇篮”。此外还有保存众多丰富的军事文化遗迹，如清代和民国初期的广州江防、海防要塞——长洲炮台、鱼珠炮台和牛山炮台等炮台群。

### 5.3.1.4 岭南文化——拥有数量众多的岭南传统建筑，及一些具有历史意义的宗祠

这些建筑至今仍分布在各个古村落内，如大沙街道横沙村南部的横沙书香街，长约260m的街道两边分布着清朝时期遗留下来的53家私塾、祠堂，这些古建筑大多建于元代，重修于清代道光、咸丰年间。

### 5.3.1.5 民俗文化——民俗风情多样

区内的“波罗诞”又称南海神诞、南海波罗诞，是当前珠三角地区乃至岭南地区最具影响力的民间庙会，是国家级非物质文化遗产。此外还有省级非物质文化遗产“扒龙舟”；市级非物质文化遗产“横沙会”“玉岩诞”和“乞巧”；区级非物质文化遗产“挂灯”与“金花诞”。

## 5.3.2 建设新时代的全球创新港城

### 5.3.2.1 发展定位

生态宜居之城。充分体现生态文明建设要求，贯彻“绿水青山就是金山银山”的理念，划定蓝绿空间，了解建筑规模设施，通过改善生态功能，协调蓝绿色生态网络和景观建设，构建蓝绿交织生态网络空间，实现城市与自然的空间融合。

协调共享之城。发挥作为湾区顶点、广州南拓东进交汇点的区位优势，积极融入粤港澳大湾区建设，提升区域公共服务整体水平，推动湾区资源要素有序自由流动，推动区域经济社会和资源环境协调发展，为粤港澳大湾区建立城市级集群提供支持，并为周边城市和地区提供高水平、高质量的公共服务设施。

开放发展之城。黄浦港CBD当好“两个重要窗口”示范区，充分利用海丝发源地的文化优势与滨江临港的区位优势，积极融入“一带一路”建设，结合黄埔老港转型升级，积极探索建设自由贸易港，形成全面开放新格局；打造粤港澳大湾区文商旅融合发展新节点，进一步强化国际交往功能，打造扩大开放新高地和对外合作新平台。

### 5.3.2.2 设计理念

航运商贸商务区以“湾区”概念为起点，以国际会议中心、420m鱼珠之心为主力项目，提出国际商贸资源枢纽的构想。“海丝会客厅”：总建筑面积约6万$m^2$的国际会议中心，为广州国际商贸合作提供广阔平台，“鱼珠”造型的海丝论坛、湾区帝景公园展示了广州千年海丝之路的开放与繁荣；“贸易与航运服务核心”：结合TOD开发，打造以420m无限之塔为核心的航运服务产业集聚地。周边规划创新社区、国际酒店等，提供完整的城市功能支撑。

### 5.3.2.3 规划特色

活力中央商务区：以黄埔公园为基础，打造多元复合的城市公共活力空间；营造精细化公共景观设施，提升商务核心区的宜人都市景观；强化社区绿地与核心区公共绿地的联系。

连贯多元的滨水景观带：拓展连贯的滨江绿带，打造绿色宜人和多元活力的滨水体验；强化滨江与腹地的联系，有机串联滨江—公园—社区开放空间体系；打造高品质的滨江景观设施，营造友好的亲水环境。

**特色1：延续历史文脉，凸显文化与创意**

尊重民俗民风，整体保护，在规划中不仅要保护建筑本身，还要保护周边一定范围内的景观环境和文化内涵，以全面、真实地体现文物的历史风貌环境。

延续工业文化，对于滨江地区的工业遗留建筑，采取片区保护、修旧如旧、功能转变等规划策略，提炼文化内涵、发展休闲创意文化产业，使工业历史遗存发挥新的作用，凸显文化内涵。

**特色2：功能性的改造与更新，聚集滨江人气**

有条件地对历史文化建筑和工业建筑进行改造与更新，并以功能置换等灵活方式再利用历史文化建筑，设置市民公共活动空间，如举办大型文化节庆和展览的场所有助于聚集人气与活力。

### 5.3.2.4 历史文化活化利用

**（1）古祠堂**

对祠堂进行修复，内部置入功能，如历史博物馆、华侨文化馆、岭南民俗文化馆、书画展览馆、艺术品交易拍卖、艺术家工作室等。

**（2）私塾、家塾**

进行修复或改造后内部置入功能，如岭南民俗文化馆、书画展览馆、艺术品交易拍卖、艺术家工作室、国际文化交流中心、艺术沙龙、论坛、风情酒店、青年旅馆、教育培训及茶艺餐饮等。

**（3）传统民居**

对传统民居进行改造后置入功能，如书画展、摄影展、民间音乐会、手工作坊、联合办公场地、国茶馆、国学馆、酒吧咖啡厅、体验式书店、设计师工作室、品牌创意工作室、创意集市、演出、讲座、论坛、放映、教育培训、潮流销售、旅游配套服务、生活配套服务、餐厅及民宿等。

**（4）古炮台**

修复历史炮台整体格局，保护炮台之间遥相呼应的视线通廊和景观格局，考虑市民日常休憩需求，形成完整的革命主题公园体系。

1）蟹山炮台公园——依托良好景观资源与生态基底，打造成近民亲民的“革命历史”主题体验公园。置入功能：场景虚拟、体验中心、数字网络、儿童娱乐、主题景观。

2）牛山炮台公园——现存丰富的革命历史遗迹，山脊可眺羊城老八景之一“黄埔云樯”，可将其打造成纪念公园和爱国主义教育基地。置入功能：革命展览、爱国教育、纪念雕塑、炮台远眺、休闲活动。

3）鱼珠炮台公园——邻近珠江，视野开阔，宜与珠江景观带共同打造，形成有景可观、有水可亲、有主题内涵的滨水景观公园。置入功能：休憩游玩、亲水戏水、观景城市、慢行路径、珠江门户。

## 5.3.3 塑造CBD蓝绿交融的生活网络

流动可达：主要体现在用地功能布局和综合交通规划等方面，城市设计应将近期和长远利益相结合，综合考虑全局与个体的关系，着重对城市发展进行整体的宏观把握，在立足现实的基础上，规划面向未来发展的可能性，通过强化联系、综合交通和低碳替代方法来实现最大的行人流动性，通过环境友好型的土地开发模式实现开放社区的规划目标（图5-14、图5-15）。

人本亲民：通过强调以人为本、环境保护和社区活动来实现。以人为本主要体现在公交系统和慢行系统的建设上，具体包括公交网络、自行车网络、特色人行道网络；环境保护包括提供干净的空气、清洁的水、充足的日照、健康的室内环境、充足的室外活动场地等；社区活动包括零售界面、社区交往、地方文化传承等。以岭南历史文化的积淀为底蕴，彰显本地区的独特魅力。在城市空间及形象塑造上，力求为人们提供清晰的场所感知，通过标志性的建筑和景观，提高本区的可辨别性和知名度。城市设计要营造精巧人性化城市空间，让新建筑有机地融入山海特征。建设高质量的城市空间，从而实现活力社区的目标。

智能生态：坚持可持续发展，创造生态社区。用长远、动态发展的眼光，保护生态环境，为子孙后代造福。在建设标准上要具有一定的前瞻性，预留未来建设的可能，同时充分考虑分期分批实施的需要。运用国际先进技术，引入智能社区、智能能源规划等，实现智慧社区的目标。通过保护自然资源、使用当地材料、降低影响来实现可持续发展。保护自然资源包括利用可再生能源、使用本地能源、提高能效、水循环使用、渗透性铺地回补地下水等；使用当地材料，包括材料选择、耐用性设计、资料循环使用、使用可再生材料、减少建筑废弃物等；降低影响包括混合使用开发、交通导向型开发模式、鼓励适应性再利用等。

### 5.3.3.1 社区生活圈：15min社区生活圈（800m步行半径）覆盖率100%

社区中心由中学、文化活动中心、医疗服务机构、社区服务中心、专业运动场馆、体育活动中心和其他设施组成，拥有15min的生活周期。

每个街道级社区（街道级服务规模约3万～10万人）需配置2000～3000m$^2$的社区卫生服务中心，建议结合社区中心一起预留用地。

每个街道级社区（街道级服务规模约3万～10万人）需配置1500～2000m$^2$的社区文化活动中心，建议结合社区中心一起预留用地。

### 5.3.3.2 社区生活圈：10min邻里生活圈（500m步行半径）覆盖率100%

设置社区邻里中心以优化规划区的公共服务设施体系，根据邻里中心服务半径设置邻里中心和社区商业设施等，服

图5-14 第二中央商务区鸟瞰图
来源：《广州第二中央商务区（黄埔区部分）城市设计》。

图5-15 第二中央商务区沿江效果
来源：《广州第二中央商务区（黄埔区部分）城市设计》。

务于各种居住社区，最大服务半径为500m，可供服务人口为3万～5万人，单个邻里中心的建筑面积1万～1.2万$m^2$。

社区居民中心应该将所有商业信息和服务设施集中在一起，包括小型超市、小型杂货店、保健站、洗衣店、邮局、蔬菜市场等，尽可能地提供小型运动场、儿童游乐场和社区公园等，以满足居民的日常生活和休闲需求（图5-16）。

### 5.3.3.3 教育设施是宜居创新社区建立的重要因素之一

社区大学：根据国内外经验，科技创新社区往往会有继续教育的需求，因此建议海洋学院升级为大学，对周边社区开放教学。

高中：按1000m的服务半径，并根据人口规模（5万～10万人/所）预测进行设置和布局。

初中：按1000m的服务半径，并根据人口规模（3万～5万人/所）预测进行设置和布局。

#### （1）宜居社区建设

开放宜居创新社区——拓展产业发展和教育科研空间，促进经济适度多元发展。采用精明增长、公交导向、绿色交通的发展模式，通过综合交通规划等手段，满足长远和动态发展的需要，建设以人为本、公交优先的公交城市，创建开放宜居创新社区。

活力宜居创新社区——通过商业街道、滨水休闲街道、居住生活街道等城市界面的塑造，整体提升本区的宜居性，营造绿道和蓝带网络，改善和保护自然生态系统，进行棕地修复，制定绿色建筑、绿色社区、绿色城市的建设标准，建设环境保护和开发利用相结合的生态城市，塑造依山、亲水、人性化城市空间，建设拥有田园魅力的活力城市，创建活力宜居创新社区（图5-17）。

智慧宜居创新社区——打造区域产业高地，通过高效转移、流通传播和高科技引流，加强科学技术创新水平，优化珠三角和内地的传统产业。

#### （2）历史文化遗产保护

秉承“应保尽保”的原则，充分挖掘优秀近现代建筑的历史、科学、艺术价值。挖掘地域文化特色，挖掘黄埔特定历史阶段的城市发展特征及地域文化特色，由点及面突出地域特色与时代特色。

概况：通过现状摸查，规划范围内现有包括2处推荐传统风貌建筑，1处遗址，14段铁轨，29处工业建筑，48处埠头，5处港池，91处塔式起重机，105座龙门架，159个靠船墩，

1座界碑，1处工业构筑物，1.5hm²地砖。其中，黄埔老港中的广州市外贸黄埔综合库与文冲船厂的一号船坞已纳入推荐传统风貌建筑，九沙围水棚遗址已纳入黄埔区登记不可移动文物单位。

现状保存情况：除了鱼珠木材市场、鱼珠物流基地及嘉利仓码基本停业外，其他企业仍在正常营业中。

规划原则：①保护与开发利用相结合：对历史悠久、外形独特的工业建筑进行保护与修复，延续传统工业文明，同时注入文化、商业等新的功能，提高社会认同感和归属感，丰富历史文化。②延续工业文化、符合地区发展、提升环境质量、催化地区活力：保护和传承优良工业建筑的文化底蕴，使工业历史价值与经济属性有机融合，焕发地区新活力和创造力，提高核心竞争力。

1）历史文化价值。规划主要体现在以下两个方面：一是大量近现代革命史迹，突出了黄埔区在近代革命史，即鸦片战争以来的旧民主主义革命与新民主主义革命中的历史地位；二是区域及周边的港口、古村镇等书写着黄埔港作为中国古代海上丝绸之路的重要节点变迁与兴衰的历史。

2）科学价值。规划区域内的历史文化遗产涵盖了多种类型，包括古建筑、古墓葬、近现代革命史迹以及优秀的工业建筑等。其中一些建筑物、构筑物功能性突出，历史地位较高，具有相当高的研究价值，例如文冲船厂的多个建筑物、构筑物共同打造了一条完整的造船工艺流程，鱼珠、牛山等地的炮台群则体现了其在古时拱卫海防线方面突出的军事科学价值。

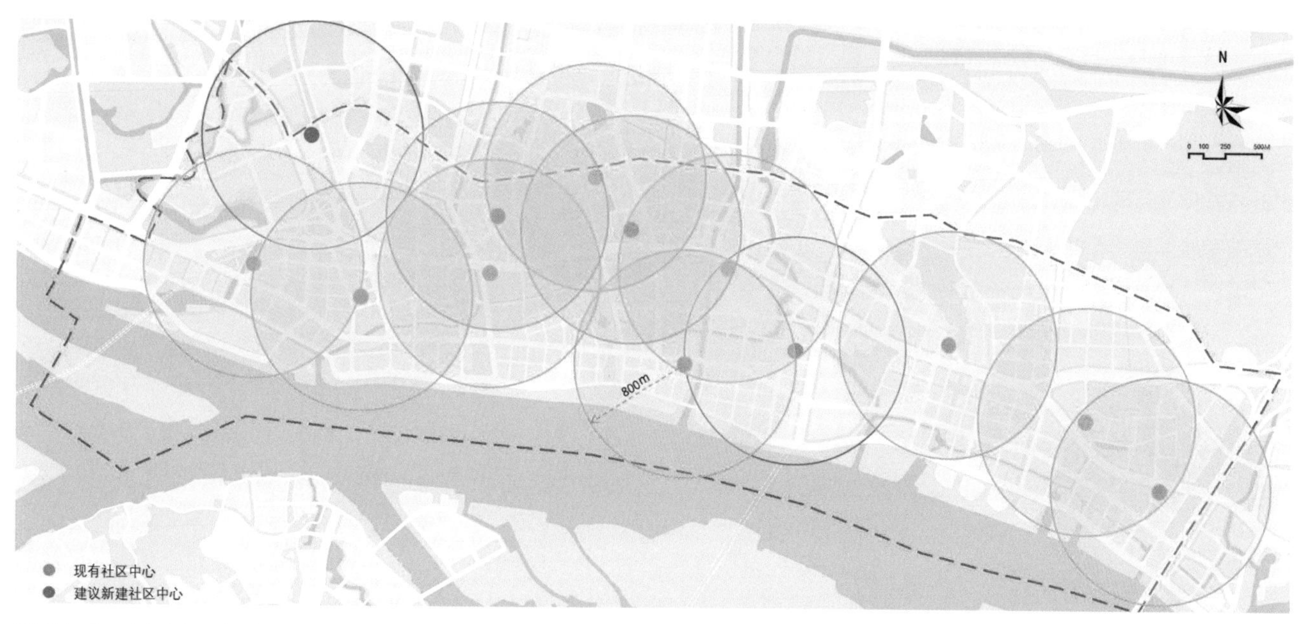


图5-16 第二中央商务区社区生活圈规划图
来源：《广州第二中央商务区（黄埔区部分）城市设计》。

图5-17 第二中央商务区效果图
来源：《广州第二中央商务区（黄埔区部分）城市设计》。

# 5.4 创新集聚：三角联动创造世界经济高地

规划基于项目特色，提出了紧凑城市、产业汇聚和低碳绿色三个理念。

在紧凑城市方面，结合区位优势，高效利用土地空间资源；营造紧凑与小尺度的城市街区；倡导多元功能混合使用，构建人性化工作和生活环境。

在产业汇聚方面，突出产业特色与资源配置，倡导产业引进与城市设计同步推进，汇集一流的城市综合服务功能。以城市发展质量引领现代服务业持续健康发展，促进区域人才、信息、资本等要素资源在本地区高水平集聚，实现人与企业、人与社会、人与环境的和谐发展。

在低碳绿色方面，坚持公共交通引导城市发展理念和低冲击开发理念，科学确定资源及新能源使用需求，采用适应性强、经济投入适度的多种绿色先进技术。构建安全供给、面向未来的基础服务系统，探索低碳生态城区建设模式。

## 5.4.1 创新驱动，互联网总部集聚区

### 5.4.1.1 紧凑集约的城市空间布局

#### （1）紧凑的小尺度城市街区

促进土地集约化利用，适当实现高密；增加积极街道界面，提供更消费休闲场所及就业机会；提高地块可达性，分散地区的交通流，增强交通疏导能力。结合琶洲A区城市设计优化，增加支路网密度，路网密度由11.07km/km²提升至12.9km/km²。相比于原控规“200m×200m”的街区尺度设计，优化方案采用为80m×120m的小尺度街区开发模式，营造一个适宜步行和人本尺度的城市环境，更有利于提高公共交通的可达性和使用效率（图5-18）。

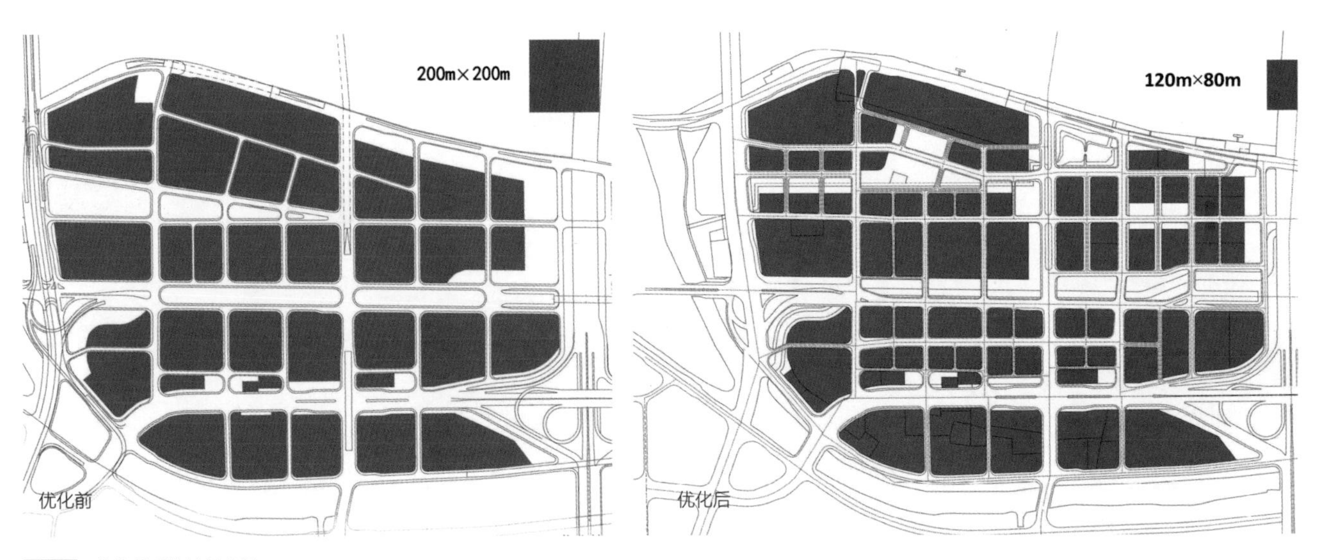


图5-18 优化前后地块划分图

来源：《琶洲西区城市设计优化》。

（2）城市空间有效性的最大化

鼓励建筑内多种业态混合搭配，提升土地活力和价值；鼓励绿地集中，营造大疏大密、高效利用的城市空间。

（3）地下空间的整体开发建设

在TOD模式下，实现地下空间区域统筹、一体化开发，推动其有序建设；促进重要城市节点的地下空间最大化连通，增强区内各个建筑间的有机联系，缩短步行距离。

### 5.4.1.2 城水交融的公共空间体系

（1）多廊道渗透的开放空间体系

构成基地积极联系滨江及周边开放空间的主体景观通廊，为内部街区提供更多的景观界面。

（2）打造活力个性的滨水带、多层次的标志性建筑动感天际线

滨水岸线和河涌公园为居民与周边工作人群提供娱乐休闲场所，打造富于变化的滨水天际线，形成珠江南岸一线开阔空间的积极标志性元素，基于与城市交织的水脉网络塑造体现岭南水乡风情。

## 5.4.2 效率优先，催生城市创新与活力

### 5.4.2.1 营造公共空间和加强城市活力

（1）人性化的慢行系统

总体构建一个步行优先、畅达滨水、绿树成荫的慢行体系；提供导向滨江空间的多层步行系统，包括地下、地面及地上二层行人通道，形成街区特色的骑楼水街空间，营造连续舒适的步行空间。

（2）文脉基质的整合与提升

通过结合工业遗存进行景观改造和创意提升，形成兼有商务区城市景观及地段文脉特质的公共活动空间。

（3）城市公共活动空间的活力塑造

复兴岭南地区传统街道生活，回归人性尺度的骑楼空间，激发地区商业活力。多样化的广场将成为居民与工作人群的活动和休憩的主要场所，发挥集聚地区人气的作用。

为在高强度开发的城市中心商务区适应岭南气候特点与建立高品质且舒适的步行空间体验，城市设计研究传统骑楼尺度与空间意向，在城市设计区内合理布置4.5m、6m、8m等多种骑楼形式，营造标志性骑楼主街——琶洲大街，融入零售、文化、艺术等多样功能，突出岭南建筑文化与街道活力（图5-19）。

图5-19 骑楼大街

来源：《琶洲西区城市设计优化》。

#### 5.4.2.2 增加公共利益与生态效益

相比以往高强度开发的城市中心商务区，琶洲西区充分保障公共利益，将原珠江啤酒厂区升级成为绿地公园、文化艺术、创意办公、休闲商业相结合的活力区，将珠江沿岸打造为具有丰富景观及承载多样化活动的滨水活力带（图5-20）。地块开发建设以公共利益和生态效益不受损害为原则，最大限度保障城市公共空间品质。

**（1）引入居住功能，缩小昼夜人流差**

通过引入服务式公寓的功能，结合配套商业，从而创建一个多功能的地区供人们生活、工作、学习。通过平面和立体的混合使用，减少地区与其他功能区之间的交通需求，从而减少碳排放，实现可持续发展。

**（2）兼效率与弹性的方格网道路系统**

打造多样化的公共交通方式，提供地铁（8号线、12号线、19号线等）、常规公交、有轨电车、水上交通等多种公共交通方式，构建多元化、高覆盖的公交体系。保证交通换乘的紧密无缝衔接，坚持公交优先，整合多种交通空间，打造交通站点枢纽化、一体化，提高换乘效率，缩短换乘时间。强调城市公共空间复合一体开发，统筹地上地下空间，提高土地混合利用，形成交通组织功能、商业功能、公共活动集于一体的高效复合型城市空间。

**（3）坚持绿色智慧发展理念**

在传统景观设计的基础上，运用低冲击理念，引入水资源循环技术，推进立体绿化，确立相应绿化指标，考虑各类城市功能的能源需求，倡导多种环保能源的利用，结合太阳能、水源热能、地源热能，进行城市设计及景观设计。

### 5.4.3 上下一体效率最优的地下空间

规划紧密结合地面开发强度分布特征和开场空间特征，形成以海洲路、琶洲大街、琶洲南大街为骨架的地下步行网络，以及与地面形成整体的三大公共地下空间节点，形成上下一体的空间结构布局。以道路和绿地下方的单建地下空间开发为骨架，以结建地块控制和过街隧道为分支，结合地铁站点，形成分级明确、交通便捷的地下步行通道，衔接地区最多的高强度开发地块，形成交通换乘效率最优、地下步行效率最优、投资与收益最优的地下空间体系（图5-21）。

图5-20 珠江滨水活力带
来源：《琶洲西区城市设计优化》。

### 5.4.3.1 配套完善，多元活力的地下功能布局

结合地下步行通道交通性强的特点，在地铁站和地下空间节点处，设置公共厕所、寄存处、咨询，中心等公共服务配套设施，作为地面的补充。加强交通与商业的互动，结合地下公共步行通道形成地下商业步行街，可设置餐饮、健身、书店、花店、咖啡厅等不同的商业配套设施，作为地面的有效补充。根据地区电商、国企、金融、居住、旅游、文化等不同人群的需求，根据地下开敞空间节点，进行艺术展览、美术教育、小型演艺、品牌推广等不同的商业或文化活动，打造多元活力的地下空间。

### 5.4.3.2 自然舒适，立体丰富的地下空间环境

通过下沉广场和下沉庭院、道路中央绿化带的采光天窗，将地面景观及自然环境引入地下，同时在地下公共步行通道中间增加景观绿化植物配置，加强人工环境与自然环境的交互，形成上下一体的城市景观环境，打造自然通风采光、生态低碳的地下空间环境。地下步行主通道宽8～10m，次通道宽4～6m，净高≥4m，打造尺度宜人的地下空间环境。在重要开敞空间节点，结合地面绿地和广场，打造上下一体的立体公共空间体系，营造丰富的城市立体空间。

### 5.4.3.3 高效灵活，精细管控的开发模式及管理

针对地下空间进行分层管理，通过对“地下空间功能与容量指标、建筑建造指标、设施配套指标及开发管理要求指标”四大指标体系的控制，明确地下空间建设控制范围及面积，明确地下各层使用功能和地下容积率，明确地下人行、车行等各接口的位置及标高，明确地下空间缓冲区和下沉广场的建设要求，实现对地下空间建设的精细化管理。

图5-21 琶洲A区总平面图
来源：《琶洲西区城市设计优化》。

广州农村商业银行
GRCBANK

# 06

# 绣花功夫：精细化品质微更新

近年来广州城市设计工作聚焦“品质”，把提高市民获得感和幸福感作为根本出发点和落脚点，从老百姓最关注的公共空间出发，坚持精品意识和工匠精神，立足现有城市空间和城市特色，对重点街巷、重要公共建筑、景观节点等局部地段用更新织补的理念，修复城市设施、空间环境、景观风貌，通过提升细节展现城市品质和城市活力。

本章旨在从活力街区、品质街道、文化客厅、城市阳台四个方面，梳理广州近年来品质提升系列行动。

# 6.1 活力街区：创新集聚提升城市形象

## 6.1.1 实施会客厅重点提升工程

### 6.1.1.1 珠江新城花城广场空间环境整治工程

花城广场既是广州市最大的广场，也是展示广州城市建设水平的核心窗口，但也存在部分区域缺乏活力、缺少空间界面和品质低下等问题。建议近期重点提升花城广场景观品质，在植物绿化、灯光照明、路面铺装、景观小品、雕塑、街道家具、无障碍设施、标识系统、广告系统、步行通廊等方面由易及难分要素实施修复提升，通过三微改造提升城市客厅品质（图6-1）。

（1）提升广州的辨识度，造就活力全球城市

花城广场能够发挥天河CBD在全省“一核一带一区”功能布局中的作用，助力广州快速增强城市的综合功能，更加有效提升城市文化综合实力，在不断使现代服务业更加强大的同时，营造出先进的现代化国际营商环境。其同时可反映在地文化的岭南美学塑造独特的CBD品牌，提升广州在全球城市中的辨识度，强调人文关怀。这些是决定城市竞争力、促进一流人才与产业集聚的重要因素。鼓励社会参与，探索公共领域共建、共治、共享的创新模式，培育文明市民意识，以社区生命力，促进CBD的永续生长，造就广州美丽宜居花城、活力全球城市。

图6-1 花城汇导识系统

来源：《天河中央商务区整体提升行动纲要》。

## （2）世界一流CBD的核心价值

世界一流CBD的核心价值主要包括社区的温度、多元的活力、流畅的节奏、愉悦的感受以及人本的关怀。

社区是人聚集的基本驱动与组织，CBD的商务集群里应融入社区般充满人情味的生活元素、功能互动、创新分享，在CBD的商务活动中，注入积极的交流氛围与亲切的社区温度。好的CBD不止集聚着商业商务功能，更是没有边界的商圈、生活圈、社交圈，是融合商务行政、休闲娱乐、文化体验、高品质居住、旅游观光等多种功能的中央活力区，催化城市持续不断的发展动力与综合效益。畅达的动线是保证CBD效率的基础，进一步创造促进交流的社交空间。各功能空间的有序布局、弹性化的时间管理更是可持续发展的重要保障。CBD除了追求标志性的城市形象与机能外，应通过细致入微的环境设计，让人能透过五感的体验，与环境形成更友善的互动，从而带来愉悦的感受与深刻的回忆。CBD还应为活动者提供完备的公共服务。借助各类新技术、新机制的应用，规划以更加智慧化、人性化的手段，实现传统公共服务管理模式的创新，更好地服务CBD多元的使用人群。

## （3）打造面向世界的珠江门户

花城广场是珠江新城的标志性城市空间，串联了珠江水岸、四大文化公建、地标商务楼宇，是向世界展示广州的珠江门户。依托CBD“高科技+金融”的产业核心，推动现代服务业的发展以及核心要素交易平台，促进经济结构调整和产业转型升级，在中轴南段形成集文化休闲、商务金融、高端会议为一体的花城活力生活圈。

优化营商环境，提升支柱产业的竞争优势，培育有潜力新兴产业。提升空间效益，引导城市资源的创新使用，优化功能业态，拓展城市发展的空间增量。除此之外，加强国际参与度，构建多元协同的创新体制机制，制定针对性的引导策略，策划具有影响力的主题活动，以特色生活圈打造缤纷城市活力。

以复兴街道生活为目标重新划分城市街道，倡导公交与慢行优先的综合交通网络，营造鼓励生活的街道环境，在道路等级的基础上通过增加对街道主要功能、沿街用地类型以及需要承载的街道活动的考量，对街道进行分类，让街道作为城市公共领域的一部分鼓励丰富多样的活动。同时搭建智慧管理运营平台，通过智能的城市交通管理，健全完善交通指引，实现从交通到交流的活力街道（图6-2）。

图6-2 珠江东路/兴盛路街道空间优化

来源：《天河中央商务区整体提升行动纲要》。

图6-3 珠江东路/金穗路街道空间优化
来源：《天河中央商务区整体提升行动纲要》。

依据广州的亚热带气候特点，利用水体进行降噪与降温，扩大遮阴面，营造结合风环境的舒适区。创造更多的运动空间，进行公共健康数据监测，提升推广公众的健康意识，促进健康生活的动感。通过关键场景来展现岭南之美，营造视觉舒适的灯光环境与亚热带生境，打造促进公共健康的城市环境。

通过保障信息基础设施建设、搭建智慧管理服务平台以及探索不同领域的创新应用，构建高效的公共服务平台。从多元人群、关注细节以及创造有凝聚力的CBD形象识别等角度来完善公共服务的供给与品质。同时，引入市场机制的服务设施供给主体，鼓励社会参与的公共服务建设，推动多方信息共享、数据利用，建立多方沟通的机制与渠道。

**（4）中轴互通计划：实现新中轴车行、人行、骑行的全面互连互通**

重新梳理、提升空间整体使用效率，加强补充慢行体系与公共交通的衔接，从而缝合花城广场与周边的空间断点，进而引导天河北到珠江水岸的活动串联，实现全面互联互通的愿景。

鼓励越秀金融大厦在特定时间段开放底层POPS空间。通过开放公共建筑首层空间，活化各个楼宇间的街区空间，使室内外空间形成一个有机联通的公共领域，同时重塑灯光广场，使其成为一个观、赏、娱为一体的互动式城市公共广场。构建“天河星图”形象识别系统与导识系统，此形象标志将可灵活地转化为导识系统，与城市环境融为一体，展现世界一流中央商务区的崭新风貌。通过优化街道家具、植栽、铺面改善珠江东、西路慢行环境，鼓励街道生活。在隧道上方增设人行通道，替代原有人行天桥，方便行人过街，同时创造新的交流场所（图6-3）。

### 6.1.1.2 石室圣心教堂环境综合提升工程

石室圣心教堂既是东南亚地区规模最大的石质天主教建筑，也是全球最大的哥特式教堂建筑之一。建议运用微改造方式，从还原建筑本色、营造广场场所、注重交通人性、恢复街道生机四个方面提升整体品质，成为体现中西文化碰撞与融合的精致品质的街区和世界级目的地。

**（1）历史建筑保护与利用**

对于现状空置且体量较大的公共建筑，如先施百货员工宿舍、海珠大戏院、基督教青年会旧址等，鼓励开设博物馆、文化体验馆等，植入公共功能。对现在正在使用的爱群大厦、东亚大酒店等保护建筑，在延续现状功能的同时，提升品质并增加一定比例的文化融合。对于街区内部体量较小的传统建筑，鼓励结合区域历史文化内涵置入个性化、公益性、商业性等多元功能，如手信店、餐厅、社区活动室等。同时创建全民参与保护的机制，收集历史文化信息，唤醒居民对基地历史的保护意识，并参与到策展或者历史建筑更新之中。

**（2）营造广场场所**

在教堂东、西烛台内调整功能增加教堂文化展示及布置纪念品商店，扩大教堂的文化影响力。对教堂前广场进行整治，提供观赏教堂更好的前景环境。通过在空间、风貌、业态方面将其提升、激活，从而充分发挥圣心教堂作为重要文化资源的优势，同时作为转换空间增强同一德路、卖麻街与其他场所的联系。

保留围墙，限定既有的空间关系。通过保留教堂前栅栏围墙，可以将既有空间限定成开放与半私密两个层次，给予不同功能活动塑造不同的环境，增加层次感。同时便于礼拜等宗教行为与游客有效区隔。保留现教堂前广场20m × 70m的空间尺度，维持纵向的感觉，卖麻街后空间突然变化，与教堂围栏后的开阔广场形成一个序列组合，视觉上加强教堂的宏伟。

广场周边植入多元业态。通过对现有业态的调整，植入多元功能，以展现广州当地特色的纪念品与精品零售为主，并辅助增加体验型的业态与街区的非物质文化遗产相结合。广场两侧增加特色餐饮活跃广场氛围，如精品海味旗舰店。广场入口处增加游客服务中心与现场展示加工的广州老字号手信店，沿卖麻街沿线维持社区配套服务功能。

结合坡度与水道凸显教堂。教堂前广场规划设计为一个四周向内的凹面。一方面通过弧形处理弱化既有的生硬高差感，形成可站可坐的舒适空间，强调整体性。另一方面在垂直教堂的方向上，中部最低点与卖麻街存在约1.2m的高差，结合水道提示，让人向教堂前进时有隐约的上升感，无形中进一步凸显教堂的高大，增加神秘感。广场中央垂直于教堂设置一条窄窄的水道，借助坡度让水自重流淌。这既加强了从一德路向教堂的指引感，又增加了广场的趣味性。

**（3）组织连续并富有趣味的步行网络**

通过大三元底层通道、果菜西街、乐安新街等南北向通道联系长堤大马路和广州圣心大教堂。充分利用街坊内街巷组织步行网络。北部的内街方便居民的出行，南部的内街组织游客和物流的活动。

增加驻留空间，在步行系统上的节点位置，适当拆除部分老旧和搭建建筑，增加开放空间。提供游客和居民活动、休息、交往的场所。增加商业服务，调整缺乏人气和空置的办公功能，增加商店、饮食功能。内街提升沿街的市场，增加体验式、展示性的品牌市场店。增加文化体验，通过减少道路停车提供眺望标志性建筑的观赏点，同时增强建筑文化阐释内容。教堂前广场增加文化展示和体验功能。旅游线路组织适度与市场运输路径重合，体验广州专业市场氛围。改善步行环境，通过微改造，改善步行系统的景观和环境。

### 6.1.1.3 广州市琶洲互联网集聚区香格里拉酒店周边景观提升

2017年《财富》全球论坛的主会场定于广州市琶洲香格里拉酒店，重点做好香格里拉酒店及周边地区约40hm$^2$范围的景观品质提升工作，建议通过营造论坛氛围、彰显海丝文化、改善出行条件和完善绿地系统四大策略，打造具有“岭南特色、国际品质”的论坛主会场形象。

通过对道路交叉口、滨水广场、码头等节点的景观提升，道路两侧广告牌匾、标识等的一体化设计，以及夜景照明改造升级等，营造论坛主会场的氛围；在珠江景观带—琶洲塔公园—琶洲涌景观带串联黄埔古港—琶洲塔公园—论坛主会场—会展中心—互联网创新集聚区，通过现代声光电科技、植物软性雕塑等手段，打造一条彰显广州海丝文化的“古代—现在—未来”的“财富之路”；通过优化道路断面和交叉口，置换人行道铺装，完善过街通道、无障碍设施，优化步行和自行车系统，改善出行条件；通过破硬复绿、见缝插绿、增设时花植物、改善植物造型等措施，提升绿化品质，凸显花城特色，完善绿化系统。

**（1）对标最先进城建水准**

为确保能以最好的城市环境迎接各国宾客，对标国内外发展比较好的地区，以全局的眼光来对待，经过全要素设计，注重功能提升，同时还要继续贯彻以人为本这一理念。这样才能够使城市的建设更加先进，城市所具备的设施更加

特色井盖

艺术雕刻止车石

图6-4 特色细节设计

来源：http://k.sina.com.cn/article_5993595665_1653f0311019002b4e.html

能够满足人们的需求，为市民带来更加良好的体验。在执行设计工作时，一定要重视城市发展的总体目标，通过更高规格的要求保证设计的质量。在施工环节，要不断根据实际情况进行协商与讨论，对于不同环节的工作与设计都要注重细节，不断优化，建设工作更为细致，更加个性化（图6-4）。

**（2）别具匠心展现花城之美**

一直以来，广州都有“花城”美称，为了维持良好的绿化形象，在本次提升中，也提升了绿化强度。在广州塔和琶洲国际会展中心区域对绿化景观进行了改造，设计了面积更大的草坪和花带景观，使视觉效果更有气势。

对于路旁的绿化，针对原有的绿化景观，将原来所具有的乔木进行适当迁移，转化为组团式植物群，呈现出一路一花带的景观，提升了视觉效果。在下层空间铺设草坪，增添绿色，使整个景观更加通透清新。

与广州当地的气候相结合，为了在12月也能有很好的景观，选取了大腹木棉，精心搭配时花和彩叶，使得广州塔和香格里拉大酒店主会场等重点特殊区域设置条带景观和块状彩叶植物相结合（图6-5）。与此同时，为了使这些花卉能在12月开放，还应用了花卉期调控技术，营造更加美丽多彩的广州，衬托广州的花园城市以及文化特色。

图6-5 琶洲香格里拉大酒店旁独具匠心的绿化设计
来源：http://k.sina.com.cn/article_5993595665_1653f0311019002b4e.html

## 6.1.2 打造紧凑连续的步行连廊系统

### 6.1.2.1 珠江新城广州塔—会展东段有轨电车观光线路绿化景观建设

项目位于珠江南岸有轨电车（广州塔—会展东段）观光线路滨江绿化带，建设长度约6000m。结合广州塔周边、琶洲地区的产业升级、城市更新，以景观绿化和人文环境建设为重点，打造五大景观节点、三个花园车站和三个下沉花园。主要包括轨电车沿线绿化升级改造，园路、平台、花架廊、树池、花基、垂直绿化、花箱、花钵等园建设施提升，导游牌、指示牌、警示牌、垃圾桶、坐凳等配套设施，以及电气、给水排水等公用工程的完善，最终建成花园式观光站点，打造广州珠江南岸风景线。为广大市民和游客游憩、休闲、运动、娱乐、交谈等丰富活动提供优美的空间环境，同时极大提升了城市公共空间景观品质，提高了水岸生态环境。

### 6.1.2.2 珠江两岸道路景观贯通工程

珠江水系是十分重要的流域，依靠珠江水系将广州建设成为国际一流城市。在广州境内，共有373km的珠江，有北段、南段、中段以及东段四个区段，流经南沙后入海。中段区域是广州形象的主要部分，西起白鹅潭，东至南海神庙，共分为东十公里、西十公里以及中十公里。西十公里的风格是中西合璧，能够展现出城市的变迁；东十公里是生态形象，能够展现出城市的现代生机和活力；中十公里能够体现出现代化大城市的面貌。

**（1）增加珠江两岸公共空间**

不断增加城市公共空间的宽度，在新规划的区域内，大面积地将100～200m的滨江公共绿地进行保留。在已经批准建设的滨江绿地区域小于100m的先不进行扩建，未来可以加宽改造。在绿地中应该考虑增添一些配套设施，例如一些能够向公众开放的具有体育以及文化功能的设施。鼓励滨江建筑底部空间，能够为周边市民提供更多能够用来休闲和活动的场所。设计中预留出来6条景观视廊，以此来塑造云山珠水相望的城市格局。

**（2）注重通江廊道的通视性和可达性**

滨江建筑布局应该保证通江视廊具有通达性，将通风廊道预留出来。在预留出的通江廊道中，所有的宽度都应该大于15m，廊道之间的间距应该小于100m。对通江廊道的场地进行设计，留置出步行空间以及建筑面积，使廊道空间更加具有活力。通达滨江的廊道场地应该根据地形向江岸疏导，保持错落有致的设计，将整体划分为通行区、商业活力区以及景观区，营造出廊道的空间布置。

**（3）创造丰富多元的活力堤岸，提升滨江绿地活力与品质**

在不影响行洪的情况下，使堤岸的形式更加丰富多样，使现在垂直硬质堤岸的形象得以改变。并且引入一些滨江公园绿地等场所，市民可以自由出入绿地，为市民提供活动场所。在滨江的绿带中设置相应的活动场地，为市民提供慢行的场所。与周边的码头相结合，开发一些餐饮商业以及娱乐活动等，使滨江富有生机与活力。

**（4）展现从传统到现代的建筑风貌**

传统历史建筑风貌区体现中西合璧、广府风韵的建筑风貌特色；现代都市建筑风貌区体现现代多元融合的建筑风貌，塑造当代都市活力区；东部生态文化建筑风貌区体现生态低碳、活力开放的现代港湾特色，塑造创新商务商贸文化港区（图6-6）。同时加强建筑退界与街道空间的整体设计。避免出现沿街大面积的实墙。加强道路附属设施、临街界面、公共艺术品等景观一体化设计，使街道空间和建筑退界区形成连续、有机的整体。利用场地高程进行多功能设计，划分不同功能分区，承载多样的活动空间。形成“前低后高”的滨水建筑形态。临江一线建筑高度控制在60m以下，塑造有韵律感的天际线。

**（5）贯通两岸慢行通道**

近期，逐渐实现两岸范围60km的珠江公共空间的贯通工作，在远期的发展中逐渐向两侧延伸。将两岸现阶段所具有的施工围蔽以及各种不同类型的隔断等实现相互连通，使得整个60km长的滨江沿岸形成一条能够提供慢走的路径，形成一段良好的空间。在这个空间内，市民可以慢走、慢跑以及骑行。根据速度的不同，将这个路径分为三条，用来满足不同的功能需求。由于有些路段风景十分秀美，可以将这些路段打造为具有滨江特色的景观路，同时鼓励周边市民在空闲时间加强锻炼。在道路上能够直接看到江面，通过文化展示的设计细节，增加道路的可识别性。针对交通功能不强的次支道路交叉口，若未设置可供右转车辆使用的进口道，则应尽可能使用小转弯半径，增加更多的街角空间。交通附属设施应注重景观形象，交通杆件应采用集约化设计，实现多杆合一。

广州历史城区建筑风貌

现代都市建筑风貌

东部生态文化建筑风貌

图6-6　滨江建筑风貌

来源:《珠江景观带重点区段（三个十公里）城市设计与景观详细规划导则》。

#### 6.1.2.3　临江大道景观绿化及缓跑径建设工程

临江大道全长约6km，北靠珠江新城，南临珠江水岸，横跨广州新中轴，大道南侧绿地宽50～80m，规划为重要的城市公共绿地和景观空间，经多轮绿化建设和升级，临江大道绿化带已形成绿量丰富、景观优美的滨江生态景观林带。

根据广州市委、市政府优化提升“一江两岸三带”，打造三十公里精品珠江的规划，临江大道绿化带将建成展现现代大都市魅力的岭南水岸。

2017年，广州市林业和园林局开展临江大道景观绿化及缓跑径建设工程，对临江大道景观林带进行升级改造，改造范围西起广州大道，东至华南大桥，全长4.2km。项目保留了原有景观林带的大树，清理病危植株和林下杂乱植被，并对花城广场两侧停车场复绿，增加开花树种，形成疏朗通透、繁花荟萃的城市开放绿地。

同时，重点打造建设缓跑径示范段，主要位于猎德大桥东侧至华南大桥段，沿江边林荫下建设长约4.15km的缓跑径，分别以A、B、C三个环组成。缓跑径主要采用新型的水性树脂及水性胶粘剂材料，无污染、无公害。

缓跑径沿线营建了疏林草地及七彩缤纷的花带，市民能在四季花开的滨江绿带中休闲游憩，或在视野开阔的临江缓跑径中沿着珠江夜跑，尽情领略四季花城的魅力（图6-7）。

图6-7　临江大道滨江慢行道

来源:《珠江景观带重点区段（三个十公里）城市设计与景观详细规划导则》。

### 6.1.3 开展重要路段界面整治行动

#### 6.1.3.1 广州“第二门户”的景观提升工作

城市印象，始于门户。应根据城市品质提升、城市修补、活力更新等要求，重点打造白云机场、南沙港、高铁车站等广州城市第一门户形象，做好连接第一门户和中心区的高快速路（机场高速、东新高速、南沙港快速、广澳高速）沿线廊道和过境铁路（武广铁路、广三铁路、粤港新干线）沿线廊道“第二门户”的景观提升工作，打造广州的“财富走廊、文化长廊和生态长廊”。

白云机场—香格里拉大酒店是第二门户的重要路径，涵盖对外衔接道路和市内衔接道路。对外衔接道路为“四点四线”，包括机场、蚌湖、平沙和新洲4个收费站点以及机场高速、华南快速、华南快速、北二环高速4条路段。市内衔接道路包括三条横向道路（新港路、黄埔大道、沿江路—大通路）和一条纵向道路（华南快速）。建议对外衔接道路以打造广州“财富走廊”为目标，市内衔接道路以打造“国际品质的城市街道”为目标，遵循“微变化、微景观、微改造”的“三微”理念，采取完善交通功能、改善行车条件、修补道路景观、美化周边环境4项品质化策略与完善车道渠化标线、优化车道功能、修补破损路面、收费站棚艺术化、跨线桥美化等17项精细化措施实现整体提升。

#### 6.1.3.2 东风路沿线景观容貌升级整治——“首善之路、政商金廊”

为迎接2010年亚运会，广州市城市管理综合执法局于2008年10月26日~12月4日组织开展“东风路沿线示范段（康王路路口—中山一立交）景观容貌升级整治规划设计”竞赛。本次规划范围为东风路（康王路路口—中山一立交），向西至康王路路口，向东至中山一立交，整体道路宽度为45m，全长6.8km。整体规划以及升级的整治范围包括东风路两侧约150m的范围，整体升级整治涉及的面积共有115.3hm$^2$。以微改造营造“舒适的人行空间”，包括人行道与退缩位铺装一体化改造、公共绿地及开敞空间升级改造、车行道结构破损修复等内容。

东风路是广州重要的东西向交通“脊梁”。本次规划的目标是“首善之路，政商金廊”。东风路是最长、最重要、最核心的迎亚运道路整饰工作先导的样板路。该路段上，办公、商务楼宇非常密集，属于东风路黄金8km路段。《越秀区商业网点规划（2005）》中确定该路段为越秀区重点打造的三大商务圈之一，规划要按照广州市构建现代产业体系的要求，突出打造总部基地和核心商圈形象，通过整治商务写字楼的周边环境，因地制宜地增加广场和绿化景观，创造独特有亲和力的商务环境，成为广州市重要的行政商务金廊。规划突出软性、硬性、人性三大要素，对建筑界面、道路交通、绿化植被、市政设施、城市照明、广告招牌、城市家具、无障碍设施、标识系统、公共艺术十个方面进行升级整治，总体设计体现出魅力、动力、活力。

街道两侧的建筑界面是体现城市风貌的重要载体，需要注重体现完整性与连贯性，寻求立面风格的统一协调。东风路作为城市重要的交通性主干道，需充分满足其交通功能，合理进行断面设计，并充分考虑公交站与地铁站的接驳设置，保证东风路的硬性使用要求。积极改善街道软环境，主要通过街道绿化的提升与优化，街道开敞空间的营造，通过照明、广告等载体，以明快鲜亮的色彩形象创造富有魅力的现代化街道场景，塑造丰富浪漫的空间景观，体现现代化都市繁荣的标志性形象展示廊道。突出“以人为本”的理念，无障碍设施系统更为完善，充分体现出人文关怀。对路边的标识系统进行升级与改造。结合节点设置雕塑、海报等公共艺术，提升城市文化品质，丰富街道场所感。

东风路总体规划设计概括为“四个功能分段、四个风貌分区、八个节点”。根据东风路不同路段的功能划分为四个功能分段：东风西路（商务金融段）、东风中路（行政办公段）、东风东路（科教办公段）、东风东路（商务居住段）。同时，对东风路不同功能分段的城市风貌进行梳理，通过在各分段的8个节点来体现其风貌特征：东风西路（商务金融段）以“流花溢彩”“东风飞虹”节点体现其商务文化景观风貌；东风中路（行政办公段）以“中山新韵”“越秀之窗”“城垣记忆”节点体现其历史文化景观风貌；东风东路（科教办公段）以“红陵流芳”节点体现其科教办公景观风貌，东风东路（商务居住段）以“时代空间”“飘绢叠翠”节点体现商务文化景观风貌。

### 6.1.3.3 黄埔立交景观品质化工程

黄埔立交整体改造面积约5万$m^2$，主要改造内容为桥梁涂装翻新、灯光照明、桥下人行空间改造、绿化种植提升等。改造前，由于华快高架将区域分隔为东西两片，人行交通不便，设计交通组织优先保证东西向人行流线的通达，缝合桥底零碎空间。同时，通过梳理现状空地、打开围墙退缩空间及人行天桥的串联，串联南北向路径。在重新整合黄埔立交桥底空间的基础上，布置功能分区，组织交通流线。局部改造华快用地围墙，退让活动空间，填充休闲、候车功能，重塑桥底空间，提升城市魅力。同时，在改造中重点对桥下空间的灯光照明进行了设计，采用现代景观的设计手法，对桥梁的轮廓进行了勾勒，使用黄、白色光源，营造安全、温暖、大气的桥下夜景空间。

对桥梁结构外表进行修复，拆除施工遗留的钢筋及无用的设施，对桥梁的外立面进行清洗和涂装。降低原有人行区域高差，拓宽人行通道，全面实现无障碍通行，并对人行流线进行了优化改造，为市民通行提供更为舒适、便利的步行空间。对桥下人行区域铺装统一提升为浅灰色花岗岩材质，铺装纹理整体大气、质地结实耐用，提升了桥下空间场地的美观性及耐久性。

亮丽的灯光夜景是城市品质的重要标志和城市夜晚风貌的反映。对于桥下空间，灯光照明尤为重要，在本次提升工程中，淘汰更新原有桥体老旧壁灯，增设了更为智能环保的照明灯光，清除照明死角，消除安全隐患，方便市民出行。

# 6.2 品质街道：以人为本提升城市细部

2015年12月20日，中央城市工作会议提出“统筹规划、建设、管理三大环节，提高城市工作的系统性”；2016年8月4日，《中共广州市委 广州市人民政府关于进一步加强城市规划建设管理工作的实施意见》中明确指出：构建枢纽型网络城市，使多点支撑以及一江两岸三带的发展格局更为顺利。人们居住环境更具有品质化。

推进品质街道工作分为三个层面。宏观层面以国际视野编制中长远规划，重点开展面向2040年的《城市总体发展战略规划》和《交通发展战略规划》，及时启动规划期限至2030年的《城市总体规划》和《土地利用总体规划》。全力推进黄金三角区、空港经济区等核心区域实现建设和规划。此外，要建设特色小镇以及美丽乡村，以此来促进城乡的统筹规划工作。除此之外，还应该加强人文关怀建设，从人文的角度出发将设计更为精细化，提升整体的设计品质。在整个规划与建设过程中，通过规划设计精细化来促进建设管理的品质化，使城市宜居性以及国际竞争力都得到提升。

广州的发展需要以“岭南特色，国际品质”为目标，营造共同价值观，树立“国际视野、工程文化”理念。使得展现出来的价值观是全体市民理解并且认同的。环境宜居和品质文化城市理念更加深入人心。在广州的城市建设工作中，需要用国际视野来打造高品质城市环境，建立“工程—工程文化—文化—城市文化—城市形象”的提升路径，用文化理念来塑造城市细部。建立“全覆盖、全流程、全要素”城市设计管控标准。还应通过顶层设计，按照“全市、片区、要素”三个层面完善城市设计体系，尽快建立“规划—设计—审批—施工—建设—维护”全流程城市设计组织方法，实现“全覆盖、全要素、全流程”的“三全”城市设计管控，聚焦设计导控，实现精细化、品质化全过程管控。

广州街道的发展需要以“品质街道，百年精品”为目标，扭转传统的“经济适用、便于维护”的理念，不能只是低水平重复，建立整体市民理解并且认同的价值观，使城市能够走上可持续发展的道路。

## 6.2.1 “小转弯半径”道路交叉口改造

小转弯半径是一个相对的概念，传统的交叉口设计更注重“车”的体验，转弯半径往往偏大，对“人”友好的交叉口，通常是小转弯半径。小转弯半径能够降低转弯车速过快带来的安全风险，同时缩短行人的过街距离，使车辆通行更有序，行人过街更便捷，形成更有活力的交叉口空间，节约土地利用。目前广州市多数路口存在转弯半径大、街角空间不足、过街距离长等问题，因此需要加快建立新的柔性技术标准，开展精细化、品质化的街道建设试点。

### 6.2.1.1 沿江路品质提升

越秀区在沿江路品质化提升过程中，改变以往“车行速度越快越好”的旧有模式，通过改造人行空间，规范车行空间。基于沿江路新堤二马路口西段为三车道（直行两车道及左转二马路一车道），东段为直行两车道和咪表停车位，本次改造在新堤一、二、三横路口试点设置小转弯半径，将路口转弯半径由原来的12m改为5m，使转弯车辆适当减速。同时，取消路口西侧斑马线，并移至路口东侧，结合东侧咪表停车位，拓宽人行道宽度，既保证路口车辆顺利左转，又缩短行人过街距离。改造过程中，采取渐进式施工：先采取放置软桩方式，增加人行横道宽度，压缩车行道宽度，经民意调查，测试结果得到各方好评后，再将软桩围闭区域改造为人行道，真正体现“以人为本、慢行优先”的理念。

#### 6.2.1.2 珠江新城华穗路—华利路交叉口

交叉口位于珠江新城地铁站西南，周边以办公和住宅为主。信号灯控制十字路口，华穗路双向4车道，华利路双向2车道，转角半径约20m，右转弯半径大，车速高，导致过街距离长，街角空间局促，影响交通秩序，同时违法停车多。在进行交叉口空间改造时，将转弯半径由原来的20m缩小至5m，压缩车道的宽度，华穗路由原来的4m缩小至3.5m，华利路由原来的4m缩小至3m，同时在华穗路新建过街安全岛，在华利路增设路侧停车区，增设左转导流线，保证交通秩序不受影响（图6-8）。改造后交叉口的冲突车速降低了25%，行人过街距离缩短了40%，行人驻足空间增大70%，停车泊位增加了300%，机动车服务水平不变，行人服务水平显著提高，交叉口实现综合提升，生活服务功能明显增强，机动车交通效率基本不受影响。

#### 6.2.1.3 吉祥路—越华路交叉口

交叉口区位情况：紧邻广州市规划和自然资源局，位于广州市政府东侧，周边用地以行政办公为主。信号灯控制十字路口；吉祥路双向3车道，越华路双向4车道，转角半径约20m。主要存在问题为右转弯半径大、车速高、过街距离较长。改善方案将转弯半径由20m缩小至8m，增设左转导流线，维持交通秩序，在吉祥路设置连续自行车道，保证机动车与非机动车的通行安全。

街道空间是城市最重要的公共空间，应抓住政府行政管理机制改革的契机，在小转弯半径交叉口建设中优化规划建设流程，通过在规划阶段开展道路修建性详细规划，在建设阶段加强交通设计等制度安排，强化规划与建设的衔接。同时，抓住“以人为本”理念逐渐形成共识的契机，在微改造中采取渐进式措施，加强宣传教育和交通管理，培养健康的交通出行习惯。

### 6.2.2 打造有质感、有温度的慢行街区

#### 6.2.2.1 沙面西堤品质提升

沙面、西堤位于广州十三行地段十里洋场，曾是广州最繁华的地方，珠江“西十公里”的起点，老广州城的商业文化中心。这里保留了老广州盛极时所有的记忆和痕迹，但随着现代化进程，这些街区的发展也面临着基础设施不完善、空间活力不足等诸多挑战。为使沙面和西堤街区得到更好的保护利用，体现“老城市、新活力”，本次沙面西堤品质提升运用“微改造”的手法，从细节功能入手，增强人的体验感和舒适感，完成了多项精细化改造，将沙面西堤建设成为广州西客厅，将近代的历史风貌完整地展现出来，唤醒历史记忆，展现出滨江商户的繁荣景象（图6-9）。

原路口设置方式

改造设计效果图

图6-8 华穗路—华利路交叉口设计

来源：彭高峰.《品质城市，工匠精神——“微改造”重塑街道空间》。

图6-9 珠江西十公里沙面鸟瞰图
来源:《西广州·漫沙面——沙面岛整治提升工程》。

（1）打造无车慢岛，重塑人车关系

浪漫的水城威尼斯上没有一辆汽车，街道为人而生。广州的沙面提升以同样“无车岛”的理念逐步取消室外停车场，把停车空间转变为活动空间，扩容7900m$^2$活动场所，实现人车分流，还空间于民，打造舒适的步行街区。精细化慢行交通组织，处处可见的无障碍设施，回归以人为本的街区理念，为居民和游客提供一个亲切和谐的生活与游憩空间。

（2）开敞通江廊道，恢复历史格局

沙面的特别之处在于其作为一个独特岛屿的整体环境存在，以“大沙面公园”作为设计的基础构思，将三条通江廊道打通，大片的草坪与珠江水面结合，营造出都市中难得的开阔感，带给行人放松惬意的感受。中央大街以对称式模纹花坛布局和花境组合，身处其中，犹如在逛欧式园艺博览廊。

（3）经典场景塑造，促进街道复兴

腾挪变电箱、停车场等市政设施，岛上的中轴线重新焕发出新的活力，形成东西贯通的“最美一公里”中央大街。如果享受宁静，人们可漫步在可停留、可观赏的西起点广场；喜欢热闹，人们则移步到可常开、可互动的东喷泉广场。自西往东不断变化着的景观，给予来者丰富的场所体验，使人们感知到空间功能的转换，并情不自禁地放慢脚步。岛内的三处围闭经营场所变成街道广场，从私营密闭走向公共开放，街道空间的使用更加多样，提升了场所的魅力。

（4）历史建筑修缮，实现全景街区

广州最具欧陆风情的沙面岛上，保留着新古典式、折中主义式、仿哥特式等形式的建筑群体，保留、改造旧建筑，可以让人看到历史是怎样前进的。尊重建筑原有肌理，剔除不和谐的因素，恢复原有细节，重现了建筑欧式风情，为未来新产业置入预留了可能性。在保证不破坏文物建筑基底的基础上，采取“半照明”理念，明暗区分，突出文物建筑的历史厚重感，打造越看越耐看的夜景效果。

（5）精细城市构造，塑造品质生活

古典座凳、古典庭院灯、欧式栏杆、标识牌、宣传栏、门牌，以及提醒历史记忆的黄铜地牌，一系列属于沙面西堤的城市家具点缀在各个角落，配合建筑营造欧陆风情（图6-10）。为沙面量身订制的黑色邮筒，取其沙面地名“Shameen”的英文原称，仿佛一下子就置身在了欧洲街道中。

### 6.2.2.2 新河浦

20世纪20年代，东山地区是华侨、军政人物以及官宦人家的聚集之地，发展至今仍然有400多栋历史建筑得以完整保存，该地已经构成广州市现存规模最大的中西结合低层院落式近代建筑群。新河浦地区作为东山重要的自然和人文景观廊道，具有重要的保护价值。

**（1）现状问题**

微改造前，新河浦地区在景观、交通等方面存在一系列问题。新河浦涌作为联系东濠涌与新河浦的要道，其水体景观未能得到有效展示，堤岸绿植阻挡了行人看向河涌的视线。新河浦涌由护栏与茂密绿植层层围住，行人不仅不能看到河涌全貌，也无法靠近水体，使得空间舒适性受到影响。新河浦涌河涌长达500m，河道宽度与两侧道路空间有限且形式单一，缺乏趣味性和空间层次性，两侧居住建筑较多，河涌两岸空间缺乏市民休憩与活动空间。

由于河涌两侧紧邻居住区，两侧道路多用于停车，人行道与道路另一侧缺少行人停留与休息空间，整条街道空间相对单一，缺少变化。断面变化较大，路内停车较多，对涌两岸步行及景观影响较大，自行车道不连续。现状新河浦涌两岸道路共有9种断面形式，宽度在4～15m之间。交叉口转弯半径大，街角空间局促，行人过街距离远。沿线有5个主要交叉口，2处为信号灯控。部分交叉口转弯半径较大，在30m左右，交叉口转弯车辆车速较快，行人过街距离远，且过街安全性不高。自行车道存在连续性差、宽度过窄、被停车占用等问题。目前自行车交通主要存在三大问题：一是自行车道宽度不足，最大宽度仅为1.0m，导致自行车道形同虚设；二是自行车道连续性、平顺性差，由于道路宽度限制，新河浦涌沿线道路存在多处自行车道断点，且在交叉口空间缺乏自行车道过渡段设计；三是自行车交通与其他交通方式冲突严重，自行车道被路内停车长时间占用等。

步行空间存在多处黑点，且平整性差，常被机动车出入口切断。现状新河浦周边步行道分为三类：第一类为临涌侧步道，第二类为临建筑侧步道，第三类为东濠涌高架下步道。其中临涌侧步道宽1.5～2.0m，临建筑侧步道宽0～3m，东濠涌下步道宽约1.0m。临涌侧步行道受行道树影响较大，步行体验差，临建筑侧步道多有步行道断点，东濠涌下步道则受东西向主要道路切割，产生不连续情况，需绕行。路内停车多，占用了过多的道路资源，且乱停乱放现象普遍。新河浦涌两侧大多为住宅建筑，首层多为商铺，为周边居民提供便利的商业设施；该区域住宅建筑整体较新，局部低层住宅相对残旧；整体立面杂乱，防护网、空调机、晾晒杆等破坏了立面的整体性。

**（2）设计思路**

以“羊城胜迹，竹横溪水，东关河浦，海印秀色”为设计主题，打造亲水新河浦涌历史文化展示区（图6-11）。溯源历史，打造河浦绿径，构建沿江中路至东山洋房文化区的绿色步行景观系统。现在“筑溪街”的“筑”字缘起于“竹”，早年称作“竹溪街”，此地早年竹林茂盛，由此得名。在设计中引入“竹”文化，以竹子作为主要景观配置植物，在步行沿路布置线形景观竹墙，同时在广场设计中融入竹元素构成的构筑物，彰显此地的“竹文化”历史。在河浦绿径与道路交叉口空间设置景观广场，作为横向与竖向路径的放大节点空间，供行人与附近居民休闲、休憩使用。恢复民国时期河涌两岸亲水空间，拆除堤岸绿植，营造河浦绿径亲水、活力、绿色、文化景观廊。

塑造“一涌两岸”特色建筑风貌。以该区现状调研分析

图6-10 改造后沙面四街夜景
来源：《西广州·漫沙面——沙面岛整治提升工程》。

图6-11 新河浦涌历史文化展示区
来源：《新河浦涌品质街区详细设计》。

为基础，提出整治、改造、现状保留三类建筑改造方案：对白云楼鲁迅故居进行修缮，恢复原貌；对12栋具有一定建筑风貌但外立面杂乱的建筑进行整治，从整体上提升河涌两岸景观展示面的建筑形象；对17栋与周边建筑风貌及景观环境不协调且处于重要展示面的建筑进行改造，使该区原有建筑风貌协调统一；对于25栋建筑质量好、风貌好、较优秀的现代建筑予以保留。

遵循人性化、品质化、精细化三大设计理念，实现新河浦涌两侧道路从“道路”向“街道”的转变。以微改造为主要手段，坚持“以人为本”，延续新河浦涌历史与人文特色，通过空间重构，贯通涌边骑行休闲空间，提升滨水步行、骑行空间环境品质，规范车行空间，打造安全、舒适、高品质、有活力的滨水乐活街区。路权分配从侧重机动车向侧重行人与自行车转变。缩小交叉口转弯半径，提高慢行过街便利性与安全性。结合路边停车带，收窄路口，打造活力街角空间，在主要过街处设置抬起式过街，可同时降低车速及方便过街。确保交叉口自行车通道的连续性，增设隔离墩，防止停车非法占用。

### 6.2.3 加强街道无障碍理念全方位融入

无障碍建设这一理念来源于西方国家。在20世纪，人类经历过两次世界大战，使得世界上残疾人的数量大大增加，社会各界开始关注到残疾人群的生活状态，开始建设无障碍设施。1961年，美国成为世界上第一个制定无障碍标准法律法规的国家，这使得无障碍建设有了法律作为支撑。随着残疾人无障碍事业的发展，英国、日本以及瑞典等国家开始陆续制定无障碍设计的相关法律法规。现阶段这些国家的无障碍设施环境建设十分完善，并且陆续有先进的技术融入其中。在这些国家的带领下，世界上有更多的国家开始重视无障碍环境的建设工作，无论在理论研究还是在法律法规建设上都实现了快速发展。

广州的无障碍设施建设发展，至今有30年的历史，并且也有着显著的成果（图6-12）。与国内其他城市相比，广州的无障碍设施环境建设工作走在前列。从20世纪80年代中期开始，周边开始发展无障碍设施。1986年，广州在中山图书馆建设了轮椅通道以及残疾人通道，在东风路建造了广州市第一条坡式人行天桥。1992年，广州市建委和市残联按照规定的标准，完善广州市无障碍设施的建设工作，并且在同年举办的第三届全国残疾人运动会，加速了广州市内各种公共场所无障碍设施的建设工作。1994年，广州召开了国际康复总会“通道与交通——创造无障碍环境”会议，经历过这次会议之后，政府以及社会都对无障碍理念理解得更加深入。2001年，成功举办了“全国残疾人工作示范城市”的创建活动，促进了广州无障碍设施环境建设的快速发展。2002年广州被评为“全国无障碍设施建设示范城市”，广州市政府也制定了相关政策推动这一工作的开展。2003年，广州市政府通过法制化方法设置城市无障碍设施，并且有相关的方案支持实施。另外，针对与无障碍设施的建设和改造相关的工作，广州都有相应的规定进行监管，保证设施建设的质量。广州市政府于2004年授予超过1500家单位，来共同推进无障碍设施的建设工作，并且于当年获得了“全国残疾人工作示范城市”这一称号。2010年广州市成功举办亚运会以及亚残会，通过这个重要的机会，广州市的无障碍设施建设工作更进一步，使无障碍设施在全市范围内广泛分布，并且相应的管理也十分完善。由于广州市对于无障碍设施建设工作的重视，并且提出了良好的管理方案，被评为全国文明示范城市。2012年，广州市开始建设爱心广州，并且致力于建设“爱心满花城”这一具有鲜明特色的广州城市名片。开始针对残疾人士设计建造爱心公园，并且首先以广州天河公园作为示范点，这一示范公园在2014年年底完成建设。

公园的道路级别分设十分明确，共有三个等级，一级道路是无障碍浏览路线，并且在路边设施了相应的标志牌，

图6-12 西堤无障碍设施
来源：《广州品质提升实践》。

有5～6m的宽度，在整个公园内贯穿，对公园内的主要景点实现连通。二级道路的宽度为2～4m，对园区内的次要景点进行连接，能够为残疾人士提供通行方便。三级道路的宽度为1.5～2m，设置为游步道。在爱心广场以及爱心舞台之间设置台地景观，其两侧都是比较长的坡道，在整条道路上都安装了安全扶手。在爱心舞台的入口处共有三级台阶，为了能够为特殊群体的通行提供方便，在广场的两端都设置了坡形通道。在公园内还有一条盲道，但是公园内部设置的盲道与公园外部的盲道之间并没有很好地衔接起来，盲道的设置出现了间断性。在天河公园园区中，园区内部的路面材料大多是沥青、混凝土以及大理石等，这样的路面能够起到防滑作用，并且不会产生积水。在天河公园内还配备了游览专用车，能够为特殊群体提供方便，可以成为园区内的代步工具。

# 6.3 文化客厅：历史活化提升文化内涵

## 6.3.1 历史文化街区微改造

永庆坊位于广州地域特色最为著名的荔湾区西关。永庆坊的大街小巷都饱含着岭南文化。近几年开始对旧建筑进行修缮与改造，永庆坊在建造的过程中仍然保留了原有的味道，同时还吸收了很多时尚元素，逐渐成为广州年轻人文化创意的中心地带。永庆坊区域的周围还有艺术博物馆等建筑，有名的建筑包括李小龙祖居、八和会馆、神秘政客故居等，形成了一系列具有历史文化气息的建筑群。距离这些建筑群两三千米的地方，便是具有2000多年历史的南越王宫以及西汉木质水闸。在这个区域，每年都会有不间断的文化展览。这里已经成为具有广州特色文化街区的代表地区。永庆坊的特色源于对传承的坚守和对创新的包容。由于不断传承历史文化，并且保持着创新，永庆坊的文化特色一直都很鲜明，并且能够代表整个广州的文化特色。

### 6.3.1.1 基本情况

永庆片区所在地恩宁路位于广州旧城区荔湾的中部，恩宁路地段及周边地区有着浓郁的岭南风情和西关文化特色，被称为“广州最美老街”。恩宁路街区的整体景观风貌是广州老西关的代表区域之一，现存街巷、整体建筑布局大量保留了清末及民国时期广州西关商贸居住区的特点。古巷石板路、古树、旧河涌与历史建筑一起构成恩宁路街区的历史景观特色。

在永庆坊片区修缮维护时，设计方案严格遵守“修旧如旧”的原则。在进行修建和改善的同时，仍然要保留原有街道的面貌，在进行建设时要充分尊重历史。在整体的房屋修葺工作中，建筑的基本外形基本保持不变，所做的只是对建筑的立面进行更新，对建筑起到保护作用（图6-13、图6-14）。在对李小龙祖居进行修缮时，主要是针对年久且具有安全隐患的部位进行了修补以及加固工作，并且对传统风貌有破坏的地方进行了清理。修缮的内容主要有以下几个方面：首先是要将街巷的肌理保留。传统的建筑修旧如旧，建筑立面主要采用去污清洗的方式重现面貌。同时为了能够使建筑更加牢固，需要增加一些加固结构。其次要在建筑周围配现代化设施。需要对原有的建筑所具有的功能进行完善，尤其是对周围社区卫生以及排水消防等设施进行加强，能够保证安全。另外还需要对相关产业进行更新和活力化。在城市的建设中融入文化创意、教育产业以及青年公寓等配套设施。

2016年9月，永庆坊的改造工作完成并且开始试营业，2017年1月正式对社会开放。改造后的永庆片区项目总建筑面积7000$m^2$，利用房屋49间。改造后片区功能包括：共享办公（2500$m^2$）、教育营地（梅沙教育）、长租公寓（28间）、配套商业（1000$m^2$），改造投资6500万元。

永庆这一区域进行了微改造项目之后，取得了“环境提升，文脉传承，功能转变，老城新生”的效果，这一区域的建设与改造工作是广州历史文化街区的示范性区域。本次修缮过程中不仅对现有的文物建筑及其街区的风貌进行保存，对建筑物的安全使用也有很大关注。通过改造工作加强房屋的稳固性，修缮之后的房屋具有与现代建筑相同的结构强度。改造之后的街区环境有了很大的改善，在保持原有建筑风貌的同时，建筑有了新时代的风采。麻石街的翻新工作使得街区更加漂亮整洁。通过改造各种相应配套设施，加强了消防网络的建设，提高了安全性。对老旧电线设备进行更换，提升了用电安全度。

永庆坊改造项目受到了主流媒体的专题报道，2018年

图6-13 永庆坊微改造前后平面图
来源：《永庆坊微改造》。

图6-14 永庆坊建筑改造前后对比
来源：《永庆坊微改造》。

10月25日，《央广时评》以“从永庆坊看广州千年文脉传承创新”为题，对永庆坊的改造案例进行了报道，其中提出广州文化的发展过程中，不断完成在传承中创新以及在创新中传承的，优秀的文化传承正在为广州的社会主义核心价值观建设发挥重要作用。永庆坊的成功改造也引发了社会的广泛关注，成为广州“最火爆的网红打卡点”，吸引年轻人来感受和与体验广州老城的西关风情。

#### 6.3.1.2　具体做法

永庆坊这一片区是广州市微改造项目中最具有代表性的项目。整个实施的过程中以政府作为主导，由企业承办，同时居民广泛参与，实现了三方共赢。建设工作并没有进行土地转让，而是向企业征收租赁的费用，实现了招商引资。

政府是大部分物业的持有者，能够获取法规与政策的支持，同时对于这一地区的规划工作方向更加清楚，对改造成果以及活化效果都能够做出全面布局与掌握。政府出台了相应的政策进行招商引资，寻求企业合伙人共同加入该地区的修缮以及活化工作中。企业通过竞标获取政府的授权，并且在一定的营业期限内，获取投资回报。从居民的角度来看待这个问题，这一区域的环境改造能够有效改善居民的居住环境，有利于提升整体的品质。同时，居民也可以参与改造工作，在改造工作中融入自身的思想。另外，居民还可以将自己的物业租赁给企业，获取相应的经济收益。

### 6.3.2　工业遗产唤醒城市记忆

广州是全国四大铁路枢纽之一，原八区行政范围内共有专用线73条，包括连接火车站场的铁路线和解决港口码头跟企业之间运输问题的铁路线两种。本次更新改造的重点为中心城区连接港口码头与大企业的18条专用线。

**（1）更新策略**

更新策略主要分为单线提升与连片改造两种。单线提升针对周边为老旧社区、公园绿地的铁路线，增加开敞空间和活动设施为改造内容，旨在提升人居环境。建议结合老旧小区改造，以区政府为实施主体。连片改造针对周边为旧工厂、已纳入城市重点发展片区、区位条件较好的铁路线。建议结合厂区或片区统一策划和连片改造。

**（2）更新措施**

建立慢行交通，实现滨江与腹地、社区与重要服务设施的有机联系，加强旧城的功能和空间的整体性。充分利用铁路线性延续的特征，推进滨江贯通以及“一江两带”建设，打造连续的城市滨水空间。在废弃铁路更新改造中增加公共配套。对铁路线周边地区进行摸查，结合地区发展目标和现状需求，因地制宜地增补服务设施，提升旧城生活品质。挖掘人文特色，以滨江工业遗产为特色，引入铁轨元素，打造艺术创意与商业结合的人文长廊。改善生态景观，实现城市建设海绵化，提升城市绿化率，加入灯光设计，增添城市夜间的活力。

**（3）荔湾西场铁路改造项目**

西场地区作为历史上工业企业聚集地，留下了众多历史悠久的铁路专用线。本次废弃铁路专用线更新的示范段——荔湾区西场铁路，东起东风西路西焦生态公园南侧，西至富力路与南岸路交叉口，全长约960m。这段铁路又被称为广州市燃料公司专用线，道路两旁还有一段巨大的蒸汽管道仍在运行中。这条两车道宽的路段，铁轨大部分都被路面覆盖，沿途空地被出租作为停车场和酒楼，路边随意堆积着许多杂物和建筑垃圾。与东西向的广州市燃料公司专用线相接的还有南北向的广弘食品集团铁路专用线。目前广弘线这条路基本是土路，铁轨旁已经长出了半米高的杂草，许多共享单车随意停放在路中央。

目前该段铁路线存在的主要问题包括：街区内机动车和自行车、步行、快递、卸货、小商贩混杂无序，造成堵塞和拥挤；标识不成体系，导致消防通道无法识别；铁路空间的竖向情况复杂，部分铁路已拆毁或埋于地下；铁路段仍有蒸汽管道，存在安全隐患。

根据改造方案，西场铁路改造项目按照不同的功能特色分为4段，分别为门户景观段、海绵活力段、文化健身段、生态共享段。在未来的发展中，将其打造成为生态海绵、运动与文化相结合的带状公园，同时辐射向周边地区，增加社区健身设施，满足多样化人群的运动健身需求。本次示范段改造希望在建设社区慢行网络时，同步解决消防安全问题。同时，将铁路线主轴临近的宅前绿地一并进行设计，从线到面，整合提升，充分利用现有景观资源，将更新效果最大化。

### 6.3.3 文化步道串联历史遗存

近年来，广州坚持新发展理念，围绕提升人民群众的获得感、幸福感，创新探索实践，发挥全社会力量，对标世界文化名城，构建广州历史文化名城保护利用新格局。

一是以建设“美丽”广州为着力点，深入修复挖掘驿道文化内涵。坚持实施乡村振兴战略，围绕广东省重点打造南粤古驿道的工作部署，扎实开展古驿道广州段文化线路修复。首先，按照修旧如旧的要求，将古驿道遗存作为完善的基础，在修缮过程中融入传统的建筑材料，打造出古驿道的示范路段。按照绿色发展的要求，不同部门进行资源联合，对农村环境进行综合治理。对一批历史建筑进行集中翻新与活化，同时建设旅游产品。按照“见屋又见人”的理念，开展徒步旅行等文化活动，促进沿线城镇的发展。

二是以建设“活力”广州为出发点，策划实施文化资源串联工程。根据相关部门的要求，在改造时以老城区丰富的历史文化资源作为基础，将“穿越上下两千年，追忆古今羊城事”作为主线，将这一区域内的碎片化文化整合在一起，策划出能够包容各种历史文化的工程。通过小转弯半径设计、扩宽人行路以及公共场所的改造，对百年西堤的整体空间品质进行提升。同时，不断对步行及骑行空间进行完善，展示出具有特色的街区风貌，使街道具有生机与活力。通过组织“走读广州”等共同缔造活动，着力讲好广州故事，让市民能够对广州的历史文化有更全面的掌握与了解，感受广州的文化，并赋予广州这座城市生机和活力。

三是以建设“魅力”广州为切入点，强化历史建筑资源活化利用。按照“最大限度发挥历史建筑使用价值”的要求，开展全市5次文化遗产普查，摸清家底、建档造册。为解决历史文化名城、历史文化街区、骑楼街和历史建筑保护利用存在的短板，针对制度短缺，修订《广州市历史文化名城保护条例》，创设普查前置、预先保护、征而不拆、保护责任人等制度。针对要求不明的问题，编制保护利用规划，明确保护控制底线，使保护利用做到有法可依，有章可循。针对程序不清的问题，制订《历史建筑维护修缮利用指引》，明确保护利用标准，探索简化修缮程序，规范修缮利用行为。针对监管薄弱的问题，建立修缮免费咨询服务、志愿者日常巡查等机制，开展监督巡查。通过实施城市双修和有机更新、优化调整道路红线和修补骑楼界面，形成延续历史文脉、展示城市魅力的“流动博物馆”。

四是以建设“幸福”广州为落脚点，引领推动名镇名村品质提升。围绕聚焦人民生活品质为中心，坚持因地制宜，分类指导，推进名镇名村品质化提升，服务改善民生。把打造中国历史文化名镇沙湾古镇作为示范引领，坚持长期投入，自2002年以来，通过编制保护利用规划、成立专业管理公司、加大资金持续投入，实现名镇历史风貌的真实完整展示。坚持多元融合，通过举办“北帝诞飘色巡游、鱼灯巡游”等民间特色艺术活动，组织居民学习广东音乐、龙狮表演等民间技艺，实现物质与非物质文化遗产深度融合。坚持品牌建设，将文物和历史建筑作为文化艺术载体，实现文化传承和综合利用。坚持村民共治，发动社区力量、联合村民共同参与，精细化修缮老建筑、完善基础设施、增加旅游设施，实现古镇品质提升，原住民比例达到70%以上，居民的获得感、幸福感持续增强。

五是以建设“实力”广州为支撑点，促进文化产业的繁荣发展。以打造世界文化名城作为发展的目标，坚持“创造性转化，创新性发展”。注重开放创新、推动集聚发展，以推进海上丝绸之路申遗，加强红色资源旅游等文化遗产保护利用为抓手，运用新技术，发展新业态，形成具有现代化服务特征的增长点，增强文化可持续发展的生机与活力。同时出台相应的政策，保证这些措施的顺利实施，成立全国首个文化上市公司产业联盟和广州文化产业投资基金，推动文商旅发展一体化。注重相应的宣传工作，将文化软实力展示出来，逐渐将历史文化推广创新。同时还要开展精品文化工程，打造文艺力作，促进岭南文化向外走出去，向外讲好广州的故事，提升文化传播力及影响力。

# 6.4 城市阳台：生态修复提升人居环境

## 6.4.1 推进白云山云道连通工程

白云山及麓湖、越秀山是岭南地区具有代表性的景观资源。白云山、越秀山源于南岭中的大庾岭支脉九连山，是九连山延绵至广州城区内的终点，是广州传统中轴线的起点，在国内外享有一定知名度。在广州传统的“山、水、林、城、田、海”城市结构之中，自然界的山与水都在城市环境中得到相应的延续，这为广州市民提供了良好的休闲娱乐场所。目前白云山、麓湖和越秀山各景区被城市道路分割，缺乏统一的路径连通、境域协调及功能配套，无法满足市民对城市公共空间的实际需求。

广州花园8km云道连通工程以自然为美，串联城市自然山水与文化脉络，通过绿色无障碍路径将白云山、麓湖、越秀山连通起来，把好山好水好风光融入城市，展现自然生态环境维育良好的景观形象以及游览魅力，打造出更加优越的基础环境，使老城市焕发新活力，真正实现还绿于民。

### 6.4.1.1 必要性与可行性

**（1）项目建设是展示美丽宜居花城，彰显活力全球城市的点睛之笔**

作为突出国家形象、彰显广州特色、谋划建设美丽宜居花城的重要举措，广州自2010年开始，坚持“政府引导、社会参与、市区联动、部门配合”的原则，切实加强绿道网的建设工作，绿道建设工作现在已经成为广州市的绿色基础设施，已经成为能够服务民生，让市民更加享受生活的新的标志。按照新的城市总体规划的要求，广州计划将公园绿地和开敞空间500m服务半径覆盖率提升至85%，通过构建城乡休闲游憩体系，串联生态公园和城市公园。“云道”项目作为城市绿道网络的重要组成部分，通过绿色无障碍路径将白云山、麓湖、越秀山连通起来，把好山好水好风光融入城市，发展协调人与自然的风景游憩境域，有助于充分展示美丽宜居花城的景观风貌，使老城市焕发出新活力。

**（2）项目建设是广州市全面构建精品化全域公园体系的重要举措**

2018年年底，广州市林业和园林局公布了新一轮《广州市公园建设与保护专项规划（2017—2035年）》。该规划对标新一轮的广州城市总体规划目标，对广州市的公园建设与保护进行明确，提出改善城市空间景观，提升居民生活品质，确保居民步行10min可达社区公园。云道是白云山、麓湖和越秀山的连接通道，从功能属性上属于绿色网络系统，这条绿道的主要创新形式是打造一条能够提供游览性的钢结构无障碍步道。这条云道能够将广州中心城区的8个公园进行串联，通过空中步道进行连接，能够实现从中山纪念堂直接到达白云山。云道项目标志着广州的绿道建设正进入品质化建设的新阶段，通过构建更加合理、更加丰富的绿色网络体系，有助于广州全面构建精品化全域公园体系，进一步延伸百姓的幸福感。

**（3）项目建设是打造城市慢行系统，完善现状交通体系的现实需要**

项目所在的白云山—麓湖—越秀山片区是广州市传统的城市中心区，也是人口高度稠密的地区，道路网络密集，东风路、解放北路、内环路、下塘西路、麓景路、广园中路、广州环城高速等城市主干道及多条城市分支道路穿越在片区内，城市交通越来越拥堵，汽车尾气排放问题也比较严重。

在城市扩展规模放缓，绿色出行、低碳环保的理念备受重视的环境下，探索一种能够被广大人民群众接受的相对于环保的出行方式，具有十分深远的意义。

按照“新城市主义”规划思想，未来城市发展应逐渐压缩机动车使用道路资源，让道给自行车和步行，即构建城市“慢行系统”。基于广州城市的规模以及机动化水平，在原有路权结构的基础上分配机动车、非机动车和人行的比重将带来较为明显的交通混杂、相互干扰的问题。参照国内外先进城市的相关经验，建设“云道”等具有独立路权的城市慢行系统，有助于打造相对封闭的步行交通网络，满足市民短途出行的需求，使慢行和公共交通、轨道交通共同构成市民的完整出行方式。

**（4）上层次规划及相关方案设计明确项目的建设思路**

随着《广州花园及周边地区控制性详细规划》的审议通过，广州世界级花园建设迈出重要一步，该规划明确广州花园的建设对标世界一流的国际名园，打造“花城名片”，建设依山傍水、高低错落的山水花园景观。在整个园区内有49处花园景点，可以全年对外开放，观花期长达8个月，每年能够接待游客1600万人次。同时，“云道”将把越秀山、花果山以及白云山之间的8km路径连通，从中山纪念堂出发，能够径直到达白云山，真正做到“青山全入城”。《白云山、麓湖及越秀山连通方案设计》通过分析项目的基础条件，初步明确了项目选线、功能分区、改造策略、分段平面方案等，为下一步的工程实施提供了框架性思路。

**（5）项目具备良好的政策环境**

《广州市住房和城乡建设委员会关于印发“从都论坛”重点区域环境品质综合提升工作方案的通知》（穗建市政[2018]1365号），明确了项目的总体目标、工作范围、整治提升内容、实施模式与工作计划，为项目实施提供了坚实的基础。根据《从化区人民政府办公室关于广州市从化区“从都论坛”重点区域环境品质综合提升实施方案有关问题的复函》（从府办复[2018]583号），从化区政府原则同意《广州市从化区"从都论坛"重点区域环境品质综合提升实施方案》。

**（6）大量密集的人流为项目提供了广泛的社会需求**

目前该片区的年均客流量为936万人次，其中白云山南门760万人次/年，广州花园范围内的云台花园+麓湖公园为176万人次/年。广州花园的建设必定会带来巨大的交通流量，按照规划预测，未来客流则接近翻倍，增加到年均1600万人次。白云山南门客流平稳，按年均800万人次来考虑，广州花园每年也将吸引800万人次。预测普通周末日均客流将达到4.6万人次，节假日（重要活动日）日均客流将达14.3万人次，庞大的人流量亟需通过便捷的人行系统进行疏导，同时也为项目提供了广泛的社会需求。

**（7）完善的城市基础设施为项目建设提供了实施条件**

项目所在位置为广州市中心城区，周边市政实施完善，水电等管线接入较为便捷。经过多年开发建设，道路交通通达性较好，可以满足项目实施期间人员进出和物料运输等相关要求，为项目最终落地提供了可实施的基本条件。

### 6.4.1.2 云道

**（1）功能定位**

广州花园的建设将对标世界一流的国际名园，打造“花城名片”，打造依山傍水、高低错落的山水花园景观。全园散布49处花园景点，可全年开放，拥有8个月以上的超长观花期，预计每年可以接待1600万人次。“云道”取意“云端漫步还绿之道”，把越秀山、花果山和白云山之间的8km路径联通，从中山纪念堂到越秀公园1.7km，越秀公园到麓湖公园3.4km，麓湖公园到白云山2.9km，可以从中山纪念堂一路直上白云山，实现“青山全入城”（图6-15）。

白云山—麓湖—越秀山连通工程西起越秀公园东北门，经花果山、雕塑公园东门、下塘西路、麓湖公园高尔夫练习场，东至麓湖公园西侧，包括越秀云道、飞鹅云道、麓湖云道三部分。越秀云道以越秀公园东北门广场为起点，下穿环市路上两条高架连花果山公园，最终向远处的飞鹅岭延伸。该段以城市文化特色为主题，旨在彰显城市人文景观。飞鹅云道主要沿飞鹅岭山谷穿行，经过金麓山庄南侧绿地，跨过下塘西路与麓湖高尔夫球场相接，该段主打山林游览，体现野趣景观。麓湖云道的主要景观为麓湖公园，空中步道穿过麓湖高尔夫球场南侧的丛林，最终到达西侧的平台。

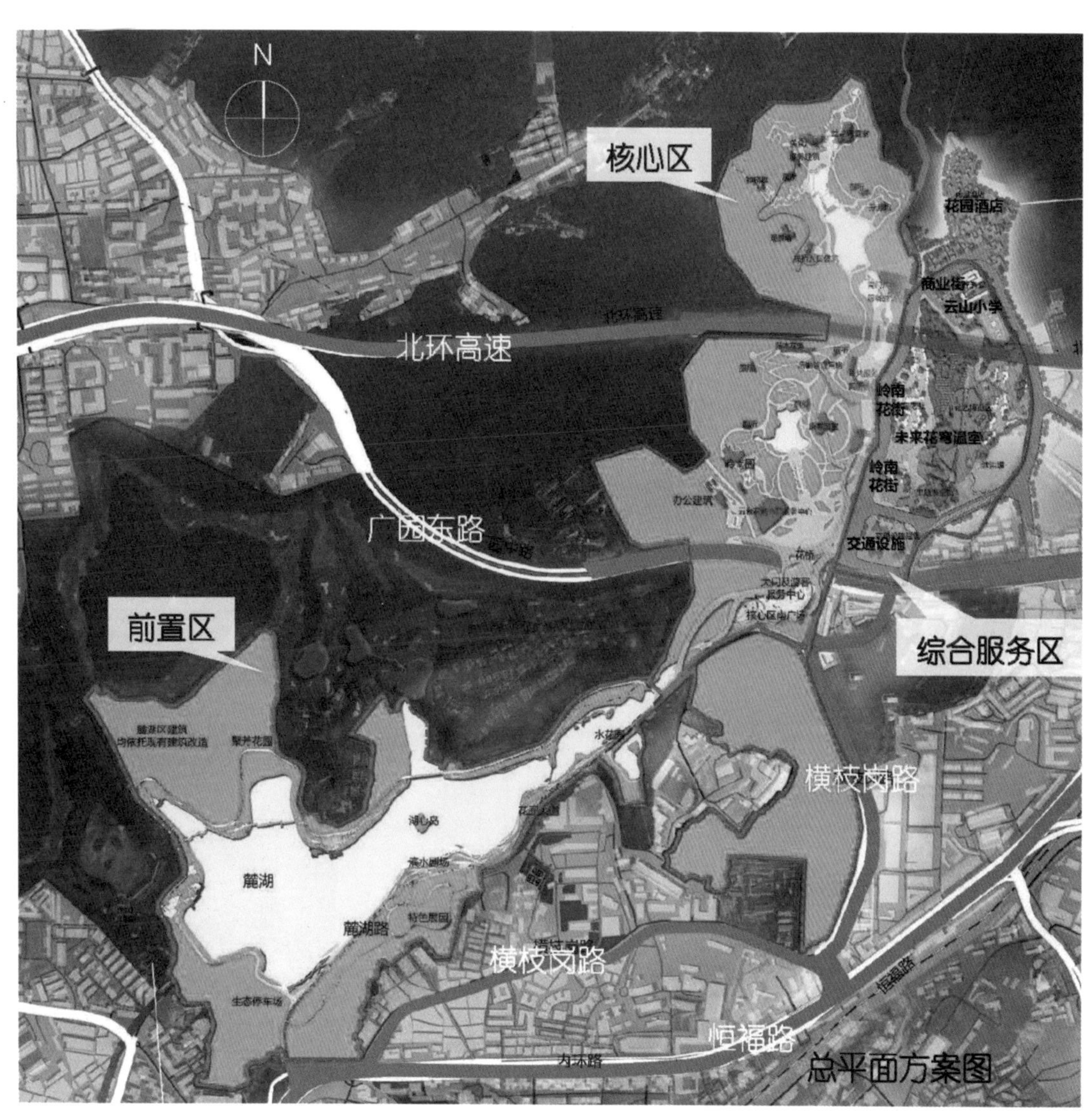


图6-15　广州花园及周边地区总平面图
来源：《广州花园及周边地区控制性详细规划》。

**（2）连通**

空中栈道选线的关键与难点在于打通三处断点：越秀山—花果山断点，飞蛾岭—麓湖高尔夫练习场，麓湖高尔夫练习场—麓湖。项目建设包含空中栈道建设、驿站节点建设、景观标识建设、园林绿化建设、配套设施工程建设五项内容。

1）空中栈道建设

空中栈道建设包含景观步道，建设总长度6.0km，空中栈道宽3～5m，空中栈道主要依托现状公园绿地，通过高架的高度调整坡度，在花果山上下口等处设置上下连接步道。新建下塘西路西北部天桥，麓湖天桥两座天桥，同时对环市路马克斯天桥、下塘西路中部天桥两座天桥进行品质提升，包含桥体清洗、饰面重新涂装、铺装提升、栏杆提升、管线整治等工作（图6-16）。

2）驿站节点建设

在云道沿线规划设置驿站，驿站面积约1000m$^2$，依据节点特征配套相应的设施。越秀公园东北门新建驿站，面积约730m$^2$，规划为一级驿站，功能包含管理处、解说展示点、标示系统、治安消防点、厕所、自行车停放点、小卖部等，作为云道空中栈道西侧的起点；雕塑公园东门新建驿站，面积约1000m$^2$，规划为二级驿站，功能包含标示系统、治安消防点、厕所、自行车停放点、小卖部、休憩点、观景点等；对原有的花果山公园驿站进行提升，面积约1300m$^2$，规划为二级驿站，功能包含解说展示点、标示系统、治安消防点、厕所、自行车停放点、小卖部、休憩点、观景点等；麓湖公园新建驿站，面积约1150m$^2$，同时新建4层观景平台1344m$^2$，规划为一级驿站，功能包含管理处、

图6-16 广州“云道”
来源：https://kuaibao.qq.com/s/20200408A0P5KM00?refer=spider。

图6-17 休憩座椅效果示意图
来源：《白云山麓湖越秀山连通工程建设方案》。

电瓶车和管理应急车辆停车场、游客服务中心、标示系统、治安消防点、厕所、自行车停放点、小卖部、休憩点、观景点等，作为云道空中栈道东侧的起点；麓湖公园北新建驿站，面积约1000m$^2$，规划为二级驿站，功能包含标示系统、治安消防点、厕所、自行车停放点、小卖部、休憩点、观景点等。

3）景观标识建设

在空中栈道与驿站节点配套相关景观标识与城市家具。在驿站与观景平台设置解说展示标识与标识标牌，包含指路标示、名称标识、警示标示等；在主要驿站设置治安消防点、自行车停放点和小卖部；改造厕所2处，依托原有厕所进行提升，新设厕所2处，每处80m$^2$，建设标准参照《旅游厕所质量等级的划分与评定》GB/T 18973-2016中的AAA级标准建设；垃圾箱沿主节点及空中栈道设置，每隔100m设置一处；休憩座椅沿主节点及空中栈道设置，每隔50m设置一处（图6-17）；节点景观射灯位于驿站节点，结合景观小品、绿化进行设置；沿主节点与观景平台，设置景观小品或景墙，展现岭南文化、自然文化和人文文化；多媒体展示设备位于驿站节点，集成智慧照明、气象站、空气质量监测、城市WiFi覆盖、视频监控、充电桩、LED信息发布、信息交互、一键报警、微基站等多种功能；多杆合一位于主要上下口，集成智慧照明、城市WiFi覆盖、视频监控、微基

图6-18　驿站效果示意图
来源：《白云山麓湖越秀山连通工程建设方案》。

站等功能；喷雾系统位于驿站节点，通过喷雾系统实现喷雾降温。

4）园林绿化建设

园林绿化建设包含绿化恢复工程、线路绿化建设、节点特色绿化。绿化恢复工程针对空中栈道基础建设涉及的用地开展绿化恢复。结合路段实际情况，采用喷草、灌木、地被和藤本植被进行绿化恢复，按每个墩位基础绿化恢复范围2.5m×10m；沿空中栈道步道两侧挂设花箱，两侧各5m，设置绿化提升范围带；在主要驿站节点附近进行节点特色绿化设计（图6-18）。

## 6.4.2　塑造广州花园，凸显花城特色

观景台的建设能够为人们提供更好的观赏平台，由观景台向远处望去，能够领悟到一个座城市的美好，为游人观赏景色提供方便，同时也能有效保护自然景观。在设计观景台时，需要将观赏的景观实现最大化，与城市的特色相融合，展现出都市的风光。观景台对于一座城市风景文化的展示是不可缺少的。从2017年开始，广州市政府开始致力于打造国际著名花园。

广州市将新建的花园地址选在白云区以及越秀区的交界处，花园范围包括北边白云山全程，南到恒福路，东至永福路，西至下塘路，规划总体面积达到151.8hm$^2$。该花园的大部分都建设在白云山风景名胜区范围内。在这一花园的设计方案中，主要是依托白云山这一处自然山水环境，通过改造，建设成为一座依山傍水、落落有致的山水景观花园。在全园内景点数量高达49处，每一处都有本土花卉以及世界著名花卉精品展示。

### 6.4.2.1　广州花园分为三大功能区——前置区、核心区以及综合服务区

前置区域主要包括麓湖公园以及横枝岗这一地界，总面积76.5hm$^2$，整体的水体面积达22.17hm$^2$，主要定位为鸟语花香的城市休闲公园，能够与市民日常的休闲活动紧密联系在一起。该花园的核心区域占地面积为54hm$^2$，共分为两个建设周期，目标是建设成为世界级的精品花园，成为广州市城市文化名片的重要组成部分。核心区形成“一核五心多点”的景观结构。公共景观核心设置在入口广场，共由5个公共区域组成，每个区域都有独特的特点。这些区域中，核心区的大型花桥是最令人期待的部分（图6-19）。

整座花桥横跨广州花园核心区域、安置区以及综合服务区，并且能够和白云山索道实现联通。桥体的规划面积

图6-19 广州花园核心区效果图
来源：《广州花园及周边地区控制性详细规划》。

为2.48hm²，预计建设长度为1.63hm²。整体的外观形象设计成绽放花朵。广州花园主广场在广园路分为南段和北段，中间通过花桥进行连接，能够实现白云山以及麓湖之间的联通。花桥并非只有连接功能，在桥面上也设置花卉展览，使其形成一个空中花园。在桥墩下方种植爬藤植物，花桥还会对花的生长和蔓延进行模拟，同时还设置了能够为生物迁移提供方便的廊道。除此之外，还设置了雨水收集器来收集桥上的雨水，这些雨水能够用于建筑物的清洁，同时能够满足植物的灌溉需求，有效节约水资源。

综合服务区主要由白云山南入口、金贵村和城投集团的白云双燕实业公司等地块组成，占地面积21.3hm²，这部分将会建成花卉产业园。要建设一座具有2万m²的温室，用来培育花卉（图6-20）。在这一区域内的广东省中职业技术学院将会迁出，并且将这里打造成为花城新天地。花城新天地承载着休闲娱乐以及购物等众多功能，为市民以及游客带来更加丰富的游览体验。

缤纷花市区内包括花卉市场以及花园酒店两个部分，游客能够从花卉市场购买鲜花或者是相应的鲜花制品。花园酒店也具有特色，依照当地的地势建造，酒店的屋顶被草地花卉覆盖，与周边的花田相互融合，不仅能够为游客提供住宿，还能够实现鲜花交易。生态区域内部的花园也分为不同的特征区，包括家庭花园、休闲花园以及低线花园等。在区域内还设置服务中心以及换乘区等节点，为游客在游览过程中提供方便。

### 6.4.2.2 交通——拟设三个地铁站点，新增广园路隧道等

广州花园预计会带来巨大的交通流量。未来，广州花园片区的地铁设施将有所增加，在地铁11号线设置云台花园站以及田心村站，地铁12号线设置恒福路站。公交的始发站以及终点站都向外延伸，其交通网络能够覆盖至6000m²，只增加3000m²的旅游大巴停车场。在这里的主要出行方式为公共交通。这一区域的交通网络将会进一步得到完善，目标预期内会增加广园路隧道，使得广园路的转换节点更为优化，同时还要增加临泉南路等地区进园的通道，将横枝岗路有效增宽。

针对现阶段云山南路规划不合理现象进行改造。对交通组织进行了规划与优化，进一步实现人车分离。首先，对于

图6-20 未来花穹温室效果图
来源：《广州花园及周边地区控制性详细规划》。

这部分区域来说，开始慢性化改造工作，设置大型花桥将云山南路以及麓湖路连接，并且建设了地铁站以及综合服务区，在西侧实现人行交通主轴。其次，在东侧新增加横跨广园路的隧道，将横枝岗路以及综合服务区有效连接，形成一条新的入园主道。新增加的隧道与横枝岗路隧道之间形成交通循环，能够将进园交通以及过境交通分离，完成提升之后的道路系统能够满足各种车辆的交通需求。

#### 6.4.2.3 意义——城市的见证者，景观的传递者

城市观景台能够更加帮助市民以及游客接近自然。观景台不仅将观赏景色设置在城市内，还向城市之外进行延伸，使得能够浏览到的风景更为广阔。观景台能够实现在白天观赏城市的容貌，在夜晚感受花城的美景。实现休闲与浏览相结合，保证休闲和娱乐融合在一起，将岭南地区的文化特色充分地展示出来，使得绿色建设空间更加人性化。

观景台就像是景观的见证者，能够对祖国的大好河山以及无限的风光实现完美的记录，并且能够传递人文文化。在地域特色最为突出的位置设置观景平台，能够将城市文化与大自然相融合，让人们有机会感受到城市景观以及大自然的魅力，加深对城市文化的印象。

### 6.4.3 打造口袋公园，提升市民幸福感

#### 6.4.3.1 概况

**（1）口袋公园概念**

口袋公园也称袖珍公园，指规模很小的城市开放空间，面积多在1hm$^2$以下。常呈斑块状散落或隐藏在城市结构中，为当地居民服务。城市中的各种小型绿地、小公园、街心花园以及社区运动场所等都是身边常见的口袋公园。口袋公园具备公共性、开放性、永久性三个性质。

**（2）口袋公园特征**

口袋公园的设计除了具有“规模小”“功能专”的特征外，还应体现出“人性化”“流量化”的现代特征。相关数据表明，美国的口袋公园占地面积大多数在800～8000m$^2$之间，根据我国公园设计规范，我国的口袋公园规模大多数在

200m$^2$左右。口袋公园的形态走向更加多样化以及立体化的路径。现代公园的空间形态已经逐渐从建筑围合形式发展为独立的立体空间。相比综合公园，口袋公园的使用群体更加固定、更针对休闲活动功能，主题功能突出，如儿童活动、社区交流、体育活动、庭院游赏等。

口袋公园的设计应以安全性为基本原则，从公园选址、空间布局到植物绿化、夜景灯光设计均应以保障使用者安全为前提。公园的建设与应用充分体现人为关怀，并且更加强调公众这一主体内容。公园的建设和应用能够与人们的生活相贴合，通过精巧的构思、巧妙的设施配置和交通、竖向组织，充分体现公园的表达特征以及可留性。可达性需要使用者能够通过步行尽快到达，且能够快速融入社交活动中。主流性主要是指公园内各种设施要符合人们日常使用的尺度习惯，突出人性化设计。同时，口袋公园的建设要与街道、社区、办公区等各类型城市空间有机结合。由单个口袋形成口袋公园系列，使口袋公园成为热点，人气聚集地。

**（3）口袋公园选址**

口袋公园占地面积较小，地址选取较灵活，并且能够在城市中分散布局，是市民休闲活动和休憩的重要场所，应选择容易实施、场地竖向较为平整、周边公共服务设施完善的地点进行建设，在此基础上以靠近社区、文体设施、商业中心等区域，方便群众活动和到达的场地为最佳。公园的选址应尽量考虑现状建设条件不高或存在缺陷的公共场地，或亟待改造的街边以及道路旁边的空间。

口袋公园能见缝插针地大量出现在城市中，各种小型绿地、小公园、街心花园、社区小型运动场所都可以作为口袋公园的不同形态。优先选择城市废弃地和消极空间，挖掘这些空间的价值，满足市民的人性化需求，使消极空间受到欢迎和喜爱，更好地为人们所用。

**（4）口袋公园的岭南特色**

口袋公园的设计应强调功能优先，在保障设计安全性的前提下，切实满足不同人群的使用需求和习惯，合理布局活动场地，注重配套设施的完善和提升。手法应简洁大方，造型处理和材料运用应精细考究、以人为本，让使用者感受到舒适、惬意。还应满足民众的使用需求和习惯，例如多考虑遮阴避雨设施、防滑地面、渗水路面及草皮、夜间照明设施等要素。结合公共艺术设计，在公园中融入岭南文化特色和历史印迹，唤起民众的文化认同感。以灵巧、自由、实用为原则，适应地方风俗文化，增强口袋公园的凝聚力。适应广州资源气候特征，创造“亚热带特色”，宜栽植适量的高大乔木，地面铺装宜多植草皮或者是软硬质相结合，能够呈现出美观宜人又能够有利于水体疏散的草坪。同时应充分考虑到台风等环境因素，多采用柱廊形式围合空间。

### 6.4.3.2　分类及构成要素

**（1）口袋公园分类**

口袋公园主要分为社区型口袋公园、道路型口袋公园以及再生型口袋公园三个类型。社区型口袋公园大多位于居民区或商业、医疗等建筑周边。公园功能以休闲娱乐为主，兼具其他城市公共服务功能。社区型口袋公园贴近人的生活，人停留时间最久，应易于步行出入，同时应能够展现社区丰富的历史。作为建筑附属口袋公园时，应注重与建筑功能的协调并呼应建筑风格。道路型口袋公园供过路行人和游客休憩、游览、观光，有时兼具交通集散功能，填补道路周边功能缺失。此类公园一般位于人行道旁或过街安全岛、环形交叉口中心岛等处。道路型口袋公园往往人流量最多，在满足功能的前提下应具有明确的视觉中心。再生型口袋公园一般指改善现状条件较差的已建成公园，或对现状存在缺陷的公共场地进行废弃空间利用所新建的公园。此类公园设计应注意生态性的考虑，例如对雨水进行净化及水资源修复。再生型口袋公园设计除了应满足舒适实用的空间体验外，还要具有能唤起公众对于口袋公园设计所表现的时代意义。

**（2）口袋公园构成要素**

口袋公园主要包含公共艺术、场所边界以及活动场地三大系统（图6-21）。公共艺术主要划分为公共和艺术两个部分，公共具有公共平民的意思，而艺术这一词语包含着技术、巧妙以及美术的意思。口袋公园内的公共艺术主要指狭义的城市公共艺术，即放置在公园中的每件独立的公共艺术性作品。场所边界能够将没有限制的空间进行划分，并且使其形成一定的隔断性，主要包括河岸、墙以及路堑等不能够被穿越的障碍，也包括树木、台阶或者是地面等能够穿越的界限。口袋公园的活动场地主要是指为公共活动提供载体的开放空间，是公园的核心区域，包含场所空间要素及相关配套服务设施。

### 6.4.3.3 设计标准

**（1）口袋公园基本设计要点**

对于社区型口袋公园而言，应该留出足够大面积的空地，并且能够根据人的行为特征以及建筑物的性质对动态区域以及静态区域进行区分，公园主要出入口宜面对街道。道路型口袋公园受到道路条件限制，空间变换多、节奏快，开敞自由，设计平面布局宜采用大气疏朗的线条，营造可供行人休憩的空间，并保证视线的开阔性。再生型口袋公园以改善现状条件较差的已建成公园，或对现状存在缺陷的公共场地进行再生为主要形式，通常采取园林绿化的方式，以树木、草地以及林荫路为人们营造更好的环境，在公园中设置台阶以及椅子为游人提供休息的场所。

**（2）口袋公园的规模**

尺度适中的公园既能给人以安全感、舒适感，又能产生良好的视觉效果。口袋公园的规模与公园的功能和定位有关，并且与建设环境有很大的关联。以休闲活动为主要功能的公园（如社区型口袋公园），其建设规模应取决于居民人口数量和周边绿地情况；以交通配套为主要功能的公园（如道路型口袋公园），其建设规模应取决于行人通行情况（图6-22）；以游览或集会为主要功能的公园（如再生型口袋公园），其建设规模应取决于游人流量或集会活动的参加人数。

**（3）空间形式组织**

口袋公园空间的围合一般利用自然地形（沟渠等）、建筑物、道路等元素，通过围合对公园的空间边界进行限定，最终形成公园的主体环境。围合方式可分为四种基本模式：四面围合公园的领域感和归属感都十分强烈，具有一定的封闭性，适用于尺度比较小的公园，如服务于社区的口袋公园或建筑附属公园空间；三面围合公园具备十分强烈的方向性，同时私密性也比较好，通常适用于游玩休憩类、商业类、市政类口袋公园；两面围合公园的导向性和流动性都比较好，具有比较弱的向心性，大多数在大型建筑以及街角的交角处；一面围合公园具有较强的流动性，封闭性弱，开放性强，一般适用于临街公园。

口袋公园的空间形式一定是要根据实际要求以及环境情况进行设计，对于活动者的观赏需求以及活动习惯都要予以满足，同时还要与公园的整体风格以及功能相适应。根据空间设计手法之间的差异，可以将口袋公园分为几种类型。按照公园呈现出的空间形状来划分，可以分为规则公园以及不规则公园；按照公园的围合程度进行分类，则可以分为开敞公园、地面公园、封闭公园以及半封闭公园。按照公园的平面高度进行分类，可以分为下沉公园、地面公园以及高架公园类。

1）规则公园和不规则公园

空间形状规则的公园可以划分为矩形公园、椭圆形公园、圆形公园和梯形公园。正方形公园在空间方向上具有一定的差异，但是能够通过建筑物的组织与道路的走向相结合，展现出公园的方向性。长方形公园的空间方向稍微强一些，对于在园区内设置建筑的位置十分有利。梯形公园空间的方向性比较好，能够更好地表现出公园的主题，主要建筑应该沿着梯形的长边在主轴线上布置，使主要建筑的形象更加突出。圆形和椭圆形公园四周建筑宜按圆弧形围合设计。规则的公园更加适用于具有历史文化意义的公园。不规则公园在整体结构上没有规则公园那样对称，公园的不规则形状大多数是在历史形成时期具有的布局，大多数都是随着当时的地形条件而形成了整体的公园面貌。现阶段的公园设计中，通常也会采取不规则的形状将空间意象表达出来。不规则公园适用于交通集散公园、商业公园、休闲公园、生活公园和综合公园。

2）封闭公园和开敞公园

公园空间围合程度发生了变化，能够对空间的变化效果起到一定的丰富作用。封闭公园对于建筑的高度是有一定限制的，建筑的高度要在公园宽度的一半之内，最底层的设计一定要保持通透明亮的设计风格，所有的艺术设计都要更加细致。对于公园内部的布景一定要精心设计，能够起到衬托建筑的作用。封闭式公园更加适用于商业公园、休闲公园以及生活公园。开敞式的公园能够使人们的视野更为开阔，封闭式公园会使整个园区比较安静，更适合休闲。事实上可以

图6-21 口袋公园构成要素
来源：《广州市口袋公园设计导则》。

图6-22 道路型口袋公园
来源：《广州市口袋公园设计导则》。

将封闭和开放结合应用，并采取在最外围封闭的形式，在公园内部提高开放性，使得公园具有一定的开阔场所，同时也有安静的区域。开敞式公园更加适合在市政公园、市政建筑以及有纪念意义的公园中应用。

3）下沉公园、地面公园、高架公园

地面公园普遍应用口袋公园的形式，随着城市交通的不断发展，口袋公园的形式将会通过简单建筑围合的形式向立体式公园扩展。如果公园内部的地形环境十分复杂，就更有可能设计成为充满趣味性的空间图形，使得整体园区展现得更为立体，这种公园也应该尽量保证人行功能。下沉式公园是应用最为广泛的一种形式，这种形式不仅对于交通组织比较方便，还能够针对地下空间进行综合利用。下沉式公园比较适合古老的建筑旁或者是在拥挤的城市中心，能够营造出闹中求静的室外环境。广州地区降雨强度很大，应用这种形式的公园一定要认真解决排水问题。

### 6.4.3.4　口袋公园试点

为拓展城市生态面积，提升服务质量，完善市政基础设施条件，发掘并保护相应的历史文化，越秀区在城市的边角地以及闲置地等各种区域建设口袋公园。现阶段，已经有3处开始执行试点建设工作，总体建筑面积达到1000m$^2$。由此可以打造市民们家门口的绿色便民休闲空间，能够对越秀老城市的活力有所提升，进一步推进越秀区的发展（图6-23、图6-24）。

口袋公园的设计坚持从以人为本的建设理念，针对传统街头绿地功能单一、活动空间少、利用率不高等问题，通过对周边市民的活动和需求进行深入分析，出入口、园路以及绿化植被的建设满足了相应的需求。同时，行人的活动空间也得到了有效拓宽，在公园内设置了以及健身步道等设施，为市民提供休息健身的场所，满足市民在喧闹的城市中释放生活压力的需求。对于夜景灯光照明也有精巧的设计，使得景观体验与白天有很大的差别。

口袋公园选址通常都会选择具有一定历史文化或者是具有一定名胜古迹的地方。在法政路口袋公园的选址上，选择了广东政法学堂、广州古城墙遗迹以及镇海楼等具有历史文化特点的地方。在永胜上沙口袋公园周围包括东湖新村以及新河浦等具有历史文化气息的建筑群，也囊括了东山湖公园等丰富的历史文化资源。项目以历史文化为设计导向，提取岭南建筑印记、营造具有趣味性的景观氛围，使口袋公园的艺术功能得到丰富。同时，口袋公园能够使海绵城市理念在公园的建设中完全融合，能够有效地将景观建设与雨水处理相结合，保证雨水能够顺利的排出。永胜上沙以及农林东口袋公园项目，对于公园绿地的标高都进行了限制，在很多小节点部分设置了卵石滩集水点，形成海绵体，对原有的植物进行保护，使降水在园区内得以缓冲以及消化。在法政路口袋公园项目中，地形高差被应用在了设计中，呈现出旱溪景观，这一设计不仅能够使景观更为美化，还能够将排水系统的性能发挥到最大化，降低整个园区的排水压力。

图6-23　永胜上沙口袋公园
来源：https://www.meipian.cn/1vp09die

图6-24　环市东口袋公园
来源：《广州品质提升实践》。

# 07

# 面向实施：创新管理与全民参与

城市设计作为重要的规划管理手段，已成为世界发达城市在规划管理中对土地经营开发进行规范化约束的重要手段，并最终通过管理体制来真正付诸运行实施。在城市规划工作中，应加强城市设计与规划管理的紧密结合，了解不同的城市管理制度、规划制度下城市设计实施主体、控制方法的区别。城市设计应该成为广大市民共同的事业，扩大公众参与、良好的决策过程是保证城市设计成功的必要条件。

改革开放初期，城市设计并未在广州的城市建设中起到真正作用。从 1989 年开始，城市规划实践进入了面对市场经济体制的探索时期，城市设计开始支撑广州新中心建设。2000年以后，广州全面推广重点地区城市设计，实现控规精细化编制与管理，其中，珠江新城城市设计和实施，是广州经验的典型案例。

面向实施、创新管理与全民参与，广州进行了一系列城市设计实践探索，包括创新的制度建设、多层次全方位的技术指导，全民的公众参与，如在城市设计层面，发布了《广州城市设计导则》，在琶洲西区、第二中央商务区等地实施地区规划师制度，为精细化、品质化的城市设计实施与管理，探索了新的、有实际成效的道路。

本章旨在从学术理念出发，梳理我国及广州城市设计的实施和管控思路，论述广州在制度建设、技术指引、公共参与等方面的创新实践。

# 7.1 城市设计是一种规划管理手段

学术界对城市设计的概念可归纳为“产品”观点和“过程”观点。城市设计在传统概念上是塑造城市的物质空间环境，可以作为行动导向的“蓝图”。随着学术界对城市设计理论研究的深入，以及丰富实践经验的累积，城市设计概念也不断更新和拓展。城市设计是“一种主要通过控制城市公共空间的形成，干预城市社会空间和物质空间的发展进程的社会实践”；“一个良好的城市设计绝非是设计者笔下浪漫花哨的图表和模型，而是一连串都市行政的过程，城市形体必须通过这个连续决策的过程来塑造”。“城市设计广泛涉及城市社会因素、经济因素、生态环境、实施政策、经济决策等”。

现在，城市设计作为重要的规划管理手段，已成为国内发达城市在规划管理中对土地经营开发进行规范化约束的重要手段，在实践研究中被认定为一种规划管理的有效手段，有着其深刻的决定因素。

## 7.1.1 针对复杂市场的应变需求

人类在早期的部落聚居和城镇发展中，以约定俗成的营造规则、与地理气候条件相适应的地方建材、工艺技术，并结合特殊地域文化和宗教信仰等，形成共同的风格景观，由个体偶然演化到群体共识，这种塑造地域风格建筑的过程同时也出现在公共空间的属性塑造中。形成因素既有地方建材、气候等的约束，也有经历年代检验和筛选达到社会文化共同认可的建筑模式，但是“最具有启迪价值的仍然是其基于共享的价值基础上的‘约定俗成’”，但现代社会产生的结构变迁以及技术带来的生活方式革新，使得审美、文化都带有多样性的选择甚至冲突，因此现代城市要形成统一协调的空间景观必须依赖城市设计导控等控制管理手段。

在市场经济逐步完善的今天，土地市场的开发开放，民营资本对土地开发、基建设施和项目投资等的介入，使得传统的计划经济模式转化为政府主导多元合作开发的混合模式。多元化的开发主体具备不同的发展计划和资金实力，使得建设蓝图在实际落地中存在差距，建筑风格和场地空间和原先预想差以千里。

为了避免出现上述问题，现代城市管理中引入城市设计的平衡机制，这种容易操作的实施手段，扮演了现代社会城市建设蓝本的规则制订者角色。通过编制一整套成系统的实施引导，城市管理完成由自发到自觉的提升阶段，并向维护公共利益的空间秩序方向发展。

## 7.1.2 城市规划控制的现实需求

现代城市管理形成一套以控制性详细规划为手段的管理体制，在其成果的技术文件里提供地块用地性质、用地规模、开发强度等硬性指标，管理部门以此为依据进行城市物质要素的综合管理。此管理依据以地方立法来确定其权威性，界定城市空间一系列的规划条件。

但简单数据的刚性调控，例如相同容积率、建筑密度等，调控之下的城市建设仍造成风格迥异的环境空间，有时甚至相互矛盾。因此，引入城市设计导控，意义非凡。实践证明，缺乏城市设计导控的城市建设是缺乏景观秩序的，城市管理也缺乏细致的引导法则。

## 7.1.3 城市设计导控合法性的授权

《中华人民共和国城乡规划法》已经明确了设计控制的主体是城市政府和城市规划行政主管部门，程序是以“一书两证”为主要环节的规划审批。与英美等国相比，我国设计控制的问题主要在于缺少设计政策、原则的法律地位。英国规划政策指南《PPG 1总体政策和原则建议》明确指出政府部门在制定设计政策方面的责任：“城市设计、建筑设计和景观设计都与适当的公共利益有关”，提倡在对地方场地理解的基础上，以深思熟虑的、综合的、连续的方式来看待设计政策。PPG 1确认“地方规划管理部门应当拒绝不好的设计，尤其是在有清晰的政策和附加设计导则的情况下”“准备开发的设计方案应符合相关设计政策和附加设计导则，否则规划许可有理由不颁发，特殊情况除外”。这一声明的重要性在于它建立了一个申请人和管理部门之间、官员和评议员之间的协议。它建议如果申请人希望获得规划许可，就应该严肃对待设计。同样，规划管理部门应该花时间来阐明政策。这为开发控制过程提供了较大的确定性，高标准的设计将成为一种期待，而不是陷入不必要的紧张和无休止的谈判状态。苏海龙认为从我国当前的规划体系来看，作为规划控制和城市设计导控主要依据的控制性详细规划以及规划审批程序仍存在可改进之处。在已经构成了的规划与设计控制的基本框架中，需要改良的是如何进一步增强城市设计导控的合法性，并不是推翻当前的法定规划体系。

## 7.1.4 城市设计行政管理角度方法论

从行政管理学的角度看，行政管理的目标是通过提高行政活动的效率，协调并不断改善行政主体与客体的关系，以实现行政活动期望的效果。以上行政管理目标中有两个关键概念，即“效率”与“效果”。效率是管理极其重要的组成部分，它是指输入与输出的关系。对于给定的输入，如果能获得更多的输出，就提高了效率。类似的，对于较少的输入，能够获得同样的输出，同样也提高了效率。因为管理者经营的输入资源是稀缺的（资金、人员、设备等），所以他们必须关心这些资源的有效利用。因此，管理就是要使资源成本最小化。效果是指管理必须使活动实现预定的目标，即追求活动的效果。当管理者实现了组织的目标，就可以说他们是有效果的。以上“效率”与“效果”的结合就形成了评价一项行政管理行为的基本框架，简单地说，理想的行政管理行为是“效果好且高效”的。

城市设计导控作为一种行政管理行为，适用于上述评价行政管理行为的基本框架。城市设计导控的“效果”通过建成后的城市公共价值域来最终体现。我国当前的规划体系中，开发建设行为主要通过控规与“一书两证”为核心的行政许可行为来约束。在这种情况下，城市设计导控的效果实际上是通过城市设计对“控规”以及“一书两证”行政许可行为的影响效果来间接考量。城市公共价值域的建成效果、“控规”或“一书两证”行政许可行为与城市设计目标的吻合度成为城市设计导控效果的考量标准。

对于城市设计导控的“效率”评估，则需要考量城市规划管理的行政成本。行政成本是政府向社会提供一定的公共服务所需要的行政投入或耗费的资源，是政府行使其职能必须付出的代价，是政府行使职能的必要支出。由于城市设计需要通过影响“控规”与“一书两证”的行政许可起作用，因此其行政成本主要是规划管理者将城市设计转译为“控规”和影响规划行政审批的相关政策规定的成本。转译的过程越清晰、明确、简单，说明城市设计导控的效率越高。

从以上论述发现，城市设计导控的“效果”与“效率”都涉及城市设计与传统的开发控制结合问题。过程中明确城市设计“导”“控”的边界、适宜的对象等问题就显得极为重要。本该“控”采用“导”的方式，不能有效纳入开发控制管理中，从而影响导控效果；本来宜“导”的选择“控”，则会造成城市设计转译的复杂性，增加行政运行成本。

### 7.1.5 城市设计导控的“导/控”辨析

#### 7.1.5.1 城市设计“导”与“控”的边界问题

城市设计导控中的“导”纳入行政指导范畴，与之相对的“控”则应该是不属于行政指导范畴的其他设计控制行为。根据我国当前行政指导的原则以及行政指导的特征，“导”与“控”的边界可根据“是否属于行政强制范畴”来划定。

在行政这一部分，行政指导是很重要的，主要是指行政主体在其行政职责以及任务的范围内，为了能够与现阶段复杂多变的经济相适应，同时满足社会的管理，以国家的法律精神、政策和原则的适应性作为主导。在必要的时候，适当地灵活运用强制性措施最终达到实际的行政目标。在以上行政指导的定义中强调“非国家强制性手段”，有学者称其为“温柔的行政”。由于“导”是非强制性的，因此城市设计的“导”具有单向性，即行政主体单方提供参考信息，行政相对方自由选择反应。

与“导”相对的“控”则属于“行政强制”的范畴。所谓行政强制，是指行政主体为实现行政职能而在行政管理活动中采取强力方式的行政行为。主要包括两个层次：当行政相对方拒不履行行政法定义务时，为了保障行政管理活动的顺利运行，行政机关可以依法对行政相对人采取强制性手段，迫使行政相对人履行法定义务或达到履行义务相同的状态；或遇到紧急事件或状态，行政机关为了保护公民的人身安全和健康，维护社会秩序，也可以对相对人的人身或财产采取紧急性、即时性的强制措施。

我国当前规划控制体系中，法定规划的编制、审批及修改与“一书两证”为核心的规划实施机制是典型的行政强制范畴。城市设计导控分为城市设计政策（导则）编制与实施两个阶段，从行政强制角度来看，两个阶段有所不同。由于我国现行规划体系中，城市设计不属于法定规划，因此城市设计的编制可视为行政指导行为，而城市设计的实施由于主要是与具有法律约束力的控规以及“一书两证”的行政许可相结合，因此在城市设计的实施阶段更强调“控”。

城市设计导控的对象可分为“指导对象”与“控制对象”，二者的强制力不同；前者的管理采用“行政主体单方提供参考信息，行政相对方自由选择反应”的方式，后者则属于强制行政范畴。例如，对于城市一般地区而言，“建筑形式”一般作为指导对象，在城市设计实施过程中一般不纳入规划设计条件，项目开发者可以自由选择是否采用城市设计政策或导则中提供的建筑形式选择。而对于“建筑退界”，在目前的城市设计实施控制或规划设计条件中，则一般属于控制对象，项目开发者必须执行，若违反则必须接受行政处罚与行政强制执行。

#### 7.1.5.2 城市设计“导”与“控”的适宜对象问题

在认同以上从“行政指导”与“行政强制”划分的“导/控”边界的前提下，哪些对象适合“导”，哪些对象应纳入“行政强制”，即“控”的范畴，成为需要解决的问题。只有界定好“导”“控”各自的作用范畴，才能更好地保障现行规划体系下城市设计的弹性与刚性。本节从外部效应、价值形成与可度量程度三个方面来分析城市设计“导”与“控”各自适合的对象。

外部效应主要是指在实际的经济活动中，生产或者消费的相关活动所产生的影响。这种影响可能是正面的，也有可能是负面的。通常将正面影响称作外部效益、外部经济性或正外部性；将负面影响称作外部成本或负外部性。通常是指厂商或者是个人在正常交易的基础上，对于其他厂商产生的相应成本。王世福认为，开发控制在表达公共利益方面偏重开发利益的公平性，主要基于私人利益和私人利益之间，如建立解决日照、消防私人利益冲突的标准。汪乐军则认为，应该控制城市设计实施管理过程中负效应的产生，包括侵占公共绿地的私人开发、住宅间距不足、破坏城市公共空间、景观品质低下等。由此可见，城市设计“控”的内容应该是在城市开发过程中所产生公共利益负外部性的领域。在市场经济条件下，这些领域集中在阻碍开发者资本效益最大化的领域，如公共设施（需要牺牲土地、资金或盈利空间）、建筑高度（控高导致开发量减小）、开敞空间（牺牲土地）等方面。而对于与市场需求导向一致，即对开发资本的逐利活动不易产生负面影响甚至还有正面促进作用的领域，如商业综合体与公共交通的接驳设计（因为公共交通带来的人流有助于商业的繁荣，商业综合体的开发者会主动追求与公共交通的理想接驳方式），则可以采用“导”的方式：设计者可以站在专业角度进行原则性指导，为规划管理者与开发者提供一个宽松的决策环境。

从政策合法性角度看，具有“二次订单”特质的城市设计因其可纳入城市规划相关政策或影响政策制定，因此也适用以上公共政策的合法性解释。公共政策层面的合法性指的是公民对于公共政策系统以及相应的实际政策持有的认可和接受度，同时积极参加到政策的贯彻和执行中，是政策系统输出的合法方面。公共政策的价值合法性主要是指，在价值设定以及价值指向这一层面上，政策能够完全反映社会上不同阶层的利益，同时也能够代表不同公众群体的需求，这样便能够获取公众的认同与支持。由于设计控制的基本价值取向功能价值、伦理价值和审美价值。因此，一旦实现了相应的目标，城市规划便能够赢取社会公众的认同及支持，这样便能够获得价值的合法地位。公众的认可程度越高，政策的合法性越易于保证。在一般情况下，涉及功能价值、伦理价值领域的对象易于取得公众价值取向的趋同，如与功能使用相关的开敞空间，与社会交往相关的社区归属感等；而审美价值受人们的文化背景、教育程度、地域民俗等诸多因素影响，公众的审美价值取向是极其复杂的，因此涉及审美价值的对象，如建筑色彩等，在多数情况下都采用引导的方式。

从可度量性角度看，根据符号学的观点，一个好的开发控制（城市设计控制）体系应当提高规则编码的真实性。在城市设计导控领域，可“定量”与“定位”的对象是最易于度量的，如建筑高度、开敞空间界面、地标位置等；而不可“定量”或“定位”的对象则难以度量，因此在编码时经常采用“定性”的原则或规则，对这些原则或规则的解码通常具有较大的自由度。由此可见，可“定量”与“定位”的对象适宜“控”，因为其编码、解码的规则易于统一，从而更好地执行管理意图，而其他对象由于难以解码与编码的自由度较大，适宜采用“导”的管理方式，因为“导”可以利用沟通、交往，实现信息的有效传递。

从上文城市设计价值论的叙述中可知，城市设计关注3个方面的价值，即功能价值、伦理价值与美学价值。其中，功能价值、伦理价值较容易转化为“定量”与“定性”的控制条文或图示，比如商住混合地块中居住开发量比例（功能价值）、日照间距（伦理价值，即一个项目不能损害其他项目的日照权利）等；但美学价值涉及艺术性，其评价标准往往是不太具体和不可度量的，需要更多地结合项目的具体情况，进行美学价值的专业判断与公众引导。这个时候就需要发挥城市设计的“前置研究”功能，在前置研究中，统一美学价值判断，同时广泛听取公众诉求，从而在后续的法定规划中使具体开发建设中涉及美学价值因素的具体实施遇到最小的阻力，使整个规划蓝图的实施性更好。

#### 7.1.5.3 城市设计“导”与“控”的融合与转化

城市设计“导”与“控”尽管可以通过是否属于行政强制范畴来界定，同时也有各自适宜的对象，但在城市设计导控实践中，两者是可以转化与融合的。

“导”与“控”的融合，是提升行政效率的有效方式。改革行政管理方式、转变政府职能的核心就是建立服务型政府，而行政指导就是建立服务型政府的突破口。可以说，有了行政指导，建设服务型政府就不再是一句空话。行政指导已成为转变政府职能的“突破口”。

“导”与“控”的转化，城市设计编制与城市设计实施的阶段演进。王世福、苏海龙等均强调城市设计的管控分为“设计控制”与“开发控制”，笔者结合广州的城市设计实践，采用“城市设计引导”与“城市设计实施”的概念更容易让人理解城市设计作为《中华人民共和国城乡规划法》中没有法定规划地位的规划类型，是如何与法定规划体系衔接，从而实现城市设计导控效用的。

## 案例：新加坡开发控制指引与重点片区城市设计导引相结合的管控体系

新加坡的城市规划控制体系包括：概念规划—开发指导规划—地块图则。其中，概念规划每10年进行一次修编，是城市总体层面的规划；开发指导规划是局部层面的详细规划，深度类似我国的分区规划、控制性详细规划；地块图则是将整体的规划概念转换为详细的地块/地段开发指引，形成法定文件，向公众公开的建设指导文件；局部城市设计的内容和要求最终以地块图则开发指引内容体现，通过这种方法实现其控制（图7-1）。

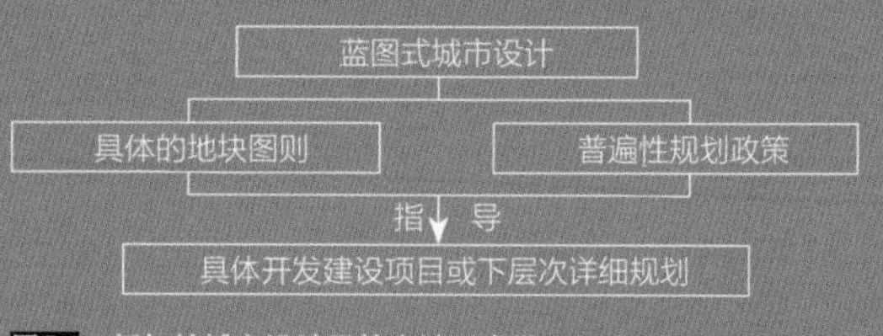


图7-1 新加坡城市设计导控方法示意图
来源：根据新加坡重建局资料整理。

Jon Lang认为，"在新加坡，城市设计发生在整体城市规划的框架内"，这恰当地描述了新加坡规划体系的一大特点，即将规划体系与城市设计进行结合（图7-2）。这种结合使得新加坡可以将规划控制与设计控制进行衔接。宏观层面，概念规划会整合城市设计的内容，具体方式主要是针对概念规划提出的城市宏观发展目标，提出建设性的城市设计解决方案，这些方案将被转化为对城市建成环境进行控制的政策性指引，纳入到概念规划的政策框架中。在中观层面上，城市设计控制将与实施性的总体规划相结合；新加坡的总规是注重实施性的法定规划，包含两部分内容：其一是传统区划控制，即传统的规划控制内容；其二是特殊及详细控制规划，包含公园水体规划、住宅规划、保护区和保护建筑规划等，这些规划包含大量的城市设计控制内容。为了更好地将城市设计控制内容通过规划控制进行具体落实，新加坡将设计控制内容以开发控制手册（包含住宅开发与非住宅开发）与重点片区城市设计导则的形式作为政府法定文件发布。

局部城市设计的重要特点是与下一层次的修建性详细规划和具体地块开发建设紧密相关，必须对下层次的城市开发建设行为提出明确的规划、设计控制要求。因此，局部城市设计控制的实效性主要体现在是否能对下层次设计、具体城市开发建设行为产生影响，其要求的最终落实是否能符合城市设计的初衷。

同时，新加坡还针对一般性城市设计问题提出了一些具有普遍性的相关城市建设政策，例如，对历史建筑保护的奖励，对城市户外广告和建筑物外墙广告的控制等。这些内容同属于城市设计范畴，对局部城市设计的形成有很大影响，而在新加坡则通过规划控制政策的形式进行全市性的统一规定，影响局部地区城市形态与景观的形成（图7-2）。

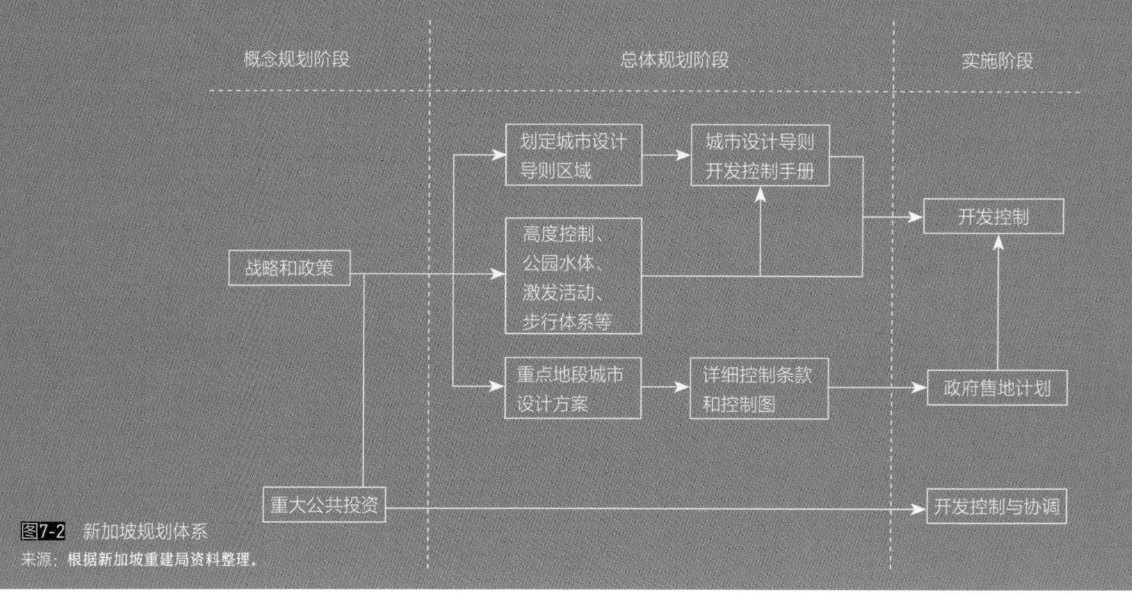


图7-2 新加坡规划体系
来源：根据新加坡重建局资料整理。

# 7.2 不断优化的实施管理历程

## 7.2.1 城市设计尚未起到实施与管理作用

从中华人民共和国成立一直到改革开放这一时间段内，广州的城市发展步入了社会主义新时期，广州也进入了城市总体规划的全面建设的时期，先后制定了13轮城市总体规划，相应的制度逐渐建立起来。作为城市发展与建设的领先城市，城市建设能够促进城市经济的发展，并且指引整个城市空间结构的形成。

### 7.2.1.1 第14版总规和街区规划编制

1984年，国务院正式批准的《广州市城市总体规划》（第14版总规），对于当时广州的发展与建设影响深远。该版总规使广州摆脱了计划经济下城市规划模式，使城市性质开始由“生产性”向“中心性”转变。规划中将城市的中心范围从54.4km$^2$扩大到92.5km$^2$。经过城区的扩建，新增3个新城区，向东部发展。广州经济技术开发区的设立，使广州在这一阶段的总规编制中显示出了明显的变化。

第14版总规为20世纪90年代广州向东发展以及天河珠江新城的规划建设吹响了号角，也为广州行政区划调整奠定了基础。1985年和1987年，广州新增了天河区、芳村区和白云区三个区；到20世纪80年代末期，广州市管辖范围包括越秀、东山、海珠、荔湾、天河、白云、黄埔、芳村8区和花县、从化、增城、番禺4县。这个时期的广州还不是中国的“第三城”。以GDP为参照，1980年，广州GDP为57.55亿元，只相当于天津（103.52亿元）的一半水平，位列十大城市第七位。1986年，广州的工业总产值为167.65亿元，在全国十大城市中位列第四。

### 7.2.1.2 从规划局成立到区规划土地管理处成立

#### （1）规划局的成立

城市规划机构作为政府的主要职能部门，对城市设计的最终质量和效率有一定的决定作用。1977年8月，广州成立了城市规划局，为城市的规划工作提供了崭新平台。但是在这一时期内城市规划并没有纳入到相应的管理体系中，所扮演的角色在某种程度上来说具有辅助性，城市规划管理工作还以用地管理以及建筑管理作为基础，城市建设目标的实现速度受到这种管理模式的影响。纵观沿海城市，相应的规划与管理机构在1976年之前都是建立在建设部门内部（表7-1）。可以看出，在当时整个经济社会的发展中，城市规划的行政以及技术地位没有获取足够的关注。

#### （2）规划管理权的集中与分散

1984年制定的《城市规划条例》有这样的规定：城市的规划与建设工作，必须由上级部门集中领导，统一管理。这种规定具有一定的公共利益价值。同时，也能够获取在

**中国沿海大城市规划管理机构的成立时间　　表7-1**

| 城市 | 深圳 | 上海 | 天津 | 广州 | 珠海 | 青岛 | 厦门 | 福州 | 大连 | 宁波 |
|---|---|---|---|---|---|---|---|---|---|---|
| 年份 | 1993 | 1979 | 1973 | 1977 | 1979 | 1979 | 1981 | 1993 | 1984 | 1986 |

来源：根据互联网资料及对所在城市规划部门工作人员访问的信息整理。

当时的经济现实中，但由于多种不同级别政府之间的公共利益，并且对这一部分的理解仍然有很大的差异，很多城市的规划不一定能够实现。

在广州进行规划管理过程中，也有分散以及分离的情形出现。作为城市政府，希望能够对下级部门开放规划管理权限，使得管理程序更为简化，但必须具有相应的配套制度。在石安海以及施红平的研究中，他们认为在短时间内，已经出现了多头审批、审批条件不一致以及条块分割等多种问题。很多决策者都意识到了城市规划的重要性以及城市规划管理这一行业所具有的特殊性，也体会到了城市规划管理工作一定要有相对统一的原则。城市规划应该从宏观上统筹，并不是管理权下放得越多，能够获取的效果越好。

城市规划师以及政府之间最终的共识是需要对城市规划进行集中管理，按照规划的规定进行管理。1988年3月15日，荔湾区成立了规划土地管理处，其他各个区在之后4年中也成立了规划土地管理处（表7-2）。1989年，经广州市建委批准试行《广州市市属区规划土地管理处工作暂行条例》，同年10月，市规划局对区规划土地管理处的审批权限作出了更加详细的规定。区规划土地管理处的成立发挥着十分重要的上传下达的桥梁以及纽带作用。这是城市规划与实践的过程中十分重要的进步，同时也是规划制度逐渐顺应城市发展要求的重要标志。

#### 7.2.1.3 城市规划开始影响城市格局，但城市设计尚未起到作用

在这个时期，改革开放的重点是工业化发展以及经济的发展。发展经济对城市规划实践影响最大的是“经济特区”和“经济技术开发区”的设立，并引入市场经济以及城市土地有偿使用这一制度增加了探索深度，提升了城市规划的整体效率。但无论是规划立法，还是规划机构的设置，及至规划实施，从东湖新村到花地湾和天河中心区，还有旧城区的改造，我们可以全面体验到计划经济体制已经形成了一种稳定的利益格局和平衡，而在此过程中，城市设计尚未起到真正作用，这个阶段广州还没有现代意义的城市设计。

### 7.2.2 规范管理体制支撑广州新中心建设

#### 7.2.2.1 城市规划法颁布和广州城市规划条例的编制实施

**（1）《广州城市规划条例》的立法背景和基础**

在经济体制改革以及城市土地住房制度改革的背景下，城市建设的利益主体渐渐呈现出多元化。城市规划面对新的制度环境需要适应，并对发展过程中遇到的问题进一步探索与验证。我国的城市规划制度建设也在不断推进，尤其是城市规划法规建设。从1984年的城市规划条例实施，到1990年的城市规划法实施，就是一个很好的例子。1989年12月26日第七届全国人大常委会第十一次会议通过《中华人民共和国城市规划法》，并于1990年4月份开始实施。1992年8月15日，广东省人大常务委员会公布《广东省实施〈中华人民共和国城市规划法〉办法》，对城市规划管理机构与职责、城市规划的制定、城市新区开发和旧区改建、城市规划实施、法律责任等都作了具体规定。

**（2）《广州市城市规划条例》的编制**

1994年，根据《中华人民共和国城市规划法》以及广东省地方法规的精神，结合20世纪90年代初期广州城市建设的实际情况，广州市规划局开始编制《广州市城市规划条例》（以下简称《条例》）。

广州市启动地方规划法规编制，主要有三个方面的因素。一是城市规划实践法治的理性自觉。二是对涉及城市规划实施部分的内容进行加强。三是通过立法来保障规划的理性实施。与沿海地区其他的城市规划立法情况相比（表7-3），广州在这一问题上的处理上是十分积极的。《条

**广州市各区规划土地管理处成立时间** **表7-2**

| 区 | 荔湾 | 海珠 | 白云 | 芳村 | 越秀 | 天河 | 黄埔 | 东山 |
|---|---|---|---|---|---|---|---|---|
| 规划土地管理处成立时间 | 1988年3月 | 1988年3月 | 1989年4月 | 1989年12月 | 1989年12月 | 1990年4月 | 1990年10月 | 1991年2月 |

来源：《广州市城市规划志》。

部分沿海城市地方城市规划法规立法时间　　表7-3

| 序号 | 城市 | 名称 | 性质 | 颁布时间 |
| --- | --- | --- | --- | --- |
| 1 | 大连 | 大连市城市规划管理条例 | 地方性法规 | 1990年7月 |
| 2 | 天津 | 天津市城市规划条例 | 地方性法规 | 1991年12月 |
| 3 | 烟台 | 烟台市城市规划管理若干规定 | 规范性文件 | 2004年1月 |
| 4 | 青岛 | 青岛市城市建筑规划管理暂行办法（修订） | 地方性法规 | 1995年8月 |
| 5 | 上海 | 上海市城市规划条例 | 地方性法规 | 1995年6月 |
| 6 | 宁波 | 宁波市城市规划管理条例颁布 | 地方性法规 | 1995年11月 |
| 7 | 温州 | 温州市规划管理办法 | 规范性文件 | 2005年5月 |
| 8 | 福州 | 福州市城市规划管理条例 | 地方性法规 | 1999年10月 |
| 9 | 广州 | 广州市城市规划条例 | 地方性法规 | 1996年12月 |

来源：根据各城市规划法规立法时间综合整理。

例》是根据广州的实际发展情况制定的，以求更准确地表达市场经济体制下城市规划应有的社会价值。1997年4月，《广州市城市规划条例》施行，这一法规确保了国家层面上所制定的政策在广州市的进一步细化实施。政府开始更加倾向于统一行动，通过提升政府的行政能力对市场的过度扩张情况进行约束。

1）关于规划管理体制。在1990年初期经过城市管理改革之后，在这一期间将管理权下放，由此产生了管理失控的现象。在《条例》第6条中，对于不同级别的规划部门之间的关系进行了强调，并且更加明确各自的管理权限。首先确立了三统一制度：统一领导、统一规划以及统一规范。由原先各自为政的管理局面统一改革成垂直管理。这使持续了很多年的管理混乱的情况开始得到整治。以今天的发展角度来看，当时的决策是十分正确的。

2）实施一书三证制度，率先在全国确立了规划验收合格证的法律地位。在没有经过规划验收的条件下，不可以办理房产证。虽然这种规定在法律上没有获得支持，但是对于违法建设这一行为的管制具有十分重要的作用。

3）针对土地出让制度的改革，率先在全国明确了规划与国土之间的关系。土地的竞拍以及招商工作，相应的手续应该怎样才能够实现衔接，并且保证规划的地位是重要内容。出让合同需要与规划指标保持一致。国土部门不应该私自将规划许可的规定条件进行改动。

4）加大了对违法建设的处罚力度，体现使违法者得不到好处的原则。在《条例》中，对于违法建设以及应该予以拆除的建设的规定十分明确。同时对于违法建设的处罚有了更严格的要求。在当时的条件下处罚的严厉程度属于最高规格，与当时商品房的概念相互作用，具有积极的创新意义。

5）对违法建设不仅处罚建设单位，也处罚施工和设计单位，体现全方位管理的思路。《条例》针对广东市局、分局各自具有的职权进行了明确的划分，同时也对土地规划权做了明确规定，充分体现了职权法定的法律精神。除此之外，对于规划中的各项条件以及新的程序都规定得很清楚。

### 7.2.2.2　城市设计开始作为城市建设的重要一环

进入20世纪90年代，广州经济高速发展，广州旧城市中心区已不能适应广州作为中心城市的需要，必须规划建设一个现代化的新城市中心。当时的广州市政府选择了天河新区以南、珠江北岸作为新的城市中心。新的城市中心作为当时广州市发展的关键地区，经过近30年的规划建设，成为从白云山南麓的燕岭公园往南跨珠江到广州塔的广州城市新中轴线。对于这条中轴线的形成具有实质性导控作用的城市设计均是在这个阶段完成，包括引导珠江新城早期发展的《广州新城市中心区——珠江新城规划》（1993年）与《广州市新城市中轴线规划研究》（1999年）。从某种意义上说，这两个城市设计研究拉开了广州在城市重点地区规划建设中强调城市设计的序幕。

广州规划建设新城市中心的构想也契合当时总体规划的空间构想。1991～1993年对第14版总规进行了修订，形成了第15版总规，最后确定“新三大组团”（以荔湾区和天河区为双中心的中心区组团，以夏港街为中心的黄埔组团和以机场附近为中心的白云组团）和“十四个小组团”的城市格局，明确提出城市向北发展，城市发展框架进一步扩展。该方案促使城市住房空间向北发展，白云区的景泰街、三元里街、矿泉街、松洲街等靠近中心区的区域的住房建设在20世纪90年代迅速发展起来。

这一时期的广州也经历了重大行政区划调整：1993年5月，经国务院批准，撤销番禺县，设立番禺市（县级）。1993年6月，经国务院批准，撤销花县，设立花都市（县级）。1993年12月，经国务院批准，撤销增城县，设立增城市（县级）。1994年3月，经国务院批准，撤销从化县，设立从化市（县级）。以上县级市均由广州代管。

城市空间的快速扩展必然以经济社会的迅速发展为基础。在20世纪90年代，广州市逐步成长为名副其实的中国“第三城”：1990年，广州“七五”计划完成，国内生产总值达319.60亿元，超过了天津的300.31亿元，仅次于上海和北京，这是广州在主要经济数据方面首次超过天津。1995年，“八五”计划完成，广州的综合实力排名继续提升，稳居第三位。

在这个阶段的末期，还揭开了对广州此后10余年的城市规划建设影响深远的广州“城变”系统工程。1998年7月，广东省委、省政府在广州召开广州市城市建设现场办公会，研究如何帮助广州搞好城市规划和建设管理，争创新优势，进一步增强和发挥广州作为区域中心城市功能。在这次会议上提出了广州市要实现城市建设管理“一年一小变、三年一中变，到2010年一大变”的目标，广州“城变”系统工程由此开题。

## 7.2.3 城市设计与控规共同推进精细化

### 7.2.3.1 直面公平的城乡规划法规的颁布与实施

#### （1）《城市规划编制办法》的修订与实施

城市规划编制办法制度是保证城市规划成果能够体现和国家城市规划法规相一致的技术平台之一。随着市场经济在发展过程中不断发生变革，市场主体呈现出多元化的发展趋势。面对增长速度较快的市场经济以及城市化进程发展，1991年版《城市规划编制办法》已不适应现阶段情况。怎样才能够将这些不同方面的利益进行均衡，使社会更加和谐，是当时需要解决的问题。

2005年，原建设部发布了新的《城市规划编制办法》主要从以下几个方面进行修订。首先，过去的城市发展特别注重数量的扩张，现阶段的城市发展则更加注重质量的提升。其次，城市规划属性从技术属性转向公共政策属性。除此之外，城市规划要进一步加强开放空间的总体把控，在批准建设用地时一定要对周围的风景名胜以及历史遗迹进行评估，做好保护工作。总而言之，《城市规划编制办法》展现了在新的发展条件下法治理念及新的公平价值，包括了当前条件下城市规划主流思想的变化。

#### （2）《广东省城市控制性详细规划条例》

2004年9月，广东省颁布了我国第一部对地方行政行为进行规范的法规《广东省城市控制性详细规划条例》（简称为《控规条例》），对广州的城市规划产生了深刻影响。

这部法规所体现出的立法精神，可以归纳总结为四大基本原则，分别是：民主公开原则、法定程序强化原则、决策权与执政权相分离原则以及权责对等原则。

在《中华人民共和国城乡规划法》颁布实施之前，针对这一部分法定地位的规划是比较含糊的，在技术工具的层面上有所局限，总规并不能得到真实的体现。广东省城乡建设行政主管部门认识到了这个问题，采取了与市场经济体制更为贴近的方法，既能够有效地对权力进行约束，也能够有效地保障城市的规划价值以及公众权益。

#### （3）《中华人民共和国城乡规划法》的颁布实施

2007年10月，第十届全国人民代表大会常务委员会第三十次会议通过了《中华人民共和国城乡规划法》（以下简称《城乡规划法》）。《城乡规划法》的出台，在总体上与我国社会主义市场经济的发展需求相一致，将依法治国的精神贯彻落实，并且更有利于做到依法行政，将市场经济下城市规划应有的价值充分体现出来。《城乡规划法》还对政府组织编制以及实施城乡规划的责任进行了划分与确认，并且对其行为进行了规范。

### 7.2.3.2 城市形象工程——并非简单的城市美化运动

20世纪90年代初，由于用地面积出现了无序增长的现象，这不仅仅会产生城市空间增长的混乱现象，还会给城市环境带来负面影响。这促使政府开始反思并采取了十分有效的干预措施。1998年初，为了能够以良好的面貌迎接第九届全国运动会，广州市规划局提出必须改进城市环境脏乱差现象，并计划批准109项城市形象工程。在整个过程中，体现了以人为本的特点，营造出了具有活力并且具有一定个性的城市人文环境，使城市的形象重新塑造起来。

在“三年一中变”期间，广州市颁布了《广州市违法建设查处条例》《广州市村庄规划管理规定》等地方性法规；先后发布《关于加大力度整治市区主要道路“六乱”的通知》《关于整治市区道路两侧违法建设的通告》等政府规范性文件和通告，为环境整治工作提供了重要依据。

#### 7.2.3.3 开展重点地区城市设计，实现控规精细化编制与管理

该阶段，广州全面推广重点地区城市设计规划实践，逐步确立了广州特色的“融入型城市设计”工作方式，将城市设计与控规相融合，以实现控规精细化编制与管理。城市设计的代表性事件主要是2003年《GCBD21—珠江新城规划检讨》、2007年四大重点地区城市设计竞赛。

2003年，《GCBD21—珠江新城规划检讨》针对珠江新城的建设情况提出有效提升公共服务设施、环境质量和市政配套设施水平。将原来的440个小开发地块整合成269块综合单元，采用建筑周边围合的布局方式，将楼群间的绿化集中设置，争取最大的街坊公共花园，使交通系统更具多样性；提出了由高架步行道、地下人行隧道以及步行街构成的立体化步行系统；同时提出对于地标性建筑的设计必须要通过设计竞赛来实现，用制度保证创造出具有艺术特色的城市形象。

2007年四大重点地区城市设计竞赛则与广州市总体发展战略密切相关。2000年广州市确定了“东进，西联，南拓，北优”的城市发展方向。以此为研究基础编制了《广州市城市总体规划（2001-2010）》，在空间发展方面沿用了八字方针。2006年，广州市第九次党代会又在八字方针的基础上提出了“中调”战略，“中调”重点之一是提升功能，促进中心城区产业结构和综合服务优化升级：充分利用中心城区的独特优势和有利条件，着力发展总部经济和信息、金融、物流、会展等现代服务业，积极促进中心城区现代服务业集聚集群的发展，突破现代服务业发展空间不足的制约。为了更好地落实“中调”战略，从2007年12月开始，广州市规划和自然资源局启动了白云新城地区、琶洲—员村地区、白鹅潭地区、新中轴线南段地区四个重点地区的城市设计工作，通过梳理功能、盘活土地、优化结构、升级产业、提升品质，率先发展四大重点地区，以作为带动中心城区乃至全市现代服务业发展的增长极，为下一步发展提供空间上的支持。目的是将这些地区打造成为广州“首善之区，宜居城市”的示范区。

# 7.3 新时期的创新管理与全民参与探索

## 7.3.1 创新的制度建设

### 7.3.1.1 引入第三方技术团队，全过程跟踪服务

**（1）联合审查平台**

近年，广州市住房和城乡建设局依托市建设工程施工图审查中心，深化“放管服”改革，简化报审手续，实现了全市建设工程施工图、抗震技术图、防雷设计图三图联审。建设单位一次报审项目，施工图一窗受理、三图并联审查，提高了审图效率。在三图联审的基础上，通过整合人防、消防等相关部门施工图审查环节，实现了建设单位、设计单位、审图机构、监管部门线上线下数据共享，搭建起广州市建设工程施工图数字化联合审查平台，开启了“一窗受理、联合审图、集成服务、综合监管”的不见面审图模式。

与进行改革之前的情况相比较，在全面推行联合图审系统之后，施工图检查工作不需要将传统纸质蓝图打印出来，设计单位能够直接在电子系统上将设计图发给审图机构，审图机构能够在系统上完成审查工作，再将审查意见通过系统返还给施工单位。在电子施工图联合审查平台中，将一切办事流程在网络上进行整合，使得办事流程进一步得到优化。在过去，完成这一系列的审查工作需要60个工作日，现在10个工作日以内便能够完成。通过在线审查以及信息共享等技术，能够实现各个部门之间的档案互联互通，同时还能够共享有用的数据。

**（2）地区规划师制度**

随着国家层面对社会治理的精细化发展，党的十九大提出“打造共建共治共享的社会治理格局”的总体要求。地区规划师作为提升社会治理“专业化水平”的重要途径应运而生。实践中的地区规划师与传统的政府规划师和市场规划师有一定差异，在其擅长的专业方向发挥出以空间权利为主题的社会治理能力，如乡村规划师、社区规划师、责任规划时、顾问规划师等。

地区规划师主要服务城市地域范围内的一定地区，具体实践中体现出4大特点。一是服务空间对象与行政管理层级绑定，便于行政管理并更好地表达城市发展意图。广州在重点地区实行了地区规划师制度以推进片区规划创新，如琶洲互联网集聚区的“地区城市总设计师制度”。二是兼备技术服务与协调功能，地区规划师直面公众利益诉求，承担协调的责任以缓和各方矛盾，促进行动共同体的形成。广州同德围地更新改造中，社区公共咨询委员会的组织作为“地区型”规划师的组织，起到了收集民意、协调矛盾、过程监督、工作评价等作用，使得最终规划方案统筹兼顾了政府、市民等各方需求。三是身份的独立性与公正性。地区规划师面向地区居民等权利主体，为了适应物权时代权利主体的觉醒，地区规划师依托政府自上而下深入基层，代表公共利益。四是制度建制滞后基层实践，广州乃至全国的地区规划师仍处于探索阶段，地区规划师的实际效用与理想建构存在明显差异。

地区规划师制度在逐步探索过程中体现出3大趋势。一是与政府联系日趋紧密，重点服务城市发展战略与规划管理。政府为保障城市公共利益、提升城市形象和品质、实现重点地区的精细化管理而选聘领衔设计师及其技术团队组成地区规划师，以保障城市规划的实施，提升城市空间品质。二是联系政府与公众，提供深度技术服务。推动规划实施、完善专家咨询和公众参与机制、提升责任街区的规划设计水

平和精细化治理水平。地区规划师逐步参与规划编制、项目审查，指导、跟踪规划实施落实，并参与规划实施评估等，为规建管全流程的技术服务，北京的责任规划师已经有相关实践试点。三是注重公众服务职能，强调基层实践。地区规划师的公众服务职能更加突出，通过工作坊、主题活动、协调建设方案等方式参与规划过程，推动公众参与阶梯提升，在培育公众参与、推进社区营造方面大有可为。

地区规划师的兴起表明面向地区服务的规划师正成为一种趋势，成为政府自上而下推进规划实施并满足居民自下而上深度参与规划的桥梁。

#### 7.3.1.2 简化招标程序，吸引大师参与城市建设

《关于广州市推进设计招标改革有关事项的通知》分别从改革工程设计评标定标制度、优化改进设计招标方式、简化发包方式审核三个方面对工程设计招标或城市规划和设计服务的政府采购改革进行了规定，尤其是针对城市的重要地点、重要风景区以及重大建筑工程等。整体的工程设计工作都提升了相应的标准，并且对于政府的采购工作也进行了相应的优化。如采用邀请招标方式发包或直接委托的方式以更好地引入院士和全国工程勘察设计大师参与广州城市建设工作，助力广州打造国际建筑设计高地。

#### 7.3.1.3 出台系列管理办法，精细管理城市建设

广州市2010年后接连出台了一系列的建设管理办法，涉及城市建设管理的各个方面，能够为城市的管理工作提供相应的依据，主要内容有：加强公共服务设施的建设、提升地下空间的利用率以及不断完善景观照明以及户外广告和招牌设置等。

**（1）公共服务设施设置**

2019年1月1日，广州实施《广州市独立用地社区公共服务设施控制性详细规划管理规定》，有效期为5年。该项规定的目标是有效保障社区公共服务设施的建设需求，使社区公共服务质量更加优化，且对这些过程进行合理的规划与管理工作。

该规定在总体上明确了其实施主体是广州市国土规划行政管理部门，并以控制性详细规划的管理办法为基础，分别针对已经核准发行但是没有建设完成的相应公共服务设施项目，已经建立完成并且向相关部门完成移交的设施，现阶段所具有的设施要在此基础上进行扩建、改建、迁移和合并的几类情况做了明确的要求。

对于涉及邻避设施的建设与调整以及具有重大利害关系的事项，应该进行相应的公示。对规划的条件进行核发时，社区公共服务设施的相应指标应该进行单独核算，具体的配置指标应该与国家以及地方的要求相符合。根据立项批准文件以及行业主管部门的标准需求，要将设计方案审查工作对外进行公示。

**（2）地下空间利用**

2012年2月1日，广州实施《广州市地下空间利用管理办法》，该项管理办法针对规划管理、用地管理、工程建设管理、产权登记、使用管理和相关的法律责任均有明晰的条例规定，对如何合理地开发利用地下空间资源，促进土地节约集约利用，保障地下空间的权利人合法权益等相关方面做出了指引，具有现实意义。

该办法规定广州市城乡规划、城乡建设、国土房管主管部门分别负责地下空间开发利用的规划管理、建设工程管理、用地和产权管理。市人民政府其他相关主管部门及各区人民政府应当按照各自的职能分工，在其职责范围内做好地下空间开发利用管理的相应工作。该办法提出地下空间规划是城市规划的重要组成部分，其规划应当符合国民经济和社会发展规划及城市总体规划，并与人民防空规划、地下交通规划、地下管线规划等专业规划相协调。

城市地下空间开发利用规划由城乡规划主管部门负责组织编制，经规划委员会审议后报市人民政府批准并公布实施，征求发展改革、人民防空、公安消防、环境保护、建设、林业园林、水务、交通、国土房管、文物、电力、军事、信息化、应急管理、地铁等单位的意见，并充分听取有关区人民政府和镇人民政府的意见。针对城市地下空间建设规划，该办法规定，城市地下空间建设规划由城乡规划主管部门负责审查后，报市人民政府批准。

**（3）户外广告和招牌设置**

2014年5月1日，广州实施《广州市户外广告和招牌设置管理办法（修订）》，旨在加强户外广告和招牌设置管理，创造整洁、优美的市容环境。

设置户外广告和招牌应当符合城市规划和市容标准的要求，与城市区域规划功能相适应，与建（构）筑物风格和周边环境相协调。户外广告和招牌设施应当牢固、安全，不影响建（构）筑物本身的功能及相邻建（构）筑物的通风、采光，不妨碍交通和消防安全。户外广告和招牌设施应当符合节能和环保要求。提倡户外广告和招牌设施采用新技术、新材料、新工艺。城市景观规划专家和公众咨询委员会为户外广告专项规划、户外广告和招牌设置技术规范的编制提供技术咨询，并对户外广告设置规划的修订和大型临时户外广告设置方案提出咨询意见。

## 7.3.2 多层次全方面的技术指引

### 7.3.2.1 城市设计层面：刚弹结合的城市设计导控

#### （1）《广州城市设计导则》导控

以人为本、特色美观、经济适用、生态低碳为原则，广州在规划行政管理部门内部发布了《广州城市设计导则》。导则要求，加强城市设计，提升城市设计水平。从统筹规划到城市的建设再到最终的管理环节，在每一个环节上都应该注重城市工作的系统性，同时对城市各个方面的规划与管控工作都要予以加强，保证城市原有的特征，城市建设要以自然为美，把好山好水好风光融入城市。对于单体建筑，在整体外形设计的各个方面要与城市设计要求相符合（图7-3）。

全面启动城市设计，做出对城市有用的设计。通过对城市进行设计，不仅能够实现对城市的平面设计，还能够完成城市立体空间的布局，展现出整个城市的整体风貌。在不断完善细化城市设计的同时，应该采取积极的设计方案，根据城市发展的实际情况，使得设计更为精细化。在广州发展的同时需要注重岭南特色以及国际品质，获取市民的理解，鼓励市民参与城市设计。在对广州未来的发展进行建设时，一定要用国际的视野来打造高品质的城市环境，建立“工程—工程文化—文化—城市文化—城市形象”的提升路径，用文化理念来塑造城市细部。提高城乡规划建设品质。提高城市设计水平，形成丰富立体的城市天际线。提升建筑设计水平，加强工程质量管理，建设一批建筑精品。

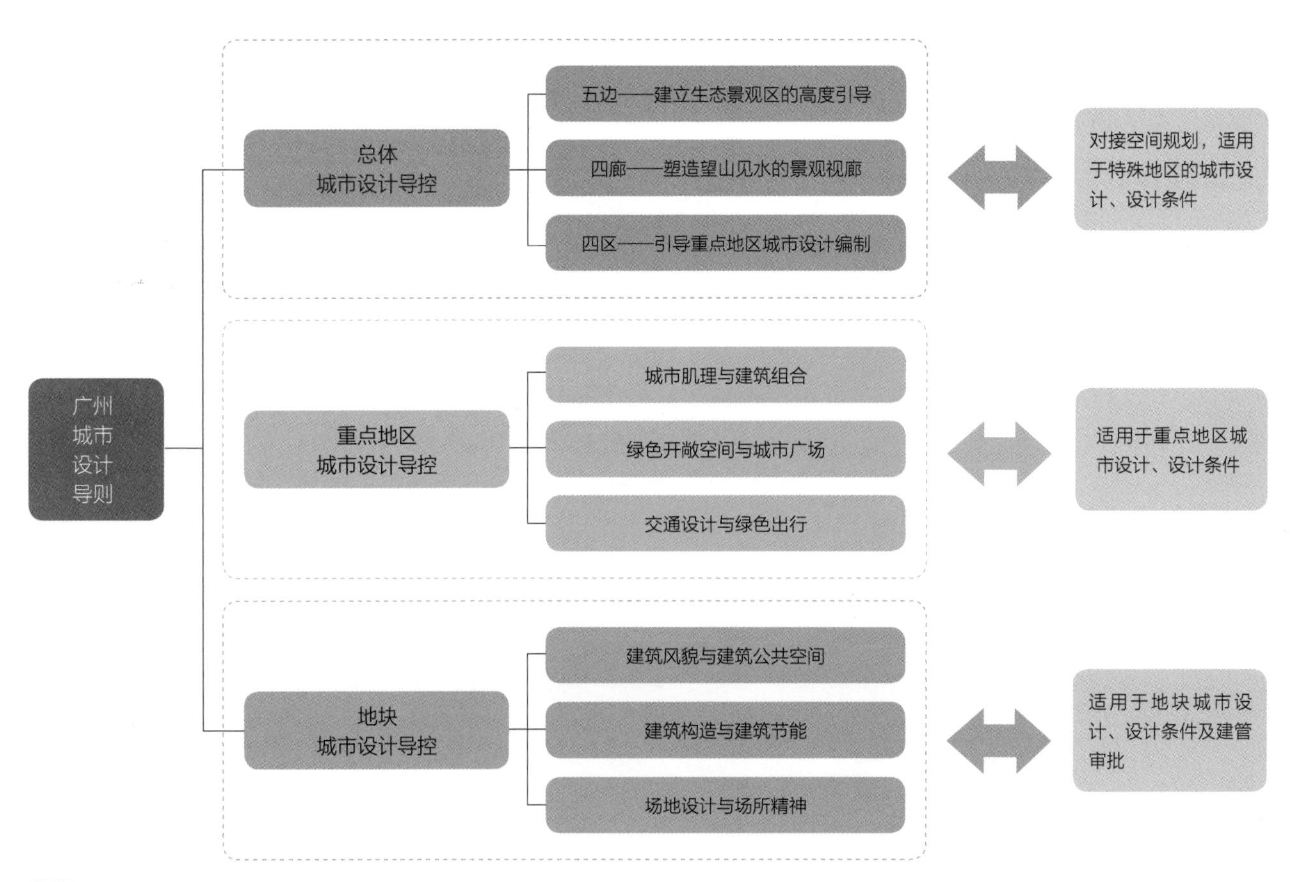


图7-3 广州城市设计导控框架
来源：《广州城市设计导则》。

（2）总体城市设计导控

以“美丽宜居花城、活力全球城市”为目标愿景，围绕实现老城市新活力，营造与新时代改革开放、创新发展相匹配的城市环境，提高市民自豪感、归属感；更多人的使用和体验来设计城市，凝聚共识，做有用的、适合广州的、让人民满意的城市设计，焕发“云山珠水吉祥花城”无穷魅力。

1）保护广州“山、水、林、田、海”特色生态景观区。保护“山、水、林、城、田、海”特色生态景观区，对周边的新建及大面积改造区进行高度引导，形成与城市生态本底呼应的城市高度底线控制，塑造与自然生态环境相融合的建筑风貌。建立“五边”生态景观区周边的高度引导。

一是山边，保护北部连绵的南岭山脉、中部城区白云山、火炉山等山体屏障、南部大夫山、莲花山、黄山鲁等丘陵山体。管控总面积约1000km$^2$的山体景观区域周边500m范围内的新建及大面积改造区；二是水边，保护包括珠江西航道和前后航道等1368条河流、河涌，29宗大中型水库及温泉地区。管控总面积约754.9km$^2$的滨水景观区域周边的新建及大面积改造区。重点管控景观带三个十公里规划新建区、大面积改造区，其他江边500m范围内根据实际情况参照此要求管控；三是林边，保护68个大型生态公园、城市公园。管控总面积约312km$^2$的林边景观区域周边500m范围内的新建及大面积改造区；四是田边，保护花都西部、从化北部、增城郊野、南沙北部等连片农田景观区域。管控135.17万亩的农田景观区域周边的新建及大面积改造区，范围根据水域、道路、城镇开发边界所划分的新建及大面积改造区；五是海边，保护北起广州港黄埔港区西港界，东至东江北干流增城三橱口，西至洪奇沥与中山市交界，南至伶仃洋进口浅滩南端以北的海域。管控总长度约157.1km的大陆海岸线500m范围内的新建及大面积改造区。

2）严控生态景观区周边建筑退距。景观带三个十公里范围江边保留100～200m的公共绿地，其他江边地区根据情况参照此条进行管控；海边保留100～300m的滨海公共空间。在已经建设完成或者是已批准的地区，如果滨江绿地的宽度小于100m，按现阶段的情况进行控制，未来时间内可以进行加宽改造。滨江绿地中与实际情况相结合，可以考虑建设相应的配套设施，为群众提供休闲的场所。河涌边在蓝线外预留最窄宽度不小于10m的景观带。改善水环境，注重沿岸景观设计，鼓励设置连贯的慢行步道，增加城市家具、运动设施等，弘扬河涌文化，形成公共开放的活力水岸。林边的建设应与公园有一定退距。未核发规划条件地块的新建项目临公园面外缘垂直投影线后退公园范围不少于15m（包括绿带、道路等）。

3）形成“前低后高”的建筑高度控制。与生态景观之间的距离越近，高度分区所需要控制的内容则更加严格，总体呈现出逐级下降的趋势。如果在建设中与鸟类栖息保护区域相关，则应该充分考虑到鸟类飞行通道的建设需求。历史城区范围内的新建建筑按照《广州历史文化名城保护规划》和相关规划的要求进行落实。山边建设要对重要视点和视角进行天际线分析，保证重要山脊线以下20%～30%山体景观不被建筑物遮挡。江边的一线建筑要将高度控制在60m之内。退江岸线高宽比宜小于1。白鹅潭地区一线建筑高度平均30m，局部不超35m。河涌边一线未核发规划条件地块的新建项目鼓励控制在24m以下，宜结合底层增加商业游憩功能。林边紧邻的新建建筑或改造建筑高度控制在20～40m，不宜露出绿化林冠线。海边除了横沥岛等核心区域结合城市中心营造富有节奏感和韵律感的天际线，其他地区鼓励打造深远平缓的城市天际线，形成山、城、水一体的门户形象。

4）预留更多的公共通廊。公共开放的能够到达生态区域的通廊之间的间距不宜超过200m。如果周边地区是高级马路，建议通过建设天桥以及地下通道的方式将这些区域进行连通。

#### 7.3.2.2　场地层面：营造安全舒适的街道空间

（1）《广州市城市道路全要素设计手册》

在城市生活中，道路通常被赋予休闲散步、驻足停留以及实现商品交易的场所，早已不仅仅是为人们提供通行方便的单一功能了。随着观念的转变，人们意识到道路在城市中的社会性、意向性用途。长期以来，道路仅具有交通功能，其存在功能性比较单一。现阶段已经演变成多重角色，道路空间资源将更多地还给行人多功能性的物理空间。

《广州城市道路全要素设计手册》根据广州市道路功能与特点，在综合考虑土地使用、建筑功能、交通特性、街道景观的基础上，重构城市道路分类体系，并对每种道路类型提出了具体的建设标准、服务要求，为城市道路设计提供精细化指南。提倡道路设计从“面向车”到“面向人”，从“控红线”到“控空间”，营造整体空间景观，塑造特色街道。道路的设计上，从“城市道路”到“城市空间”转变，使道路环境的舒适性、安全性得到极大提升，实现“以人为本，人车共享”。

鉴于道路功能的多样性及其与沿线用地、沿街活动的互动关系，在实现道路分类的同时，《广州城市道路全要素设计手册》对每种类型提出功能服务要求并拟定与各类型道路相应的设计指引。

生活型道路。通常位于城市中心地区的居住用地部分，以服务本地居民的生活服务型商业、中小规模零售、餐饮等商业以及公共服务设施为主要分布，交通特性主要为进出性交通类。生活型道路由于与居民的接触最为密切，所以在其景观特色塑造过程中，更多的是要考虑到人的实用性需求。不仅是居住功能，还要提供满足各类居民活动需求的场所与设施，满足居民公共空间生活的舒适性与便利性要求，以便居民进行日常的交流交往活动。应集约利用道路空间，保障充足的慢行通行区和带有遮阴的慢行通行空间。

商业型道路。道路沿线大多是商业服务设施所应用的路段，主要是以商业服务设施的同类作为主要功能、能够有效地为有生态特色道路的建设提供服务。商业型道路作为城市中最富有活力的商业开放空间，这些道路在城市空间中占有重要地位，是城市景观的重要组成部分。广州商业型道路或路段大都由众多商店、餐饮店、服务店共同组成，既有骑楼形式也有大型的现代MALL与零散商铺有机组合的形式。基于商业型道路的业态特色，这种类型道路设计的核心是使空间有用而舒适，促进商业、服务业的发展。

景观型道路。沿线分布的景观包括：公园绿地、有防护功能的绿地以及滨水绿地等城市开放空间有效用地。还有很多具有一定历史特色的街边景象对这一部分景观进行点缀。主要是以慢速通过性以及进出性交通为主。大多数景观型道路会与原有的人文景观以及历史遗迹相互结合，共同营造独特的景观特色，通过优美的景观激发街道活动才是根本目的。

交通型道路。交通型道路主要承担着城市运输中的中长距离的交通，能够有效解决不同地区之间的交通关系，同时还能够保证城市与外部之间的交通，满足城市内居民的日常生活需求。交通道路面上主要以机动车为主，车辆的行驶速度比较快，行人以及非机动车数量少。应尽量设置较少的交叉口以便于机动车辆穿行，在设置信号灯的交叉口之间允许机动车以更高的速度和更长的距离行驶，以减少行人和自行车穿越等。交通型道路设计应该满足人的视觉需求和车辆行驶需求，环境设计应根据车速的变化进行不同的处理。

工业型道路。工业型道路主要位于工业用地与仓储用地较为集中的区域，适应批发、建筑、加工和物流服务企业等的装载和配送需求。交通特性上考虑大型车辆通行及卸货，行人较少。此类道路主要是为货物流提供良好的机动车通行效率，包括在交叉路口提供足够的转弯半径，是这种类型道路的一个主要设计考虑。

特定类型道路——步行街。步行街是在交通集中的城市中心区域设置的行人专用道，原则上限制或禁止机动车与非机动车通行，是行人优先活动区。步行街是城市公共空间的一种形式，能够使周围的街道更加繁荣，能为市民提供日常休闲购物的场所，还能使城市的品质得到提升，推动城市的发展。在设计时要把握住设计的重点，不能将设计重点放在步行街外形建筑设计上，还要充分考虑道路环境的设计，使其更加适合人的活动。对步行街的设计，核心内容是对街道空间构成要素的“人性化”过程。要坚持以人为本，符合消费者的行为习惯。步行街的设计可结合商业型道路的相关要点，但同时也具有个性化的设计特征。

特定类型道路——骑楼街。广州的传统街道形式之一，是广州浓厚城市文化的代表，是富含城市深厚情感的城市空间之一，是整个城市发展历史的见证。在这一类街道的发展过程中，由于各种不同的人员流动推动了商业以及服务业的发展，居民在这里进行不同层次的消费时，还会通过拍照等形式进行娱乐，不仅能够满足逛街的需求，还能够满足游玩的需求。对于骑楼街的全要素品质化提升，依托街道对城市物质空间环境进行传承，使城市的历史特色以及人文氛围能够得到延续。

对于历史文化名城保护规划中的40条骑楼街，应尽量延续历史文化环境的完整性和原真性，恢复其景观特征，积极改善基础设施和人居环境，激发街道活力。不得擅自改变道路空间格局，如道路宽度和尺度、街道界面形式、道路线性变化等物质性要素和建筑原有的立面、色彩，建筑立面的户外广告和招牌等设施应当符合相关规划的要求。对于大多数的骑楼街，都由很多历史建筑共同组成，这些建筑能够代表广州在不同历史时期所形成的不同特色街道。在进行扩建与改造时应该充分保护这些街区的原貌，如果有较大的改动应该慎重考虑，保证骑楼空间的畅通、连续，保护、修缮和恢复富有特色的沿街建筑、道路特色环境设施，引入多元功能，赋予街道新的活力。

特定类型道路——共享街道。共享街道的最初设计理念是能够构造出行人与车辆共享的街道，为不同的使用者提供更好的环境。强调对行人用路需求的关注度，并没有过分关注车辆。在共享街道中，要使得行人与车辆能够在和谐的范围内共同存在，就一定要将道路设计成能够实现让汽车缓慢行驶的状态。统一地面标高、设置机动车减速措施、采取“软”隔离方式，优先行人通过。布置方便使用的设施和绿化景观小品。

特定类型道路——社区道路。社区道路实质上是一个人车共存的道路空间形式，通常以到达性交通为主，往往也会成为周边居民的停车点。设计的侧重点应在于鼓励缓慢的车速，保证行人的安全，给孩子、老人提供安全的活动空间。

**（2）《广州城市设计导则》街道设计指引**

1）绿色开敞空间与城市广场

以开放共享、通透简洁为原则，致力于以人为本、开放共享的城市公园与广场营造。未来的广州公园与城市广场建设，将是基于居民休闲行为模式，构建满足节假日、日常游憩的城市公园广场体系，完善“大型城市公园—社区公园—口袋公园”的三级公园广场体系，提升不同类型公园广场对居民区的服务覆盖率，落实城市公园的使用，打造宜居宜游的公园城市。

一是空间尺度，建议大型社区公园4～5hm$^2$，中型社区公园1～3hm$^2$，小型社区公园0.5～1hm$^2$，微社区公园0.1～0.3hm$^2$。二是地形塑造，尊重原有场地的地形地貌与植被，因地制宜，鼓励微地形的设计手法，引导流线和视线，形成景观焦点，同时可利用地形进行空间分割和围合，打造舒适灵活安全的场地空间。三是植物种植，种植的树木种类应该选择符合当地地域特征的本土树种，或者引进后与当地气候条件相适应的比较成熟的树种。四是围合形式，结合周边道路、建筑等城市界面，合理布局社区公园空间，注重空间体验性和差异性，通过公园空间围合程度的变化，使空间产生丰富的变化效果。对于公园内部的空间设计可以采取多元空间布局形式（图7-4），在园区中央能够具有一片开阔的地区，这样便能够与外围的繁忙交通形成强烈的对比。避免锐角空间设计，避免空间均质化。

2）现代时尚的公共艺术

城市公共艺术主要指的是在公共视觉范围内，有一定艺术价值的各个要素。为提升场所感、主题性及方便度，鼓励打造富有特色的城市公共艺术。

一是公共设施应该彰显岭南文化特色、结合场地文化内涵，鼓励创意设计体现时代精神和城市特色。倡导公共艺术“小事”大师做，邀请世界知名公共艺术家、城市装置艺术家或跨界设计师设计反映广州城市特色的雕塑小品和城市家具，成为城市亮点与热点。二是布置要求。公共设施不得压占无障碍设施和盲道两侧各0.25m的人行道，不应压占树池，不应影响行道树的生长环境，公共设施需安装牢固，基础部分不可露出地面（基础埋设于人行道板下时，覆土深度宜为0.2m，基础埋设于绿化带时，覆土深度宜为0.5m）。三是特色设计。公共设施宜采用艺术手法结合绿化、水景、铺装等进行设计。应体现趣味性、可参与性、互动性。从提升视觉、听觉、味觉、嗅觉、触觉5大感官体验出发，设计更加丰富有趣的公共艺术品。

3）安全舒适的三线贯通

包括慢行系统、人行道、自行车道、过街设施、交叉路口等的贯通设计（图7-5）。

一是慢行系统。重点区域应丰富慢行系统建设的种类，设置漫步道、慢跑道以及自行车道。在贯通节点的基础上，根据不同慢行速度，与绿化融合打造三条连续的慢行路径。以滨江三线贯通为示范，打通沿岸现存的施工围蔽、河涌隔断、桥底隔断等断点，形成连续开放的滨江慢行路径，串联周边公园、街头绿地与滨江空间。同时应考虑周边出行热点的过江需求，优化过江慢行联系。

二是人行道。不同区域应合理设置步行道密度、步行道平均间距。城市核心功能区、市民活动聚集区、主要交通枢纽、大型公共设施周边的步行道密度宜为14～20km/km$^2$，其中步行专用路密度不低于4km/km$^2$，步行道平均间距宜为100～150m；城市一般功能区、城市副中心、中等规模公共设施周边的步行道密度宜为10～14km/km$^2$，步行道平均间距宜为150～200m；其他区域步行道密度宜为6～10km/km$^2$，步行道平均间距宜为200～350m。人行

| 空间布局形式A：4面临路 | |
|---|---|
| 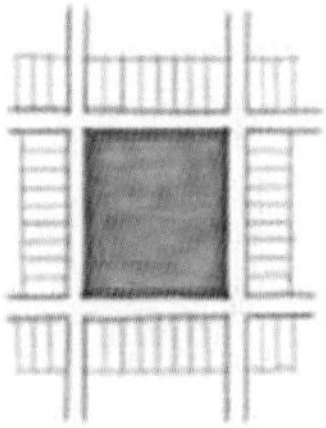 | · 4面围合；<br>· 高贴线率；<br>· 100%开放形式（除特殊围蔽外）；<br>· 充分的行人连接潜力；<br>· 规则的空间形式；<br>· 相对独立的使用空间和功能 |
| 空间布局形式B：3面临路 | |
| 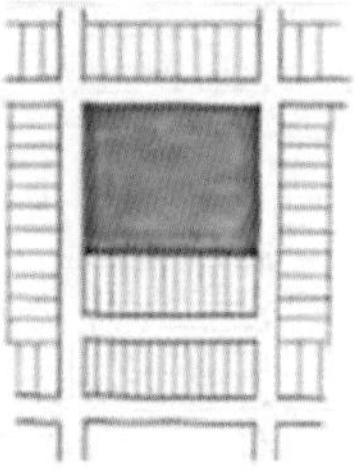 | · 3面开放，1面围蔽；<br>· 高贴线率；<br>· 75%开放形式（除特殊围蔽外）；<br>· 充分的行人连接潜力；<br>· 多侧可开口；<br>· 规则的空间形式；<br>· 相对独立的使用空间和功能 |
| 空间布局形式C：2面临路-对侧临路 | |
| 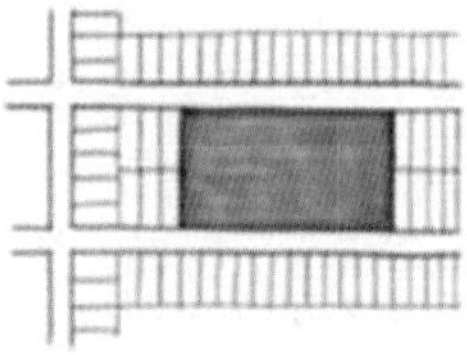 | · 2面开放，2面围蔽；<br>· 近60%开放形式（除特殊围蔽外）；<br>· 较充分的行人连接潜力；<br>· 双侧对开口；<br>· 较为规则的空间形式；<br>· 相对独立的使用空间和功能 |
| 空间布局形式D：2面临路-拐角布局 | |
| 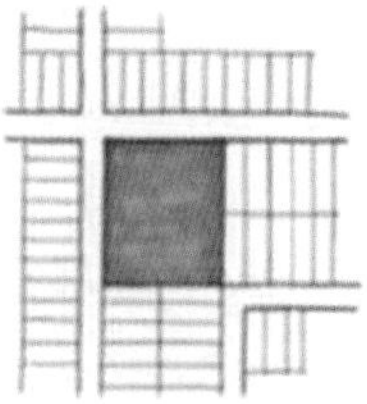 | · 2面开放，2面围蔽；<br>· 近50%开放形式（除特殊围蔽外）；<br>· 较充分的行人连接潜力；<br>· 较高贴线率；<br>· 较为规则的空间形式；<br>· 相对独立的使用空间和功能 |
| 空间布局形式E：1面临路 | |
| 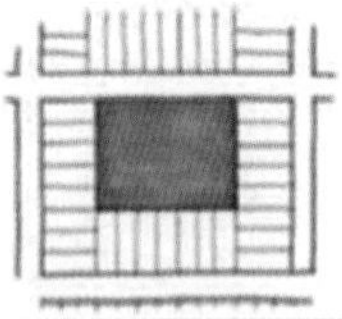 | · 1面开放，3面围合；<br>· 25%开放形式（除特殊围蔽外）；<br>· 单侧充分的行人连接潜力；<br>· 与周边建筑融合性强 |
| 空间布局形式F：多面围合 | |
| 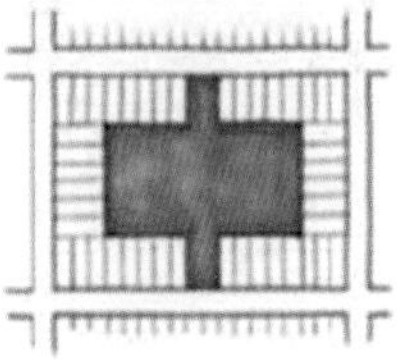 | · 多面围合；<br>· ≤10%开放形式（除特殊围蔽外）；<br>· 相对私密和静谧；<br>· 与道路连接线较弱；<br>· 与周边建筑融合性强 |

**图7-4** 社区公园围合形式

来源：《广州城市设计导则》。

道设计应优先保障通行区宽度，各类设施应归并至设施带内。新建道路行人通行区宽度不小于2m，改建道路不小于1.5m；当改建道路条件受限时，设施带的宽度1/2可计入通行区宽度；公共步行空间应考虑无障碍设计。

三是自行车道。自行车道应形成完整、连续的网络，尽可能设立专用路权的自行车专用通道，并与车站、城市广场、居住区、学校等出行热点紧密结合。市政、街道家具等设施不宜阻占自行车道的空间。区段内的自行车铺装形式应统一、协调，并考虑景观性、排水性、耐用性等因素。自行车停车设施宜结合设施带、绿化带、路侧绿地设置，以公共交通站点、大型公共建筑等主要出行热点为核心，依据节点的辐射半径逐层推进、深入出行终端进行布设。宜设立专用于自行车的指引标识和信号灯，自行车指引标识宜给出完善的指引信息，如与附近人流吸引点的距离或骑行时间等。

四是过街设施。在人流密集节点，鼓励设置天桥、隧道等过街设施，形成便捷的立体慢行系统，过街设施的梯道处宜安装直梯或扶梯，并设置雨棚。

五是交叉路口。公共活动区及生活性功能为主的交叉路口，应该选取小尺寸的路缘石弯半径，使得路口尺度能够缩减，并且能够缩短行人的过街距离。人流密集过街节点，应尽量采用全宽式无障碍设施和护柱，打造平顺过街环境。

4）便捷的“最后一公里”

包括交通站点、自行车设施、风雨连廊等。

一是交通站点、轨道站点原则上应有出入口直接通向相邻建筑，并与邻近的公交站点便捷接驳；人流量较大的交通站点鼓励设置风雨连廊连接相邻建筑出入口。二是自行车设施，在出行热点，应进行交通站点和自行车停车设施、自行车道的衔接设计；宜优先在轨道站点和公交站点周边设置自行车租赁点和停放点，并连接自行车道。三是风雨连廊，鼓励通过风雨连廊连接公共交通设施、机动交通设施、城市广

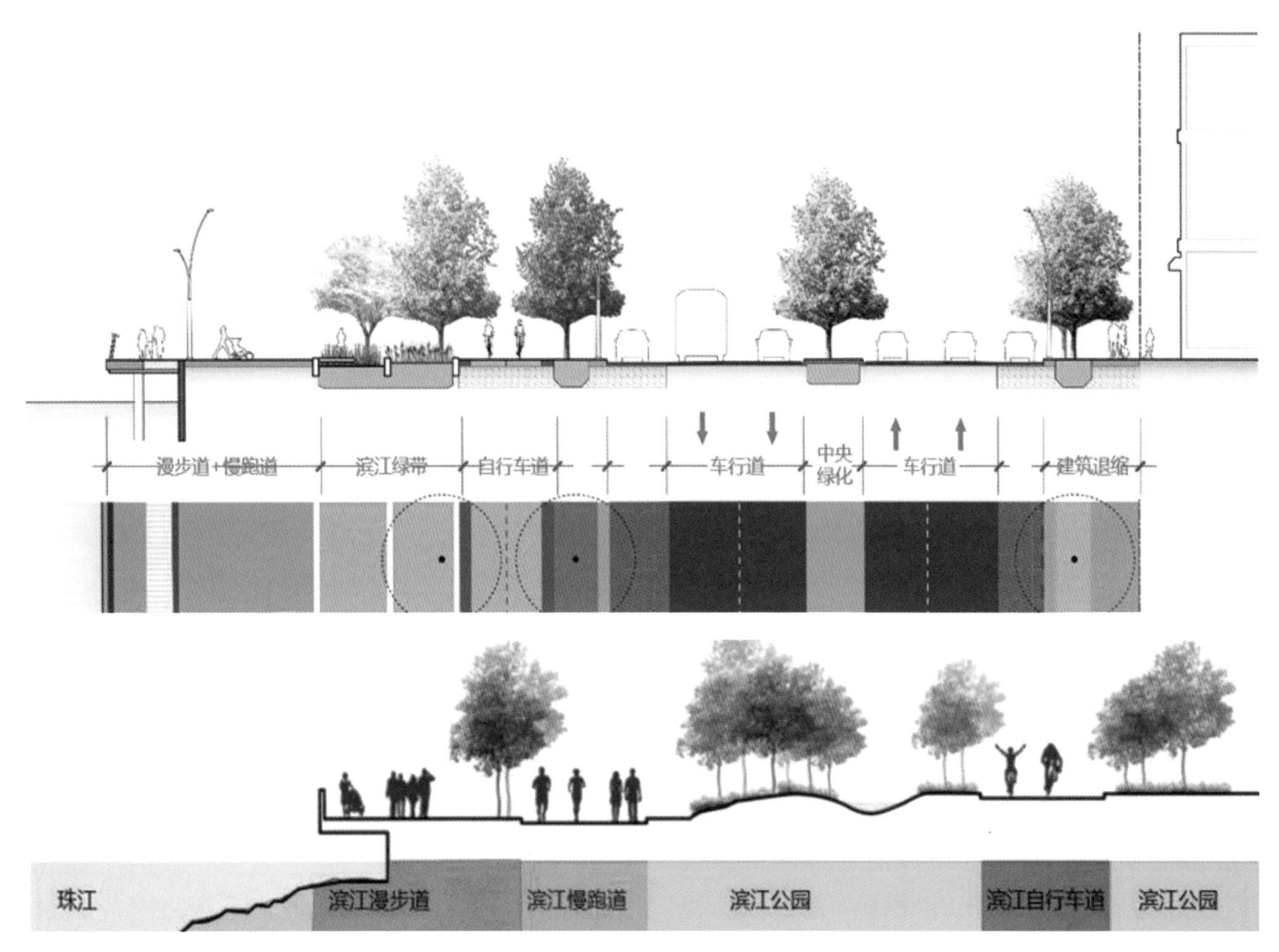


图7-5 广州滨江慢行路径系统断面示例

来源：《广州城市设计导则》。

场、建筑公共活动空间等节点，形成适应广州气候特色的步行系统。

5）通畅便捷的流线关系

一是地块开口，沿城市商业街和公共开放界面不宜设置车辆出入口。地块车辆出入口不宜大于7m，且出入口应与人行道、自行车道平顺连接。停车场（库）出入口应当设置缓冲区间，缓冲区间和起坡道不得占用规划道路，起坡道尽量设置在建筑内部，严禁在城市主干道设置停车场（库）出入口。出入口闸机不得占用规划道路和建筑退让范围，入口闸机宜设置在入口坡道底端，并距道路边线应保持至少2～3个车位的距离，避免等候车辆排队至城市道路上。二是变截面，结合人行过街及建筑出入口，鼓励设置变截面，创造行人过街等候区、路侧停车带、的士载客点、车库入口停车等空间。三是慢行系统，加强地块慢行设计，处理好建筑出入口与公共交通站点以及相邻地块的衔接，并与景观一体化设计。

6）平顺安全的场地设计

一是无障碍设计，场地地坪应满足防洪及管线设置要求，与周边道路或用地协调或平顺连接，遵循自然地形，利用高差营造景观，因地制宜降低工程成本，营造丰富的城市空间变化。坡道的坡度一般为15°以下（27°以下），无障碍坡度一般在1：12（8.5%）到1：8（1.25%）之间；挡墙设计要考虑其疏排水和变形缝设计，并选用接近自然的饰面材料；高差处理也可选用台阶与坡道的组合形式，根据场地特征和功能需求选择合适的组合形式，可使高差平顺且灵动有趣。场景空间一体化，适度开放首层人性化公共空间，通过首层架空或玻璃材质，强化内外空间联系和视觉连续性。二是高架桥、立交桥、人行桥及跨河桥的桥下空间，宜增加各类桥下空间适用的功能空间，形成美观实用、通透开放的桥底景观。桥底景观以“干净、整洁、平安、有序”为原则，可分为慢行道、广场硬地、公园、活动场所4类进行设计与整治。

7）精致美观的场地设施

一是软硬铺装，一体考虑场地外环境的软硬铺装，重点处理铺装边界与收口，合理布局并软化边界，避免生硬的铺装过渡。同时在总体绿化率不低于相关要求的情况下，鼓励提高硬质铺装上的绿化覆盖率。场地铺装宜与建筑进行一体化设计，铺地纹理、色彩、材质与建筑主体相协调，形成一体化和连续性的感觉，建筑首层架空层铺装与建筑红线外退缩空间铺装应实现一体化设计。二是细部构件，在保证施工便捷和稳定性的同时，具有外观大方、设计新颖、节能环保等特性。场地中的盲道、井盖、排水沟、地面标识宜选用嵌入式的形式与铺装融为一体，而非成为铺装上的补丁。建议采用平地式树池，保持地表整体平整度，避免不必要的高差。场地中的栏杆、杆件、电箱等，建议采用装配式构件组合，便于变化及维护，栏杆推荐采用简洁通透的栏杆，采用精细化的栏杆构造。提倡多杆合一、一杆多用，对道路沿线的路灯杆、交通设施杆、路名牌、导向牌等进行整合，避免重复建设；以城市路灯杆为载体，集新一代高速无线宽带网、物联网、视频安防、地下管网建设，融合工业设计、数据信息采集、分析与发布功能于一体。宜采用黑色铸铁的车止柱，形式应简洁精致，可结合栏杆设置。

8）便利开放的口袋公园

口袋公园系统是散布在高密度城市中心区呈斑块分布的小型公园，其占地面积比较小，并且能够分布于城市的不同位置，能够对城市密度起到调节作用。口袋公园的设置应充分利用城市边角地、闲置地快等小区域“见缝插绿”，服务半径以300～500m为宜。

口袋公园位于城市道路红线以外，应独立成片，便于市民进入并24h开放；新建及重建项目应提供占建设用地面积5%～10%的、独立设置的公共环境空间，设置口袋公园。高层建筑底层区域，宜设置对公众开放的口袋公园，作为市民使用的公共空间。一是鼓励小而精、便于使用的街角空间、口袋公园等开放式的广场和绿地，建议尺度100～1000m$^2$。二是提升口袋公园的设计与建设水平，采用兼具便民休闲、文化传承、夜景照明、海绵城市、特色花园等要素的建设模式，结合公共艺术打造具有特色街头场所。

9）特色亲人的绿化植被

一是根据广州不同区域内气候以及季节变化的特征，科学合理配置景观植物，营造舒适宜人的环境。以阵列、线性、组团、散布四大形式塑造多样化绿化布局形式。自然布局为主；阵列布局适合于广场等活动空间，适于结合坐凳进行布置；线性布局适用于滨江两侧道路，营造上下两侧绿化景观；组团布局适用于滨江公园和开敞绿地，自然形式为主，以遮挡和视线引导为主，打造内外两侧绿化景观，散布用于塑造疏林草地。二是广场绿化，在街头广场、口袋公园、街旁游园等应采用开放式的场地设计，景观宜采用疏林草地、可进入式的景观设计，形成开放亲人、活力集聚的场所空间。植物组合应常绿树种和落叶树种、速生树和慢生树种相结合；应选择自然形态优美、枝叶繁茂、遮阴效果好的树种。三是绿化隔离带：禁止侵占绿化隔离带，绿化过街区域应保持视线通透，道路沿线景观配置宜强化方向感。

#### 7.3.2.3 建筑景观层面：精细化品质化分类指引

**（1）《广州市建筑景观设计要点工作手册》**

适用于广州市域范围内工业建筑、公共建筑、居住建筑景观项目的设计指引。主要对于工业建筑、公共建筑和居住建筑在城市公共空间风貌协调、建筑本体设计特色、场地环境公共开放等方面进行设计指引，采用“定性不定量、分类分要素”方法，分为总则定要求、通则定目标和细则定指引三个层面的内容。

1）主要原则。以“活力全球城市，魅力精品广州”为设计总则，概括为以下主要原则。一是侧重文脉特色，依山沿江滨海的和谐城市风貌，尊重延续广州从古至今“青山半入城、六脉皆通海”的城市地理风貌特征，突出“山、水、城、田、海”的城市风貌格局。尊重所在区域的地形地貌、空间肌理、场地特征及周边环境，体现地域性、文化性和原创性的建筑风貌；保证景观视廊通透，城市界面和整体肌理建筑布局；统筹考虑建筑高度。二是以人为本，包容精致有序的活力开放街区，临街建筑与街道空间构成城市最重要的公共空间，一体化设计连续临街面，鼓励运用骑楼等灰空间设计提高临街外立面的通透性及视觉联系性，打造包容精致、管理有序的活力开放街区。三是兼容并蓄，地域时代并具的建筑设计风格，建筑设计既要体现广州地域文化和自然特征，注重建筑与城市地域环境的融合，又要具有与国际对话的时代风格，建筑基座、主体、顶部宜一体化设计，并与周边建筑协调，对建筑立面、建筑体量、建筑照明、建筑设备、建筑屋顶（第五立面）、广告招牌提出具体要求。四是国际视野，多功能高品质的公共开放空间，鼓励首层架空，建筑首层与外环境一体化设计构建安全舒适、便捷无障碍的人行系统，符合场地功能和地域特色的绿化景观，营造具有视觉艺术和城市识别性的城市家具和标识系统，创建更加符合人性需求的公共开放空间。五是精细品质，融合建筑环境的适地植物景观，以软化建筑视觉效果、美化建筑及场地、优化建筑环境及空间为目的开展植物景观规划及设计，营造协调、自然的植物景观环境，并将可持续的生态理念付诸实践。六是人性设计，安全便捷舒适的慢行系统环境，将人性化设计贯彻于建筑外环境的交通设计及慢行系统中，高标准、高质量推行交通衔接、停车场出入口、小转弯半径、二层连廊等设计，体现工匠精神，优化慢行体验（图7-6）。

2）工业建筑、公共建筑、居住建筑设计要点细则

工业建筑：宜体现地域文化、时代特色和工业美学，体现不同于商业居住区和自然风景区的大尺度人工风貌，注重与环境的融合及与周边城市风貌的协调。一是工业遗产改造宜重点保护遗址肌理、独特工业遗产要素以及相关场地环境。在满足生产工艺要求的前提下，宜通过简单的体量组合、穿插、对比形成相对尺度宜人、层次清晰的体量关系。不提倡单一形式的大体量工业建筑设计。面宽较大的工业建筑宜采用灵活的立面设计手法丰富立面，如采用竖线条分隔、表皮镂空设计等。建筑形式上可增加一些活跃元素和立面变化。鼓励在垂直高度上设置立体绿化以美化建筑或满足遮蔽功能。二是鼓励多种形式组合的坡屋顶使用，不提倡大面积平屋顶的使用。屋顶的设计鼓励结合屋顶绿化，美化建筑的同时改善屋顶热效应。三是工业建筑围栏总体形象宜简洁大方，强调与建筑环境的协调。鼓励采用绿篱作为厂区隔离，不宜设置实体围墙。如需采用铁艺栏杆围墙，应用绿篱加以遮挡。高度应紧密结合背景建筑体量确定，不超过1.8m。四是工业建筑场地内道路宽度及转弯半径需满足作业车辆的通行要求，采取设置交通岛或者交通标线、设立标志的方式来疏导、引导道路交通流。五是场地内宜进行人车分流，考虑人行道路与各个出入口的通达性。

公共建筑：一是鼓励办公商务建筑和商业建筑的临街界面采用骑楼形式，鼓励办公商务区建筑在首层设置零售、餐饮、康体设施等活跃的功能，代替或削减大型商务大堂等私密性功能空间，以提升行人公共空间体验。二是注重建筑屋顶与建筑本体的一体化设计，建筑群体的屋顶宜协调中富有变化。商务办公区高层建筑顶部采用上部收分的处理手法或上下统一的处理手法，但应与建筑整体风格相协调；商务办公区多层建筑顶部采用坡屋顶、平屋顶等多种形式，但应与建筑整体风格相协调。对于新建公共建筑中高度不超过50m的平屋顶，屋顶绿化不宜低于建筑占地面积的30%；中

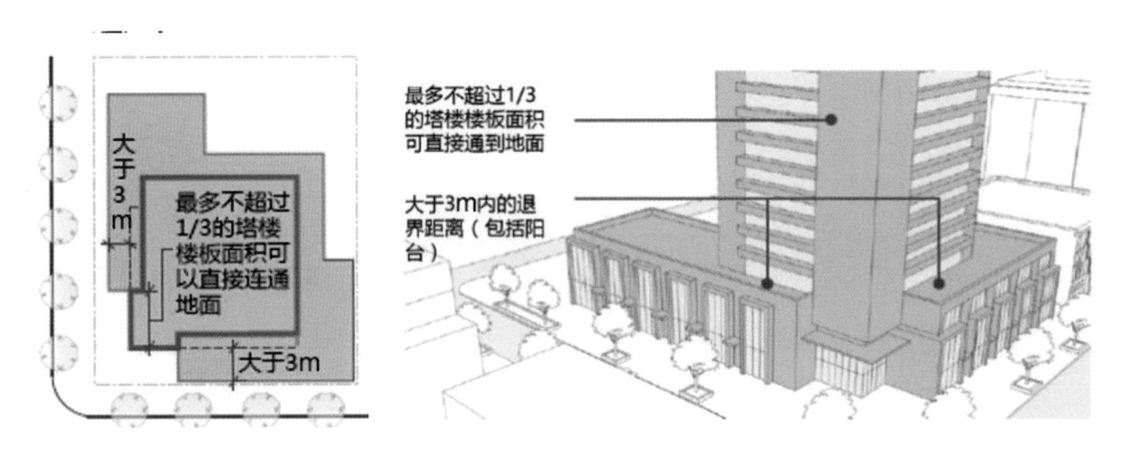


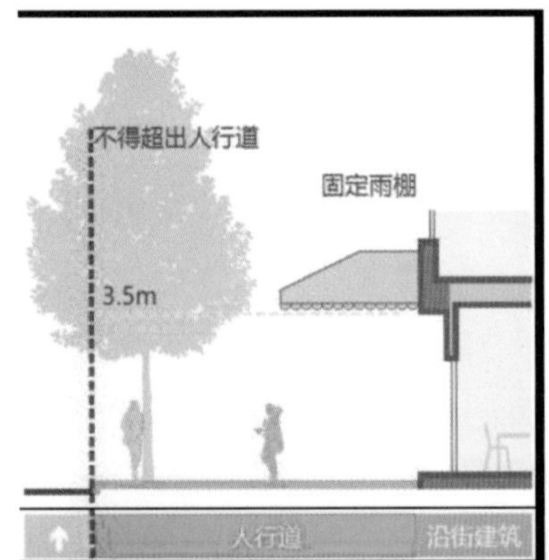


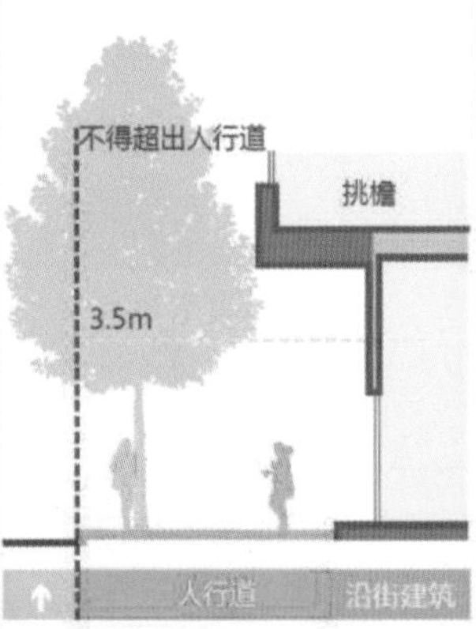


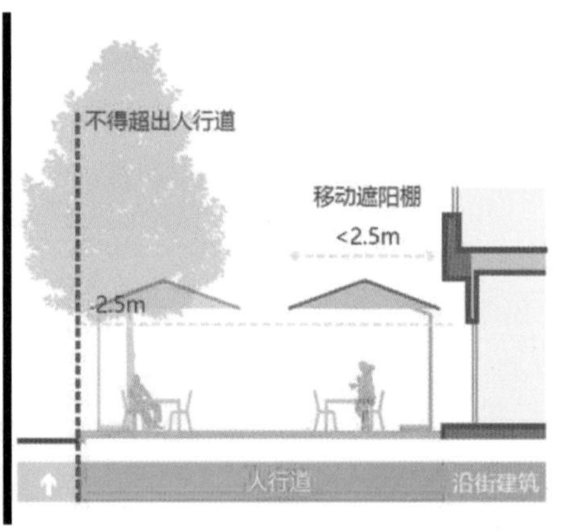

推荐：台阶与无障碍并重

不推荐：未考虑无障碍设计

推荐：建筑设置无障碍坡道

不推荐：建筑未考虑无障碍设计

图7-6 公共空间设计要点

来源：《广州市建筑景观设计要点工作手册》。

心城内现有公共建筑改建、扩建的，按照上述要求实施立体绿化。控制玻璃幕墙使用面积，建筑高度24～50m，玻璃幕墙在外立面所占比例不宜大于50%；建筑高度50～100m，占比不宜大于60%；建筑高度100～250m，占比不宜大于70%；建筑高度250m以上，占比不宜大于80%。特殊地标性建筑宜由专家论证。三是精细化的细部设计。鼓励对建筑针对不同高度、不同方位进行辅助遮阳设计，遮阳设备宜结合建筑立面一体化设计，亦可结合门窗统一设计，空调外挂机及管线等设备宜进行统一的遮蔽设计。四是广告招牌及建筑标识宜与建筑一体化设计，不宜设于建筑轮廓线以外，并控制广告招牌的数量及尺度不可破坏建筑立面效果。鼓励体现时代精神及城市特色的创新广告设计，增强区域趣味性及识别性。五是注重公共建筑的步行及场地环境设计。鼓励在公共区域设置二层连廊对建筑与建筑、建筑与公共场地、建筑与公共站点之间建立连续的步行系统，并24h对公众开放。完善场地的无障碍设计及城市家具、公共艺术、标识系统布置，营造开放、美丽、舒适的建筑外环境。停车场（库）出入口宜设置缓冲区间。

居住建筑：一是以协调居住建筑整体风貌为目标，控制建筑的高度、面宽及体量等元素，建筑高度与周边建筑有序变化，营造与环境建筑的视觉一致性；建筑布局保留景观视廊，形成通透开敞的通风廊道；位于珠江两岸的建筑宜采取前低后高错位布置，塑造丰富的城市轮廓线。二是居住建筑面对人流旺盛的街道两旁，鼓励设立零售商铺；在适当的街角，可设立一些易于识别的标志和腾出更多空间，以改善街道环境和营造地方性的归属感；宜采用骑楼的形式设计，适当提高临街外立面的通透性和视觉连续性，并保持骑楼风格与周边地块相协调；居住建筑底部宜最大限度设置灰空间，提供通风廊道，并为人们提供活动交流的公共空间或公建配套。三是居住建筑立面宜考虑景观一体化的效果，针对立面形式、风格、细节设计、连廊及屋顶设计等元素，综合考虑设计。四是居住建筑的建筑设备宜设置在建筑后退道路红线距离外，并结合设计在建筑外立面进行设置；居住区内主要道路宜设置至少有两个方向与外围道路相连，并考虑消防车通道及人行通道的设置。五是居住区道路车行流线与人行流线不宜交叉，停车出入口宜选择在车行便利的方向设置，并道路红线外留足安全等候区，以减小对市政交通的影响。六是居住区内植物配置宜体现四季景观变化，突出岭南风格，绿化与硬化地面衔接区域宜设有缓坡处理，鼓励建设海绵城市型小区花园绿地。通过绿化设计优化和美化步行、休憩空间，塑造居住区亲切和舒适的氛围。

**（2）《广州市建筑景观设计指引》**

1）继承传统，塑造依山、沿江、滨海的独特城市风貌

一是打造层次丰富的城市天际线。秉承传统山水格局，充分结合广州的人文要素及历史景观特色，赋予城市个性化的空间形态特征，塑造完整的、特色鲜明的城市天际线，反映城市建筑文化发展脉络。通过簇群式地标建筑来统领城市天际线（图7-7）。原则上临湖泊等自然水面、绿地、广场、山体等开敞空间以及重要道路、文保单位、历史建筑的建筑单体应按前低后高的原则控制建筑高度，其中一线建筑高度原则上应少于建筑退让开敞空间和保护建筑的距离，并严格控制建筑物的面宽，形成“前低后高，错落有致”的丰富空间层次。控制与整合超高层地标、主要高层建筑、肌理建筑、低层标志性建筑四类建筑的功能、形态、色彩、材质，形成城市的地标系统，结合夜景照明，丰富人们对城市天际线的感知和体验，推动城市天际线控制的规范化，形成可持续的天际线规划设计。

二是注重良好公共环境的营造。提高公共空间覆盖率，增加城市公共空间的可达性、舒适性、开放性和连通性。依托一江两岸，建设高品质的滨水空间。提升公共空间的绿化品质，植物配置体现四季景观变化，保持空间通透，突出岭南风格，传承骑楼、岭南园林等适应气候、地理环境的建筑形式与空间组织方式。推广绿荫廊道和绿荫广场设计，注重街道交通功能、城市智慧管理功能与市民活动空间环境一体

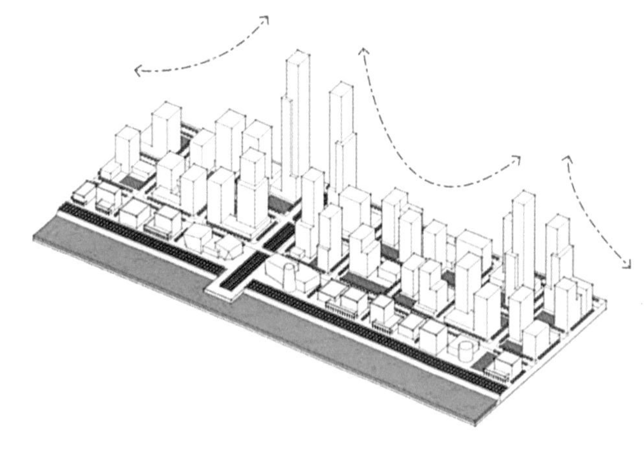

图7-7 高低错落、富有节奏的簇群式天际线
来源：《广州城市设计导则》。

化设计；引入多样化的公共空间元素，突出街道人文特征，对市政设施、景观环境、街道家具、建筑风貌等要素有机整合，实现复合街道功能，以促进街区发展。

三是贯彻海绵城市建设理念。通过整合地块、街道、城市公共开放空间的绿地形成绿廊，提供雨水调节空间，实现雨水过滤和渗透，发挥水道传输作用。城市公共开放空间铺地应采用耐久、绿色、可回收材料，因地制宜设置下沉式绿地、植草沟、雨水花园等，雨水收集设施与景观一体化设计，以缓解城市热岛效应。

2）构建整体而富有活力的城市街道

一是刚弹性结合设置连续街墙。主要景观街道一线建筑的贴线率以70%以上为宜。同时，应设置连续的街墙来限定重要公共空间，保证一定的裙楼密度、适宜的塔楼密度和街墙的连续性，同时注重街墙上方的视野开敞。在不同的区域，特别是在历史街区宜保留建筑密度、高度、贴线率等刚性控制指标的弹性范围。根据街道规模、功能，鼓励在道路高程上方5～24m处设置行人尺度界定线，以便明确地界定建筑基座，同时在街道层面创造一个符合人性尺度的围合空间。可以通过建筑体量凹凸、构件、材料、颜色和纹理的变化，来体现行人尺度界定线的设计。二是适度开放首层人性化公共空间。鼓励办公商务区建筑在首层设置零售、餐饮、康体设施等活跃的功能，代替或削减大型商务大堂等私密性功能空间，以提升行人公共空间体验。在行人尺度界定线以下鼓励通过设置骑楼、底层架空以及通透玻璃等设计手法，适当提高临街外立面的通透性和视觉连续性。

3）致力打造精致而协调的建筑场地

一是加强建筑场地的一体化及无障碍设计。统筹建筑退界区与街道空间，其场地高程、无障碍设施、景观等应进行精细化设计和管理，做到统一、协调和人性化；加强道路附属设施、临街界面、公共艺术品等的景观一体化设计，使街道空间和建筑退界区形成连续、有机的整体。二是灵活布置场地的高程设计策略。场地设计前应了解并测算场地各侧与城市街道交接处或相邻用地之间的高差，结合水安全要求，处理好建筑首层和街道的关系，通过合理设计解决建筑首层和街道的高差，并保持建筑与沿街空间及不同地块间的平顺对接；规划地下空间时，根据现场地形的实际情况，宜以最低的街角高程为基准设计地下室标高，地下室顶板设计标高不宜高于地块内沿街任何一点的街道标高，避免出现沿街大面积的实墙或非活跃功能（图7-8）。

4）构建安全舒适、通达的步行系统

高品质慢行交通提升舒适的步行体验。因地制宜推广街区制和窄马路、密路网设计，形成层级清晰、功能明确、方便快捷的道路体系，提升行人过街的步行体验以及城市交通的安全性。鼓励绿色出行，规范自行车道及停放设施的设置，完善城市慢行系统。

一是步行连廊和天桥等应结合人流量大的设施或建筑设置，除跨越快速路或城市主干道外，尽量避免兴建单独式的过街天桥或步行连廊。属于公共开放空间的步行连廊和天桥可不计入容积率和建筑密度；步行空间应按照地下、首层、地上跨越等进行分层控制设计，通过遮阳挡雨设施和易达的人行垂直交通、无障碍设施、景观小品等人性化的设置，提高街道层的步行空间体验。

二是推行人性化的道路交叉口设计。城市次要道路及支路推行小转弯半径道路设计，通过紧凑的设计既保证城市车行交通的微循环，又缩短人行过街的距离，提高人行的安全感和舒适度。

三是倡导出入口功能性分类布局。停车场（库）出入口应当设置缓冲区间，缓冲区间和起坡道不得占用规划道路，起坡道尽量在建筑内部设置，闸机不得占用规划道路和建筑退让范围，入口闸机宜设置在入口坡道底端。首层装卸区应位于建筑占地轮廓之内，避免阻挡人行道。主要步行入口设置在主要街道或公共开放空间可见的沿街面，建议通过设置雨篷等立面设计界定和强调入口位置。为了使行人体验更安全舒适，应鼓励停车和服务车辆入口合并，尽量减少停车和服务车辆入口。大型公共建筑应在用地范围内预留足够的候车场地，不得占用城市道路。建筑主要的行人入口应位于主要街道和公共开放空间边上，增强其可见性和可达性。

四是不鼓励地块庭院作为主要步行入口通道。行人入口应起到带动首层活动的作用。利用不同的立面元素和进深来界定入口和内部功能。根据广州的气候特点，入口应设防风雨的雨篷或门厅。

5）创造高品质的建筑文脉氛围

一是注重建筑与城市地域环境的融合。建筑立面的设计需充分考虑地域特点和时代特征，并应认真分析研究与周边城市空间的融合性，与周边建筑共同形成新旧融合、整体和

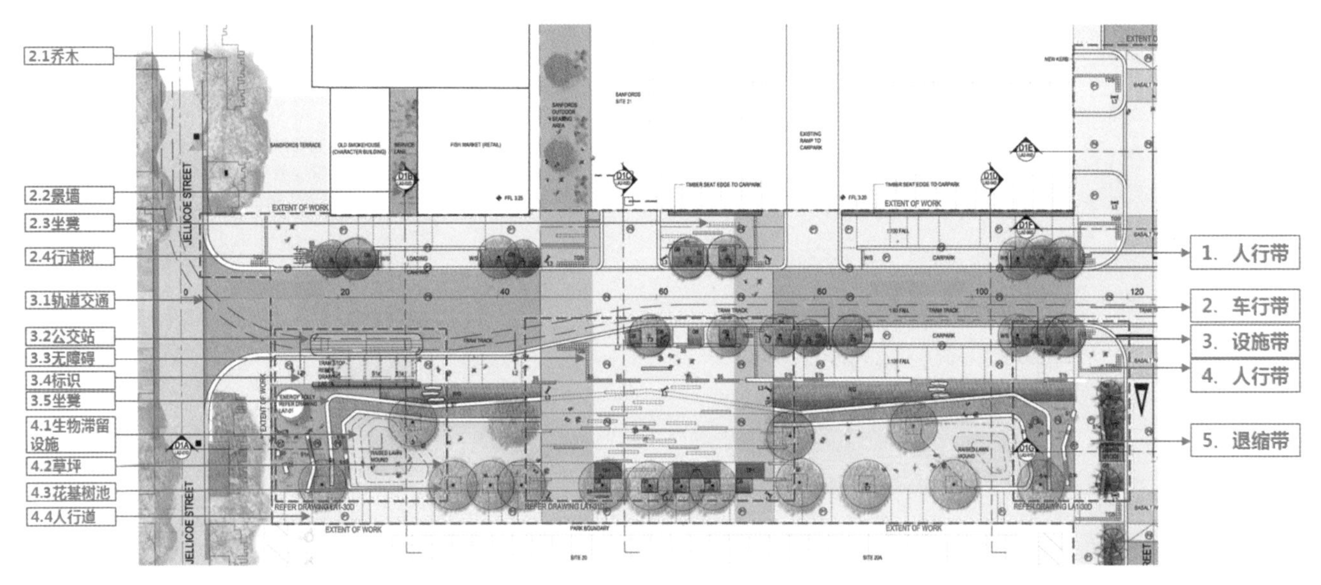

图7-8 建筑场地设计示意图
来源：《广州城市设计导则》。

谐、富有变化的城市空间。注重对高层建筑发展的规划引导，在建筑高度、建筑表皮、风格等方面注重建筑群组的组织关系，以形成和谐统一的风格。

二是建筑基座应在要求的位置设计并形成街墙，建筑首层设置具有活跃功能、透明及指示清晰明显的入口。建筑裙楼的高度与街道的宽度宜有合理的比例，较高的建筑裙楼或中低层建筑可采取部分退台处理、界定行人尺度线等方式削减建筑体量感。提倡高层塔楼结合功能需求直接落地。建筑的基座部分可以设置不同功能，但应保持与城市街区的联系；或者是采用不同的形式，但应保持街墙的完整性（图7-9）。

三是建筑主体宜使用与建筑基座和顶部相似的材料，增加建筑整体感。建筑立面设计的竖向要素和横向立面要素尽可能均衡，体现人体尺度。鼓励高层建筑在形态设计上体现建筑结构美，可利用造型设计尽量削减建筑的视觉屏障感。建筑顶部设计应与主体建筑一体化设计，鼓励通过适当收分处理使建筑形体更显纤细。鼓励在建筑退台或建筑裙楼顶部等设置屋顶绿化。建筑顶部的机械设备遮挡设计需兼顾考虑来自于街道和周边高层建筑不同高度和方向的视线和观感。

四是运用可持续的设计技术和策略。充分考虑亚热带气候环境的建筑通风、遮阳效果，采用绿色低碳的设计技术和

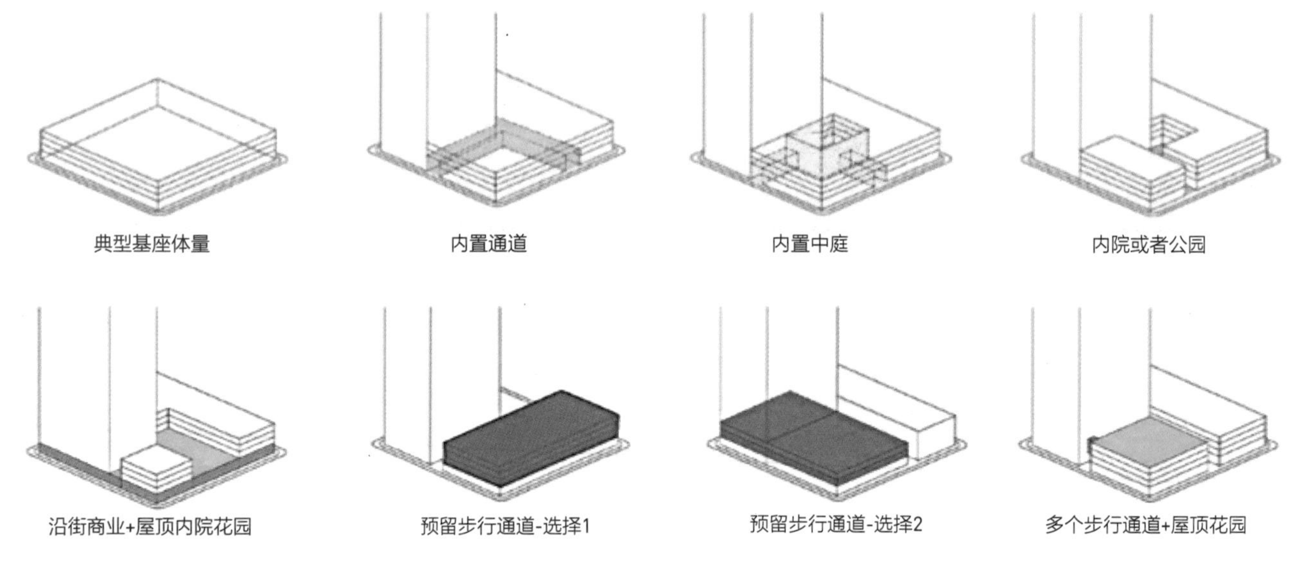


图7-9 建筑基底设计指引
来源：《广州市建筑景观设计指引》。

策略，优先选用本土、环保、可再生循环和再利用的建筑材料，合理设置立体绿化，改善人居环境与微气候。

五是着力建筑色彩设计渲染城市空间氛围。建筑整体色彩宜在整体中有变化，避免大范围过于单一的色彩设计。建筑立面色彩要明确主色调的主导地位，可在建筑局部使用较强烈的点缀色以增强视觉趣味性。建筑主色调可参考本土天然建筑材料的色彩，对于采用黑色、暗红色、暗灰色等暗色调材料作为建筑主色调的建筑方案应审慎，并注重与周边环境协调。在邻近文物、历史建筑等重要建筑的主视觉廊道上，一般性背景建筑应使用柔和的建筑色彩设计并降低对比度，不应使用对比过于强烈的色彩。

6）引导规范的建筑标识、招牌、广告牌设计

一是规范建筑立面标识设置。建筑标识的设计应考虑与建筑整合、指引清晰化、科技化并兼具艺术性，达至城市公共空间的艺术化、景观化。应注重对建筑标识的精细化和合理设计，其材质和配色应与建筑本身的材料和配色相和谐，一般应该结合建筑立面进行设计，设置在建筑的轮廓线以内，不应影响建筑的形体，也不应覆盖建筑或模糊建筑的形象特征。主要墙体标识、窗户标识及垂直突出墙面的标识应设置在建筑指定标识区。

二是严格导控招牌广告牌设置。政府机构、学校、指定的风景名胜区、重要文物古迹、纪念碑或地标建筑场地、主要城市街道或风景街区沿线、高快速路两侧及入口、人行天桥等不得随意设置广告标识。严控珠江两岸一线滨江建筑设置招牌广告牌，形成精致的滨江城市景观。

7）提升光环境设计，缔造品质城市夜景

一是规范灯光的合理化设计。划分街道照明带、滨河特色照明带、地标照明建（构）筑物及核心照明区域。采用像素幕墙、LED液晶屏等高新技术手段，结合建筑立面设计，实现建筑夜景效果的提升。超高层或地标建筑应考虑顶部的透明度、照明设施的设置和夜景灯光照明效果。建筑夜景光环境应结合建筑功能、周边环境等因素设计，宜采用无照明、间接照明的照明方法，避免使用闪烁灯光或大型移动部件。主要商业区可采用活跃多彩、有照明的标识与建筑相配合，以强化商业区特点。

二是文化历史建筑中对城市视觉识别性和对特色有贡献的标识应予修复、维护和技术改良，结合标志性建筑，融入岭南地域文化特质，创造出富有层次、个性鲜明的城市夜景照明。

## 7.3.3 全民的公众参与

### （1）身边项目全民设计，小项目大师做

“身边项目大师做”是在广州市规划和自然资源局的指导下，广州市岭南建筑研究中心组织开展“身边项目，全民

设计”系列活动的首期活动。采用多角度、多层次的宣传方式，扩大项目的示范性和影响力，提高市民关注度，形成引发各界关注的城市事件。未来将陆续面向社会各界和普通市民开展各类活动，激发全民互动。通过聘请国内外知名设计大师设计口袋公园、公厕、垃圾站等市民身边的小项目，通过大师之手输出精品，以点带面激发社会各界参与提升城市空间品质和活力的热情，实现全社会共同缔造。

2018年，建筑大师、城市规划大师们完成了环市东垃圾收集站、环市东公厕、环市东台阶、110kV猎桥变电站、广雅中学莲韬馆、恩宁路入口建筑6个试点项目方案设计。2019年，建筑大师、城市规划大师们又相继完成了维新横路口袋公园、小北地铁站口袋公园、大元帅府小学西校区重建工程、流花路公厕4个试点项目方案设计。

1）猎桥变电站

广州110kV猎桥变电站位于猎德大桥北延线西侧，建成后将为天河区珠江新城片区提供电力输送。选址临近珠江新城新中轴线，位于城市景观敏感区域，南倚珠江，远眺广州塔，在城市休闲慢跑道旁的滨江绿地内。因猎桥变电站位置的特殊性和敏感性，“身边项目大师做”团队请来白云机场航站楼、广州亚运馆的设计师陈雄大师亲自操刀变电站的设计。经陈雄大师设计团队、广州市岭南建筑研究中心和广州供电局等多方多次沟通协调后，将猎桥变电站定义为开放的、亲民的电力科普基地。希望将以前人们眼中的“厌恶型”市政设施，转变成未来人们愿意来走一走、看一看、品一品的城市滨江景观。

设计团队创新性地塑造变电站的亲切形象。通过通透的建筑、柔和的色调、平易近人的建筑形体吸引市民，在变电站内部增设电力活动展厅，并打开部分墙体，形成通透的观察窗，使人们在参观变电站的同时能够学习电力知识。外立面通过从上到下融入地面的竖向线条，结合夜间灯光照明，寓意电力从此传送到千家万户（图7-10）。

建筑整体简约开放，在民众和建筑之间增加了一份互动的氛围。建筑形体为互相咬合的两个坡状体块，半显半露的外立面简洁明快，以圆润的形式处理转角位，整体更显亲

滨江夜景

屋顶平台

图7-10 猎桥变电站效果图
来源：“项目大师做”系列成果。

切。外立面采用竖向线条和具有一定透明度的穿孔网，呼应了珠江两岸的建筑形态和立面颜色及形式。设计团队采用铝合金网状外壳，将变电站包裹起来，通过两侧的大楼梯上到屋顶。屋顶是一个开放的绿化平台，设置了一个可供休憩和活动的室外台阶。人们可以在这里赏览珠江，观看龙舟竞赛等城市活动，还可以通过弧形天窗眺望“小蛮腰”，感受广州的现代城市氛围。建筑融洽地置于沿江绿带之中，屋顶的绿色平台将建筑与周边丰富的绿植联系在一起。相比于原来的公共绿地功能，新建筑的置入更丰富了沿江公共活动的形式。

2）广州环市东路节点

广州土人景观顾问有限公司总经理兼首席设计师庞伟对环市东路街边做了一处街道节点改造设计。环市东路西起小北，东至区庄，这里有广州第一家涉外商场友谊商店，曾经的广州第一高楼白云宾馆，广州最早的外国领事馆，全国第一批五星级花园酒店，以及为安置归国华侨而修建的华侨新村……环市东路过去是广州最“高大上”的街道，如今呈现了新旧时代特征掺杂、高层建筑密集、街道植被茂盛的复杂状态。

针对复杂、有限的场地条件，设计师提出了一个简单的设计对策——放一把“椅子”。这不是一把通常的椅子，而是一个介于家具与建筑中间尺度、自成一体的构筑物。构筑物与阶梯充分结合，抬升至相对人行道约2.7m的高度，灵活的座椅空间与高位的视点为人们带来了观察环市东路的全新体验（图7-11）。

在这条复杂的高密度城市街道上，构筑物既是异于环境的街道美学装置，又为繁忙的行人提供休息空间和交往空间的兼具候车与休息功能的城市家具。

3）恩宁路217-225号

来自美国建筑师协会的本杰明·伍德参与了恩宁路217-225号建筑设计。217-225号建筑是恩宁路众多骑楼建筑中的一栋。因年久失修，这栋富有年代感的建筑光彩日渐暗淡。本杰明·伍德在延续原有建筑立面色彩和材质的同时简化立面开洞，并运用高透浮法玻璃增加通透性。在保留与修复传统建筑元素的同时融合餐饮、展览等现代生活方式，使新与旧完美融合。建筑的首层还增加了展示面和夜间辅助照明，充分利用廊下商铺的大展示面，让室内的色彩尽可能为“灰色系”的历史街区带来更多色彩，给恩宁路这一历史街

图7-11 广州环市东路现状及设计效果图
来源：“项目大师做”系列成果。

区带来了新活力（图7-12）。现代建筑形式和建造方法使传统建筑展现新生面，巧妙的设计引领着一系列老建筑的更新演变。

4）环市东公厕

位于环市东繁华商圈的环市东公厕是一个拥有近三十年历史的老公厕。但是随着时代的进步，公厕建筑设计手法时代局限性逐渐显露，用地逼仄，空间布局不合理，设施落后，总体形象乏善可陈。“身边项目大师做”邀请了广州瀚华建筑设计有限公司副总建筑师许迪对环市东公厕进行升级改造，突破人们对公厕的刻板影响，让这座普通的公厕成为城市独一无二的景观雕塑。

设计师采用保留改造的方式赋予公厕全新形象。对于这类公厕的升级改造最普遍的做法就是拆除重建，但设计师实地观察后，发现这个公厕建筑设计具有20世纪80年代典型的风格，在绿树的环绕下，成为一个相对独立的绿岛，饶有岭南特色。无论从历史的延续性还是位置的特殊性，环市东公厕的改造都有非凡的意义。建筑师认为最理性的方式是将一个拥有近三十年历史的老建筑视作城市文化遗存的一部分，从文化传承和保护的角度加以维护和保留，强调顺应原有建筑肌理。在具体的改造设计手法上，用简洁有张力的“方盒子”构件包裹原有建筑，突出建筑雕塑感。在面向城市道路的方向打开盒子，展示建筑改造以后的全新形象（图7-13）。

“身边项目大师做”是通过公众参与、征求并采纳专家意见而形成的成果。知名设计师的作品激发了社会对精细化、品质化空间的关注，从而提升市政设施的环境品质。这一项目实施了从“城市重大设施”到“贴近市民生活的身边项目”，体现了城市设计的人文关怀。设计大师们把“厌恶性设施”转换成了“可读可赏的城市景观”，从而提升了市民幸福感和获得感。

**（2）跨界沙龙凝聚共识**

1）广州“城市·空间·品质”思想沙龙第一季

2017年1月16日，广州“城市·空间·品质”思想沙龙第一季在广州市城市规划勘测设计研究院顺利举行。思想沙龙除了向嘉宾们总结了城市设计概况以外，还展示了从古代至民国，再到现在，广州一路走来的城市设计历程，也结合了精品珠江、老城保护、人性空间等事件案例，阐释了目前广州总体城市设计的思路。在这次活动中，嘉宾们提出了城

图7-12 恩宁路217-225号现状及设计效果图
来源：“项目大师做”系列成果。

图7-13 环市东公厕方案最终效果
来源："项目大师做"系列成果。

市设计在价值观、空间、品质等方面面临的主要问题。

广州象城建筑设计咨询有限公司李芃分享了自己参与的关注广州传统房屋的“翻屋企”计划。“屋企”是粤语“家”的意思，李芃认为，“家”是让人止步的地方，他也希望通过这个活动，让广州市民能重新思考“屋企”最让人留恋的部分。李芃结合“翻屋企”计划的龟岗四马路2号、第十甫路民居、海珠红星村社区食堂等老建筑优秀改造案例，凸显了这个非营利组织在保护广州老建筑方面，为这个城市做的点点滴滴。也正如李芃所言：“政府主导自上而下的城市改造与更新，民间非营利保育团体自下而上的更新。”

广州美术学院建筑学院生态与文化教研室主任陈鸿雁副教授以设计中的公益性和先锋性为核心，介绍了诸多在欧洲亲眼所见的精彩设计，也分享了自己的设计案例。如自己为故宫环卫工人的孩子做的设计教育项目、为来故宫游玩的孩子设计的滑梯形分类垃圾桶的公益性方案。陈鸿雁还找了五十张废弃小学生的座椅，把腿锯掉，在下面装上桶，并找人在上面涂鸦。这些椅子曾在海珠湿地展览，期间观众还可以随时随地搬动椅子来坐。此外，陈鸿雁为万科云城设计样板房时，还奇思妙想地采用了倒置的呈现方式。

尚诺柏纳空间策划联合事务所（SNP）创始人与总设计师王赟以将公司的会议室命名为茶楼、钱庄、越秀等，通过公司文化中的点点滴滴承载着心中的老广州。王赟说：“我们既要做地域文化的保育者，又要引进西方文化。”因此，王赟身体力行，创立了贝骊洛生活美学馆项目，引进西方优质的文化，在衣食住行多个方面影响市民的生活习惯和品质。融合西方的生活习惯和美学观念，是广州文化走向世界的第一步。

扉建筑的总建筑师叶敏讲了扉建筑的一些城市建设、改造项目，包括亿达大厦的设计、星海音乐厅的内部改造、两座东山洋楼的改造等，其中的竹丝岗社区美术馆为广州注入全新的公共空间设计思路。叶敏提出将整个社区变成美术馆，并且作为居民的公共空间，成为真正意义上的社区博物馆。

关于广州城市规划现有的一些问题，嘉宾们也提出了诸多意见并给出了自己的思考。针对广州地铁换乘繁琐、TIT创意园至花城广场的路线对行人不友好、珠江新城至二沙岛的栈道常年封闭、大学城的驿站空置等问题，嘉宾们认为城市规划、城市公共空间的核心在于管理，而不是设计。此外，也建议有关部门可以参考德国“厕所大王”案例，政府部门完全可以适当开放部分公共空间的管理权。

2）广州“城市·空间·品质”思想沙龙第二季

2017年5月20日，广州“城市·空间·品质”思想沙龙第二季在正佳广场四楼Hi百货举办（图7-14）。“城市·空间·品质”主题摄影大赛是广州总体城市设计的系列活动之一，旨在通过广泛征集能够反映广州市城市空间品质的精美

图7-14 广州“城市·空间·品质”思想沙龙第二季
来源：《广州总体城市设计》公众参与专项。

照片，发掘广州之美，宣传广州城市形象，提升广州城市影响力。

在当前的时代发展背景下，大多数城市都有着共同的问题：许多原本较为完备的物理空间，在当今已经无法满足大家的精神需求了。但是文化艺术空间的调整可以弥补这方面的不足，并且可以适当超前。文化空间的改造不仅要依靠专家、学者、艺术家等，也要依靠普通民众，经验和创意相结合，现代和传统融合，鼓励创意，又不是脱离实际的标新立异。只有在物理空间的规划与文化艺术空间的打造之间寻找到平衡，生活在城市中的人们才能更好地享受城市发展带来的美好。

同时举行的还有广州“城市·空间·品质”摄影大赛的颁奖仪式，摄影大赛分为“最美山水”“品质都市”“魅力人文”三大题材，力求从不同的空间维度展现广州城市魅力与品质生活。城市建设是由每个人去发现和共建的，摄影大赛只是呈现公共美学的其中一种方式。城市是公共的，广州“城市·空间·品质”摄影大赛以及思想沙龙背后，投射出的是广州这座城市的空间美感，也代表着对城市美学的精神信仰。

3）“走读广州”

2018年9月26日，广州市城市规划勘测设计研究院发布了“走读广州”公众体验指南《美丽特色村镇》，立足岭南乡土特色，精选广州7个区的9个村镇，以其在自然禀赋、历史人文、建筑规划等方面的鲜明特色，展现在规划引领下，广州传统村落的美丽蜕变。

4）三城联盟工作坊

2017年5月，广州—洛杉矶—奥克兰三城经济联盟“城市空间品质提升设计工作坊”在广州举行。本次工作坊结合广州建设世界级滨水地区发展目标，沿三个十公里精品珠江景观带分别选取大沙头、海心沙、鱼珠三个地区进行概念性方案设计，分别代表着广州的过去、现在与未来。来自洛杉矶和奥克兰的设计师们结合国际滨水地区设计经验与广州建设实际，为广州设计出极具魅力的城市滨水场所（图7-15）。

大沙头位于广州市越秀区沿江东路滨水区，曾是广州的水运枢纽。范围内现状建筑较多，功能多样，如何处理好基地内部交通组织，提升整个地区的空间活力是该方案需要回答的关键问题。大沙头码头作为曾经的城市交通枢纽，现已失去曾经的光辉。针对如何解决不同人流、车流的动线，如何复兴大沙头码头等问题，设计小组提出将基地进行一体化设计的策略：设计独立的车行和人行流线；提供更多的大巴和私家车停车位；将建筑进行改造提升，以提供更多的供人驻留的空间；把水引入场地，打造一个蓝与绿相交融的流线型公园；融入传统历史与文化，塑造旧城码头的形象。

海心沙位于广州市珠江内江心沙洲，是珠江新城核心区轴线的端点，是举办2010年亚运会开幕式的地方，亚运历史文化遗产的利用以及对中轴线的延续处理是该方案的重要考虑要素。针对海心沙所面临的周边建筑群及空间尺度巨大、缺乏日常活动、轴线被珠江分割、滨水空间的利用以及亚运开幕式场馆的利用五大问题，大胆提出一座跨度为300m生态的步行桥，连接海心沙堤岸和广州塔二层平台，形成一条完整的广州新中轴线；将亚运会开幕式场馆改造为市民活动中心，丰富滨水岸线的形态；新建水上乐园和酒店；保留东侧岛尖的建筑，引入新活动，激活街区功能；在二沙岛岛尖建造音乐博物馆，形成一个具有活力和生命力的岛。

鱼珠地块位于黄埔大道南侧，现状以码头、仓储和部分宿舍区为主。该地区位于未来规划的广州第二中央商务区的核心地段，对未来城市景观形象的营建、城市总体开发量的控制是该方案不可忽视的重点。鱼珠需要应对的关键问题包括规划中的一条分离滨水岸线与内陆的主干道，大量的工业用地，规划中的大尺度、高比例的商业用地，缺乏开敞空间。方案提出保护水湾以及水湾内的工业遗产和小渔村，打造一个开放的、拥有历史文化的、尺度人性化的开敞空间。内陆水系以及绿带与水湾联通，在街区内渗透，形成指状连通的绿化景观结构，恢复其生态功能。滨水地区的用地功能以商住混合功能为主，延到主干道的用地以商业金融为主，建筑形式与用地肌理相呼应，建筑高度为前低后高，前疏后密的空间形态。水岸空间形态富有变化，形成多个凹性空间，岛尖打造大型公园绿地，形成整个地区的文化地标。

### （3）多样活动扩展影响

1）广州城市风貌地图——丹青妙笔勾勒云山珠水吉祥花城

广州市山水格局图从“山、水、林、田、湖、海”的城市空间格局着手，以九连山脉为脊、珠江水系为带，大笔勾勒出广州北部自然风貌、中部现代都市、南部滨海新城的整体风貌特色。北部自然风貌特色区围绕白云山、凤凰山等自然山脉，引山入城，形成山城交融的自然格局；中部现代都市区以珠江为带，串联广州发展脉络，是广州城市建设的精

大沙头设计草图

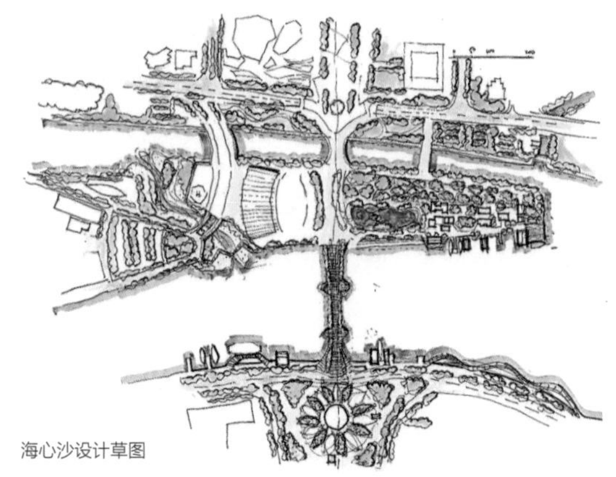
海心沙设计草图

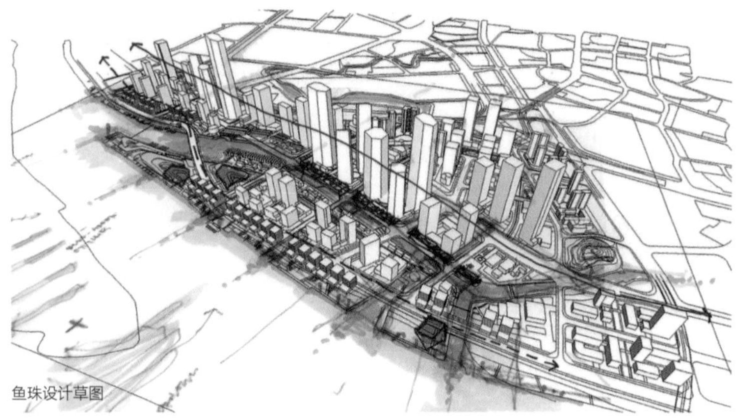
鱼珠设计草图

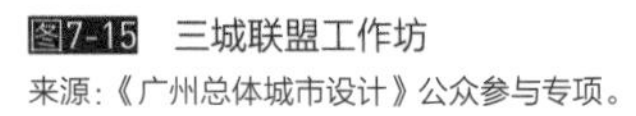
图7-15 三城联盟工作坊
来源:《广州总体城市设计》公众参与专项。

华所在；南部滨海新城区以南沙副中心为建设核心，结合丰富的滨海岸线与河涌水网，配合桑基鱼塘的大地景观，形成特色鲜明的滨海城市形象。

广州一江两岸风貌图聚焦珠江两岸城市建设，展现了广州因水而生，沿珠江自西向东不断拓展的历史发展脉络。从风情万种的沙面到“珠海丹心”的海珠广场，从“十年一剑”的珠江新城到引领时代的琶洲互联网创新集聚区、国际金融城、鱼珠商务区，珠江两岸浓缩了广州上下两千余年的文化传承，汇聚了广州城市建设的时代精华，是有着浓烈烟火气息的都市画卷。

传统轴线特色路径：穿越古今两千年，追忆五朝古都事。传统轴线特色路径贯通串联了“古代广州”和“近代广州”两条轴线（图7-16）。古代轴线串联镇海楼、南越王宫署遗址、北京路千年古道遗址、药洲遗址、西门瓮城遗址等古城遗迹，穿越多个朝代，展现广州两千多年的城市变迁；近代轴线北起越秀山，串联中山纪念堂、人民公园、起义路、海珠广场等革命历史节点，展现广州近现代革命历史。漫步传统轴线特色路径，细细聆听古今两千年广州商贸、文化、城建发展故事。

现代轴线特色路径：一脉相传广州城，云卷云舒看羊城。这条全长12km的世界级城市轴线，凝聚了广州改革开放的精华，见证了广州现代城市发展的足迹，成为引领广州国际化、现代化品质发展的核心动力。现代轴线北起白云山南麓的燕岭公园，向南连接中信广场、天河体育中心，抵达汇聚广州公共建筑精华的花城广场，跨越珠江到达广州塔，向南连接城央最美湿地海珠湿地，最终到达海珠区最南端的南海心沙。现代轴线集中了广州标志性建筑以及最具活力的公共中心，记录了广州以国际视野、人文情怀，不断引领城市规划建设新理念的最佳实践。

西关寻踪特色路径：漫步古粤麻石街，感受趟栊旧时光。西关是最具广府风情的地方，在这里，能寻觅到地道的广州美食，聆听到扣人心弦的粤剧粤曲。漫步在朴素的麻石巷道，听古朴的趟栊门发出动听的乐音，仿佛轻轻吟唱着旧时的童谣，与惊喜不期而遇。西关寻踪特色路径贯穿文昌北路、第十甫路、宝华路、宝源路，串联荔湾湖-逢源大街、宝源路、多宝路、昌华大街、宝华路、耀华大街、华林寺、

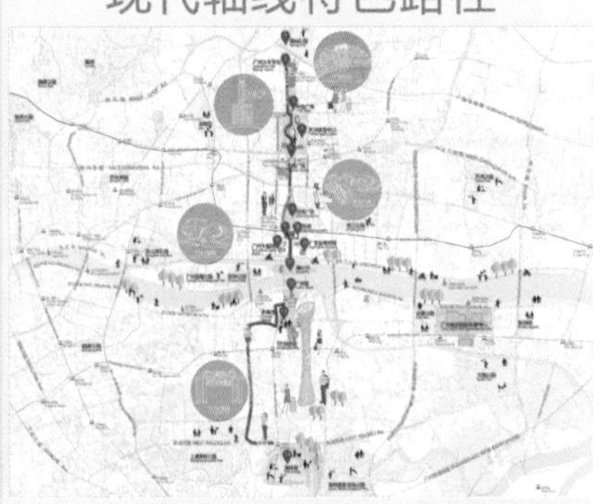

图7-16 广州特色路径

来源：《广州总体城市设计》历史文化专项。

光复中、光复南等西关大屋集中分布的历史街区，集中展示了西关大屋、骑楼街为代表的传统建筑文化和十三行周边富商住区的生活场景。

珠水丝路特色路径：览寻珠水名胜，领略海丝羊城。“一口通商”确立了广州在海丝文化中的重要地位，珠江两岸留下了大量记录当时繁荣景象的商业和公共建筑。珠水丝路特色路径带领人们徜徉珠江两岸，观摩近代中西合璧的雄伟建筑，品味广州作为海丝之路主港的辉煌历史。珠水丝路特色路径贯穿一德路、长堤大马路、沿江西路、六二三路、南华西路、人民桥、海珠桥，串联沙面、粤海关大楼、爱群大厦、永安堂、圣心教堂、海幢寺等17处海丝文化遗产，集中展现近代广州中西合璧的景观风貌，展示广州“千年商都、南国明珠”的形象风貌。

2）建筑图册

2018年8月7日，由广州市岭南建筑研究中心主导编制的《广州建筑图册》通过中期专家评审会。《广州建筑图册》分为现代建筑、历史建筑和滨水建筑三部分，广州市岭南建筑研究中心介绍了历史建筑与滨水建筑部分。各位专家一致同意该成果通过评审。《广州建筑图册》作为广州市对外宣传读物，表现了建筑时间序列、历史大事件简介与城市发展脉络，展现出城市美学与城市格局。

3）城市设计微信公众号

城市设计微信公众号上线，开展与时俱进的线上宣传。

**（4）展览中心全民参与**

1）2018年广州设计论坛

2018年12月18日，“2018年广州设计论坛”在广州市城市规划展览中心开幕（图7-17）。何华武、邓文中（外籍院士）、李焯芬（中国香港）、王复明、陈湘生、交通运输部总工程师周伟、上海市政工程设计研究总院城乡规划院院长陈红缨、东南大学土木建筑交通学部主任王炜等著名专家、学者、企业代表等280多位嘉宾参加论坛。论坛以“粤港澳大湾区枢纽城市规划设计与建设”为主题，整体活动时间为两天，在这段时间内，行业内的专家通过前沿思想的相互碰撞，激发了创新活力，助力广州探索枢纽型城市建设和粤港澳大湾区发展。这次论坛邀请了5位院士分享其对广州城市发展的经验及建议，涵盖了城市规划、设计、建设及铁路等多方面内容，专家们围绕“粤港澳大湾区核心枢纽城市建设”“城市交通基础设施设计与工程新技术运用”等相关领域进行了探讨。

2）17位国内外建筑大师受聘广州城市建设顾问

2017年11月9日，广州市政府在广州首届国际设计论坛

图7-17 2018年广州设计论坛

来源：《广州总体城市设计》公众参与专项。

活动上为17名国内外建筑大师颁发聘书，寄望他们为广州的城市建设担任顾问，让广州变得更美、更有品位。受聘的大师包括中国工程院院士、华南理工大学建筑设计研究院院长何镜堂，德国GMP建筑师事务所合伙人曼哈德·冯·格康等17人。在“设计引领城市”的主题下，国内外的专家学者对“设计引领城市发展”“设计重塑城市生活”“设计带动城市更新”三方面内容进行了演讲，共同探讨如何用设计、艺术、文化的力量引领下一轮城市的发展，为一线城市带来新的活力、新的亮点。

主论坛上，三位国际嘉宾均有作品将落地广州。德国GMP事务所创始合伙人冯·格康是柏林中央火车站等著名建筑的设计者，他为广州设计了广州博物馆新馆。他认为，现在设计的任务就是如何通过建筑来赋予不同地域和场所的不同性格。冯·格康希望，能够与广州等中国城市一起努力，完成更多更好的项目，为城市发展作出贡献。

Nieto Sobejano建筑事务所创始人丰萨塔·涅托是广州科学馆的设计者，她在演讲中表示，建筑外部使用了一种特殊立面设计，有点像马赛克的立面一样，有些地方是镂空的。通过马赛克的镂空立面能够很好地把光线引入建筑内部，同样也能够起到很好的光线投射作用。

慕尼黑工业大学荣誉教授托马斯·赫尔佐格为广州设计了广州美术馆，他认为：个性化应该是基于本地的特殊情况，要看一下具体项目的条件，以便尽可能在整个过程当中是环保的、生态的。此外，他认为应该采用在当地获得的材料，以展示出这个城市特有的形象。

美国SOM建筑设计事务所旧金山办公室副总监艾伦·路易斯参与了广州珠江景观带三个十公里的规划设计咨询。他认为，滨水地区应该有更多的人行步道，能够贡献更多的休憩空间，还可以起到一定的防洪作用。他还认为，建设海绵城市不仅是水的问题，还包括绿化问题。

在活动现场，广东省住房和城乡建设厅厅长张少康在致辞中表示，2017年广州首届国际设计论坛开启了以“设计引领城市”为主题的新一轮城市发展的探索，展开包括设计引领城市发展、设计重塑城市生活、设计带动城市更新三大板块的国际性交流和研讨，为广州未来城市规划、建筑设计、可持续设计、市政交通、城市公共艺术、绿色文化等领域注入更多思考与机遇。

住房和城市建设部原副部长、中国建筑学会名誉理事长宋春华在致辞时说，有城市设计的引领，许多城市有了地标性的经典，使得这个城市更具有感知性和可识别性，提高了城市的知名度和美誉度，也让城市产生广泛的影响而名扬天下。他指出，广州同样是通过设计引领城市发展，以前大家通过五羊雕塑认识、记住了广州，而现在的珠江新城也是精品，广州塔也成了标志性建筑，非常不错。

中国工程院院士、华南理工大学建筑学院名誉院长何镜堂一直主张建筑应遵循“两观三性”的原则，即整体观、可持续发展观，以及地域性、文化性、时代性。“我觉得一个合乎逻辑的设计构思的过程，常常是从地域挖掘有益的‘基因’成为设计的依据，从文化的层面深化和提升，与现代的科技和观念相结合，并从空间的整体观和时间的可持续发展观加以把握，创作出‘三性’和谐统一的有机整体。”他认为，城市重大文化建筑的设计创作不仅仅是要有一个好的设计理念，同时还需要具有匠人精神。

# 08

# 结语

城市设计对于提升城市风貌、提高城市知名度、增强城市软实力意义重大，世界著名城市不单以雄厚的经济实力闻名于世，更因其独特的城市魅力而深入人心。每个城市的山水、气候、历史文化存在差异性，遇到的城市问题也不一样，应该因城而异开展城市设计。

城市设计编制的过程是愉悦充实的，我们举办了多次跨界公共活动，同时也在过程中更加深刻地挖掘了广州的美。我们有理由相信经过不懈的努力，10年、20年后，还给老百姓清水绿岸、鱼翔浅底的景象，全面实现美丽广州、美丽中国。

一系列的努力，让总体城市设计真正成为一项开放协作、传递共识的长期设计事件，实现城市设计让生活更美好！

# 8.1 经验总结

全球视野下，对标世界城市发展新理念及设计原则，统一共识，广州市系统推进城市设计工作，找准全球城市定位，通过四大转变，推进精细化、品质化、标准化规划建设管理，打造品质城市。

## 8.1.1 价值取向转变，多元发展价值观

广州城市设计融合了多元的发展价值观，包括像对待生命一样对待生态环境，彰显东西融合的极具感召力的文化自信，积极追求生机勃勃的城市精神，务实谋划山水相望的城市品质等。正是多元的发展价值观，引领广州城市设计探索理念、技术、成果的创新，为在新时期大尺度城市设计的编制与管理提供了一套可参考的方式与方法。

## 8.1.2 组织方式转变，共建共治格局

广州城市设计通过多元参与协作、全流程协商，建立了多方参与的城市设计编制模式，探索融合社会公众、专家团队、编制主体和管理部门共同参与，众智众筹的组织方式。编制过程中通过报纸、新闻、网络等公众媒体向社会介绍工作进展、传播设计理念，提高了公众对广州未来城市发展的关注度、认知度和理解度，向全社会传达多元包容的价值观念，共同推进城市设计成为一个全民参与、传递价值的设计事件。“小项目大师做”“身边项目全民设计”、工作坊等，为社会各界参与和监督的城市设计提供了一个沟通平台。

## 8.1.3 技术方法转变，大数据支撑

广州城市设计项目的编制过程中，引入全面广泛的大数据技术，从市民行为与环境匹配研究中，实时化、直观化理解城市活力，从地理大数据分布格局中理解自然山水格局，为市民提供定量、科学和透明的城市设计决策方案。结合数字正射影像技术，快速精准建立重点地区现状三维实景模型，动态、全景、真实反映空间现状特征，为政府、专家、市民提供定量、科学和透明的城市设计决策方案。

## 8.1.4 管理路径转变，着眼于落地实施

广州城市设计工作为应对新时期城市发展需求，完善与城市分级管理相衔接的全链条编制体系，上能衔接总规，下能对接管理，并支撑品质行动计划的开展，探索面向实施的路径。通过引入地区城市设计师制度，负责对实施过程中的工作技术把关，全面衔接现有规划管理流程，有利于解决城市设计在管理、实施过程中出现的技术矛盾、协调建设过程中的技术问题，以确保整体建设效果。

# 8.2 未来展望

在新时代城市高质量发展的指引下，“城市因城市设计而美好”的观念日渐受到重视，未来将更多以人的使用和体验来设计城市，营造与新时代改革开放、创新发展的引领型城市相匹配的城市环境。下一步，广州将继续以城市设计试点工作为契机和动力，坚持以人民为中心的发展思想，顺应人民群众对美好生活的向往，传承和保育广州城市味道，彰显城市独一无二的风貌特征，持续开展精细化城市设计，不断提升城市建设品质，推动实现“老城市、新活力”。

## 8.2.1 继续引导与管理审批的融合

推动城市设计的指引要求融入现行垂直式审批机制的各个层面，实现城市设计与审批制度的对接。持续探索城市设计立法工作，结合新形势与新要求，继续研究探索城市设计行业规定、导则、标准等工作，完善广州城市设计系列导则，指引精细化品质化工作。研究广州特色城市设计体系、公共艺术推进、市区与部门联合推进城市品质提升的城市设计实施管理模式。继续发挥“一张图”作为法定管控平台的优势，加强广州城市设计刚性管控，使其从二维管理升级到三维管理，植入更多空间设计上更为整体的、效果表达上更为直观的城市设计控制要素，使控规的指标管理和城市设计导则的效果管理相互对照。

## 8.2.2 持续开展存量时代背景下的探索

积极探讨存量型城市设计品质升级的适应性，由粗放式的增量发展转变为精细化的存量发展方式。继续编制“以人民为中心”的、有温度的城市设计；持续开展老城区品质升级探索工作；持续加强城市空间要素的互动与融合，充分盘活城市空间；持续构建复合、多元的城市功能。从城市、街区、建筑等综合层面进行优化设计，从水平和垂直维度促进城市功能复合，营造多样化城市功能。同时，推动数字化城市设计方法，强化智慧管理与引导，建设统筹规建管全流程的工作平台，提升工程建设项目的可预期性，使审批周期更短，审批标准更明晰，审批结果更加可预期。

## 8.2.3 继续推动城市设计的公众参与

继续完善更广泛的公共参与平台，建立更全面的公众参与机制，积极探索加强城市设计可操作性的新方法、新思路，引导更多公众主动参与，由此产生互动，让城市设计、城市建设更合理、更美好。通过积极引入社会各界力量参与广州城市设计和城市建设，探索国内存量规划时代新的公众参与模式。保证优化提升过程中自上而下与自下而上的有机结合，让城市设计成为全面参与大事件，充分整合社会力量推动城市品质升级。

# 参考文献


[1] Jon Lang. Urban Design：A Typology of Procedures and Products[M]. New York: Routledge，2007.

[2] [美]亨特. 广州番鬼录 旧中国杂记[M]. 冯铁树，沈正邦译. 广州：广东人民出版社，2009.

[3] [美]约翰·伦德·寇耿，菲利普·恩奎斯特，理查德·若帕波特. 城市营造：21世纪城市设计的九项原则[M]. 俞海星译. 南京：江苏人民出版社，2013.

[4] 叶曙明. 广州往事[M]. 广州：花城出版社，2010.

[5] 曾新. 明清广州城及方志[M]. 广州：广东人民出版社，2013.

[6] 上海市城市规划设计研究院. 城市设计管控方法——上海控制性详细规划附加图则实践[M]. 上海：同济大学出版社，2018.

[7] 武进. 中国城市形态：结构、特征及其演变[M]. 南京，江苏科学技术出版社，1990.

[8] 段进，B. Hillier，邵润青，等. 空间句法与城市规划[M]. 南京：东南大学出版社，2007.

[9] 曾昭璇. 广州历史地理[M]. 广州：广东人民出版社，1991.

[10] 杨万秀，钟卓安 著. 广州简史[M]. 广州：广东人民出版社，1996.

[11] 傅崇兰，杨重光，刘维新，史为乐. 广州城市发展与建设[M]. 北京：中国社会科学出版社，1999.

[12] 汪乐军. 基于控制论的城市设计实施管理[D]. 上海：同济大学，2008.

[13] 吴敏. 广州旧城更新与保护研究[D]. 上海：同济大学，2008.

[14] 李厚强. 广州城市居住空间分异研究[D]. 广州：暨南大学，2008.

[15] 孙翔. 广州民国时期住宅建设[D]. 广州：华南理工大学，2010.

[16] 刘华刚. 广州住宅建筑发展演变[D]. 广州：华南理工大学，2000.

[17] 谢少亮. 广州古城空间格局保护研究[D]. 广州：华南理工大学，2015.

[18] 杜长梅. 城市公园无障碍系统规划设计研究[D]：福州：福建农林大学，2013.

[19] 王建国. 21世纪初中国城市设计发展再探[J]，城市规划学刊，2012（01）：5-12.

[20] 王建国. 基于人机互动的数字化城市设计——城市设计第四代范型刍议[J]，国际城市规划，2018，33（01）：1-6.

[21] 恽爽 等. 总体城市设计的工作方法及实施策略研究[J]. 规划师，2006，22（10）：75-77.

[22] 单峰 等. 总体城市设计核心内容及核心技术方法应用—论总体城市设计中的特质空间表达[J]. 规划师，2010（06）：9-14.

[23] 王建国 等. 总体城市设计的途径与方法——无锡案例的探索[J]. 城市规划，2011，283（5）：88-96.

[24] 喻祥. 对我国总体城市设计的思考[J]. 规划师，2011，27（c00）：222-228.

[25] 李明 等. 北川新县城总体城市设计与总体规划互动探讨[J]. 城市规划，2011（A02）：37-42.

[26] 季松 等. 常州市中心城区总体城市设计的核心问题及应对策略[J]. 规划师，2015（2）：63-88.

[27] 王建国，杨俊宴. 平原型城市总体城市设计的理论与方法研究探索——郑州案例[J]. 城市规划，2017（5）：9-19.

[28] 高源 等. 内容·方法·成果——南京总体城市设计专题研究纲要[J]. 现代城市研究，2011（10）：30-36+55.

[29] 杨一帆 等. 大尺度城市设计定量方法与技术初探——

以“苏州市总体城市设计”为例[J]. 城市规划，2010（5）：88-91.

[30] 伍敏 等. 空间句法在大尺度城市设计中的运用[J]. 城市规划学刊，2014（2）：94-104.

[31] 韩靖北. 基于总体城市设计的密度分区：方法体系与控制框架[J]. 城市规划学刊，2017（2）：69-77.

[32] 周俭 等. 上海总体城市设计中的城市高度秩序研究[J]. 城市规划学刊，2017（2）：61-68.

[33] 杜芬玲，张磊. 南京综合公园无障碍环境建设的现状及分析[J]. 建筑与文化，2013（1）：90-93.

[34] 邓凌云，张楠. 浅析日本城市公共空间无障碍设计系统的构建[J]. 国际城市规划，2015（S1）：110-114.

[35] 眭明飞. 广州市无障碍设施建设和管理中的问题与对策研究[J]. 法制与经济（下旬），2014（1）：124-125.

[36] 姚圣. 中国广州和英国伯明翰历史街区形态的比较研究[D]. 广州：华南理工大学，2013.

[37] 张威. 广州一德路历史街区更新发展研究[D]. 广州：广州大学，2018.

[38] 冯永民. 基于人性化的城市生活性街道空间设计策略研究[D]. 邯郸：河北工程大学，2017.

[39] 赵普尧. 基于数据模型的传统庄廓气候适应性研究及优化设计[D]. 西安：西安建筑科技大学，2017.

[40] 余就荣. 城市商业步行街公共空间的人性化设计研究[D]. 广州：华南理工大学，2017.

[41] 徐苏斌. 工业遗产的价值及其保护[J]. 新建筑，2016（3）：1.

[42] 刘伯英，李匡. 北京工业建筑遗产现状与特点研究[J]. 北京规划建设，2011（1）：18-25.

[43] 曾锐，李早，于立. 以实践为导向的国外工业遗产保护研究综述[J]. 工业建筑，2017，47（8）：7-14.

[44] 阳建强. 城市设计与城市空间品质提升[J]. 南方建筑，2015（5）：12-15.

[45] 彭鹏，范家美. 城市公共空间品质提升与重塑[J]. 人民论坛，2015（29）：157-159.

[46] 刘雨鸥. 交通型口袋公园的景观设计研究——以上海宣桥下盐路为例[J]. 中国建设信息化，2019（15）：76-78.

[47] 祁佳莹. 城市交通型口袋公园设计初探——以上海市虹口区东长治路旅顺路公共绿地为例[J]. 中外建筑，2018（5）：158-161.

[48] 乔扬. 城市街头绿地景观设计初探——以“口袋公园：让未来，现在就来”设计竞赛一等奖为例[J]. 现代园艺，2017（17）：132.

[49] 徐梦竹，丁山. 口袋公园景观设计与启示——以南京林业大学东门口袋公园设计为例[J]. 绿色科技，2017（7）：106-107.

[50] 陈嘉平，黄慧明，陈晓明. 基于空间网格的城市创新空间结构演变分析——以广州为例[J]. 现代城市研究，2018（9）：84-90.

[51] 倪文岩，刘智勇. 从广州信义会馆解读产业建筑再利用的设计策略[J]. 华中建筑，2009，27（7）：122-127.

[52] 陈世炜，邓昭华. 规划编制与实施管理视角下城市旧城区水系问题研究——以广州市东濠涌为例[J]. 智能建筑与智慧城市，2020（4）：97-98+102.

[53] 王世福. 完善以开发控制为核心的规划体系[J]. 城市规划汇刊，2004（1）：40-44+95.

[54] 李翅，马赤宇. 城市设计的控制引导及实践探讨[J]. 城市规划，2003（3）：73-78.

[55] 刘宛. 城市设计概念发展评述[J]. 城市规划，2000（12）：16-22.

[56] Madanipour，A. Design of urban space：an inquiry into a socio-spatial process[M]. New York：Wiley，1996.

[57] 刘宛，城市设计与相关学科的关系，城市规划[J]，2003，27（3）：53-57+72.

[58] 林树森. 广州城记[M]. 广州：广东人民出版社，2013.

[59] Barnett，Jonathan. Urban design as public policy：practical methods for improving cities[M]. Achritectural Record Books，1974.

审图号：粤AS（2021）003号

**图书在版编目（CIP）数据**

面向活力全球城市的广州城市设计探索＝URBAN DESIGN EXPLORATION IN GUANGZHOU A CASE STUDY FOR DYNAMIC GLOBAL CITIES / 林隽，陈志敏，陈戈编著. —北京：中国建筑工业出版社，2021.2

ISBN 978-7-112-25898-7

Ⅰ. ①面… Ⅱ. ①林… ②陈… ③陈… Ⅲ. ①城市规划－建筑设计－研究－广州 Ⅳ. ①TU984.265.1

中国版本图书馆CIP数据核字（2021）第033382号

责任编辑：张文胜
版式设计：锋尚设计
责任校对：党　蕾

面向活力全球城市的广州城市设计探索
Urban Design Exploration In Guangzhou A Case Study For Dynamic Global Cities
林　隽　陈志敏　陈　戈　编著
*
中国建筑工业出版社出版、发行（北京海淀三里河路9号）
各地新华书店、建筑书店经销
北京锋尚制版有限公司制版
临西县阅读时光印刷有限公司印刷
*
开本：880毫米×1230毫米　1/16　印张：15¼　字数：478千字
2021年9月第一版　2021年9月第一次印刷
定价：198.00元
ISBN 978-7-112-25898-7
（36106）